VDE-Schriftenreihe **1**

VDE-Schriftenreihe Normen verständlich **1**

Wo steht was im VDE-Vorschriftenwerk?

2012

Stichwortverzeichnis zu allen DIN-VDE-Normen und Büchern der VDE-Schriftenreihe Normen verständlich

VDE VERLAG GMBH • Berlin • Offenbach

Bibliografische Information der Deutschen Nationalbibliothek
Die Deutsche Nationalbibliothek verzeichnet diese Publikation in der Deutschen Nationalbibliografie; detaillierte bibliografische Daten sind im Internet über http://dnb.d-nb.de abrufbar.

ISBN 978-3-8007-3372-9
ISSN 0506-6719

Bismarckstr. 33, 10625 Berlin

Druck: H. Heenemann GmbH & Co. KG, Berlin
Printed in Germany 2012-03

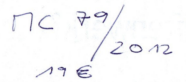

Für den Benutzer

Dieses Stichwortverzeichnis soll das Auffinden der für die wichtigsten elektro-technischen Geräte, Maschinen, Anlagen und zugehörigen Begriffe in Betracht kommenden VDE-Bestimmungen erleichtern. Es kann bei seiner Kürze keinen Anspruch auf Vollständigkeit erheben.

Für Hinweise, die helfen, dieses Stichwortverzeichnis zu vervollständigen oder noch handhabbarer zu gestalten, ist der Verlag dankbar.

Dieses Stichwortverzeichnis bezieht sich auf die in den Gruppen 0 bis 8 enthaltenen Normen mit VDE-Klassifikation (DIN-VDE-Normen).

Entwürfe sind mit einem voran stehenden „E" gekennzeichnet.

Bei entsprechenden Stichwörtern wird auch auf die Bände der VDE-Schriftenreihe verwiesen, die Erläuterungen zu VDE-Bestimmungen geben.

Weitere Hilfsmittel sind die Inhaltsverzeichnisse verschiedener VDE-Bestimmungen.

So enthalten zum Beispiel nachstehende VDE-Bestimmungen eigene Stichwortverzeichnisse:

VDE 0100-200	VDE 0700-1
VDE 0113-1	VDE 0750-1
VDE 0113-11	VDE 0750-1-6
VDE 0113-32	VDE 0750-1-8
VDE 0115-328	VDE 0750-2-17
VDE 0168	VDE 0750-101
VDE 0411-1	VDE 0750-211
VDE 0411-031	VDE 0751-1
VDE 0471-4	VDE 0789-100
VDE 0570-1	VDE 0803-4
VDE 0580	VDE 0803-7
VDE 0631-1	VDE 0838-1

Der Band 100 „Wo steht was in DIN VDE 0100?“ der VDE-Schriftenreihe enthält die Stichwörter für die einzelnen Teile der VDE 0100 „Elektrische Anlagen von Gebäuden“.

Eine Übersicht der in den Bänden der VDE-Schriftenreihe und anderen Verlags-Publikationen behandelten VDE-Bestimmungen finden Sie auf den Seiten 305 bis 314.

50-W-Prüfflamme .... E DIN IEC 60695-11-10 (VDE 0471-11-10)
Prüfeinrichtungen und Prüfverfahren .... E DIN EN 60695-11-4 (VDE 0471-11-4)

500-W-Prüfflamme .... E DIN IEC 60695-11-20 (VDE 0471-11-20)
Prüfeinrichtungen und Prüfverfahren .... E DIN EN 60695-11-3 (VDE 0471-11-3)

A

AAL-Dienstleistungen
Qualitätskriterien .... Anwendungsregel (VDE-AR-E 2757-4)

AAL-Komponenten .... Anwendungsregel (VDE-AR-E 2757-3)

AAL-Umgebung .... Anwendungsregel (VDE-AR-E 2757-4)

Abbauhämmer .... DIN EN 60745-2-6 (VDE 0740-2-6)

Abbrühmassen .... DIN VDE 0291-1a (VDE 0291-1a)

Abdeckbänder
zur Warnkennzeichnung .... DIN EN 50520 (VDE 0605-500)

Abdeckplatten
zur Warnkennzeichnung .... DIN EN 50520 (VDE 0605-500)

Abdecktücher
elektrisch isolierende .... DIN EN 61112 (VDE 0682-511)

Abgaswerte
von Heizungsanlagen
– tragbare Messgeräte .... E DIN EN 50379-1 (VDE 0400-50-1)
DIN EN 50379-1 (VDE 0400-50-1)
E DIN EN 50379-2 (VDE 0400-50-2)
DIN EN 50379-2 (VDE 0400-50-2)
E DIN EN 50379-3 (VDE 0400-50-3)
DIN EN 50379-3 (VDE 0400-50-3)

Abgleichkomponenten
terrestrische
– für Photovoltaiksysteme .... DIN EN 62093 (VDE 0126-20)

Abgrenzungen
von elektrischen Betriebsstätten .... DIN VDE 0100-731 (VDE 0100-731)

Ableitströme
Messung .... E DIN IEC 61557-13 (VDE 0413-13)

Abrichthobel
transportabel, motorbetrieben .... DIN EN 61029-2-3 (VDE 0740-503)

Abriebprüfung
von Kabeln und Leitungen .... DIN EN 50396 (VDE 0473-396)
E DIN EN 50396/AA (VDE 0473-396/AA)

Abschaltung, automatische .... VDE-Schriftenreihe Band 140
DIN VDE 0100-410 (VDE 0100-410)

Abschaltzeiten .... DIN VDE 0100-410 (VDE 0100-410)

Abschirmbeutel
gegen elektrostatische Entladungen .... E DIN EN 61340-4-8 (VDE 0300-4-8)

Absetzbarkeit
der Beschichtung von Lichtwellenleitern .... DIN EN 60793-1-32 (VDE 0888-232)

Absolutradiometer .... DIN EN 60904-4 (VDE 0126-4-4)

Absorberräume
Schirmdämpfungsmessung .... DIN EN 50147-1 (VDE 0876-147-1)

Absorptionsrate, spezifische (SAR)
von handgehaltenen Geräten .... DIN EN 62209-1 (VDE 0848-209-1)
DIN EN 62209-2 (VDE 0848-209-2)

Abspannisolatoren
für Wechselstromfreileitungen über 1 000 V .... DIN EN 61109 (VDE 0441-100)

Abspannklemmen
für selbsttragende isolierte Freileitungsseile .... DIN EN 50483-2 (VDE 0278-483-2)
für Systeme mit Nullleiter-Tragseil .... DIN EN 50483-3 (VDE 0278-483-3)

Abstände
von Freileitungen .... DIN VDE 0211 (VDE 0211)

Abstandsspannungsprüfer .... E DIN VDE 0682-417 (VDE 0682-417)

Abstimm-(Filterkreis-)spulen .... DIN EN 60076-6 (VDE 0532-76-6)

AC-Brennstoffzellensysteme
portable .... DIN EN 62282-5-1 (VDE 0130-501)

Achszähler .... DIN CLC/TS 50238-3 (VDE V 0831-238-3)

AC-Leistungsschalter
für Bahnfahrzeuge .... DIN EN 60077-4 (VDE 0115-460-4)

Aderkennzeichnung
von Starkstromkabeln und -leitungen .... DIN VDE 0293-1 (VDE 0293-1)

Aderleitungen
halogenfreie raucharme
– thermoplastische Isolierung .... DIN EN 50525-3-31 (VDE 0285-525-3-31)
– vernetzte Isolierung .... DIN EN 50525-3-41 (VDE 0285-525-3-41)
thermoplastische PVC-Isolierung .... DIN EN 50525-2-31 (VDE 0285-525-2-31)
Verlegung .... DIN VDE 0100-520 (VDE 0100-520)
vernetzte EVA-Isolierung .... DIN EN 50525-2-42 (VDE 0285-525-2-42)

Adern von Kabeln und Leitungen .... DIN EN 50334 (VDE 0293-334)

Adernfarben
von Kabeln und Leitungen .... DIN VDE 0293-308 (VDE 0293-308)

ADSS-Kabel .... E DIN EN 60794-4-20 (VDE 0888-111-5)

Afterloading-Geräte
für die Brachytherapie .... DIN EN 60601-2-17 (VDE 0750-2-17)
E DIN IEC 60601-2-17 (VDE 0750-2-17)

AGL-Serienkreistransformatoren
für Flugplatzbefeuerung .... DIN EN 61823 (VDE 0161-104)

Akkumulatoren
für tragbare Geräte .... DIN EN 62133 (VDE 0510-8)
E DIN IEC 62133 (VDE 0510-8)
Ladegeräte für .... DIN VDE 0510-7 (VDE 0510-7)

Akkus
für tragbare Geräte .... DIN EN 50272-4 (VDE 0510-104)

Aktive Glasbruchmelder .... DIN CLC/TS 50131-2-7-3 (VDE V 0830-2-2-73)

Aktivteile
drehender elektrischer Maschinen
– Erkennung und Diagnose von Schäden .... DIN CLC/TS 60034-24 (VDE V 0530-240)

Aktuator Sensor Interface (AS-i) .... E DIN EN 62026-2 (VDE 0660-2026-2)

Akustische Glasbruchmelder .... DIN CLC/TS 50131-2-7-1 (VDE V 0830-2-2-71)

Akzeptanztest .... DIN EN 61003-2 (VDE 0409-2)

Alarmanlagen
Alarmübertragung in Paketvermittlungsnetzwerken .... E DIN EN 50136-1-7 (VDE 0830-5-1-7)

Alarmanlagen
allgemeine Festlegungen .... DIN VDE 0833-1 (VDE 0833-1)
Begriffe .... Beiblatt 1 DIN EN 50131-1 (VDE 0830-2-1)
DIN EN 60849 (VDE 0828-1)
CCTV-Überwachungsanlagen
– Anwendungsregeln .... E DIN EN 50132-7 (VDE 0830-7-7)
– Systemanforderungen .... DIN EN 50132-1 (VDE 0830-7-1)
– Videoübertragung .... E DIN EN 50132-5-1 (VDE 0830-7-5-1)
E DIN EN 50132-5-3 (VDE 0830-7-5-3)
– Videoübertragungsprotokolle .... E DIN EN 50132-5-2 (VDE 0830-7-5-2)
Einbruch- und Überfallmeldeanlagen
– aktive Glasbruchmelder .... DIN CLC/TS 50131-2-7-3 (VDE V 0830-2-2-73)
– akustische Glasbruchmelder .... DIN CLC/TS 50131-2-7-1 (VDE V 0830-2-2-71)
– Alarmvorprüfung .... E DIN EN 50131-9 (VDE 0830-2-9)
– Anwendungsregeln .... DIN CLC/TS 50131-7 (VDE V 0830-2-7)
– Energieversorgung .... DIN EN 50131-6 (VDE 0830-2-6)
E DIN EN 50131-6/AA (VDE 0830-2-6/AA)
– Melderzentrale .... DIN EN 50131-3 (VDE 0830-2-3)
– Nebelgeräte und Nebelsysteme .... DIN EN 50131-8 (VDE 0830-2-8)
– passive Glasbruchmelder .... DIN CLC/TS 50131-2-7-2 (VDE V 0830-2-2-72)
– Planung, Errichtung, Betrieb .... DIN VDE 0833-3 (VDE 0833-3)
– Signalgeber .... DIN EN 50131-4 (VDE 0830-2-4)
– Systemanforderungen .... DIN EN 50131-1 (VDE 0830-2-1)
– Übertragungseinrichtungen .... E DIN EN 50131-10 (VDE 0830-2-10)
Einbruchmeldeanlagen
– aktive Glasbruchmelder .... DIN CLC/TS 50131-2-7-3 (VDE V 0830-2-2-73)
– akustische Glasbruchmelder .... DIN CLC/TS 50131-2-7-1 (VDE V 0830-2-2-71)
– Alarmvorprüfung .... E DIN EN 50131-9 (VDE 0830-2-9)
– kombinierte PIR- und Mikrowellenmelder .... DIN EN 50131-2-4 (VDE 0830-2-2-4)
– kombinierte PIR- und Ultraschallmelder .... DIN EN 50131-2-5 (VDE 0830-2-2-5)
– Mikrowellenmelder .... DIN EN 50131-2-3 (VDE 0830-2-2-3)
– Öffnungsmelder (Magnetkontakte) .... DIN EN 50131-2-6 (VDE 0830-2-2-6)
– passive Glasbruchmelder .... DIN CLC/TS 50131-2-7-2 (VDE V 0830-2-2-72)
– Passiv-Infrarotmelder .... DIN EN 50131-2-2 (VDE 0830-2-2-2)
– Übertragungsgeräte (Funk-) .... DIN EN 50131-5-3 (VDE 0830-2-5-3)
kombinierte und integrierte Anlagen .... DIN CLC/TS 50398 (VDE V 0830-6-398)
mit automatischen Wähl- und Übertragungsanlagen .... DIN EN 50136-1-3 (VDE 0830-5-1-3)
mit fest zugeordneten Alarmübertragungswegen .... DIN EN 50136-2-1 (VDE 0830-5-2-1)
ortsfeste Batterieanlagen .... DIN EN 50272-2 (VDE 0510-2)
Personen-Hilferufanlagen
– Anwendungsregeln .... DIN CLC/TS 50134-7 (VDE V 0830-4-7)
– Auslösegeräte .... DIN EN 50134-2 (VDE 0830-4-2)
– Steuereinrichtungen .... DIN EN 50134-3 (VDE 0830-4-3)
– Systemanforderungen .... DIN EN 50134-1 (VDE 0830-4-1)
– Verbindungen und Kommunikation .... DIN EN 50134-5 (VDE 0830-4-5)
– Zentrale und Steuereinrichtung .... E DIN EN 50134-3 (VDE 0830-4-3)
Übereinstimmung mit EG-Richtlinien .... Beiblatt 1 DIN EN 50130 (VDE 0830-1)
Überfallmeldeanlagen
– Alarmvorprüfung .... E DIN EN 50131-9 (VDE 0830-2-9)
Übertragungsanlagen
– allgemeine Anforderungen .... E DIN EN 50136-1 (VDE 0830-5-1)
DIN EN 50136-1-1 (VDE 0830-5-1-1)
– Einrichtungen .... DIN EN 50136-1-2 (VDE 0830-5-1-2)
DIN EN 50136-2-2 (VDE 0830-5-2-2)
DIN EN 50136-2-3 (VDE 0830-5-2-3)
DIN EN 50136-2-4 (VDE 0830-5-2-4)
Übertragungseinrichtungen .... DIN EN 50136-1-5 (VDE 0830-5-1-5)

Alarmanlagen
– Anforderungen ..... E DIN EN 50136-2 (VDE 0830-5-2)
– Anwendungsregeln ..... DIN CLC/TS 50136-7 (VDE V 0830-5-7)
– Anzeige- und Bedieneinrichtung ..... DIN CLC/TS 50136-4 (VDE V 0830-5-4)
Video-Überwachungsanlagen ..... DIN EN 50132-7 (VDE 0830-7-7)

Alarmempfangsstelle
Anforderungen an den Betrieb ..... DIN EN 50518-3 (VDE 0830-5-6-3)

Alarmempfangsstellen
örtliche und bauliche Anforderungen ..... DIN EN 50518-1 (VDE 0830-5-6-1)
technische Anforderungen ..... DIN EN 50518-2 (VDE 0830-5-6-2)

Alarmsysteme
für medizinische elektrische Geräte ..... DIN EN 60601-1-8 (VDE 0750-1-8)
E DIN EN 60601-1-8/A1 (VDE 0750-1-8/A1)

Alarmübertragung
in Paketvermittlungsnetzwerken
– standardisierte Protokolle ..... E DIN EN 50136-1-7 (VDE 0830-5-1-7)

Alarmübertragungsanlagen
allgemeine Anforderungen ..... E DIN EN 50136-1 (VDE 0830-5-1)
DIN EN 50136-1-1 (VDE 0830-5-1-1)
E DIN EN 50136-2 (VDE 0830-5-2)
automatische ..... DIN EN 50136-1-3 (VDE 0830-5-1-3)
DIN EN 50136-1-4 (VDE 0830-5-1-4)
Begriffe ..... Beiblatt 1 DIN EN 50131-1 (VDE 0830-2-1)
mit fest zugeordneten Übertragungswegen ..... DIN EN 50136-1-2 (VDE 0830-5-1-2)
DIN EN 50136-2-1 (VDE 0830-5-2-1)
DIN EN 50136-2-2 (VDE 0830-5-2-2)
paketvermittelndes Netzwerk ..... DIN EN 50136-1-5 (VDE 0830-5-1-5)
Wähl- und Ansageanlagen ..... DIN EN 50136-2-4 (VDE 0830-5-2-4)
Wähl- und Übertragungsanlagen ..... DIN EN 50136-2-3 (VDE 0830-5-2-3)

Alarmvorprüfung ..... E DIN EN 50131-9 (VDE 0830-2-9)

Alkohol-Interlocks
Betriebsverhalten ..... DIN EN 50436-1 (VDE 0406-1)
DIN EN 50436-2 (VDE 0406-2)
Geräte für präventiven Einsatz ..... DIN EN 50436-2 (VDE 0406-2)
Geräte für Programme mit Trunkenheitsfahrern ..... DIN EN 50436-1 (VDE 0406-1)
Leitfaden für Entscheider, Käufer und Nutzer ..... DIN CLC/TR 50436-3 (VDE V 0406-3)
Verbindung mit dem Fahrzeug ..... E DIN EN 50436-4 (VDE 0406-4)

Alleinarbeiten
drahtlose Personen-Notsignal-Anlagen ..... DIN V VDE V 0825-11 (VDE V 0825-11)

Allesgreiferzange ..... DIN EN 60832-1 (VDE 0682-211)

Allgemeinbeleuchtung ..... DIN EN 61347-2-4 (VDE 0712-34)
Halogen-Glühlampen ..... DIN EN 60432-2 (VDE 0715-2)
LED-Module ..... DIN EN 62031 (VDE 0715-5)
E DIN IEC 62031/A1 (VDE 0715-5/A1)
Störfestigkeit ..... DIN EN 61547 (VDE 0875-15-2)

Allgemeine Regeln
Dokumente der Elektrotechnik ..... DIN EN 61082-1 (VDE 0040-1)

Alphastrahlung
Überwachungseinrichtungen ..... DIN EN 60861 (VDE 0493-4-2)

Altenheime
elektrische Anlagen ..... E DIN IEC 60364-7-718 (VDE 0100-718)

Alternde Bevölkerung ..... Anwendungsregel (VDE-AR-E 2757-1-1)
Altersgerechte Assistenzsysteme ..... Anwendungsregel (VDE-AR-E 2757-1-1)

Alterung
elektrischer Isoliersysteme ..... E DIN IEC 60505 (VDE 0302-1)
von Isolierstoffen ..... E DIN EN 60544-5 (VDE 0306-5)
DIN EN 60544-5 (VDE 0306-5)
von Kabeln und isolierten Leitungen ..... DIN EN 60811-1-2 (VDE 0473-811-1-2)

Alterungsprüfungen, elektrische
für Bauteile von Freileitungen ..... DIN EN 50483-5 (VDE 0278-483-5)

Alterungsverfahren, thermische
bei Kabeln und isolierten Leitungen ..... E DIN EN 60811-401 (VDE 0473-811-401)

Alterungswärmeschränke ..... DIN EN 60216-4-2 (VDE 0304-24-2)
DIN EN 60216-4-3 (VDE 0304-24-3)

Aluminiumdrähte
für Freileitungen ..... E DIN EN 62641 (VDE 0212-304)

Aluminium-Elektrolytkondensatoren
für Motoranlassbetrieb ..... DIN EN 137100 (VDE 0560-810)
DIN EN 137101 (VDE 0560-811)
im Betrieb mit Motoren ..... DIN EN 137000 (VDE 0560-800)
mit nicht festen Elektrolyten
– für Bahnfahrzeuge ..... E DIN IEC 61881-2 (VDE 0115-430-2)

Aluminiumleiter
für Freileitungen
– Ausführung ACSS ..... DIN EN 50540 (VDE 0212-355)

Ambient Assisted Living (AAL)
Abkürzungen und Terminologie ..... Anwendungsregel (VDE-AR-E 2757-1-1)

Ambulanzen
elektrische Anlagen ..... DIN VDE 0100-710 (VDE 0100-710)

Ammoniak-Korrosionsprüfung
von photovoltaischen (PV)-Modulen ..... E DIN EN 62716 (VDE 0126-39)

Ampel (Straßenverkehrs-Signalanlage) ..... DIN EN 50293 (VDE 0832-200)

Analoge Übertragung
mehradrige Daten- und Kontrollkabel
– Horizontal- und Steigbereich ..... E DIN EN 50288-10-1 (VDE 0819-10-1)

Analoger Zugfunk ..... DIN VDE 0119-207-1 (VDE 0119-207-1)

Analyse
gelöster und freier Gase ..... DIN EN 60599 (VDE 0370-7)
von Blei in PVC ..... DIN EN 50414 (VDE 0473-414)

Analyse der Zuverlässigkeit
Ereignisbaumanalyse ..... DIN EN 62502 (VDE 0050-3)

Analysegeräte ..... DIN EN 61010-2-081 (VDE 0411-2-081)

Analysemethoden
für Zuverlässigkeit
– Petrinetz-Modellierung ..... E DIN IEC 62551 (VDE 0050-4)

Analysengeräteräume ..... DIN EN 50381 (VDE 0170-17)
Sicherheit ..... DIN EN 61285 (VDE 0400-100)

Anästhesie-Arbeitsplätze ..... E DIN ISO 80601-2-13 (VDE 0750-2-13)

Anästhesiesysteme ..... DIN EN 60601-2-13 (VDE 0750-2-13)

Ändern
gebrauchter elektrischer Betriebsmittel ..... DIN VDE 0404-1 (VDE 0404-1)

Änderung
elektrischer Geräte .... VDE-Schriftenreihe Band 62
DIN VDE 0701-0702 (VDE 0701-0702)
– Wiederholungsprüfung .... E DIN EN 62638 (VDE 0701-0702)
Andockführungssystem (A-VDGS)
erweitertes optisches .... DIN EN 50512 (VDE 0161-110)
Andreaskreuze .... Anwendungsregel (VDE-AR-N 4210-11)
Ankopplungs-Einrichtungen
zur Trägerfrequenz-Nachrichtenübertragung .... DIN 57850 (VDE 0850)
Anlagen
auf Baustellen .... DIN VDE 0100-704 (VDE 0100-704)
in elektrischen Versorgungsnetzen
– Instandhaltung .... DIN V VDE V 0109-1 (VDE V 0109-1)
Anlagendokumentation
Klassifikation und Kennzeichnung .... DIN EN 61355-1 (VDE 0040-3)
Anlassdrosselspulen .... DIN 57532-21 (VDE 0532-21)
Anlasstransformatoren .... DIN 57532-21 (VDE 0532-21)
Anlasstransformatorstarter .... DIN EN 60947-4-1 (VDE 0660-102)
Anlaufverhalten
von Drehstrommotoren .... DIN EN 60034-12 (VDE 0530-12)
Anlegeplatz .... DIN VDE 0100-709 (VDE 0100-709)
E DIN VDE 0100-709/A1 (VDE 0100-709/A1)
Anlegestelle .... DIN VDE 0100-709 (VDE 0100-709)
E DIN VDE 0100-709/A1 (VDE 0100-709/A1)
Anleitungen
Erstellen von .... DIN EN 62079 (VDE 0039)
E DIN EN 82079-1 (VDE 0039-1)
Anlocklampe
für Insektenvernichter .... DIN EN 60335-2-59 (VDE 0700-59)
Annahmeprüfung
von elektromechanischen Wirkenergiezählern
– Klassen 0,5, 1 und 2 .... DIN EN 62058-21 (VDE 0418-8-21)
von elektronischen Wirkenergiezählern
– Klassen 0,2 S, 0,5 S, 1 und 2 .... DIN EN 62058-31 (VDE 0418-8-31)
von Wechselstrom-Elektrizitätszählern
– allgemeine Verfahren .... DIN EN 62058-11 (VDE 0418-8-11)
Ansageanlagen
in Alarmanlagen .... DIN EN 50136-1-4 (VDE 0830-5-1-4)
Anschlussbauteile
für Blitzschutzsysteme .... DIN EN 50164-1 (VDE 0185-201)
Anschlussbeschriftung .... DIN EN 62491 (VDE 0040-4)
Anschlussbezeichnungen
drehender elektrischer Maschinen .... DIN EN 60034-8 (VDE 0530-8)
Anschlüsse elektrischer Betriebsmittel
Kennzeichnung .... DIN EN 60445 (VDE 0197)
Anschlüsse in Systemen
Identifikation .... DIN EN 61666 (VDE 0040-5)
Anschlussfahne
von Fundamenterdern .... DIN VDE 0618-1 (VDE 0618-1)

Antennen
für Messung der gestrahlten Störaussendung .... DIN EN 55016-1-4 (VDE 0876-16-1-4)
E DIN EN 55016-1-4/A1 (VDE 0876-16-1-4/A1)

Antennenkalibrierung
Messplätze .... DIN EN 55016-1-5 (VDE 0876-16-1-5)
E DIN EN 55016-1-5/A1 (VDE 0876-16-1-5/A1)

Antennenleitung .... DIN EN 60728-1-2 (VDE 0855-7-2)

Antennensteckdose .... DIN EN 60728-1-2 (VDE 0855-7-2)

Antriebe
elektrische, drehzahlveränderbar .... DIN EN 61800-3 (VDE 0160-103)
– Bemessung von Niederspannungs-Gleichstrom-Antriebssystemen .... DIN EN 61800-1 (VDE 0160-101)
– EMV-Anforderungen .... E DIN IEC 61800-3/A1 (VDE 0160-103/A1)
– Sicherheitsanforderungen .... DIN EN 61800-5-1 (VDE 0160-105-1)
DIN EN 61800-5-2 (VDE 0160-105-2)
für Garagentore .... E DIN IEC 60335-2-95/A3 (VDE 0700-95/A3)
– mit Senkrechtbewegung .... DIN EN 60335-2-95 (VDE 0700-95)
E DIN EN 60335-2-95 (VDE 0700-95)
E DIN EN 60335-2-95/A2 (VDE 0700-95/A2)
für Markisen und Rollläden .... DIN EN 60335-2-97 (VDE 0700-97)
für Tore, Türen und Fenster .... DIN EN 60335-2-103 (VDE 0700-103)
E DIN IEC 60335-2-103/A1 (VDE 0700-103/A3)

Antriebsbatterien
für Elektrofahrzeuge .... DIN EN 50272-3 (VDE 0510-3)
– Kapazitäts- und Lebensdauerprüfungen .... E DIN EN 61982 (VDE 0510-32)
– Messgrößen .... DIN EN 61982-1 (VDE 0510-32)

Antriebselemente .... DIN EN 60204-1 (VDE 0113-1)

Antriebssysteme .... DIN EN 60204-1 (VDE 0113-1)
Niederspannungs-Gleichstrom-
– Bemessung .... DIN EN 61800-1 (VDE 0160-101)

Antriebssysteme (PDS)
EMV-Anforderungen .... DIN EN 61800-3 (VDE 0160-103)
E DIN IEC 61800-3/A1 (VDE 0160-103/A1)

Anwendungsleitfaden
für EN 50129 .... Beiblatt 1 DIN EN 50129 (VDE 0831-129)

Anwendungsregeln
für Einbruch- und Überfallmeldeanlagen .... DIN CLC/TS 50131-7 (VDE V 0830-2-7)

Anwendungsregeln (FNN)
Erarbeitung .... Anwendungsregel VDE-AR-N 100 (VDE-AR-N 4000)

Anwendungsschicht
für Einweg-Tokenträgersysteme .... E DIN IEC 62055-41 (VDE 0418-5-41)

Anwesenheitserkennung
von Personen .... DIN CLC/TS 62046 (VDE V 0113-211)

Anzeige- und Bedieneinrichtungen
von Alarmübertragungsanlagen .... DIN CLC/TS 50136-4 (VDE V 0830-5-4)

Anzeigegeräte
von Maschinen .... DIN EN 61310-1 (VDE 0113-101)

Anzeigeleuchten
für Haushaltsinstallationen .... DIN EN 62094-1 (VDE 0632-700)

AOPDDR ... DIN CLC/TS 61496-3 (VDE V 0113-203)
Aquariengeräte ... DIN EN 60335-2-55 (VDE 0700-55)
Aquarienheizgeräte ... DIN EN 60335-2-55 (VDE 0700-55)
Aquarienleuchten ... DIN EN 60335-2-55 (VDE 0700-55)
DIN EN 60598-2-11 (VDE 0711-2-11)
Aquarienpumpen ... DIN EN 60335-2-55 (VDE 0700-55)
Aramidfaserpapier
Glimmeranteil bis 50 % ... E DIN EN 60819-3-4 (VDE 0309-3-4)
Aramid-Papiere
ungefüllt, für elektrotechnische Zwecke ... DIN EN 60819-3-3 (VDE 0309-3-3)
E DIN IEC 60819-3-3 (VDE 0309-3-3)
Aramid-Tafelpressspan
allgemeine Anforderungen ... DIN EN 61629-1 (VDE 0317-1)
Prüfverfahren ... DIN EN 61629-2 (VDE 0317-2)
Arbeiten
an elektrischen Anlagen ... DIN EN 50110-1 (VDE 0105-1)
– allgemeine Festlegungen ... DIN VDE 0105-100 (VDE 0105-100)
an Niederspannungsanlagen
– elektrisch isolierende Helme ... DIN EN 50365 (VDE 0682-321)
Arbeiten unter Spannung
Ausrüstungen
– Mindestanforderungen ... DIN EN 61477 (VDE 0682-130)
auswechselbare Arbeitsköpfe ... DIN EN 60832-2 (VDE 0682-212)
Erden und Kurzschließen
– ortsveränderliche Geräte ... DIN EN 61230 (VDE 0683-100)
Geräte
– Mindestanforderungen ... DIN EN 61477 (VDE 0682-130)
Grundlagen ... VDE-Schriftenreihe Band 48
Handwerkzeug ... DIN EN 60900 (VDE 0682-201)
E DIN EN 60900 (VDE 0682-201)
Hubarbeitsbühnen ... E DIN IEC 61057 (VDE 0682-741)
isolierende Abdecktücher ... DIN EN 61112 (VDE 0682-511)
isolierende Handschuhe ... DIN EN 60903 (VDE 0682-311)
isolierende persönliche Schutzausrüstungen ... E DIN VDE 0680-1 (VDE 0680-1)
isolierende schaumgefüllte Rohre und Stäbe ... E DIN EN 60855-1 (VDE 0682-214-1)
isolierende Schlauchleitungen
– für hydraulische Geräte und Ausrüstungen ... DIN EN 62237 (VDE 0682-744)
isolierende Schutzvorrichtungen ... E DIN VDE 0680-1 (VDE 0680-1)
isolierende Seile ... DIN EN 62192 (VDE 0682-652)
isolierende Stangen ... DIN EN 60832-1 (VDE 0682-211)
Leitern aus isolierendem Material ... DIN EN 61478/A1 (VDE 0682-711/A1)
leitfähige Kleidung ... DIN EN 60895 (VDE 0682-304)
Mastsättel ... DIN EN 61236 (VDE 0682-651)
Mindest-Arbeitsabstände
– Spannungsbereich 72,5 kV bis 800 kV ... DIN EN 61472 (VDE 0682-100)
E DIN EN 61472 (VDE 0682-100)
Phasenvergleicher ... DIN EN 61481 (VDE 0682-431)
DIN EN 61481/A1 (VDE 0682-431/A1)
– für Wechselspannungen über 1 kV ... E DIN EN 61481 (VDE 0682-431)
DIN EN 61481/A2 (VDE 0682-431/A2)
Schutzabdeckungen ... DIN EN 61229/A1 (VDE 0682-551/A1)
Schutzbekleidung
– isolierende Ärmel ... DIN EN 60984/A1 (VDE 0682-312/A1)
Schutzbekleidung und Schutzvorrichtungen ... DIN 57680-1 (VDE 0680-1)

Arbeiten unter Spannung
Schutzkleidung
– gegen thermische Gefahren eines Lichtbogens .... DIN EN 61482-1-1 (VDE 0682-306-1-1)
DIN EN 61482-1-2 (VDE 0682-306-1-2)
E DIN IEC 61482-2 (VDE 0682-306-2)
Seile aus isolierendem Material .... DIN EN 62192 (VDE 0682-652)
Spannungsprüfer .... DIN EN 61243-2/A2 (VDE 0682-412/A1)
– Abstandsspannungsprüfer .... E DIN VDE 0682-417 (VDE 0682-417)
– kapazitive Ausführung .... DIN EN 61243-1 (VDE 0682-411)
E DIN VDE 0682-421 (VDE 0682-421)
– zweipolig, für Niederspannungsnetze .... DIN EN 61243-3 (VDE 0682-401)
Stangenschellen .... DIN EN 61236 (VDE 0682-651)
starre Schutzabdeckungen .... DIN EN 61229/A2 (VDE 0682-551/A2)
teleskopische Stangen und Messstangen .... DIN EN 62193 (VDE 0682-603)
Vorrichtungen zum Reinigen .... DIN VDE 0682-621 (VDE 0682-621)
Werkzeuge
– Mindestanforderungen .... DIN EN 61477 (VDE 0682-130)
Werkzeuge, Geräte und Ausrüstungen
– Konformitätsbewertung .... DIN EN 61318 (VDE 0682-120)
Zubehör .... DIN EN 61236 (VDE 0682-651)

Arbeitnehmer mit Herzschrittmachern
Exposition gegenüber elektromagnetischen Feldern .. E DIN EN 50527-2-1 (VDE 0848-527-2-1)

Arbeitsabstände
in Wechselspannungsnetzen 72,5 bis 800 kV .... DIN EN 61472 (VDE 0682-100)
E DIN EN 61472 (VDE 0682-100)

Arbeitsbereich .... DIN VDE 0100-729 (VDE 0100-729)

Arbeitsbühnen .... DIN EN 61057 (VDE 0682-741)
DIN VDE 0682-742 (VDE 0682-742)

Arbeitsbühnen (Hub-)
zum Arbeiten unter Spannung .... E DIN IEC 61057 (VDE 0682-741)

Arbeitsköpfe, auswechselbare
zum Arbeiten unter Spannung .... DIN EN 60832-2 (VDE 0682-212)

Arbeitskörbe .... DIN EN 61057 (VDE 0682-741)

Arbeitsmittel
Organisation der Prüfung .... VDE-Schriftenreihe Band 120

Arbeitsmittelbestand .... VDE-Schriftenreihe Band 120

Arbeitsplatten, beheizte .... DIN EN 60335-2-49 (VDE 0700-49)
für den gewerblichen Gebrauch .... E DIN EN 60335-2-49/AB (VDE 0700-49/A1)

Arbeitsplatzgondeln .... DIN EN 50085-2-4 (VDE 0604-2-4)

Arbeitsplatzrechner
allgemeine Anforderungen .... DIN EN 60950-1 (VDE 0805-1)
DIN EN 60950-1/A12 (VDE 0805-1/A12)
E DIN EN 60950-1/A2 (VDE 0805-1/A2)

Arbeitsschutz
in elektrischen Anlagen .... VDE-Schriftenreihe Band 48

Arbeitsschutzbekleidung
isolierende Ärmel .... DIN EN 60984/A1 (VDE 0682-312/A1)
leitfähige .... DIN EN 60895 (VDE 0682-304)

Arbeitssicherheit .... DIN EN 60984 (VDE 0682-312)
DIN EN 60984/A11 (VDE 0682-312/A11)

Arbeitsstätten
elektrische Anlagen .... VDE-Schriftenreihe Band 61

Arbeitsstätten
elektrische Anlagen .... E DIN IEC 60364-7-718 (VDE 0100-718)
DIN VDE 0100-718 (VDE 0100-718)

Armaturen
für Fahrleitungsanlagen .... DIN VDE 0216 (VDE 0216)
für Freileitungen und Schaltanlagen
– Anforderungen und Prüfungen .... DIN EN 61284 (VDE 0212-1)
– Feuerverzinken .... DIN VDE 0212-54 (VDE 0212-54)
– Isolierverhalten .... DIN VDE 0212-55 (VDE 0212-55)
für kunststoffumhüllte Freileitungsseile .... DIN EN 50397-1 (VDE 0276-397-1)
DIN EN 50397-2 (VDE 0276-397-2)

Arm-zu-Arm-Methode
Prüfung von Schutzbekleidung .... E DIN EN 61340-4-9 (VDE 0300-4-9)

Artikelüberwachung, elektronische
elektromagnetische Felder
– Exposition von Personen .... DIN EN 50364 (VDE 0848-364)
DIN EN 62369-1 (VDE 0848-369-1)

Ärztehäuser
Blitzschutz .... Beiblatt 2 DIN EN 62305-3 (VDE 0185-305-3)

Arztpraxen
elektrische Anlagen .... VDE-Schriftenreihe Band 17
E DIN VDE 0100-710 (VDE 0100-710)
DIN VDE 0100-710 (VDE 0100-710)
Beiblatt 1 DIN VDE 0100-710 (VDE 0100-710)

Ast-Verfahren .... VDE-Schriftenreihe Band 110

Asynchron-Linearmotoren
Kurzstatortyp
– für Schienen- und Straßenfahrzeuge .... DIN EN 62520 (VDE 0115-404)

Atemalkohol-Konzentration
Begriffe .... DIN VDE 0405-1 (VDE 0405-1)

Atemalkohol-Messgeräte
beweissichere
– Anforderungen .... DIN VDE 0405-2 (VDE 0405-2)
– Prüfung mit Prüfgas .... DIN VDE 0405-4 (VDE 0405-4)
Messverfahren .... DIN VDE 0405-3 (VDE 0405-3)

Atemalkohol-Testgeräte
zur Mehrfachverwendung .... DIN EN 15964 (VDE 0406-10)

Atemgas-Überwachungsgeräte
Sicherheit und Leistungsmerkmale .... DIN EN ISO 21647 (VDE 0750-2-55)
E DIN ISO 80601-2-55 (VDE 0750-2-55)

Atomabsorptionsspektrometrie .... E DIN EN 62321-5 (VDE 0042-1-5)

Atomfluoreszenzspektrometrie .... E DIN EN 62321-5 (VDE 0042-1-5)

Audio-, Video- und ähnliche Geräte
elektromagnetische Verträglichkeit .... VDE-Schriftenreihe Band 16
Leistungsaufnahme .... DIN EN 62087 (VDE 0868-100)
Sicherheitsanforderungen .... DIN EN 60065 (VDE 0860)

Audioeinrichtungen
Sicherheitsanforderungen .... E DIN EN 62368 (VDE 0868-1)
Störaussendungen .... DIN EN 55103-1 (VDE 0875-103-1)
Störfestigkeit .... DIN EN 55103-2 (VDE 0875-103-2)

Audiogeräte
Leistungsaufnahme .... DIN EN 62087 (VDE 0868-100)

Audiogeräte
Sicherheitsanforderungen .... DIN EN 60065 (VDE 0860)
Stückprüfung in der Fertigung .... DIN EN 50514 (VDE 0805-514)
umweltbewusstes Design .... DIN EN 62075 (VDE 0806-2075)
E DIN EN 62075 (VDE 0806-2075)
zufällige Entzündung durch Kerzenflamme .... DIN CLC/TS 62441 (VDE V 0868-441)

Audioüberwachung
der Fahrgäste .... E DIN EN 62580-2 (VDE 0115-580-2)

Audioverstärker
Störfestigkeit .... Beiblatt 1 DIN EN 55020 (VDE 0872-20)

Audiovisuelle Einrichtungen
Störaussendungen .... DIN EN 55103-1 (VDE 0875-103-1)
Störfestigkeit .... DIN EN 55103-2 (VDE 0875-103-2)

Aufbauhämmer .... DIN EN 60745-2-6 (VDE 0740-2-6)

Aufboden-Installationskanal .... DIN EN 50085-2-2 (VDE 0604-2-2)

Aufforderungs-Sifa .... DIN VDE 0119-207-5 (VDE 0119-207-5)

Aufhängemittel
für Installationsgeräte .... DIN EN 60670-21 (VDE 0606-21)

Aufprallprüfungen
für Steckverbinder .... DIN EN 60512-7-1 (VDE 0687-512-7-1)

Aufzüge
flexible Steuerleitungen .... DIN EN 50214 (VDE 0283-2)

Augenchirurgie
Geräte zur Linsenentfernung und Glaskörperentfernung .. DIN EN 80601-2-58 (VDE 0750-2-58)

Ausblassicherungen
für Hochspannung .... E DIN IEC 60282-2 (VDE 0670-411)

Ausdehnungsstücke
für Blitzschutzsysteme .... DIN EN 50164-1 (VDE 0185-201)

Ausfallmanagement .... DIN EN 60300-3-11 (VDE 0050-5)

Ausfrieren von Rissen .... DIN EN 60068-2-38 (VDE 0468-2-38)

Ausgabegeräte für Waren .... DIN EN 60335-2-75 (VDE 0700-75)
E DIN EN 60335-2-75/AC (VDE 0700-75/A1)

Ausgleichsleiter .... DIN VDE 0618-1 (VDE 0618-1)

Ausleger-Drehkrane
elektrische Ausrüstung .... DIN EN 60204-32 (VDE 0113-32)

Auslegungsanforderungen
für Windenergieanlagen .... DIN EN 61400-1 (VDE 0127-1)

Auslösegeräte
für thermischen Schutz .... DIN EN 60947-8 (VDE 0660-302)
E DIN EN 60947-8/A2 (VDE 0660-302/A2)

Ausrüstungen
zum Arbeiten unter Spannung
– Konformitätsbewertung .... DIN EN 61318 (VDE 0682-120)
– Mindestanforderungen .... DIN EN 61477 (VDE 0682-130)

Ausschaltvermögen
von Niederspannungssicherungen .... DIN EN 60269-1 (VDE 0636-1)

Außenkabel
für Fernmelde- und Informationsverarbeitungsanlagen
– Isolierhülle aus Papier .... DIN VDE 0816-3 (VDE 0816-3)
– Isolierung aus Polyethylen .... E DIN VDE 0816-1/A1 (VDE 0816-1/A1)
E DIN VDE 0816-1/A2 (VDE 0816-1/A2)
gefüllt
– für Breitbandkommunikation .... E DIN IEC 62255-3 (VDE 0819-2003)
Lichtwellenleiter .... DIN VDE 0888-5 (VDE 0888-5)
ungefüllt
– für Breitbandkommunikation .... E DIN IEC 62255-2 (VDE 0819-2002)
von 5 MHz - 1 000 MHz
– Rahmenspezifikation .... DIN EN 50117-2-2 (VDE 0887-2-2)
von 5 MHz - 3 000 MHz
– Rahmenspezifikation .... DIN EN 50117-2-5 (VDE 0887-2-5)

Außenkabel (LWL-)
in Abwasserkanälen .... DIN EN 60794-3-40 (VDE 0888-340)
in Gasleitungen und Schächten .... DIN EN 60794-3-50 (VDE 0888-350)
in Trinkwasserleitungen .... DIN EN 60794-3-60 (VDE 0888-360)

Außenmaße
von Leitungen mit runden Kupferleitern .... DIN EN 60719 (VDE 0299-2)

Ausstellungsstätten
elektrische Anlagen .... E DIN IEC 60364-7-718 (VDE 0100-718)
DIN VDE 0100-711 (VDE 0100-711)
DIN VDE 0100-718 (VDE 0100-718)

Ausziehbarkeitsprüfung
von Kabeln und Leitungen .... DIN EN 50396 (VDE 0473-396)
E DIN EN 50396/AA (VDE 0473-396/AA)

Autobatterien
Maße .... DIN EN 50342-4 (VDE 0510-23)

Automatisch wiedereinschaltende Einrichtungen (ARD)
für Leitungsschutzschalter und Fehlerstrom-Schutzschalter ..... E DIN EN 50557 (VDE 0640-20)

Automatische Abschaltung .... VDE-Schriftenreihe Band 140
DIN VDE 0100-410 (VDE 0100-410)

Automatisierungsanlagen
ausgewählte Kenngrößen .... VDE-Schriftenreihe Band 101

Automatisierungsgeräte
elektrische, industrielle .... E DIN EN 61010-2-201 (VDE 0411-2-201)

Automatisierungsstationen
elektrische Sicherheit .... DIN EN 50491-3 (VDE 0849-3)

B

Backöfen
für den gewerblichen Gebrauch .... DIN EN 60335-2-36 (VDE 0700-36)
E DIN EN 60335-2-36/AA (VDE 0700-36/A1)
für den Hausgebrauch .... DIN EN 60335-2-6 (VDE 0700-6)
E DIN EN 60335-2-6/AC (VDE 0700-6/A36)
E DIN IEC 60335-2-6 (VDE 0700-6)

Bäder mit Wanne/Dusche
Errichten elektrischer Anlagen .... VDE-Schriftenreihe Band 67A

Baderäume ... DIN VDE 0100-701 (VDE 0100-701)

Badewanne
Räume mit ... DIN VDE 0100-701 (VDE 0100-701)

Badezimmer
elektrische Anlagen ... DIN VDE 0100-701 (VDE 0100-701)

Bahnanwendungen
Allgemeine Bau- und Schutzbestimmungen ... DIN VDE 0115-1 (VDE 0115-1)
Anwendungsleitfaden für EN 50129 ... Beiblatt 1 DIN EN 50129 (VDE 0831-129)
automatischer Personennahverkehr (AUGT) ... DIN EN 62267 (VDE 0831-267)
– Gefährdungsanalyse ... Beiblatt 1 DIN EN 62267 (VDE 0831-267)
Bahnenergieversorgung und Bahnfahrzeuge
– Koordination ... E DIN EN 50388 (VDE 0115-606)
DIN EN 50388 (VDE 0115-606)
Bahnfahrzeuge
– Betriebsmittel ... DIN EN 50125-1 (VDE 0115-108-1)
DIN EN 50125-2 (VDE 0115-108-2)
DIN EN 61377-2 (VDE 0115-403-2)
– Drosselspulen ... DIN CLC/TS 50537-4 (VDE V 0115-537-4)
DIN EN 60310 (VDE 0115-420)
– elektrische Betriebsmittel ... DIN EN 50124-1 (VDE 0115-107-1)
DIN EN 60077-1 (VDE 0115-460-1)
– elektrische Steckverbinder ... DIN CLC/TS 50467 (VDE V 0115-490)
– elektronische Einrichtungen ... DIN EN 50311 (VDE 0115-450)
– elektrotechnische Bauteile ... DIN EN 60077-2 (VDE 0115-460-2)
– Fahrfähigkeit im Brandfall ... E DIN EN 50553 (VDE 0115-553)
– Kabel und Leitungen ... DIN EN 50305 (VDE 0260-305)
DIN EN 50306-1 (VDE 0260-306-1)
DIN EN 50306-2 (VDE 0260-306-2)
DIN EN 50306-3 (VDE 0260-306-3)
DIN EN 50306-4 (VDE 0260-306-4)
DIN EN 50355 (VDE 0260-355)
– Kompatibilität mit Achszählern ... DIN CLC/TS 50238-3 (VDE V 0831-238-3)
– Kompatibilität mit Gleisstromkreisen ... DIN CLC/TS 50238-2 (VDE V 0831-238-2)
– Leistungsschalter ... DIN EN 60077-4 (VDE 0115-460-4)
– Leistungswiderstände ... DIN EN 60322 (VDE 0115-440)
– Prüfungen ... DIN EN 50215 (VDE 0115-101)
– Stromabnehmer ... DIN CLC/TS 50206-3 (VDE V 0115-500-3)
– Stromrichter ... DIN EN 61287-1 (VDE 0115-410)
– Transformatoren ... DIN CLC/TS 50537-4 (VDE V 0115-537-4)
DIN EN 60310 (VDE 0115-420)
– Wechselstrommotoren ... DIN EN 61377-1 (VDE 0115-403-1)
Bahnnetze
– Speisespannungen ... DIN EN 50163 (VDE 0115-102)
Betriebsleit- und Zugsicherungssysteme
– für städtischen Personennahverkehr ... DIN EN 62290-1 (VDE 0831-290-1)
E DIN EN 62290-2 (VDE 0831-290-2)
Betriebsmittel auf Bahnfahrzeugen
– Kondensatoren für Leistungselektronik ... DIN EN 61881-1 (VDE 0115-430-1)
E DIN IEC 61881-2 (VDE 0115-430-2)
E DIN IEC 61881-3 (VDE 0115-430-3)
– Schwingen und Schocken ... DIN EN 61373 (VDE 0115-106)
bordinterne Multimediasysteme
– allgemeine Architektur ... E DIN IEC 62580-1 (VDE 0115-580)
– Videoüberwachung/CCTV ... E DIN EN 62580-2 (VDE 0115-580-2)

Bahnanwendungen

Bordnetzversorgungssysteme
– Batterien .... E DIN EN 50547 (VDE 0115-547)
Brandschutz in Schienenfahrzeugen .... DIN CLC/TS 45545-5 (VDE V 0115-545)
Datenverarbeitungssysteme .... Beiblatt 1 DIN EN 50129 (VDE 0831-129)
DIN EN 50159 (VDE 0831-159)
Drehstrom-Bordnetz-Spannung .... E DIN EN 50533 (VDE 0115-533)
elektrische Bordnetze
– generische Systemarchitekturen .... DIN CLC/TS 50534 (VDE V 0115-534)
– zur Hilfsbetriebeversorgung .... DIN CLC/TS 50534 (VDE V 0115-534)
elektrische Sicherheit .... DIN EN 50122-1 (VDE 0115-3)
DIN EN 50122-3 (VDE 0115-5)
elektrische Sicherheit und Erdung .... DIN EN 50122-2 (VDE 0115-4)
elektrischer Zugbetrieb
– Rillenfahrdrähte .... E DIN EN 50149 (VDE 0115-602)
elektromagnetische Verträglichkeit
– Allgemeines .... DIN EN 50121-1 (VDE 0115-121-1)
– Bahnfahrzeuge - Geräte .... DIN EN 50121-3-2 (VDE 0115-121-3-2)
– ortsfeste Anlagen und Bahnenergieversorgung .... DIN EN 50121-5 (VDE 0115-121-5)
– Signal- und Telekommunikationseinrichtungen .... DIN EN 50121-4 (VDE 0115-121-4)
– Störaussendungen des Bahnsystems .... DIN EN 50121-2 (VDE 0115-121-2)
– Zug und gesamtes Fahrzeug .... DIN EN 50121-3-1 (VDE 0115-121-3-1)
Energiemessung auf Bahnfahrzeugen .... DIN EN 50463 (VDE 0115-480)
– Allgemeines .... E DIN EN 50463-1 (VDE 0115-480-1)
– Datenbehandlung .... E DIN EN 50463-3 (VDE 0115-480-3)
– Kommunikation .... E DIN EN 50463-4 (VDE 0115-480-4)
– Konformitätsbewertung .... E DIN EN 50463-5 (VDE 0115-480-5)
– Messfunktion .... E DIN EN 50463-2 (VDE 0115-480-2)
Europäisches Leitsystem für den Schienenverkehr
– ERTMS/ETCS/GSM-R-Informationen .... DIN CLC/TS 50459-1 (VDE V 0831-459-1)
– ERTMS/ETCS/GSM-R-Systeme .... DIN CLC/TS 50459-4 (VDE V 0831-459-4)
– ERTMS/ETCS-Informationen .... DIN CLC/TS 50459-2 (VDE V 0831-459-2)
– ERTMS/GSM-R-Informationen .... DIN CLC/TS 50459-3 (VDE V 0831-459-3)
– Mensch-Maschine-Schnittstelle .... DIN CLC/TS 50459-5 (VDE V 0831-459-5)
DIN CLC/TS 50459-6 (VDE V 0831-459-6)
fahrgastorientierte Dienste .... E DIN IEC 62580-1 (VDE 0115-580)
Fahrzeuge
– elektrische Ausrüstung in O-Bussen .... DIN CLC/TS 50502 (VDE V 0115-502)
– elektrische Steckverbinder .... DIN CLC/TS 50467 (VDE V 0115-490)
Funkfernsteuerung von Triebfahrzeugen .... DIN EN 50239 (VDE 0831-239)
Beiblatt 1 DIN EN 50239 (VDE 0831-239)
Gleichstrom-Bahnanlagen
– Mess-, Steuer- und Schutzeinrichtungen .... DIN EN 50123-7-1 (VDE 0115-300-7-1)
DIN EN 50123-7-2 (VDE 0115-300-7-2)
DIN EN 50123-7-3 (VDE 0115-300-7-3)
Gleichstrom-Schalteinrichtungen .... DIN EN 50123-1 (VDE 0115-300-1)
DIN EN 50123-6 (VDE 0115-300-6)
– Gleichstrom-Leistungsschalter .... DIN EN 50123-2 (VDE 0115-300-2)
– Niederspannungsbegrenzer und Überspannungsableiter . DIN EN 50123-5 (VDE 0115-300-5)
– Trennschalter .... DIN EN 50123-3 (VDE 0115-300-3)
Haupttransformatoren
– Buchholzrelais .... DIN CLC/TS 50537-4 (VDE V 0115-537-4)
– Hochspannungsdurchführung .... DIN CLC/TS 50537-1 (VDE V 0115-537-1)
– Pumpe für Isolierflüssigkeiten .... DIN CLC/TS 50537-2 (VDE V 0115-537-2)
– Wasserpumpe für Traktionsumrichter .... DIN CLC/TS 50537-3 (VDE V 0115-537-3)

Bahnanwendungen

Hochtemperaturkabel und -leitungen
– für Schienenfahrzeuge .... DIN EN 50382-1 (VDE 0260-382-1)
DIN EN 50382-2 (VDE 0260-382-2)

Isolationskoordination
– Kriech- und Luftstrecken .... DIN EN 50124-1 (VDE 0115-107-1)
– Schutzmaßnahmen bei Überspannungen .... DIN EN 50124-2 (VDE 0115-107-2)
Lasttrennschalter, Trennschalter und -Erdungsschalter .... DIN EN 50123-4 (VDE 0115-300-4)
ortsfeste Anlagen
– Bahn-Transformatoren .... DIN EN 50329 (VDE 0115-329)
– elektrische Sicherheit .... DIN EN 50122-3 (VDE 0115-5)
– elektrischer Zugbetrieb .... DIN EN 50119 (VDE 0115-601)
E DIN EN 50149 (VDE 0115-602)
DIN EN 50345 (VDE 0115-604)
– Fahroberleitungen .... Beiblatt 1 DIN EN 50119 (VDE 0115-601)
DIN EN 50119 (VDE 0115-601)
DIN EN 50317 (VDE 0115-503)
DIN EN 50318 (VDE 0115-504)
DIN EN 50345 (VDE 0115-604)
– leistungselektronische Stromrichter .... DIN EN 50328 (VDE 0115-328)
– Schutzmaßnahmen .... DIN EN 50122-2 (VDE 0115-4)
– Schutzmaßnahmen gegen elektrischen Schlag .... DIN EN 50122-1 (VDE 0115-3)
– Sicherheit in der Bahnstromversorgung .... DIN CLC/TS 50562 (VDE V 0115-562)
– Störaussendung und Störfestigkeit .... DIN EN 50121-5 (VDE 0115-121-5)
– Stromrichtergruppen .... DIN EN 50327 (VDE 0115-327)
– Überspannungsableiter .... E DIN EN 50526-1 (VDE 0115-526-1)
– Verbundisolatoren .... DIN EN 50151 (VDE 0115-603)
personalorientierte Dienste .... E DIN IEC 62580-1 (VDE 0115-580)
Schienenfahrzeuge
– elektronische Einrichtungen .... DIN EN 50155 (VDE 0115-200)
Schutzmaßnahmen gegen elektrische Gefahren .... DIN EN 50153 (VDE 0115-2)
Signaltechnik .... DIN EN 50129 (VDE 0831-129)
Beiblatt 1 DIN EN 50129 (VDE 0831-129)
DIN EN 50159 (VDE 0831-159)
Software für Steuerungs- und Überwachungssysteme .... DIN EN 50128 (VDE 0831-128)
E DIN EN 50128 (VDE 0831-128)
Speisespannungen von Bahnnetzen .... DIN EN 50163/A1 (VDE 0115-102/A1)
Starkstrom- und Steuerleitungen
– mit verbessertem Brandverhalten .... DIN EN 50264-1 (VDE 0260-264-1)
DIN EN 50264-2-1 (VDE 0260-264-2-1)
DIN EN 50264-2-2 (VDE 0260-264-2-2)
DIN EN 50264-3-1 (VDE 0260-264-3-1)
DIN EN 50264-3-2 (VDE 0260-264-3-2)
Steuereinrichtungen .... DIN EN 50123-1 (VDE 0115-300-1)
Störaussendung des Systems .... DIN EN 50121-2 (VDE 0115-121-2)
Stromabnahmesysteme .... E DIN EN 50317 (VDE 0115-503)
DIN EN 50317/A2 (VDE 0115-503/A2)
DIN EN 50405 (VDE 0115-501)

Stromabnehmer
– für Vollbahnfahrzeuge .... DIN EN 50317 (VDE 0115-503)
DIN EN 50318 (VDE 0115-504)

Stromabnehmer und Oberleitung
– Zusammenwirken .... DIN EN 50317/A1 (VDE 0115-503/A1)
DIN EN 50317/A2 (VDE 0115-503/A2)
E DIN EN 50367 (VDE 0115-605)
DIN EN 50367 (VDE 0115-605)

Bahnanwendungen
Stromrichtergruppen
– Bemessungswerte und Prüfungen .... DIN EN 50327 (VDE 0115-327)
Telekommunikationstechnik .... Beiblatt 1 DIN EN 50129 (VDE 0831-129)
DIN EN 50159 (VDE 0831-159)
Überspannungsableiter .... E DIN EN 50526-1 (VDE 0115-526-1)
Übertragungssysteme
– sicherheitsrelevante Kommunikation .... DIN EN 50159 (VDE 0831-159)
Videoüberwachung .... E DIN IEC 62580-1 (VDE 0115-580)
wartungspersonalorientierte Dienste .... E DIN IEC 62580-1 (VDE 0115-580)
Wechselstrom-Schalteinrichtungen
– Erdungs-, Last- und Trennschalter .... DIN EN 50152-2 (VDE 0115-320-2)
– Leistungsschalter .... DIN EN 50152-1 (VDE 0115-320-1)
– Mess-, Steuer- und Schutzeinrichtungen .... DIN EN 50152-3-1 (VDE 0115-320-3-1)
– Spannungswandler .... DIN EN 50152-3-3 (VDE 0115-320-3-3)
– Stromwandler .... DIN EN 50152-3-2 (VDE 0115-320-3-2)
zugbetreiberorientierte Dienste .... E DIN IEC 62580-1 (VDE 0115-580)

Bahn-Autotransformatoren .... DIN EN 50329 (VDE 0115-329)

Bahnen
elektrische
– Betriebsmittel auf Bahnfahrzeugen .... DIN EN 50125-1 (VDE 0115-108-1)
DIN EN 50125-2 (VDE 0115-108-2)
– Instandhaltbarkeit, Sicherheit, Zuverlässigkeit .... DIN EN 50126 (VDE 0115-103)
– Schutzmaßnahmen gegen elektrische Gefahren .... DIN EN 50153 (VDE 0115-2)
elektrische Sicherheit und Erdung .... DIN EN 50122-2 (VDE 0115-4)
Maßnahmen gegen Funkstörungen .... DIN 57873-2 (VDE 0873-2)

Bahnenergieversorgung
Interoperabilität .... E DIN EN 50388 (VDE 0115-606)
DIN EN 50388 (VDE 0115-606)
Störaussendung und Störfestigkeit .... DIN EN 50121-5 (VDE 0115-121-5)

Bahnfahrzeuge
Betriebsmittel
– Kondensatoren für Leistungselektronik .... DIN EN 61881-1 (VDE 0115-430-1)
E DIN IEC 61881-2 (VDE 0115-430-2)
E DIN IEC 61881-3 (VDE 0115-430-3)
– Prüfungen für Schwingen und Schocken .... DIN EN 61373 (VDE 0115-106)
Buchholzrelais
– für Transformatoren und Drosselspulen .... DIN CLC/TS 50537-4 (VDE V 0115-537-4)
drehende elektrische Maschinen
– außer umrichtergespeiste Wechselstrommotoren .... DIN EN 60349-1 (VDE 0115-400-1)
– umrichtergespeiste Wechselstrommotoren .... DIN EN 60349-2 (VDE 0115-400-2)
Drehstrom-Bordnetz .... E DIN EN 50533 (VDE 0115-533)
Drosselspulen .... DIN CLC/TS 50537-4 (VDE V 0115-537-4)
DIN EN 60310 (VDE 0115-420)
elektrische Betriebsmittel
– Allgemeine Betriebsbedingungen .... DIN EN 60077-1 (VDE 0115-460-1)
elektrische Steckverbinder
– Bestimmungen und Prüfverfahren .... DIN CLC/TS 50467 (VDE V 0115-490)
elektronische Einrichtungen .... DIN EN 50155 (VDE 0115-200)
elektrotechnische Bauteile .... DIN EN 60077-2 (VDE 0115-460-2)
DIN EN 60077-3 (VDE 0115-460-3)
– AC-Leistungsschalter .... DIN EN 60077-4 (VDE 0115-460-4)
– Hochspannungssicherungen .... DIN EN 60077-5 (VDE 0115-460-5)
Energiemessung .... DIN EN 50463 (VDE 0115-480)
– Allgemeines .... E DIN EN 50463-1 (VDE 0115-480-1)
– Datenbehandlung .... E DIN EN 50463-3 (VDE 0115-480-3)

Bahnfahrzeuge
– Kommunikation .... E DIN EN 50463-4 (VDE 0115-480-4)
– Konformitätsbewertung .... E DIN EN 50463-5 (VDE 0115-480-5)
– Messfunktion .... E DIN EN 50463-2 (VDE 0115-480-2)
Fahrfähigkeit im Brandfall .... E DIN EN 50553 (VDE 0115-553)
Fertigstellung
– Prüfung .... DIN EN 50215 (VDE 0115-101)
Geräte
– Störaussendung und Störfestigkeit .... DIN EN 50121-3-2 (VDE 0115-121-3-2)
Indienststellung
– Prüfung .... DIN EN 50215 (VDE 0115-101)
Installation von Leitungen .... DIN EN 50343 (VDE 0115-130)
Isolationskoordination .... DIN EN 50124-1 (VDE 0115-107-1)
Kompatibilität mit Achszählern .... DIN CLC/TS 50238-3 (VDE V 0831-238-3)
Kompatibilität mit Gleisfreimeldesystemen .... DIN EN 50238 (VDE 0831-238)
Kompatibilität mit Gleisstromkreisen .... DIN CLC/TS 50238-2 (VDE V 0831-238-2)
Koordination mit Bahnenergieversorgung .... E DIN EN 50388 (VDE 0115-606)
DIN EN 50388 (VDE 0115-606)
Kühlungseinrichtungen für Umrichter .... DIN CLC/TS 50537-3 (VDE V 0115-537-3)
Prüfung von Stromabnehmern .... DIN EN 50206-2 (VDE 0115-500-2)
Prüfungen
– nach Fertigstellung und Indienststellung .... DIN EN 50215 (VDE 0115-101)
Störaussendung und Störfestigkeit .... DIN EN 50121-3-1 (VDE 0115-121-3-1)
Stromabnehmer
– für Stadtbahnen und Straßenbahnen .... DIN EN 50206-2 (VDE 0115-500-2)
– für Vollbahnfahrzeuge .... DIN EN 50206-1 (VDE 0115-500-1)
– Schnittstelle zum Fahrzeug .... DIN CLC/TS 50206-3 (VDE V 0115-500-3)
Stromrichter
– Eigenschaften und Prüfverfahren .... DIN EN 61287-1 (VDE 0115-410)
Transformatoren .... DIN CLC/TS 50537-4 (VDE V 0115-537-4)
DIN EN 60310 (VDE 0115-420)
Wechselstrommotoren
– Kombinierte Prüfung .... DIN EN 61377-1 (VDE 0115-403-1)
DIN EN 61377-3 (VDE 0115-403-3)

Bahnhöfe
elektrische Anlagen .... E DIN IEC 60364-7-718 (VDE 0100-718)
DIN VDE 0100-718 (VDE 0100-718)

Bahnleitungen .... DIN EN 50305 (VDE 0260-305)
DIN EN 50306-1 (VDE 0260-306-1)
DIN EN 50306-2 (VDE 0260-306-2)
DIN EN 50306-3 (VDE 0260-306-3)
DIN EN 50306-4 (VDE 0260-306-4)

Bahnnetze
Gleichstrom-Schalteinrichtungen
– Lasttrennschalter, Trennschalter und -Erdungsschalter .... DIN EN 50123-4 (VDE 0115-300-4)
– Niederspannungsbegrenzer und Überspannungsableiter . DIN EN 50123-5 (VDE 0115-300-5)
– Trennschalter .... DIN EN 50123-3 (VDE 0115-300-3)
Speisespannungen .... DIN EN 50163 (VDE 0115-102)
DIN EN 50163/A1 (VDE 0115-102/A1)

Bahnsignalanlagen
elektrische .... DIN VDE 0831 (VDE 0831)
Isolationskoordination .... DIN EN 50124-1 (VDE 0115-107-1)

Bahn-Signalanlagen
Risikoanalyse technischer Funktionen .... DIN V VDE V 0831-101 (VDE V 0831-101)
Sicherheitsmängel .... DIN V VDE V 0831-100 (VDE V 0831-100)

Bahn-Stromrichtertransformatoren .... DIN EN 50329 (VDE 0115-329)
Bahnstromversorgungsleitungen .... DIN VDE 0228-3 (VDE 0228-3)
Bahntransformatoren .... DIN EN 50329 (VDE 0115-329)
Bahnumgebung
magnetische Felder
– Exposition von Personen .... DIN EN 50500 (VDE 0115-500)
Bajonett-Lampenfassungen .... DIN EN 61184 (VDE 0616-2)
Ballwurfsichere Leuchten .... DIN 57710-13 (VDE 0710-13)
Bandbreite
von Lichtwellenleitern
– Messmethoden und Prüfverfahren .... DIN EN 60793-1-41 (VDE 0888-241)
Bandbreitenerweiterung
für Rundfunksignale in FTTH-Systemen .... E DIN IEC 60728-13-1 (VDE 0855-13-1)
Bänder, selbstklebende
aus Zellulosepapier .... DIN EN 60454-3-4 (VDE 0340-3-4)
Bandkabel (LWL-)
zur Innenverlegung .... DIN EN 60794-2-30 (VDE 0888-118)
DIN EN 60794-2-31 (VDE 0888-12)
E DIN IEC 60794-2-31 (VDE 0888-12)
Bandsägen
handgeführt, motorbetrieben .... DIN EN 60745-2-20 (VDE 0740-2-20)
tragbar, motorbetrieben .... DIN EN 61029-2-5 (VDE 0740-505)
transportabel, motorbetrieben .... E DIN EN 61029-2-5 (VDE 0740-505)
Bandschleifer
handgeführt, motorbetrieben .... DIN EN 60745-2-4 (VDE 0740-2-4)
E DIN EN 60745-2-4/AA (VDE 0740-2-4/AA)
Barbecue-Grillgeräte
zur Verwendung im Freien .... DIN EN 60335-2-78 (VDE 0700-78)
Basisgrenzwerte
elektromagnetische Felder
– Exposition von Personen .... DIN EN 62311 (VDE 0848-211)
– von Geräten kleiner Leistung .... DIN EN 62479 (VDE 0848-479)
Basisschutz
gegen direktes Berühren .... VDE-Schriftenreihe Band 140
DIN VDE 0100-410 (VDE 0100-410)
Basissicherheit
von ME-Geräten und ME-Systemen .... E DIN EN 60601-1-2 (VDE 0750-1-2)
Batterie- und Ladeteile
für Elektrofahrzeuge .... DIN EN 61851-22 (VDE 0122-2-2)
Batterieanlagen
ortsfeste .... DIN EN 50272-2 (VDE 0510-2)
Sicherheitsinformationen .... DIN EN 50272-1 (VDE 0510-1)
Batteriegriffe
von Blei-Starterbatterien .... DIN EN 50342-5 (VDE 0510-24)
Batteriekästen
von Blei-Starterbatterien .... DIN EN 50342-5 (VDE 0510-24)
Batterieladegeräte
für den Hausgebrauch .... DIN EN 60335-2-29 (VDE 0700-29)
Steckvorrichtungen für Kraftfahrzeuge .... DIN EN 50066 (VDE 0625-10)

Batterieladeregler
(Photovoltaik-) .... E DIN IEC 82/445/NP (VDE 0126-15)

Batterien
Antriebs- für Elektrofahrzeuge .... DIN EN 50272-3 (VDE 0510-3)
DIN VDE 0510-7 (VDE 0510-7)
für Bordnetzversorgungssysteme .... E DIN EN 50547 (VDE 0115-547)
für Eisenbahnfahrzeuge .... DIN VDE 0119-206-4 (VDE 0119-206-4)
für tragbare Geräte .... DIN EN 50272-4 (VDE 0510-104)
E DIN IEC 62133 (VDE 0510-8)
mit wässrigem Elektrolyt .... DIN EN 60086-5 (VDE 0509-5)
– Sicherheit .... DIN EN 60086-5 (VDE 0509-5)
Sicherheitsinformationen .... DIN EN 50272-1 (VDE 0510-1)
wiederaufladbare .... DIN EN 50272-4 (VDE 0510-104)

Bauarteignung
photovoltaischer Inselsysteme .... DIN EN 62124 (VDE 0126-20-1)

Baueinheiten
ortsveränderliche oder transportable .... DIN VDE 0100-717 (VDE 0100-717)

Bauelemente
elektrostatisch empfindliche
– Zweipunkt-Widerstandsmessung .... E DIN EN 61340-4-10 (VDE 0300-4-10)
für Überspannungsschutzgeräte
– Gasentladungsableiter .... E DIN EN 61643-311 (VDE 0845-5-11)
E DIN EN 61643-312 (VDE 0845-5-12)
E DIN EN 61643-313 (VDE 0845-5-13)
sicherheitsbezogene .... DIN EN 61643-321 (VDE 0845-5-2)
DIN EN 61643-341 (VDE 0845-5-4)
DIN VDE 0800-8 (VDE 0800-8)
DIN VDE 0800-9 (VDE 0800-9)

Bauelemente, elektronische
Schutz gegen elektrostatische Phänomene .... E DIN EN 61340-5-1 (VDE 0300-5-1)
Beiblatt 1 DIN EN 61340-5-1 (VDE 0300-5-1)
DIN EN 61340-5-1 (VDE 0300-5-1)
DIN EN 61340-5-3 (VDE 0300-5-3)

Bauelemente, optoelektronische
Optokoppler .... DIN EN 60747-5-5 (VDE 0884-5)
E DIN EN 60747-5-5/A1 (VDE 0884-5/A1)

Bauelementeprüfung
Human Body Model (HBM) .... DIN EN 61340-3-1 (VDE 0300-3-1)

Bauernhöfe
elektrische Anlagen .... DIN VDE 0100-705 (VDE 0100-705)

Baugruppenträger
Umweltanforderungen und Sicherheitsaspekte .... E DIN EN 61587-1 (VDE 0687-587-1)

Baukästen
Spielzeug-, elektrische .... DIN EN 62115 (VDE 0700-210)
E DIN EN 62115/A2 (VDE 0700-210/A1)
E DIN EN 62115/AA (VDE 0700-210/A2)

Bauliche Anlagen
Blitzschutz
– allgemeine Grundsätze .... DIN EN 62305-1 (VDE 0185-305-1)
– elektrische/elektronische Systeme .... DIN EN 62305-4 (VDE 0185-305-4)
– gegen physikalische Schäden .... DIN EN 62305-3 (VDE 0185-305-3)
– Risiko-Management .... Beiblatt 2 DIN EN 62305-2 (VDE 0185-305-2)
– Wartung von Blitzschutzsystemen .... Beiblatt 3 DIN EN 62305-3 (VDE 0185-305-3)

Bauliche Anlagen
für Menschenansammlungen
– Niederspannungsanlagen .... DIN VDE 0100-718 (VDE 0100-718)

Baustellen
elektrische Anlagen .... VDE-Schriftenreihe Band 42
Errichtung von Niederspannungsanlagen .... DIN VDE 0100-704 (VDE 0100-704)
Leitungstrossen .... DIN VDE 0250-813 (VDE 0250-813)

Baustellen-Signalanlagen .... DIN EN 50293 (VDE 0832-200)
DIN EN 50556 (VDE 0832-100)

Baustellentransformatoren .... DIN EN 61558-2-23 (VDE 0570-2-23)

Baustoffe
brennbare .... DIN VDE 0100-482 (VDE 0100-482)

Baustromverteiler .... VDE-Schriftenreihe Band 42
DIN EN 60439-4 (VDE 0660-501)
E DIN EN 61439-4 (VDE 0660-600-4)
DIN VDE 0100-704 (VDE 0100-704)

Bauteileprüfung
unter Einwirkung von Sonnenstrahlung .... DIN EN 60068-2-5 (VDE 0468-2-5)

Bauten, fliegende
elektrische Anlagen .... DIN VDE 0100-740 (VDE 0100-740)

Bauwesen
gebäudeintegrierte Photovoltaik .... E DIN VDE 0126-21 (VDE 0126-21)

Bedien- und Anzeigeeinrichtungen
von Alarmübertragungsanlagen .... DIN CLC/TS 50136-4 (VDE V 0830-5-4)

Bedienen
von elektrischen Anlagen .... DIN EN 50110-1 (VDE 0105-1)
– allgemeine Festlegungen .... DIN VDE 0105-100 (VDE 0105-100)

Bedienteile
manuell betätigte .... DIN EN 60447 (VDE 0196)
von Maschinen .... DIN EN 61310-1 (VDE 0113-101)
– Anordnung und Betrieb .... DIN EN 61310-3 (VDE 0113-103)

Bedienungsgänge
in elektrischen Betriebsstätten .... DIN VDE 0100-729 (VDE 0100-729)

Beeinflussung
von Fernmeldeanlagen durch Starkstromanlagen
– Gleichstrom-Bahnanlagen .... DIN VDE 0228-4 (VDE 0228-4)

Beeinflussung, gegenseitige
von Wechsel- und Gleichstrombahnsystemen .... DIN EN 50122-3 (VDE 0115-5)

Befestigungs- und Kontaktiereinrichtung (BKE)
für elektronische Haushaltszähler (eHZ) .... DIN V VDE V 0603-5 (VDE V 0603-5)

Befeuerung von Flugplätzen
Andockführungssystem (A-VDGS) .... DIN EN 50512 (VDE 0161-110)
Konstantstromregler .... DIN EN 61822 (VDE 0161-100)
Konstantstrom-Serienkreise .... DIN EN 61821 (VDE 0161-103)
E DIN IEC 61821 (VDE 0161-103)
Serienstromkreis entkoppelte sekundärseitige Versorgungssyteme
– für Leuchtmittel .... DIN VDE V 0161-11 (VDE V 0161-11)

Begegnungsstätten
elektrische Anlagen .... E DIN IEC 60364-7-718 (VDE 0100-718)

Begleitheizungen, elektrische
für industrielle und gewerbliche Zwecke .... DIN EN 62395-1 (VDE 0721-52)

Beherbergungsstätten
elektrische Anlagen .... DIN VDE 0100-718 (VDE 0100-718)

Bekleidungsstoffe
schwer entflammbare
– Bestimmung der Lichtbogenkennwerte
(ATPV oder EBT) .... DIN EN 61482-1-1 (VDE 0682-306-1-1)

Belastbarkeit
von elektrischen Isoliersystemen .... DIN EN 62068-1 (VDE 0302-91)

Belastungsprüfung
an Freileitungstragwerken .... DIN EN 60652 (VDE 0210-15)
von Kabeln und Leitungen .... DIN EN 50396 (VDE 0473-396)
E DIN EN 50396/AA (VDE 0473-396/AA)

Beleuchtung
digital adressierbare Schnittstelle
– allgemeine Anforderungen .... DIN EN 62386-101 (VDE 0712-0-101)
DIN EN 62386-102 (VDE 0712-0-102)
E DIN EN 62386-103 (VDE 0712-0-103)
– Betriebsgeräte .... DIN EN 62386-102 (VDE 0712-0-102)
DIN EN 62386-201 (VDE 0712-0-201)
DIN EN 62386-202 (VDE 0712-0-202)
DIN EN 62386-203 (VDE 0712-0-203)
DIN EN 62386-204 (VDE 0712-0-204)
E DIN IEC 62386-210 (VDE 0712-0-210)
– Entladungslampen .... DIN EN 62386-203 (VDE 0712-0-203)
– Farbsteuerung .... E DIN EN 62386-209 (VDE 0712-0-209)
– LED-Module (Gerätetyp 6) .... DIN EN 62386-207 (VDE 0712-0-207)
– Leuchtstofflampen (Gerätetyp 0) .... DIN EN 62386-201 (VDE 0712-0-201)
– Niedervolt-Halogenlampen .... DIN EN 62386-204 (VDE 0712-0-204)
– Notbeleuchtung mit Einzelbatterie .... DIN EN 62386-202 (VDE 0712-0-202)
– Schaltfunktion (Gerätetyp 7) .... DIN EN 62386-208 (VDE 0712-0-208)
– System .... DIN EN 62386-101 (VDE 0712-0-101)
– Umwandlung digitales Signal in Gleichspannung .... DIN EN 62386-206 (VDE 0712-0-206)
– Versorgungsspannungsregler für Glühlampen .... DIN EN 62386-205 (VDE 0712-0-205)
LED-Module .... DIN EN 62031 (VDE 0715-5)
E DIN IEC 62031/A1 (VDE 0715-5/A1)
von Rettungswegen .... DIN EN 50172 (VDE 0108-100)

Beleuchtung von Flugplätzen
Andockführungssystem (A-VDGS) .... DIN EN 50512 (VDE 0161-110)
Konstantstromregler .... DIN EN 61822 (VDE 0161-100)
Konstantstrom-Serienkreise .... DIN EN 61821 (VDE 0161-103)

Beleuchtungsanlagen
(Halogen-) mit Kleinspannung .... VDE-Schriftenreihe Band 75
Errichtung .... E DIN VDE 0100-559 (VDE 0100-559)
DIN VDE 0100-559 (VDE 0100-559)
für Rettungswege .... DIN V VDE V 0108-100 (VDE V 0108-100)
im Freien .... E DIN VDE 0100-714 (VDE 0100-714)
DIN VDE 0100-714 (VDE 0100-714)
Kleinspannungs- .... E DIN VDE 0100-715 (VDE 0100-715)
DIN VDE 0100-715 (VDE 0100-715)

Beleuchtungseinrichtungen
elektromagnetische Felder
– Exposition von Personen .... DIN EN 62493 (VDE 0848-493)
elektromagnetische Verträglichkeit .... VDE-Schriftenreihe Band 16

Beleuchtungseinrichtungen
EMV-Störfestigkeitsanforderungen .... DIN EN 61547 (VDE 0875-15-2)
Funk-Entstörung .... DIN EN 60968 (VDE 0715-6)
Funkstöreigenschaften
– Grenzwerte und Messverfahren .... DIN EN 55015 (VDE 0875-15-1)
E DIN EN 55015 (VDE 0875-15-1)

Beleuchtungssysteme
Kleinspannung .... DIN EN 60598-2-23 (VDE 0711-2-23)

Beleuchtungstechnik
Grundlagen .... VDE-Schriftenreihe Band 75

Bemessung
drehender elektrischer Maschinen .... DIN EN 60034-1 (VDE 0530-1)

Bemessungsisolationspegel .... DIN EN 60071-1 (VDE 0111-1)

Bemessungsisolationsspannung
von Betriebsmitteln .... E DIN IEC 60664-2-1 (VDE 0110-2-1)

Bemessungs-Kurzzeit-Wechselspannungen .... DIN EN 60071-1 (VDE 0111-1)

Bemessungsstoßspannungen .... DIN EN 60071-1 (VDE 0111-1)

Bemessungsströme
IEC-Normwerte .... DIN EN 60059 (VDE 0175-2)

Bemessungswerte
von Niederspannungssicherungen .... DIN EN 60269-1 (VDE 0636-1)
von Stromrichtergruppen .... DIN EN 50327 (VDE 0115-327)

Berechnung
von Kurzschlussströmen .... VDE-Schriftenreihe Band 118
E DIN IEC 60865-1 (VDE 0103)
– bei generatornahem Kurzschluss .... Beiblatt 1 DIN EN 60909-0 (VDE 0102)
– in Drehstromnetzen .... Beiblatt 1 DIN EN 60909-0 (VDE 0102)
DIN EN 60909-0 (VDE 0102)
Beiblatt 3 DIN EN 60909-0 (VDE 0102)
– in einem Mittelspannungsnetz .... Beiblatt 1 DIN EN 60909-0 (VDE 0102)
– in einem Niederspannungsnetz .... Beiblatt 1 DIN EN 60909-0 (VDE 0102)
von Spannungsabfällen .... VDE-Schriftenreihe Band 118

Berechnungshilfe
Schadensrisiko für bauliche Anlagen .... E DIN EN 62305-2 (VDE 0185-305-2)
DIN EN 62305-2 (VDE 0185-305-2)

Bereiche
explosionsgefährdete .... DIN EN 60079-10-1 (VDE 0165-101)
gasexplosionsgefährdete .... DIN EN 60079-10-1 (VDE 0165-101)
mit brennbarem Staub
– Eigensicherheit "iD" .... DIN EN 61241-11 (VDE 0170-15-11)
– Zündschutzart "pD" .... DIN EN 61241-4 (VDE 0170-15-4)
mit explosiven Stoffen
– Betrieb elektrischer Anlagen .... DIN VDE 0105-7 (VDE 0105-7)
staubexplosionsgefährdete .... DIN EN 60079-10-2 (VDE 0165-102)

Bergbahnen
elektrische Sicherheit und Erdung .... DIN EN 50122-2 (VDE 0115-4)
DIN EN 50122-3 (VDE 0115-5)
Schutz gegen elektrischen Schlag .... DIN EN 50122-1 (VDE 0115-3)

Bergbau über Tage
Leitungstrossen .... DIN VDE 0250-813 (VDE 0250-813)

Bergbau unter Tage
Errichten elektrischer Anlagen
– allgemeine Festlegungen .... DIN VDE 0118-1 (VDE 0118-1)
– Zusatzfestlegungen .... DIN VDE 0118-2 (VDE 0118-2)
geschirmte PVC-Leitungen .... DIN 57250-212 (VDE 0250-212)
Leitungs-Garnituren .... DIN 57279 (VDE 0279)
Leitungstrossen .... DIN VDE 0250-813 (VDE 0250-813)
Starkstromkabel .... DIN VDE 0271 (VDE 0271)

Bergwerke
elektrische Anlagen .... DIN VDE 0105-111 (VDE 0105-111)
DIN VDE 0118-1 (VDE 0118-1)
DIN VDE 0118-2 (VDE 0118-2)

Berühren
Schutz gegen indirektes .... Beiblatt 5 DIN VDE 0100 (VDE 0100)

Berührungsgefährliche Teile .... DIN EN 50274 (VDE 0660-514)

Berührungslos wirkende Schutzeinrichtungen
allgemeine Anforderungen und Prüfungen .... E DIN EN 61496-1/A2 (VDE 0113-201/A2)
bildverarbeitende .... E DIN IEC 61496-4-2 (VDE 0113-204-2)
opto-elektronisches Prinzip .... DIN CLC/TS 61496-2 (VDE V 0113-202)
E DIN EN 61496-2 (VDE 0113-202)

Berührungsschutz
Prüfsonden .... DIN EN 61032 (VDE 0470-2)

Berührungsspannung
Gefahr durch .... VDE-Schriftenreihe Band 80
Schutzmaßnahmen .... VDE-Schriftenreihe Band 9

Berührungsströme
Messung .... DIN VDE 0404-4 (VDE 0404-4)

Beschichtung
elektrostatische .... DIN EN 50348 (VDE 0147-200)
von Lichtwellenleitern
– Absetzbarkeit .... DIN EN 60793-1-32 (VDE 0888-232)

Beschichtungen
für bestückte Leiterplatten
– allgemeine Anforderungen .... DIN EN 61086-1 (VDE 0361-1)
– Klasse I, II und III .... DIN EN 61086-3-1 (VDE 0361-3-1)
– Prüfverfahren .... DIN EN 61086-2 (VDE 0361-2)
zum Schutz gegen Verschmutzung .... DIN EN 60664-3 (VDE 0110-3)

Beschichtungsanlagen
für brennbare Beschichtungspulver .... DIN EN 50177 (VDE 0147-102)
für brennbare flüssige Beschichtungsstoffe .... DIN EN 50176 (VDE 0147-101)
für entzündbaren Flock .... DIN EN 50223 (VDE 0147-103)

Beschichtungsgeometrie
Lichtwellenleiter .... DIN EN 60793-1-21 (VDE 0888-221)

Beschichtungspulver
brennbare .... DIN EN 50177 (VDE 0147-102)

Beschichtungsstoffe
brennbare flüssige .... DIN EN 50176 (VDE 0147-101)
nichtbrennbare flüssige
– elektrostatische Sprüheinrichtungen .... DIN EN 50348 (VDE 0147-200)

Besichtigen
elektrischer Anlagen .... DIN VDE 0100-600 (VDE 0100-600)

Bestimmung von Substanzen
in Produkten der Elektrotechnik
– Demontage, Zerlegung, Probenvorbereitung .... E DIN EN 62321-2 (VDE 0042-1-2)
– Einleitung und Übersicht .... E DIN EN 62321-1 (VDE 0042-1-1)
– Ermittlung des Gesamtbromgehalts .... E DIN EN 62321-3-2 (VDE 0042-1-3-2)
– Röntgenfluoreszenz-Spektrometrie .... E DIN EN 62321-3-1 (VDE 0042-1-3-1)

Bestrahlungsverfahren
ionisierende Strahlung .... DIN IEC 60544-2 (VDE 0306-2)

Betastrahlung
Äquivalentdosisleistung .... E DIN IEC 60846-1 (VDE 0492-2-1)
Dosimetriesysteme
– zur Umwelt- und Personenüberwachung .... DIN IEC 61066 (VDE 0492-3-2)
DIN IEC 62387-1 (VDE 0492-3-1)
Überwachungseinrichtungen .... DIN EN 60861 (VDE 0493-4-2)

Betastrom-Detektoren .... DIN IEC 60568 (VDE 0491-6)

Betätigungsstangen .... DIN 57680-3 (VDE 0680-3)

Betreiben
elektrischer Prüfanlagen .... DIN EN 50191 (VDE 0104)

Betrieb
elektrischer Betriebsmittel
– Schutzmaßnahmen .... VDE-Schriftenreihe Band 78
von elektrischen Anlagen .... VDE-Schriftenreihe Band 13
– allgemeine Festlegungen .... DIN VDE 0105-100 (VDE 0105-100)
– Bereiche mit explosiven Stoffen .... DIN VDE 0105-7 (VDE 0105-7)
– in gartenbaulichen Betriebsstätten .... DIN VDE 0105-115 (VDE 0105-115)
– in landwirtschaftlichen Betriebsstätten .... DIN VDE 0105-115 (VDE 0105-115)
– nationale normative Anhänge .... DIN EN 50110-2 (VDE 0105-2)
– Schutzmaßnahmen .... VDE-Schriftenreihe Band 78
von Fernmeldeanlagen .... DIN VDE 0800-10 (VDE 0800-10)
von Regel- und Steuergeräten .... DIN EN 60730-2-1 (VDE 0631-2-1)
von Starkstromanlagen .... DIN VDE 0105-103 (VDE 0105-103)

Betriebsfestigkeit
von Rotorblättern .... E DIN EN 61400-23 (VDE 0127-23)

Betriebsgeräte, elektronische
für LED-Module .... DIN EN 61347-2-13 (VDE 0712-43)
E DIN EN 61347-2-13 (VDE 0712-43)
DIN EN 62384 (VDE 0712-26)
für röhrenförmige Leuchtstofflampen .... E DIN IEC 60929 (VDE 0712-23)
E DIN IEC 60929/A100 (VDE 0712-23/A100)
E DIN IEC 61347-2-3 (VDE 0712-33)

Betriebslebensdauer
elektrischer Isoliersysteme .... E DIN IEC 60505 (VDE 0302-1)

Betriebsleit- und Zugsicherungssysteme
für den städtischen Personennahverkehr .... DIN EN 62290-1 (VDE 0831-290-1)
E DIN EN 62290-2 (VDE 0831-290-2)

Betriebsmittel
auf Bahnfahrzeugen
– Kondensatoren für Leistungselektronik .... DIN EN 61881-1 (VDE 0115-430-1)
E DIN IEC 61881-2 (VDE 0115-430-2)
E DIN IEC 61881-3 (VDE 0115-430-3)
– Prüfungen .... DIN EN 61373 (VDE 0115-106)
der Leistungselektronik (BLE) .... DIN EN 50178 (VDE 0160)

Betriebsmittel
elektrische
– Auswahl und Errichtung .... DIN VDE 0100-520 (VDE 0100-520)
– Berechnung von Kurzschlussströmen .... Beiblatt 4 DIN EN 60909-0 (VDE 0102)
– Koordinierung elektrischer Einrichtungen .... E DIN VDE 0100-570 (VDE 0100-570)
– Siliconflüssigkeiten, Wartung .... DIN IEC 60944 (VDE 0374-2)
elektrische ölgefüllte
– Probennahme von Gasen .... E DIN IEC 60567 (VDE 0370-9)
für den Anschluss von Leuchten
– allgemeine Anforderungen .... DIN EN 61995-1 (VDE 0620-400-1)
– Normblätter .... DIN EN 61995-2 (VDE 0620-400-2)
für explosionsgefährdete Bereiche
– Reparatur, Überholung, Regenerierung .... DIN EN 60079-19 (VDE 0165-20-1)
in elektrischen Versorgungsnetzen
– Instandhaltung .... DIN V VDE V 0109-1 (VDE V 0109-1)
unter Spannung stehende .... DIN VDE 0681-1 (VDE 0681-1)

Betriebsmittel, supraleitende
Prüfverfahren für Stromzuführungen .... DIN EN 61788-14 (VDE 0390-14)

Betriebsmittelauswahl .... DIN VDE 0100-530 (VDE 0100-530)

Betriebssicherheitsverordnung
(BetrSichV) .... VDE-Schriftenreihe Band 43
VDE-Schriftenreihe Band 121

Betriebsstätten besonderer Art
Baustellen .... DIN VDE 0100-704 (VDE 0100-704)
Beleuchtungsanlagen im Freien .... E DIN VDE 0100-714 (VDE 0100-714)
DIN VDE 0100-714 (VDE 0100-714)
Räume mit Badewanne oder Dusche .... DIN VDE 0100-701 (VDE 0100-701)
Schwimmbecken und Springbrunnen .... E DIN IEC 60364-7-702 (VDE 0100-702)

Betriebstemperatur
photovoltaischer Module .... E DIN EN 61853-2 (VDE 0126-34-2)

Betriebsverhalten
drehender elektrischer Maschinen .... DIN EN 60034-1 (VDE 0530-1)

Betten, medizinische .... DIN EN 60601-2-52 (VDE 0750-2-52)

Beurteilung der Brandgefahr
Entflammbarkeit von Werkstoffen .... DIN EN 60695-2-12 (VDE 0471-2-12)
Entzündbarkeit von Werkstoffen .... DIN EN 60695-2-13 (VDE 0471-2-13)
Prüfverfahren mit 1-kW-Prüfflamme .... E DIN EN 60695-11-2 (VDE 0471-11-2)
Prüfverfahren mit 500-W-Prüfflamme .... E DIN EN 60695-11-3 (VDE 0471-11-3)
E DIN IEC 60695-11-20 (VDE 0471-11-20)
Prüfverfahren mit 50-W-Prüfflamme .... E DIN EN 60695-11-4 (VDE 0471-11-4)
E DIN IEC 60695-11-10 (VDE 0471-11-10)
Prüfverfahren mit dem Glühdraht .... E DIN IEC 60695-2-10 (VDE 0471-2-10)
E DIN IEC 60695-2-11 (VDE 0471-2-11)
Sichtminderung durch Rauch .... DIN EN 60695-6-1 (VDE 0471-6-1)
E DIN EN 60695-6-2 (VDE 0471-6-2)
Toxität von Rauch und Brandgasen
– allgemeiner Leitfaden .... DIN EN 60695-7-1 (VDE 0471-7-1)
– Anwendung von Prüfergebnissen .... E DIN IEC 60695-7-3 (VDE 0471-7-3)
– Auswertung von Prüfverfahren .... E DIN IEC 60695-7-2 (VDE 0471-7-2)
Unübliche Wärme
– Kugeldruckprüfung .... E DIN EN 60695-10-2 (VDE 0471-10-2)
von elektrotechnischen Erzeugnissen .... DIN EN 60695-1-11 (VDE 0471-1-11)
– Vorauswahlverfahren .... DIN EN 60695-1-30 (VDE 0471-1-30)

Bewegungsfreiheit
begrenzte, in leitfähigen Bereichen .... DIN VDE 0100-706 (VDE 0100-706)

Bewehrung
Drähte und -bänder
– Prüfung der Verzinkungsgüte .... DIN VDE 0472-801 (VDE 0472-801)
– Wanddicke .... DIN 57472-402 (VDE 0472-402)

Bewertung
von elektrischen Isoliersystemen .... E DIN IEC 60505 (VDE 0302-1)

Bezeichnungssystem (IM-Code) .... DIN EN 60034-7 (VDE 0530-7)

Biegemaschinen .... DIN VDE 0472-603 (VDE 0472-603)

Biegeprüfung
von Kabeln und Leitungen .... DIN EN 50396 (VDE 0473-396)
E DIN EN 50396/AA (VDE 0473-396/AA)

Biegeprüfungen
für Isolierhüllen und Mäntel .... E DIN EN 60811-504 (VDE 0473-811-504)

Bilder, ausgewählte
für den Elektropraktiker .... VDE-Schriftenreihe Band 59

Bildröhren
mechanische Sicherheit .... DIN EN 61965 (VDE 0864-1)

Bildschirmbedienungen
von Kernkraftwerkwarten .... DIN IEC 61227 (VDE 0491-5-3)

Bildverarbeitende Schutzeinrichtungen .... E DIN IEC 61496-4-2 (VDE 0113-204-2)

Billardtische .... DIN EN 60335-2-82 (VDE 0700-82)

Biogasanlagen
Blitzschutz .... Beiblatt 2 DIN EN 62305-3 (VDE 0185-305-3)

Biologische Elektroinstallation .... DIN VDE 0100-444 (VDE 0100-444)

Biphenyl, polybromiertes
in Produkten der Elektrotechnik .... DIN EN 62321 (VDE 0042-1)
E DIN EN 62321-6 (VDE 0042-1-6)

Bitübertragungsschicht
für Einweg-Zahlwort- und Magnetkarten-Tokenträger ...... E DIN IEC 62055-51 (VDE 0418-5-51)

BLE (Betriebsmittel der Leistungselektronik) .... DIN EN 50178 (VDE 0160)

Blechscheren
handgeführt, motorbetrieben .... DIN EN 60745-2-8 (VDE 0740-2-8)

Blei
in Elektronik .... E DIN EN 62321-5 (VDE 0042-1-5)
in Metallen .... E DIN EN 62321-5 (VDE 0042-1-5)
in Polymeren .... E DIN EN 62321-5 (VDE 0042-1-5)
in Produkten der Elektrotechnik .... DIN EN 62321 (VDE 0042-1)
E DIN EN 62321-1 (VDE 0042-1-1)
E DIN EN 62321-2 (VDE 0042-1-2)
E DIN EN 62321-3-1 (VDE 0042-1-3-1)

Bleigehalt
von PVC-Isolierungen
– Analyse .... DIN EN 50414 (VDE 0473-414)

Bleimantel
Leitungen mit .... DIN VDE 0250-210 (VDE 0250-210)

Blei-Säure-Batterien
für Nutzfahrzeuge .... DIN EN 50342-4 (VDE 0510-23)

Blei-Säure-Batterien 12 V
für Personenkraftwagen und leichte Nutzfahrzeuge .... DIN EN 50342-2 (VDE 0510-21)

Blei-Säure-Batterien 36 V
für Personenkraftwagen und leichte Nutzfahrzeuge .... DIN EN 50342-3 (VDE 0510-22)

Blei-Starterbatterien .... DIN EN 50342-4 (VDE 0510-23)
Anschlusssystem für Batterien 36 V .... DIN EN 50342-3 (VDE 0510-22)
Eigenschaften von Gehäusen und Griffen .... DIN EN 50342-5 (VDE 0510-24)
Maße und Kennzeichnung von Anschlüssen .... DIN EN 50342-2 (VDE 0510-21)

Bleisulfidverfärbung
zur Analyse des Bleigehalts von PVC .... DIN EN 50414 (VDE 0473-414)

Blindleistungskompensatoren
Thyristorventile .... DIN EN 61954 (VDE 0553-100)
E DIN EN 61954-100 (VDE 0553-100-100)

Blindverbrauchszähler .... DIN VDE 0418-2 (VDE 0418-2)
elektronische
– Genauigkeitsklassen 0,5 S, 1 S und 1 .... E DIN IEC 62053-24 (VDE 0418-3-24)
– Genauigkeitsklassen 2 und 3 .... DIN EN 62053-23 (VDE 0418-3-23)

Blinkgeräte (Signalgeräte) .... DIN VDE 0713-3 (VDE 0713-3)

Blitzableiter .... DIN EN 62305-3 (VDE 0185-305-3)
DIN EN 62305-4 (VDE 0185-305-4)

Blitzeinwirkungen
Zerstörfestigkeit von Einrichtungen mit TK-Anschluss .... DIN EN 50468 (VDE 0845-7)

Blitzfeuer .... DIN V ENV 50234 (VDE V 0161-234)

Blitzimpuls-Durchschlagspannung
von Isolierflüssigkeiten .... E DIN IEC 60897 (VDE 0370)

Blitzschlag
Wirkung auf Menschen und Nutztiere .... DIN V VDE V 0140-479-4 (VDE V 0140-479-4)

Blitzschutz
allgemeine Grundsätze .... DIN EN 62305-1 (VDE 0185-305-1)
beschichtete Metalldächer
– Prüfung der Eignung .... DIN V VDE V 0185-600 (VDE V 0185-600)
elektrische und elektronische Systeme
– in baulichen Anlagen .... DIN EN 62305-4 (VDE 0185-305-4)
für PV-Stromversorgungssysteme .... Beiblatt 5 DIN EN 62305-3 (VDE 0185-305-3)
Gewitterwarnsysteme .... DIN EN 50536 (VDE 0185-236)
in IT-Anlagen .... VDE-Schriftenreihe Band 119
Beiblatt 1 DIN VDE 0845 (VDE 0845)
Risiko-Management .... VDE-Schriftenreihe Band 185
E DIN EN 62305-2 (VDE 0185-305-2)
DIN EN 62305-2 (VDE 0185-305-2)
– Berechnungshilfe für Schadensrisiko .... Beiblatt 2 DIN EN 62305-2 (VDE 0185-305-2)
– Blitzgefährdung in Deutschland .... Beiblatt 1 DIN EN 62305-2 (VDE 0185-305-2)
Schutz von Personen
– allgemeine Grundsätze .... DIN EN 62305-1 (VDE 0185-305-1)
– Blitzschutzsystemwartung .... Beiblatt 3 DIN EN 62305-3 (VDE 0185-305-3)
– gegen Verletzungen .... DIN EN 62305-3 (VDE 0185-305-3)
Systeme zur Gewitterortung .... DIN EN 50536 (VDE 0185-236)
Telekommunikationsleitungen
– Leitungen mit metallischen Leitern .... DIN EN 61663-2 (VDE 0845-4-2)
– Lichtwellenleiteranlagen .... DIN EN 61663-1 (VDE 0845-4-1)
Verwendung von Metalldächern .... Beiblatt 4 DIN EN 62305-3 (VDE 0185-305-3)
von Ärztehäusern .... Beiblatt 2 DIN EN 62305-3 (VDE 0185-305-3)

Blitzschutz
von baulichen Anlagen .... Beiblatt 5 DIN EN 62305-3 (VDE 0185-305-3)
– allgemeine Grundsätze .... DIN EN 62305-1 (VDE 0185-305-1)
– Anwendung der VDE 0185-305-3 .... Beiblatt 1 DIN EN 62305-3 (VDE 0185-305-3)
– besondere bauliche Anlagen .... Beiblatt 2 DIN EN 62305-3 (VDE 0185-305-3)
– elektrische/elektronische Systeme .... VDE-Schriftenreihe Band 185
– gegen physikalische Schäden .... DIN EN 62305-3 (VDE 0185-305-3)
– Risiko-Management .... E DIN EN 62305-2 (VDE 0185-305-2)
Beiblatt 2 DIN EN 62305-2 (VDE 0185-305-2)
Beiblatt 1 DIN EN 62305-2 (VDE 0185-305-2)
DIN EN 62305-2 (VDE 0185-305-2)
von Biogasanlagen .... Beiblatt 2 DIN EN 62305-3 (VDE 0185-305-3)
von Brücken .... Beiblatt 2 DIN EN 62305-3 (VDE 0185-305-3)
von Fernmeldetürmen .... Beiblatt 2 DIN EN 62305-3 (VDE 0185-305-3)
von Kirchtürmen .... Beiblatt 2 DIN EN 62305-3 (VDE 0185-305-3)
von Kliniken .... Beiblatt 2 DIN EN 62305-3 (VDE 0185-305-3)
von Krankenhäusern .... Beiblatt 2 DIN EN 62305-3 (VDE 0185-305-3)
von Munitionslagern .... Beiblatt 2 DIN EN 62305-3 (VDE 0185-305-3)
von Schornsteinen .... Beiblatt 2 DIN EN 62305-3 (VDE 0185-305-3)
von Schwimmbädern .... Beiblatt 2 DIN EN 62305-3 (VDE 0185-305-3)
von Seilbahnen .... Beiblatt 2 DIN EN 62305-3 (VDE 0185-305-3)
von Silos .... Beiblatt 2 DIN EN 62305-3 (VDE 0185-305-3)
von Sportstätten .... Beiblatt 2 DIN EN 62305-3 (VDE 0185-305-3)
von Stadien .... Beiblatt 2 DIN EN 62305-3 (VDE 0185-305-3)
von Tragluftbauten .... Beiblatt 2 DIN EN 62305-3 (VDE 0185-305-3)
von Windenergieanlagen .... DIN EN 61400-24 (VDE 0127-24)

Blitzschutzbauteile
Blitzzähler .... DIN EN 50164-6 (VDE 0185-206)
E DIN EN 62561-6 (VDE 0185-561-6)
Erderdurchführungen .... DIN EN 62561-5 (VDE 0185-561-5)
Erdungsmittel .... DIN EN 50164-7 (VDE 0185-207)
Leitungen und Erder .... DIN EN 50164-2 (VDE 0185-202)
E DIN EN 62561-2 (VDE 0185-561-2)
Leitungshalter .... DIN EN 62561-4 (VDE 0185-561-4)
Revisionskästen .... DIN EN 62561-5 (VDE 0185-561-5)
Trennfunkenstrecken .... DIN EN 50164-3 (VDE 0185-203)
E DIN EN 62561-3 (VDE 0185-561-3)
Verbindungsbauteile .... DIN EN 50164-1 (VDE 0185-201)
E DIN EN 62561-1 (VDE 0185-561-1)

Blitzschutzerder
Anschluss .... DIN VDE 0618-1 (VDE 0618-1)

Blitzschutzsystembauteile (LPSC)
Erdungsmittel .... E DIN EN 62561-7 (VDE 0185-561-7)
Leiter und Erder .... E DIN EN 62561-2 (VDE 0185-561-2)
Leitungshalter .... DIN EN 62561-4 (VDE 0185-561-4)
Trennfunkenstrecken .... E DIN EN 62561-3 (VDE 0185-561-3)
Verbindungsbauteile .... E DIN EN 62561-1 (VDE 0185-561-1)

Blitzschutzsysteme
für elektrische und elektronische Systeme
– Planung, Installation, Betrieb .... DIN EN 62305-4 (VDE 0185-305-4)
Mittel zur Verbesserung der Erdung .... DIN EN 50164-7 (VDE 0185-207)
E DIN EN 62561-7 (VDE 0185-561-7)
Planung, Errichtung, Wartung .... DIN EN 62305-3 (VDE 0185-305-3)
Schutz von baulichen Anlagen .... DIN EN 62305-3 (VDE 0185-305-3)
Beiblatt 3 DIN EN 62305-3 (VDE 0185-305-3)

Blitzschutzzone .... DIN EN 62305-4 (VDE 0185-305-4)

Blitzstoßspannung
Messen des Scheitelwertes
– durch Luftfunkenstrecken .... DIN EN 60052 (VDE 0432-9)

Blitzstoßspannungsprüfungen .... DIN EN 60076-4 (VDE 0532-76-4)

Blitzstromparameter .... DIN EN 62305-3 (VDE 0185-305-3)

Blitzumgebung
für Windenergieanlagen .... DIN EN 61400-24 (VDE 0127-24)

Blitzzähler
für Blitzschutzsysteme .... DIN EN 50164-6 (VDE 0185-206)
E DIN EN 62561-6 (VDE 0185-561-6)

Blockspan
für elektrotechnische Anwendungen
– allgemeine Anforderungen .... DIN EN 60763-1 (VDE 0314-1)
– Begriffe, Einteilung .... DIN EN 60763-1 (VDE 0314-1)
– heißgepresst .... DIN EN 60763-3-1 (VDE 0314-3-1)
heißgepresst
– Typen LB 3.1A.1 und 3.1A.2 .... DIN EN 60763-3-1 (VDE 0314-3-1)
Prüfverfahren .... DIN EN 60763-2 (VDE 0314-2)

Blutdruckmessgeräte
automatisierte nicht invasive .... DIN EN 80601-2-30 (VDE 0750-2-30)
E DIN EN 80601-2-30/A1 (VDE 0750-2-30/A1)

Blutdruck-Überwachungsgeräte
invasive .... DIN EN 60601-2-34 (VDE 0750-2-34)
E DIN IEC 60601-2-34 (VDE 0750-2-34)

Bodenbehandlungsgeräte
für den gewerblichen Gebrauch .... DIN EN 60335-2-67 (VDE 0700-67)
E DIN IEC 60335-2-67/A101 (VDE 0700-67/A1)
E DIN IEC 60335-2-67/A102 (VDE 0700-67/A2)
E DIN IEC 60335-2-67/A103 (VDE 0700-67/A3)
E DIN IEC 60335-2-67/A104 (VDE 0700-67/A4)
E DIN IEC 60335-2-67/A105 (VDE 0700-67/A5)
E DIN IEC 60335-2-67/A106 (VDE 0700-67/A6)

Bodenbehandlungsmaschinen
für den gewerblichen Gebrauch .... DIN EN 60335-2-72 (VDE 0700-72)
E DIN IEC 60335-2-72/A105 (VDE 0700-72/A5)
– allgemeine Anforderungen .... E DIN IEC 60335-2-72/A103 (VDE 0700-72/A3)
– Anhang BB .... E DIN IEC 60335-2-72/A105 (VDE 0700-72/A5)
– Anhang DD .... E DIN IEC 60335-2-72/A106 (VDE 0700-72/A6)
– Aufschriften und Anweisungen .... E DIN IEC 60335-2-72/A101 (VDE 0700-72/A1)
– mechanische Festigkeit, Aufbau .... E DIN IEC 60335-2-72/A102 (VDE 0700-72/A2)
– normative Verweisungen, Begriffe .... E DIN IEC 60335-2-72/A104 (VDE 0700-72/A4)
für den Hausgebrauch .... DIN EN 60335-2-10 (VDE 0700-10)

Bodenbeläge
elektrischer Widerstand .... DIN EN 61340-4-1 (VDE 0300-4-1)

Bodenbeläge und Schuhwerk
elektrostatische Sicherheit .... DIN EN 61340-4-5 (VDE 0300-4-5)

Bodeneinbauleuchten .... DIN EN 60598-2-13 (VDE 0711-2-13)
E DIN EN 60598-2-13/A1 (VDE 0711-2-13/A1)

Bodenreinigungsmaschinen
für den gewerblichen Gebrauch .... DIN EN 60335-2-67 (VDE 0700-67)
E DIN IEC 60335-2-67/A101 (VDE 0700-67/A1)
E DIN IEC 60335-2-67/A102 (VDE 0700-67/A2)

Bodenreinigungsmaschinen
für den gewerblichen Gebrauch .... E DIN IEC 60335-2-67/A103 (VDE 0700-67/A3)
E DIN IEC 60335-2-67/A104 (VDE 0700-67/A4)
E DIN IEC 60335-2-67/A105 (VDE 0700-67/A5)
E DIN IEC 60335-2-67/A106 (VDE 0700-67/A6)
Bohrhämmer .... DIN EN 60745-2-6 (VDE 0740-2-6)
Bohrmaschinen
handgeführt, motorbetrieben .... DIN EN 60745-2-1 (VDE 0740-2-1)
Boiler
für den Hausgebrauch .... DIN EN 60335-2-21 (VDE 0700-21)
Bootanschluss .... DIN VDE 0100-709 (VDE 0100-709)
E DIN VDE 0100-709/A1 (VDE 0100-709/A1)
Boote
mit Verbrennungsmotoren
– Funkstöreigenschaften .... DIN EN 55012 (VDE 0879-1)
DIN EN 55025 (VDE 0879-2)
Bootsanlegeplatz .... DIN VDE 0100-709 (VDE 0100-709)
E DIN VDE 0100-709/A1 (VDE 0100-709/A1)
Bootsanleger .... DIN VDE 0100-709 (VDE 0100-709)
E DIN VDE 0100-709/A1 (VDE 0100-709/A1)
Bootsanlegestelle .... DIN VDE 0100-709 (VDE 0100-709)
E DIN VDE 0100-709/A1 (VDE 0100-709/A1)
Bootsliegeplätze
elektrische Anlagen für .... VDE-Schriftenreihe Band 67B
DIN VDE 0100-709 (VDE 0100-709)
E DIN VDE 0100-709/A1 (VDE 0100-709/A1)
Bordgeräte für EBuLa .... DIN VDE 0119-207-13 (VDE 0119-207-13)
Bordnetze, elektrische
von Bahnfahrzeugen
– Batterien .... E DIN EN 50547 (VDE 0115-547)
– Systemarchitekturen .... DIN CLC/TS 50534 (VDE V 0115-534)
BOS-Teile
für photovoltaische Systeme
– Bauarteignung natürliche Umgebung .... DIN EN 62093 (VDE 0126-20)
Bottich-Spülmaschinen .... DIN EN 60335-2-58 (VDE 0700-58)
Bowlingbahn-Einrichtungen .... DIN EN 60335-2-82 (VDE 0700-82)
Brachytherapie
Afterloading-Geräte .... DIN EN 60601-2-17 (VDE 0750-2-17)
E DIN IEC 60601-2-17 (VDE 0750-2-17)
Brandbekämpfung
im Bereich elektrischer Anlagen .... E DIN VDE 0132 (VDE 0132)
DIN VDE 0132 (VDE 0132)
im DC-Bereich von PV-Anlagen .... Anwendungsregel E (VDE-AR-E 2100-712)
Brandfall
an Bord von Bahnfahrzeugen
– Fahrfähigkeit .... E DIN EN 50553 (VDE 0115-553)
von Kabeln
– Isolationserhalt .... DIN EN 50200 (VDE 0482-200)
Brandfortleitung .... DIN EN 60332-3-10 (VDE 0482-332-3-10)
DIN EN 60332-3-21 (VDE 0482-332-3-21)
DIN EN 60332-3-22 (VDE 0482-332-3-22)

Brandfortleitung .... DIN EN 60332-3-23 (VDE 0482-332-3-23)
DIN EN 60332-3-24 (VDE 0482-332-3-24)
DIN EN 60332-3-25 (VDE 0482-332-3-25)

Brandgase
Toxizität .... DIN EN 60695-7-1 (VDE 0471-7-1)
E DIN IEC 60695-7-2 (VDE 0471-7-2)
E DIN IEC 60695-7-3 (VDE 0471-7-3)

Brandgefahr
Prüfungen zur Beurteilung .... DIN EN 60695-11-5 (VDE 0471-11-5)
DIN EN 60695-2-10 (VDE 0471-2-10)
DIN EN 60695-2-11 (VDE 0471-2-11)
– 1-kW-Prüfflamme .... E DIN EN 60695-11-2 (VDE 0471-11-2)
– 500-W-Prüfflamme .... E DIN EN 60695-11-3 (VDE 0471-11-3)
– 50-W-Prüfflamme .... E DIN EN 60695-11-4 (VDE 0471-11-4)
– Entflammbarkeit .... DIN EN 60695-2-12 (VDE 0471-2-12)
– Entzündbarkeit .... DIN EN 60695-2-13 (VDE 0471-2-13)
– Glühdrahtprüfung .... E DIN IEC 60695-2-10 (VDE 0471-2-10)
E DIN IEC 60695-2-11 (VDE 0471-2-11)
– Kugeldruckprüfung .... E DIN EN 60695-10-2 (VDE 0471-10-2)
– oberflächige Flammenausbreitung .... DIN EN 60695-9-1 (VDE 0471-9-1)
– Prüfflammen .... E DIN IEC 60695-11-10 (VDE 0471-11-10)
E DIN IEC 60695-11-20 (VDE 0471-11-20)
– Sichtminderung durch Rauch .... DIN EN 60695-6-1 (VDE 0471-6-1)
E DIN EN 60695-6-2 (VDE 0471-6-2)
– Terminologie .... E DIN EN 60695-4 (VDE 0471-4)
DIN EN 60695-4 (VDE 0471-4)
– Toxizität von Rauch und Brandgasen .... DIN EN 60695-7-1 (VDE 0471-7-1)
E DIN IEC 60695-7-2 (VDE 0471-7-2)
E DIN IEC 60695-7-3 (VDE 0471-7-3)
– Wärmefreisetzung .... DIN EN 60695-8-1 (VDE 0471-8-1)
Prüfverfahren
– 500-W-Prüfflamme .... DIN EN 60695-11-20 (VDE 0471-11-20)
E DIN IEC 60695-11-20 (VDE 0471-11-20)
– 50-W-Prüfflamme .... E DIN IEC 60695-11-10 (VDE 0471-11-10)
unübliche Wärme .... DIN EN 60695-10-3 (VDE 0471-10-3)
– Kugeldruckprüfung .... DIN EN 60695-10-2 (VDE 0471-10-2)
von elektrotechnischen Erzeugnissen
– Prüfungen zur Beurteilung .... DIN EN 60695-1-10 (VDE 0471-1-10)
DIN EN 60695-1-11 (VDE 0471-1-11)
DIN EN 60695-1-30 (VDE 0471-1-30)

Brandmeldeanlagen
allgemeine Festlegungen .... DIN VDE 0833-1 (VDE 0833-1)
Begriffe .... Beiblatt 1 DIN EN 50131-1 (VDE 0830-2-1)
Planen, Errichten, Betreiben .... DIN VDE 0833-2 (VDE 0833-2)
Sprachalarmierung .... DIN VDE 0833-4 (VDE 0833-4)
E DIN VDE 0833-4 (VDE 0833-4)

Brandmeldeeinrichtungen
für Eisenbahnfahrzeuge .... DIN VDE 0119-207-9 (VDE 0119-207-9)

Brandprüfungen
Begriffe .... E DIN EN 60695-4 (VDE 0471-4)
DIN EN 60695-4 (VDE 0471-4)
elektrotechnischer Produkte
– Begriffe .... E DIN EN 60695-4 (VDE 0471-4)
DIN EN 60695-4 (VDE 0471-4)

Brandprüfverfahren
für elektrotechnische Erzeugnisse .... DIN EN 60695-1-10 (VDE 0471-1-10)

Brandrisiko
Räume mit besonderem .... DIN VDE 0100-482 (VDE 0100-482)
von elektrotechnischen Erzeugnissen .... DIN EN 60695-1-10 (VDE 0471-1-10)

Brandschutz
bei besonderen Risiken .... DIN VDE 0100-482 (VDE 0100-482)
in elektrischen Anlagen .... DIN VDE 0100-420 (VDE 0100-420)
in Schienenfahrzeugen .... DIN CLC/TS 45545-5 (VDE V 0115-545)

Brandversuche
an elektrotechnischen Produkten .... DIN EN 60695-1-11 (VDE 0471-1-11)

Brandweiterleitung .... DIN EN 60332-3-10 (VDE 0482-332-3-10)
DIN EN 60332-3-21 (VDE 0482-332-3-21)
DIN EN 60332-3-22 (VDE 0482-332-3-22)
DIN EN 60332-3-23 (VDE 0482-332-3-23)
DIN EN 60332-3-24 (VDE 0482-332-3-24)
DIN EN 60332-3-25 (VDE 0482-332-3-25)

Bratöfen
für den gewerblichen Gebrauch .... DIN EN 60335-2-36 (VDE 0700-36)
E DIN EN 60335-2-36/AA (VDE 0700-36/A1)

Bratpfannen
für den Hausgebrauch .... DIN EN 60335-2-13 (VDE 0700-13)

Bratpfannen (Mehrzweck-)
für den gewerblichen Gebrauch .... DIN EN 60335-2-39 (VDE 0700-39)
E DIN EN 60335-2-39/AA (VDE 0700-39/A1)

Bratplatten
für den gewerblichen Gebrauch .... DIN EN 60335-2-38 (VDE 0700-38)

Brauchwasseranlagen
Umwälzpumpen .... DIN EN 60335-2-51 (VDE 0700-51)
E DIN EN 60335-2-51/A2 (VDE 0700-51/A1)

Breitbandgeräte
für koaxiale Kabelnetze .... DIN EN 60728-3 (VDE 0855-3)
DIN EN 60728-4 (VDE 0855-4)
– Störstrahlungscharakteristik .... DIN EN 50083-2 (VDE 0855-200)
E DIN EN 50083-2 (VDE 0855-200)

Breitbandkabel .... DIN EN 60728-1-2 (VDE 0855-7-2)

Breitbandkabelanlagen
Planung, Aufbau, Betrieb .... VDE-Schriftenreihe Band 112

Breitbandkommunikation
gefüllte Außenkabel .... E DIN IEC 62255-3 (VDE 0819-2003)
E DIN IEC 62255-3-1 (VDE 0819-2031)
gefüllte Verbindungskabel .... E DIN IEC 62255-5 (VDE 0819-2005)
E DIN IEC 62255-5-1 (VDE 0819-2051)
Luftkabel .... E DIN IEC 62255-4 (VDE 0819-2004)
E DIN IEC 62255-4-1 (VDE 0819-2041)
ungefüllte Außenkabel .... E DIN IEC 62255-2 (VDE 0819-2002)
E DIN IEC 62255-2-1 (VDE 0819-2021)

Breitbandrauschen
Prüfung Fh .... DIN EN 60068-2-64 (VDE 0468-2-64)

Breitband-TEM-Zellenverfahren .... DIN EN 62132-2 (VDE 0847-22-2)
Brennbare Baustoffe .... DIN VDE 0100-482 (VDE 0100-482)
Brennbare Gase
Geräte zur Detektion
– Betrieb in Freizeitfahrzeugen .... DIN EN 50194-2 (VDE 0400-30-3)
Geräte zur Detektion und Messung .... DIN EN 60079-29-4 (VDE 0400-40)
– Auswahl, Installation, Einsatz, Wartung .... DIN EN 60079-29-2 (VDE 0400-2)
– Betriebsverhalten .... E DIN EN 60079-29-1 (VDE 0400-1)
DIN EN 60079-29-1 (VDE 0400-1)
– Warngeräte .... DIN EN 50271 (VDE 0400-21)
in Wohnhäusern
– Geräte zur Detektion .... DIN EN 50194-1 (VDE 0400-30-1)
DIN EN 50244 (VDE 0400-30-2)
Brennbare Gase und Dämpfe
Detektion und Messung
– ortsfeste Gaswarnsysteme .... DIN EN 50402 (VDE 0400-70)
Brennbarer Staub
Bereiche mit
– elektrische Betriebsmittel .... DIN EN 60079-10-2 (VDE 0165-102)
Brennbarkeitsprüfung
bei Schutzvorrichtungen .... DIN 57680-1 (VDE 0680-1)
Brenner
zum Lichtbogenschweißen .... DIN EN 60974-7 (VDE 0544-7)
E DIN IEC 60974-7 (VDE 0544-7)
Brenner-Steuerungssysteme
für den Hausgebrauch .... DIN EN 60730-2-5 (VDE 0631-2-5)
Brenner-Überwachungssysteme
für den Hausgebrauch .... DIN EN 60730-2-5 (VDE 0631-2-5)
Brennstoffkartuschen .... E DIN IEC 62282-6-1 (VDE 0130-601)
für Mikrobrennstoffzellen
– Austauschbarkeit .... E DIN EN 62282-6-300 (VDE 0130-6-300)
DIN EN 62282-6-300 (VDE 0130-6-300)
mechanische Kodierung .... DIN EN 62282-6-300 (VDE 0130-6-300)
Brennstoffzellen (Festoxid-)
Einzelzellen-/Stackleistungsverhalten .... E DIN IEC/TS 62282-7-2 (VDE V 0130-7-2)
Brennstoffzellen-Energiesysteme
portable
– Sicherheit .... DIN EN 62282-5-1 (VDE 0130-501)
E DIN IEC 62282-5-1 (VDE 0130-5-1)
stationäre
– Errichtung .... E DIN IEC 62282-3-3 (VDE 0130-3-3)
– Leistungskennwerteprüfverfahren .... DIN EN 62282-3-2 (VDE 0130-302)
E DIN EN 62282-3-201 (VDE 0130-3-201)
E DIN IEC 62282-3-2 (VDE 0130-302)
– Sicherheit .... DIN EN 62282-3-1 (VDE 0130-301)
E DIN IEC 62282-3-1 (VDE 0130-3-1)
Brennstoffzellen-Gasheizgeräte .... DIN EN 50465 (VDE 0130-310)
E DIN VDE 0130-310 (VDE 0130-310)
Brennstoffzellen-Module .... DIN EN 62282-2 (VDE 0130-201)
E DIN IEC 62282-2 (VDE 0130-2)
Brennstoffzellentechnologien
Begriffe .... DIN IEC/TS 62282-1 (VDE V 0130-1)

Brennstoffzellentechnologien
Brennstoffzellen-Module .... DIN EN 62282-2 (VDE 0130-201)
E DIN IEC 62282-2 (VDE 0130-2)
Diagramme .... DIN IEC/TS 62282-1 (VDE V 0130-1)
Mikro-Brennstoffzellen-Energiesysteme .... E DIN IEC 62282-6-1 (VDE 0130-601)
E DIN VDE 0130-6-100 (VDE 0130-6-100/A1)
– Austauschbarkeit der Kartusche .... E DIN EN 62282-6-300 (VDE 0130-6-300)
DIN EN 62282-6-300 (VDE 0130-6-300)
– Leistungskennwerteprüfverfahren .... E DIN EN 62282-6-200 (VDE 0130-6-200)
DIN EN 62282-6-200 (VDE 0130-602)
portable Brennstoffzellen-Energiesysteme .... DIN EN 62282-5-1 (VDE 0130-501)
E DIN IEC 62282-5-1 (VDE 0130-5-1)
Prüfverfahren .... E DIN IEC/TS 62282-7-2 (VDE V 0130-7-2)
Prüfverfahren für Polymer-Elektrolyt-
Brennstoffzellen .... E DIN IEC/TS 62282-7-1 (VDE V 0130-701)
stationäre Brennstoffzellen-Energiesysteme .... DIN EN 62282-3-1 (VDE 0130-301)
DIN EN 62282-3-2 (VDE 0130-302)
E DIN EN 62282-3-201 (VDE 0130-3-201)
DIN EN 62282-3-3 (VDE 0130-303)
E DIN IEC 62282-3-1 (VDE 0130-3-1)
E DIN IEC 62282-3-2 (VDE 0130-302)

Brennverhalten
fester Isolierstoffe .... DIN EN 50267-1 (VDE 0482-267-1)
DIN EN 50267-2-1 (VDE 0482-267-2-1)
DIN EN 50267-2-2 (VDE 0482-267-2-2)
DIN EN 50267-2-3 (VDE 0482-267-2-3)

Brom
in Produkten der Elektrotechnik .... E DIN EN 62321-3-1 (VDE 0042-1-3-1)

Brotröster
für den Hausgebrauch .... DIN EN 60335-2-9 (VDE 0700-9)
E DIN EN 60335-2-9 (VDE 0700-9)
E DIN EN 60335-2-9/A100 (VDE 0700-9/A100)

Bruchfestigkeit
von Rotorblättern .... E DIN EN 61400-23 (VDE 0127-23)

Brücken
Blitzschutz .... Beiblatt 2 DIN EN 62305-3 (VDE 0185-305-3)

Brückenkrane
elektrische Ausrüstung .... DIN EN 60204-32 (VDE 0113-32)

Buchfahrplan, elektronischer .... DIN VDE 0119-207-13 (VDE 0119-207-13)

Buchholzrelais .... DIN EN 50216-2/A1 (VDE 0532-216-2/A1)
für Bahntransformatoren .... DIN CLC/TS 50537-4 (VDE V 0115-537-4)

Buchsensteckvorrichtungen
für industrielle Anwendungen .... DIN EN 60309-2 (VDE 0623-2)
– allgemeine Anforderungen .... E DIN EN 60309-1/A2 (VDE 0623-1/A2)
– Austauschbarkeit .... E DIN EN 60309-2/A2 (VDE 0623-2/A2)
für konduktive Ladesysteme .... E DIN IEC 62196-2 (VDE 0632-5-2)

Bügeleisen
für den Hausgebrauch .... DIN EN 60335-2-3 (VDE 0700-3)
E DIN EN 60335-2-3/A100 (VDE 0700-3/A100)

Bügelmaschinen
für den Hausgebrauch .... DIN EN 60335-2-44 (VDE 0700-44)
E DIN EN 60335-2-44/A2 (VDE 0700-44/A1)

Bügelpressen
für den Hausgebrauch .... DIN EN 60335-2-44 (VDE 0700-44)
E DIN EN 60335-2-44/A2 (VDE 0700-44/A1)

Bühnenleuchten .... DIN VDE 0711-217 (VDE 0711-217)

Bühnensteckvorrichtungen .... DIN VDE 0100-550 (VDE 0100-550)

Bürogeräte
elektrische und elektronische
– Messung niedriger Leistungsaufnahmen .... DIN EN 50564 (VDE 0705-2301)

Bürohäuser
Starkstromanlagen in .... VDE-Schriftenreihe Band 61

Bürokommunikation
Elektromagnetische Verträglichkeit (EMV) .... VDE-Schriftenreihe Band 66

Bürsten
kraftbetriebene
– für Staub- und Wassersauger .... DIN EN 60335-2-69 (VDE 0700-69)
E DIN IEC 60335-2-69/A101 (VDE 0700-69/A1)
E DIN IEC 60335-2-69/A102 (VDE 0700-69/A2)
E DIN IEC 60335-2-69/A103 (VDE 0700-69/A3)
E DIN IEC 60335-2-69/A104 (VDE 0700-69/A4)
E DIN IEC 60335-2-69/A105 (VDE 0700-69/A5)

Bürstmaschinen .... DIN EN 60335-2-58 (VDE 0700-58)

Büschelabweiser .... Anwendungsregel (VDE-AR-N 4210-11)

BWS (berührungslos wirkende Schutzeinrichtung) .... DIN EN 61496-1 (VDE 0113-201)
E DIN EN 61496-1/A2 (VDE 0113-201/A2)

C

Cadmium
in Elektronik .... E DIN EN 62321-5 (VDE 0042-1-5)
in Metallen .... E DIN EN 62321-5 (VDE 0042-1-5)
in Polymeren .... E DIN EN 62321-5 (VDE 0042-1-5)
in Produkten der Elektrotechnik .... DIN EN 62321 (VDE 0042-1)
E DIN EN 62321-1 (VDE 0042-1-1)
E DIN EN 62321-2 (VDE 0042-1-2)
E DIN EN 62321-3-1 (VDE 0042-1-3-1)

CAE-Systeme .... DIN EN 62424 (VDE 0810-24)

Camper .... DIN VDE 0100-708 (VDE 0100-708)
DIN VDE 0100-721 (VDE 0100-721)

Camping .... DIN VDE 0100-708 (VDE 0100-708)
DIN VDE 0100-721 (VDE 0100-721)

Campingplätze
elektrische Anlagen .... DIN VDE 0100-708 (VDE 0100-708)

Campingverteiler .... DIN VDE 0100-708 (VDE 0100-708)

Caravanparks .... DIN VDE 0100-708 (VDE 0100-708)

Caravans
elektrische Anlage .... DIN VDE 0100-721 (VDE 0100-721)
Steckvorrichtungen .... DIN EN 50066 (VDE 0625-10)
Stromversorgung auf Campingplätzen .... DIN VDE 0100-708 (VDE 0100-708)

CATV-/SMATV-Kopfstellen .... DIN EN 50083-9 (VDE 0855-9)

CCF
Ausfälle gemeinsamer Ursache (Kernkraftwerke) .... DIN EN 62340 (VDE 0491-10)
CCR .... DIN EN 61822 (VDE 0161-100)
CCTV-Überwachungsanlagen
für Sicherungsanwendungen
– allgemeine Leistungsanforderungen .... E DIN EN 50132-5-1 (VDE 0830-7-5-1)
– analoge und digitale Videoübertragung .... E DIN EN 50132-5-3 (VDE 0830-7-5-3)
– Anwendungsregeln .... E DIN EN 50132-7 (VDE 0830-7-7)
– Begriffe .... Beiblatt 1 DIN EN 50131-1 (VDE 0830-2-1)
– Systemanforderungen .... DIN EN 50132-1 (VDE 0830-7-1)
– Videoübertragungsprotokolle .... E DIN EN 50132-5-2 (VDE 0830-7-5-2)
CEADS .... DIN EN 50532 (VDE 0670-699)
CE-Kennzeichnung .... VDE-Schriftenreihe Band 116
von Medizinprodukten .... VDE-Schriftenreihe Band 76
Charpy .... DIN EN 60893-3-6 (VDE 0318-3-6)
DIN EN 60893-3-7 (VDE 0318-3-7)
Chirurgische Implantate
Infusionspumpen .... E DIN ISO 14708-4 (VDE 0750-10-5)
Kreislaufunterstützungssysteme .... E DIN ISO 14708-5 (VDE 0750-10-6)
Neurostimulatoren .... E DIN ISO 14708-3 (VDE 0750-10-4)
Christbaumbeleuchtung .... DIN EN 60598-2-20 (VDE 0711-2-20)
Chrom
in Produkten der Elektrotechnik .... E DIN EN 62321-3-1 (VDE 0042-1-3-1)
Chrom, sechswertiges
in Produkten der Elektrotechnik .... DIN EN 62321 (VDE 0042-1)
E DIN EN 62321-7-1 (VDE 0042-1-7-1)
Chromatische Dispersion
von Lichtwellenleitern .... DIN EN 60793-1-42 (VDE 0888-242)
von optischen Fasern .... E DIN EN 60793-1-42 (VDE 0888-242)
CIS-Zellen .... DIN CLC/TS 61836 (VDE V 0126-7)
Cochlear-Implantate .... DIN EN 45502-2-3 (VDE 0750-10-3)
Codierungsgrundsätze
für Bedienteile .... DIN EN 60073 (VDE 0199)
Computertomographie
Röntgeneinrichtungen für die .... DIN EN 60601-2-44 (VDE 0750-2-44)
E DIN EN 60601-2-44/A1 (VDE 0750-2-44/A1)
CO-Prüfgas .... DIN EN 50291-1 (VDE 0400-34-1)
CPV-Module
Bauarteignung und Bauartzulassung .... DIN EN 62108 (VDE 0126-33)
CRT-Geräte .... Anwendungsregel (VDE-AR-E 2750-10)
Cu/Nb-Ti-Verbundsupraleiter
Messung der Zugfestigkeit .... DIN EN 61788-6 (VDE 0390-6)
E DIN IEC 61788-6 (VDE 0390-6)
Volumenverhältnisse .... E DIN EN 61788-5 (VDE 0390-5)
Cu/Nb-Ti-Verbundsupraleiterdrähte
Messung der Gesamtwechselstromverluste
– Pickupspulenverfahren .... DIN EN 61788-8 (VDE 0390-8)

D

"d"; druckfeste Kapselung .... E DIN EN 60079-1 (VDE 0170-5)
DIN EN 60079-1 (VDE 0170-5)

Dachabläufe
beheizbare .... DIN EN 60335-2-83 (VDE 0700-83)

Dachfensterantriebe
elektrische .... DIN EN 60335-2-103 (VDE 0700-103)

Dachständer-Einführungsleitungen .... DIN VDE 0250-213 (VDE 0250-213)

Dachstromabnehmer
für Stadtbahnen und Straßenbahnen .... DIN EN 50206-2 (VDE 0115-500-2)

Dämpfe
brennbare oder toxische
– Geräte zur Detektion und Messung .... DIN EN 50402 (VDE 0400-70)

Dämpfe, explosionsfähige
stoffliche Eigenschaften zur Klassifizierung .... DIN EN 60079-20-1 (VDE 0170-20-1)

Dampfgeräte
für den gewerblichen Gebrauch .... DIN EN 60335-2-42 (VDE 0700-42)
E DIN EN 60335-2-42/AA (VDE 0700-42/A1)
für Stoffe .... DIN EN 60335-2-85 (VDE 0700-85)

Dampfkesselanlagen
elektrische Ausrüstung .... DIN EN 50156-1 (VDE 0116-1)

Dampfkochtöpfe
für den Hausgebrauch .... DIN EN 60335-2-15 (VDE 0700-15)

Dampfmaschinen
elektrisch beheizte für Spielzwecke .... DIN 57700-209 (VDE 0700-209)

Dampfreiniger
für den Hausgebrauch .... DIN EN 60335-2-54 (VDE 0700-54)
DIN EN 60335-2-79 (VDE 0700-79)
– allgemeine Anforderungen .... E DIN IEC 60335-2-79/A103 (VDE 0700-79/A3)
– Aufschriften und Anweisungen .... E DIN IEC 60335-2-79/A101 (VDE 0700-79/A1)
– Geräuschmessung .... E DIN IEC 60335-2-79/A105 (VDE 0700-79/A5)
– mechanische Sicherheit .... E DIN IEC 60335-2-79/A102 (VDE 0700-79/A2)

Dämpfungsänderung
von Lichtwellenleitern
– bei Temperaturwechselbeanspruchung .... DIN EN 60794-1-1 (VDE 0888-100-1)
– bei Zugbeanspruchung .... DIN EN 60794-1-1 (VDE 0888-100-1)

Dämpfungsdrosselspulen .... DIN EN 60076-6 (VDE 0532-76-6)

Dart-Wurfspiele .... DIN EN 60335-2-82 (VDE 0700-82)

Daten- und Kontrollkabel
bis 1 000 MHz, geschirmt
– für den Horizontal- und Steigbereich .... E DIN EN 50288-9-1 (VDE 0819-9-1)
bis 100 MHz, geschirmt
– für den Horizontal- und Steigbereich .... DIN EN 50288-2-1 (VDE 0819-2-1)
E DIN EN 50288-2-1 (VDE 0819-2-1)
– Geräteanschluss- und Schaltkabel .... DIN EN 50288-2-2 (VDE 0819-2-2)
E DIN EN 50288-2-2 (VDE 0819-2-2)
bis 100 MHz, ungeschirmt
– für den Horizontal- und Steigbereich .... DIN EN 50288-3-1 (VDE 0819-3-1)
E DIN EN 50288-3-1 (VDE 0819-3-1)
– Geräteanschluss- und Schaltkabel .... DIN EN 50288-3-2 (VDE 0819-3-2)
E DIN EN 50288-3-2 (VDE 0819-3-2)

Daten- und Kontrollkabel
bis 250 MHz, geschirmt
– für den Horizontal- und Steigbereich .... DIN EN 50288-5-1 (VDE 0819-5-1)
E DIN EN 50288-5-1 (VDE 0819-5-1)
– Geräteanschluss- und Schaltkabel .... DIN EN 50288-5-2 (VDE 0819-5-2)
E DIN EN 50288-5-2 (VDE 0819-5-2)
bis 250 MHz, ungeschirmt
– für den Horizontal- und Steigbereich .... DIN EN 50288-6-1 (VDE 0819-6-1)
E DIN EN 50288-6-1 (VDE 0819-6-1)
– Geräteanschluss- und Schaltkabel .... DIN EN 50288-6-2 (VDE 0819-6-2)
E DIN EN 50288-6-2 (VDE 0819-6-2)
bis 500 MHz, geschirmt
– für den Horizontal- und Steigbereich .... E DIN EN 50288-10 (VDE 0819-10)
E DIN EN 50288-10-1 (VDE 0819-10-1)
bis 500 MHz, ungeschirmt
– für den Horizontal- und Steigbereich .... E DIN EN 50288-11 (VDE 0819-11)
bis 600 MHz, geschirmt
– für den Horizontal- und Steigbereich .... DIN EN 50288-4-1 (VDE 0819-4-1)
E DIN EN 50288-4-1 (VDE 0819-4-1)
– Geräteanschluss- und Schaltkabel .... DIN EN 50288-4-2 (VDE 0819-4-2)
E DIN EN 50288-4-2 (VDE 0819-4-2)
Fachgrundspezifikation .... DIN EN 50288-1 (VDE 0819-1)
E DIN EN 50288-1 (VDE 0819-1)
Instrumenten- und Kontrollkabel
– Rahmenspezifikation .... DIN EN 50288-7 (VDE 0819-7)

Datenblattangaben
für kristalline Silizium-Solarzellen .... DIN EN 50461 (VDE 0126-17-1)
von Photovoltaik-Wechselrichtern .... DIN EN 50524 (VDE 0126-13)

Datenkommunikation
in Sicherheitsleittechnik von Kernkraftwerken .... DIN EN 61500 (VDE 0491-3-4)

Datenpakete
logische Strukturen .... E DIN IEC 62656-1 (VDE 0040-8-1)

Datenrückgewinnungs-ICs .... DIN EN 62149-5 (VDE 0886-149-5)

Datenspeicherungssysteme .... DIN EN 60950-23 (VDE 0805-23)

Datenübertragungen
Steckverbinder bis 1 000 MHz .... E DIN IEC 61076-3-110 (VDE 0687-76-3-110)

Datenübertragungsgeräte (Netz-)
im Industriebereich
– Störfestigkeit .... DIN EN 50065-2-2 (VDE 0808-2-2)
im Wohn- und Gewerbebereich
– Störfestigkeit .... DIN EN 50065-2-1 (VDE 0808-2-1)
von Stromversorgungsunternehmen
– Störfestigkeit .... DIN EN 50065-2-3 (VDE 0808-2-3)

Datenverarbeitungseinrichtungen
allgemeine Anforderungen .... DIN EN 60950-1 (VDE 0805-1)
DIN EN 60950-1/A12 (VDE 0805-1/A12)
E DIN EN 60950-1/A2 (VDE 0805-1/A2)

Dauerkurzschlussstrom .... DIN EN 60909-0 (VDE 0102)

Dauerprüfungen
für Steckverbinder .... DIN EN 60512-9-1 (VDE 0687-512-9-1)
DIN EN 60512-9-5 (VDE 0687-512-9-5)

DC-Bereich
von PV-Anlagen
– Brandbekämpfung .... Anwendungsregel E (VDE-AR-E 2100-712)

DC-Brennstoffzellensysteme
portable .... DIN EN 62282-5-1 (VDE 0130-501)

DCL-Stecker und -Steckdosen .... DIN EN 61995-1 (VDE 0620-400-1)

Decken
zur Erwärmung von Patienten .... DIN EN 80601-2-35 (VDE 0750-2-35)

Deckenanschluss-Systeme
halogenfreie
– Verhalten im Brandfall .... E DIN VDE 0604-2-100 (VDE 0604-2-100)

Deckenheizung .... DIN VDE 0100-753 (VDE 0100-753)

Deckenleuchten .... DIN VDE 0711-201 (VDE 0711-201)

Deckenventilatoren .... DIN VDE 0700-220 (VDE 0700-220)

Deckplatten, beheizte .... DIN EN 60335-2-49 (VDE 0700-49)
für den gewerblichen Gebrauch .... E DIN EN 60335-2-49/AB (VDE 0700-49/A1)

Defibrillatoren
aktiv implantierbar .... Anwendungsregel (VDE-AR-E 2750-10)
Anwendungsregeln .... DIN 57753-3 (VDE 0753-3)
DIN EN 60601-2-4 (VDE 0750-2-4)
Leistungsmerkmale .... E DIN IEC 60601-2-4 (VDE 0750-2-4)

Dehnungsprüfungen
für Isolierhüllen und Mäntel .... E DIN EN 60811-505 (VDE 0473-811-505)

Dekorationsverkleidung .... DIN 57100-724 (VDE 0100-724)

Dekorationszwecke
Geräte für .... DIN EN 50410 (VDE 0700-410)

Demografischer Wandel .... Anwendungsregel (VDE-AR-E 2757-1-1)

Dentalgeräte .... E DIN ISO 80601-2-60 (VDE 0750-2-60)

Desinfektionsgeräte
für medizinisches Material .... DIN EN 61010-2-040 (VDE 0411-2-040)

Detektion brennbarer Gase
Geräte zum Betrieb in Freizeitfahrzeugen .... DIN EN 50194-2 (VDE 0400-30-3)
Geräte zur .... DIN EN 50194-1 (VDE 0400-30-1)
DIN EN 50244 (VDE 0400-30-2)
E DIN EN 60079-29-1 (VDE 0400-1)
DIN EN 60079-29-1 (VDE 0400-1)
DIN EN 60079-29-2 (VDE 0400-2)
DIN EN 60079-29-4 (VDE 0400-40)
Warngeräte .... DIN EN 50271 (VDE 0400-21)

Detektion von Kohlenmonoxid
Geräte zur .... DIN EN 50291-1 (VDE 0400-34-1)
DIN EN 50291-2 (VDE 0400-34-2)
DIN EN 50292 (VDE 0400-35)

Detektionsgeräte
für brennbare Gase .... DIN EN 50194-1 (VDE 0400-30-1)
für brennbare oder toxische Gase .... DIN EN 50270 (VDE 0843-30)
für Kohlenmonoxid und Kohlendioxid
– in Innenraumluft .... DIN EN 50543 (VDE 0400-36)
für Kohlenmonoxid und Stickoxide .... E DIN EN 50545-1 (VDE 0400-80)
für Sauerstoff .... DIN EN 50270 (VDE 0843-30)

DeviceNet .... DIN EN 62026-3 (VDE 0660-2026-3)
E DIN EN 62026-7 (VDE 0660-2026-7)

Diagnosegeräte, medizinische .... DIN EN 60601-2-10 (VDE 0750-2-10)
für In-vitro-Diagnose .... DIN EN 61010-2-101 (VDE 0411-2-101)

Diagnosewerkzeuge
für speicherprogrammierbare Steuerungen .... DIN EN 61131-2 (VDE 0411-500)

Diamantbohrmaschinen
transportabel, motorbetrieben
– mit Wasserversorgung .... DIN EN 61029-2-6 (VDE 0740-506)

Diamantkernbohrmaschinen .... DIN EN 60745-2-1 (VDE 0740-2-1)

Dia-Projektoren .... DIN EN 60335-2-56 (VDE 0700-56)

Dibenzyldisulfid (DBDS)
in Isolierflüssigkeiten .... E DIN EN 62697-1 (VDE 0370-4)

Dichtheit
Kabelmäntel .... DIN VDE 0472-604 (VDE 0472-604)

Dickenhobel
transportabel, motorbetrieben .... DIN EN 61029-2-3 (VDE 0740-503)

Dielektrika, flüssige
Probenahmeverfahren .... E DIN IEC 60475 (VDE 0370-3)

Dielektrische Eigenschaften
fester Isolierstoffe .... DIN VDE 0303-13 (VDE 0303-13)

Dielektrizitätskonstanten
von Füllmassen .... E DIN EN 60811-301 (VDE 0473-811-301)

Dienstleistungen, kombinierte
Anbieter .... Anwendungsregel (VDE-AR-E 2757-2)

Differenzstrom-Schutzschalter
ohne Überstromschutz
– für Hausinstallationen .... DIN VDE 0664-101 (VDE 0664-101)

Differenzstrom-Überwachung .... VDE-Schriftenreihe Band 113

Differenzstrom-Überwachungsgeräte (RCMs) .... E DIN VDE 0100-570 (VDE 0100-570)
für Hausinstallationen .... DIN EN 62020 (VDE 0663)
Typ A und Typ B
– in TT-, TN- und IT-Systemen .... DIN EN 61557-11 (VDE 0413-11)

Digital adressierbare Schnittstelle
für Beleuchtung
– allgemeine Anforderungen .... E DIN EN 62386-103 (VDE 0712-0-103)
– Betriebsgeräte .... DIN EN 62386-102 (VDE 0712-0-102)
DIN EN 62386-205 (VDE 0712-0-205)
DIN EN 62386-206 (VDE 0712-0-206)
DIN EN 62386-207 (VDE 0712-0-207)
DIN EN 62386-208 (VDE 0712-0-208)
– System .... DIN EN 62386-101 (VDE 0712-0-101)
für Entladungslampen .... DIN EN 62386-203 (VDE 0712-0-203)
für Leuchtstofflampen (Gerätetyp 0) .... DIN EN 62386-201 (VDE 0712-0-201)
für Niedervolt-Halogenlampen .... DIN EN 62386-204 (VDE 0712-0-204)
für Notbeleuchtung mit Einzelbatterie .... DIN EN 62386-202 (VDE 0712-0-202)

Digitale Kommunikation
mehradrige und symmetrische Kabel
– Etagenverkabelung - Bauartspezifikation .... E DIN IEC 61156-2-1 (VDE 0819-1021)
E DIN IEC 61156-5-1 (VDE 0819-1051)
– Etagenverkabelung - Rahmenspezifikation .... E DIN IEC 61156-2 (VDE 0819-1002)
E DIN IEC 61156-5 (VDE 0819-1005)

Digitale Kommunikation
mehradrige und symmetrische Kabel
– Geräteanschlusskabel - Bauartspezifikation .... E DIN IEC 61156-3-1 (VDE 0819-1031)
E DIN IEC 61156-6-1 (VDE 0819-1061)
– Geräteanschlusskabel - Rahmenspezifikation .... E DIN IEC 61156-3 (VDE 0819-1003)
E DIN IEC 61156-6 (VDE 0819-1006)
E DIN IEC 61156-8 (VDE 0819-1008)
– paar-/viererverseilt .... E DIN IEC 61156-1 (VDE 0819-1001)
E DIN IEC 61156-1/A1 (VDE 0819-1001/A1)
E DIN IEC 61156-4-1 (VDE 0819-1041)
E DIN IEC 61156-5 (VDE 0819-1005)
– Steigekabel - Rahmenspezifikation .... E DIN IEC 61156-4 (VDE 0819-1004)

Digitale Schnittstellen
nach IEC 61850 .... DIN EN 62271-3 (VDE 0671-3)

Digitale Übertragung
mehradrige Daten- und Kontrollkabel
– Horizontal- und Steigbereich .... E DIN EN 50288-10-1 (VDE 0819-10-1)

Digitale Verteiler
Miniaturkabel für .... DIN EN 50117-3-1 (VDE 0887-3-1)

Digitalrekorder
für Stoßspannungs- und Stoßstromprüfungen .... DIN EN 61083-2 (VDE 0432-8)

Dimmen von Leuchten
elektronische Schalter .... DIN EN 60669-2-1 (VDE 0632-2-1)

Dimmer .... DIN EN 61058-2-1 (VDE 0630-2-1)

Diphenylether, polybromierte
in Produkten der Elektrotechnik .... DIN EN 62321 (VDE 0042-1)
E DIN EN 62321-1 (VDE 0042-1-1)
E DIN EN 62321-2 (VDE 0042-1-2)
E DIN EN 62321-6 (VDE 0042-1-6)

Direktes Berühren
Schutz gegen .... DIN VDE 0100-410 (VDE 0100-410)

Distanzschutz
in Energienetzen .... E DIN IEC 60255-121 (VDE 0435-3121)

Dokumente
für Anlagen, Systeme und Ausrüstungen
– Klassifikation und Kennzeichnung .... DIN EN 61355-1 (VDE 0040-3)

Dokumente der Elektrotechnik
Allgemeine Regeln .... DIN EN 61082-1 (VDE 0040-1)

Doppelerdkurzschluss .... DIN EN 60909-0 (VDE 0102)

Doppelerdkurzschlussströme .... DIN EN 60909-3 (VDE 0102-3)

Doppelschichtkondensatoren
für Bahnfahrzeuge .... E DIN IEC 61881-3 (VDE 0115-430-3)
für Hybridelektrofahrzeuge .... DIN EN 62576 (VDE 0122-576)

Doppeltraktionssteuerung
zeitmultiplexe
– in Bahnfahrzeugen .... DIN VDE 0119-207-4 (VDE 0119-207-4)

Dosen
für Installationsgeräte .... DIN EN 60670-1 (VDE 0606-1)
mit Aufhängemitteln
– für Installationsgeräte .... DIN EN 60670-21 (VDE 0606-21)

Dosimetrie .... DIN EN 60544-1 (VDE 0306-1)

Dosimetriesysteme

zur Personen- und Umweltüberwachung .... DIN IEC 61066 (VDE 0492-3-2)

DIN IEC 62387-1 (VDE 0492-3-1)

Drähte

aus Aluminium

– für Freileitungen .... E DIN EN 62641 (VDE 0212-304)

wärmebeständige unverseilte

– für Freileitungen .... DIN EN 62004 (VDE 0212-303)

Drahtvorschubgeräte

elektromagnetische Felder

– Exposition von Personen .... DIN EN 50444 (VDE 0544-20)

zum Lichtbogenschweißen .... DIN EN 60974-5 (VDE 0544-5)

– Validierung .... DIN EN 50504 (VDE 0544-50)

Drahtwicklungen

thermische Bewertung .... DIN EN 61857-21 (VDE 0302-21)

Drehende elektrische Maschinen .... VDE-Schriftenreihe Band 10

Aktivteile

– Erkennung und Diagnose von Schäden .... DIN CLC/TS 60034-24 (VDE V 0530-240)

Anlaufverhalten .... DIN EN 60034-12 (VDE 0530-12)

Anschlussbezeichnung und Drehsinn .... DIN EN 60034-8 (VDE 0530-8)

äquivalente Belastung und Überlagerung

– Ermittlung der Übertemperatur .... DIN EN 60034-29 (VDE 0530-29)

Auslaufprüfung .... DIN EN 60034-2-2 (VDE 0530-2-2)

Bemessung und Betriebsverhalten .... DIN EN 60034-1 (VDE 0530-1)

Bestimmung der Einzelverluste .... DIN EN 60034-2-2 (VDE 0530-2-2)

Bewertung von Isoliersystemen

– Prüfverfahren für Runddrahtwicklungen .... E DIN IEC 60034-18-21 (VDE 0530-18-21)

– thermische und elektrische Beanspruchung .... DIN CLC/TS 60034-18-33 (VDE V 0530-18-33)

– thermomechanische Bewertung .... E DIN IEC 60034-18-31 (VDE 0530-18-31)

E DIN IEC 60034-18-34 (VDE 0530-18-34)

Bezeichnungssystem (IM-Code) .... DIN EN 60034-7 (VDE 0530-7)

bürstenlose Motoren mit Dauermagneten .... E DIN IEC 60034-20-2 (VDE 0530-20-2)

Drehstrom-Induktionsmotoren .... DIN EN 60034-26 (VDE 0530-26)

Drehstrom-Käfigläufermotoren

– Anlaufverhalten .... DIN EN 60034-12 (VDE 0530-12)

– Wirkungsgrad-Klassifizierung .... E DIN EN 60034-30 (VDE 0530-30)

DIN EN 60034-30 (VDE 0530-30)

Drehstrommotoren für Umrichterbetrieb .... DIN VDE 0530-25 (VDE 0530-25)

Einteilungssystem (IP-Code) .... DIN EN 60034-5 (VDE 0530-5)

elektrische Isoliersysteme .... E DIN IEC 60034-18-41 (VDE 0530-18-41)

DIN IEC/TS 60034-18-41 (VDE V 0530-18-41)

Beiblatt 1 DIN VDE 0530-18 (VDE 0530-18)

Energiesparmotoren .... DIN CLC/TS 60034-31 (VDE V 0530-31)

Erregersysteme für Synchronmaschinen .... DIN EN 60034-16-1 (VDE 0530-16)

für Bahn- und Straßenfahrzeuge

– umrichtergespeiste Synchronmaschinen .... E DIN EN 60349-4 (VDE 0115-400-4)

– umrichtergespeiste Wechselstrommotoren .... DIN IEC/TS 60349-3 (VDE V 0115-400-3)

für Schienen- und Straßenfahrzeuge

– außer umrichtergespeiste Wechselstrommotoren .... DIN EN 60349-1 (VDE 0115-400-1)

– umrichtergespeiste Wechselstrommotoren .... DIN EN 60349-2 (VDE 0115-400-2)

Geräuschgrenzwerte .... DIN EN 60034-9 (VDE 0530-9)

Isoliersysteme

– funktionelle Bewertung .... DIN EN 60034-18-1 (VDE 0530-18-1)

Drehende elektrische Maschinen
Käfigläufer-Induktionsmotoren, umrichtergespeist
– Anwendungsleitfaden .... DIN VDE 0530-17 (VDE 0530-17)
Kenngrößen von Synchronmaschinen .... DIN EN 60034-4 (VDE 0530-4)
Kurzschlussläufer-Induktionsmotoren .... E DIN EN 60034-28 (VDE 0530-28)
DIN EN 60034-28 (VDE 0530-28)
Leitfaden für die Überholung .... DIN V VDE V 0530-23 (VDE V 0530-23)
mechanische Schwingungen .... DIN EN 60034-14 (VDE 0530-14)
Off-line Teilentladungsmessungen .... DIN CLC/TS 60034-27 (VDE V 0530-27)
On-line Teilentladungsmessungen
– an der Statorwicklungsisolierung .... E DIN VDE 0530-27-2 (VDE 0530-27-2)
Prüfungen
– kalorimetrisches Verfahren .... DIN EN 60034-2-2 (VDE 0530-2-2)
– Verluste und Wirkungsgrad .... DIN EN 60034-2-1 (VDE 0530-2-1)
DIN EN 60034-2-2 (VDE 0530-2-2)
Prüfverfahren für Wicklungen .... E DIN IEC 60034-18-31 (VDE 0530-18-31)
– Bewertung der elektrischen Lebensdauer .... DIN EN 60034-18-32 (VDE 0530-18-32)
Qualifizierungs- und Abhahmeprüfungen .... DIN CLC/TS 60034-18-42 (VDE V 0530-18-42)
Schallleistungspegel .... DIN EN 60034-9 (VDE 0530-9)
Schutzarten .... DIN EN 60034-5 (VDE 0530-5)
spannungsrichtergespeist
– Qualifizierungs- und Abnahmeprüfungen .... DIN CLC/TS 60034-18-42 (VDE V 0530-18-42)
Steh-Stoßspannungspegel von Formspulen .... DIN EN 60034-15 (VDE 0530-15)
Synchrongeneratoren
– angetrieben durch Dampfturbinen oder Gasturbinen .... DIN EN 60034-3 (VDE 0530-3)
thermischer Schutz .... DIN EN 60034-11 (VDE 0530-11)
– Auslösegeräte .... DIN EN 60947-8 (VDE 0660-302)
E DIN EN 60947-8/A2 (VDE 0660-302/A2)
thermisches Verhalten .... DIN EN 60034-1 (VDE 0530-1)
Übertemperaturprüfung .... DIN EN 60034-29 (VDE 0530-29)
umrichtergespeiste Wechselstrommaschinen
– Verluste und Wirkungsgrad .... E DIN IEC 60034-2-3 (VDE 0530-2-3)
Wechselstromgeneratoren .... DIN EN 60034-22 (VDE 0530-22)

Drehfeld
Geräte zum Prüfen, Messen, Überwachen .... DIN EN 61557-7 (VDE 0413-7)
in Niederspannungsnetzen
– Messung .... DIN EN 61557-7 (VDE 0413-7)

Drehflügeltüren
elektrische Antriebe .... DIN EN 60335-2-103 (VDE 0700-103)

Drehherdöfen .... DIN EN 60519-2 (VDE 0721-2)

Drehklemmen
allgemeine Anforderungen .... DIN EN 60998-1 (VDE 0613-1)
für Hausinstallationen .... DIN EN 60998-2-4 (VDE 0613-2-4)

Drehsinn
drehender elektrischer Maschinen .... DIN EN 60034-8 (VDE 0530-8)

Drehstromanlagen
Beeinflussung von Fernmeldeanlagen .... DIN VDE 0228-2 (VDE 0228-2)
Beeinflussung von Telekommunikationsanlagen .... E DIN VDE 0845-6-2 (VDE 0845-6-2)

Drehstrom-Bordnetz
von Bahnfahrzeugen .... E DIN EN 50533 (VDE 0115-533)

Drehstrom-Induktionsmotoren
Spannungsunsymmetrien .... DIN EN 60034-26 (VDE 0530-26)

Drehstrommotoren
für Umrichterbetrieb .... DIN VDE 0530-25 (VDE 0530-25)

Drehstrommotoren
mit Käfigläufer
– Anlaufverhalten ... DIN EN 60034-12 (VDE 0530-12)
– Wirkungsgrad-Klassifizierung ... E DIN EN 60034-30 (VDE 0530-30)
DIN EN 60034-30 (VDE 0530-30)

Drehstromnetze
Arten ... DIN VDE 0228-2 (VDE 0228-2)
Kurzschlussströme ... DIN EN 60909-0 (VDE 0102)
Beiblatt 4 DIN EN 60909-0 (VDE 0102)
DIN EN 60909-3 (VDE 0102-3)

Drehstrom-Steckvorrichtungen ... DIN VDE 0100-550 (VDE 0100-550)

Drehstromtransformatoren ... E DIN EN 60076-1 (VDE 0532-76-1)
DIN EN 60076-1 (VDE 0532-76-1)

Drehstrom-Trockentransformatoren
für Betriebsmittel bis 36 kV ... E DIN EN 50541-1 (VDE 0532-241)

Drehstrom-Verteilungstransformatoren, ölgefüllte
allgemeine Anforderungen ... DIN EN 50464-1 (VDE 0532-221)
E DIN EN 50464-1/AA (VDE 0532-221/AA)
Bestimmung der Bemessungsleistung ... DIN EN 50464-3 (VDE 0532-223)
druckbeanspruchte Wellwandkessel ... DIN EN 50464-4 (VDE 0532-224)
Kabelanschlusskästen auf Ober- und/oder Unterspannungsseite
– allgemeine Anforderungen ... DIN EN 50464-2-1 (VDE 0532-222-1)
Kabelanschlusskästen Typ 1 ... DIN EN 50464-2-2 (VDE 0532-222-2)
Kabelanschlusskästen Typ 2 ... DIN EN 50464-2-3 (VDE 0532-222-3)

Drehzahlstellantriebe
Energie-Sparmotoren ... DIN CLC/TS 60034-31 (VDE V 0530-31)

Drehzahlsteuerung von Motoren
elektronische Schalter ... DIN EN 60669-2-1 (VDE 0632-2-1)

Drei-Kabel-Test ... DIN EN 61280-4-1 (VDE 0888-410)

Drei-Stellungs-Zustimmschalter ... DIN EN 60947-5-8 (VDE 0660-215)

Drosselklappen
für Rohrleitungskreise mit Isolierflüssigkeit ... DIN EN 50216-8 (VDE 0532-216-8)

Drosseln
allgemeine Anforderungen und Prüfungen ... DIN EN 61558-1 (VDE 0570-1)
DIN EN 61558-1/A1 (VDE 0570-1/A1)
für Versorgungsspannungen bis 1 100 V
– Betriebsverhalten ... DIN EN 62041 (VDE 0570-10)
zur Unterdrückung elektromagnetischer Störungen ... E DIN IEC 60940/A1 (VDE 0565/A1)
– Fachgrundspezifikation ... DIN EN 60938-1 (VDE 0565-2)
– Rahmenspezifikation ... DIN EN 60938-2 (VDE 0565-2-1)
– Vordruck für Bauartspezifikation ... DIN EN 60938-2-2 (VDE 0565-2-3)

Drosselspulen ... DIN EN 60076-6 (VDE 0532-76-6)
Blitz- und Schaltstoßspannungsprüfungen ... DIN EN 50216-1 (VDE 0532-216-1)
Entstör- ... DIN EN 60938-2-1 (VDE 0565-2-2)
mit Ausdehnungsgefäß ... DIN EN 50216-2 (VDE 0532-216-2)
DIN EN 50216-2/A1 (VDE 0532-216-2/A1)
ölgefüllte
– Probennahme von Gasen ... E DIN IEC 60567 (VDE 0370-9)
– Probennahme von Öl ... DIN EN 60567 (VDE 0370-9)
ölgefüllte Kabelanschlusseinheiten ... E DIN VDE 0532-601 (VDE 0532-601)
Schutzfunkenstrecken an Durchführungen ... DIN VDE 0532-14 (VDE 0532-14)
Spannungsprüfung ... DIN EN 60076-4 (VDE 0532-76-4)

Drosselspulen
Zubehör .... DIN EN 50216-2 (VDE 0532-216-2)
DIN EN 50216-2/A1 (VDE 0532-216-2/A1)
DIN EN 50216-4 (VDE 0532-216-4)
DIN EN 50216-6 (VDE 0532-216-6)
DIN EN 50216-7 (VDE 0532-216-7)
– Buchholzrelais .... DIN EN 50216-2 (VDE 0532-216-2)
DIN EN 50216-2/A1 (VDE 0532-216-2/A1)
– Drosselklappen für Rohrleitungskreise .... DIN EN 50216-8 (VDE 0532-216-8)
– Druckanzeigeeinrichtungen .... DIN EN 50216-5 (VDE 0532-216-5)
– Druckentlastungsventile .... DIN EN 50216-5 (VDE 0532-216-5)
– Durchflussmesser .... DIN EN 50216-5 (VDE 0532-216-5)
– Flüssigkeitsstandanzeiger .... DIN EN 50216-5 (VDE 0532-216-5)
– kleine Zubehörteile .... DIN EN 50216-4 (VDE 0532-216-4)
– Luftentfeuchter .... DIN EN 50216-5 (VDE 0532-216-5)
– Öl-Luft-Kühler .... DIN EN 50216-10 (VDE 0532-216-10)
– Öl-Wasser-Kühler .... DIN EN 50216-9 (VDE 0532-216-9)
– Schutzrelais .... DIN EN 50216-3 (VDE 0532-216-3)
– Ventilatoren .... DIN EN 50216-12 (VDE 0532-216-12)
zur Unterdrückung elektromagnetischer Störungen .... DIN EN 60938-2-1 (VDE 0565-2-2)

Drosselspulen-Durchführungen .... DIN EN 60137 (VDE 0674-5)

Druckanzeigeeinrichtungen
für Transformatoren und Drosselspulen .... DIN EN 50216-5 (VDE 0532-216-5)

Druckentlastungsventile
für Transformatoren und Drosselspulen .... DIN EN 50216-5 (VDE 0532-216-5)

Druckerhöhungspumpen .... DIN EN 60335-2-41 (VDE 0700-41)

Druckfeste Kapselung "d" .... E DIN EN 60079-1 (VDE 0170-5)
DIN EN 60079-1 (VDE 0170-5)

Druckkochtöpfe
für den Hausgebrauch .... DIN EN 60335-2-15 (VDE 0700-15)

Druckregelgeräte
automatische elektrische .... DIN EN 60730-2-6 (VDE 0631-2-6)

Drucktaster .... DIN EN 60947-5-1 (VDE 0660-200)

Druckwasserreaktor .... DIN IEC 62117 (VDE 0491-4)

D-Sicherungen .... E DIN VDE 0635/A1 (VDE 0635/A1)

Dünnschicht-Photovoltaik-Module
terrestrische
– Bauarteignung und Bauartzulassung .... DIN EN 61646 (VDE 0126-32)

Dunstabzugshauben
für den gewerblichen Gebrauch .... DIN EN 60335-2-99 (VDE 0700-99)
für den Hausgebrauch .... DIN EN 60335-2-31 (VDE 0700-31)
DIN EN 61591 (VDE 0705-1591)
E DIN EN 61591/AA (VDE 0705-1591/AA)

Duplex- und Simplexkabel
LWL-Innenkabel .... DIN EN 60794-2-10 (VDE 0888-116)
– für den Einsatz als konfektioniertes Kabel .... DIN EN 60794-2-50 (VDE 0888-120)

Duplexkabel
Fasern der Kategorie A4
– LWL-Innenkabel .... DIN EN 60794-2-42 (VDE 0888-122)
LWL-Innenkabel .... E DIN IEC 60794-2-10 (VDE 0888-116)

Durchdringklemmstellen
allgemeine Anforderungen .... DIN EN 60998-1 (VDE 0613-1)

Durchflusserwärmer
für den Hausgebrauch .... E DIN EN 50193-1 (VDE 0705-193-1)
DIN EN 60335-2-35 (VDE 0700-35)
E DIN EN 60335-2-35/A2 (VDE 0700-35/A35)
E DIN EN 60335-2-35/A200 (VDE 0700-35/A36)

Durchflussmengenschalter .... DIN EN 60947-5-9 (VDE 0660-216)

Durchflussmesser
für Transformatoren und Drosselspulen .... DIN EN 50216-5 (VDE 0532-216-5)

Durchführungen
für Gleichspannungsanwendungen .... DIN EN 62199 (VDE 0674-501)
ölgefüllte
– Probennahme von Gasen .... E DIN IEC 60567 (VDE 0370-9)
– Probennahme von Öl .... DIN EN 60567 (VDE 0370-9)

Durchführungen, isolierte
für Wechselspannungen über 1 000 V .... DIN EN 60137 (VDE 0674-5)

Durchgangsbereich .... DIN VDE 0100-729 (VDE 0100-729)

Durchgangsverdrahtung .... DIN VDE 0100-559 (VDE 0100-559)

Durchlassstrom-Kennlinie
von Niederspannungssicherungen .... DIN EN 60269-1 (VDE 0636-1)

Durchlaufspannungsprüfung
an Kabeln und Leitungen .... DIN EN 50395 (VDE 0481-395)
DIN EN 62230 (VDE 0481-2230)

Durchleuchtungsarbeitsplätze .... DIN EN 60601-2-54 (VDE 0750-2-54)

Durchlüfter
für Aquarien und Gartenteiche .... DIN EN 60335-2-55 (VDE 0700-55)

Durchschlagfestigkeit
von Luftstrecken .... DIN EN 60664-1 (VDE 0110-1)
von Werkstoffen
– Prüfungen bei technischen Frequenzen .... DIN EN 60243-1 (VDE 0303-21)
DIN EN 60243-3 (VDE 0303-23)

Durchschlagspannung (Blitzimpuls-)
von Isolierflüssigkeiten .... E DIN IEC 60897 (VDE 0370)

Dusche
Räume mit .... DIN VDE 0100-701 (VDE 0100-701)

Duscheinrichtungen, multifunktionelle
für den Hausgebrauch .... DIN EN 60335-2-105 (VDE 0700-105)

DVB-C-Signale
Messverfahren für die Nichtlinearität .... E DIN EN 60728-3-1 (VDE 0855-3-1)

E

"e"; erhöhte Sicherheit .... DIN EN 60079-7 (VDE 0170-6)

EBuLa-Bordgeräte .... DIN VDE 0119-207-13 (VDE 0119-207-13)

Edelgase
radioaktive
– Einrichtungen zur Überwachung .... DIN IEC 62302 (VDE 0493-1-30)

Edisongewinde .... DIN EN 60238 (VDE 0616-1)

EDL-Funktionalitäten .... Anwendungsregel (VDE-AR-N 4101)

EDV-Werkzeuge
zur Fließbilderstellung .... DIN EN 62424 (VDE 0810-24)

Effekt-Projektoren .... DIN EN 60335-2-56 (VDE 0700-56)

Eierkocher
für den Hausgebrauch .... DIN EN 60335-2-15 (VDE 0700-15)

Eigendämpfungseigenschaften
von verseilten Leitern
– Methoden zur Messung .... E DIN EN 62567 (VDE 0212-356)

Eigenerzeugungsanlage
netzparallele
– selbsttätige Schaltstelle .... DIN V VDE V 0126-1-1 (VDE V 0126-1-1)

Eigensichere Systeme
für explosionsgefährdete Bereiche .... DIN EN 50394-1 (VDE 0170-10-2)
DIN EN 60079-25 (VDE 0170-10-1)

Eigensicherheit "i" .... DIN EN 60079-11 (VDE 0170-7)
DIN EN 60079-25 (VDE 0170-10-1)
E DIN IEC 60079-11 (VDE 0170-7)

Eigensicherheit "iD" .... DIN EN 61241-11 (VDE 0170-15-11)

Einadrige Leitungen
vernetzte Silikon-Isolierung .... DIN EN 50525-2-41 (VDE 0285-525-2-41)

Einbau-Lampenfassungen
allgemeine Anforderungen und Prüfungen .... DIN EN 60838-1 (VDE 0616-5)

Einbauleuchten .... VDE-Schriftenreihe Band 12
E DIN IEC 60598-2-2 (VDE 0711-2-2)
für Entladungslampen .... DIN EN 60598-2-2 (VDE 0711-202)
DIN EN 60598-2-2/A1 (VDE 0711-202/A1)

Einbaustecker
für Kraftfahrzeuge .... DIN EN 50066 (VDE 0625-10)

Einbau-Vorschaltgeräte .... DIN EN 61347-1 (VDE 0712-30)

Einbettwerkstoffe .... DIN EN 60455-1 (VDE 0355-1)

Einbrennsignierstifte .... DIN EN 60335-2-45 (VDE 0700-45)
E DIN EN 60335-2-45/A2 (VDE 0700-45/A2)

Einbruchmeldeanlagen
aktive Glasbruchmelder .... DIN CLC/TS 50131-2-7-3 (VDE V 0830-2-2-73)
akustische Glasbruchmelder .... DIN CLC/TS 50131-2-7-1 (VDE V 0830-2-2-71)
Alarmvorprüfung .... E DIN EN 50131-9 (VDE 0830-2-9)
allgemeine Festlegungen .... DIN VDE 0833-1 (VDE 0833-1)
Anwendungsregeln .... DIN CLC/TS 50131-7 (VDE V 0830-2-7)
Begriffe .... Beiblatt 1 DIN EN 50131-1 (VDE 0830-2-1)
Energieversorgung .... DIN EN 50131-6 (VDE 0830-2-6)
E DIN EN 50131-6/AA (VDE 0830-2-6/AA)
kombinierte PIR- und Mikrowellenmelder .... DIN EN 50131-2-4 (VDE 0830-2-2-4)
kombinierte PIR- und Ultraschallmelder .... DIN EN 50131-2-5 (VDE 0830-2-2-5)
Melderzentrale .... DIN EN 50131-3 (VDE 0830-2-3)
Mikrowellenmelder .... DIN EN 50131-2-3 (VDE 0830-2-2-3)
Öffnungsmelder (Magnetkontakte) .... DIN EN 50131-2-6 (VDE 0830-2-2-6)
passive Glasbruchmelder .... DIN CLC/TS 50131-2-7-2 (VDE V 0830-2-2-72)
Planung, Errichtung, Betrieb .... DIN VDE 0833-3 (VDE 0833-3)
Signalgeber .... DIN EN 50131-4 (VDE 0830-2-4)
Systemanforderungen .... DIN EN 50131-1 (VDE 0830-2-1)
Übertragungseinrichtungen .... E DIN EN 50131-10 (VDE 0830-2-10)
Übertragungsgeräte (Funk-) .... DIN EN 50131-5-3 (VDE 0830-2-5-3)

Einbruchmelder
aktive Glasbruchmelder .... DIN CLC/TS 50131-2-7-3 (VDE V 0830-2-2-73)

Einbruchmelder
akustische Glasbruchmelder .... DIN CLC/TS 50131-2-7-1 (VDE V 0830-2-2-71)
passive Glasbruchmelder .... DIN CLC/TS 50131-2-7-2 (VDE V 0830-2-2-72)
Passiv-Infrarotmelder .... DIN EN 50131-2-2 (VDE 0830-2-2-2)

Einfachschweißstationen
Konstruktion, Herstellung, Errichtung .... DIN EN 62135-1 (VDE 0545-1)

Einfallswinkel
photovoltaischer Module .... E DIN EN 61853-2 (VDE 0126-34-2)

Einfügungsdämpfung .... E DIN EN 60512-28-100 (VDE 0687-512-28-100)
integrierter Filter von Steckverbindern .... DIN EN 60512-23-2 (VDE 0687-512-23-2)

Eingangsfilter .... DIN EN 50065-4-3 (VDE 0808-4-3)

Eingießen
zum Schutz gegen Verschmutzung .... DIN EN 60664-3 (VDE 0110-3)

Ein-Kabel-Test .... DIN EN 61280-4-1 (VDE 0888-410)

Einklemm-Schutzvorrichtungen
für Garagentore .... DIN EN 60335-2-95 (VDE 0700-95)

Einmodenfasern
Kategorie B .... DIN EN 60793-2-50 (VDE 0888-325)
E DIN EN 60793-2-50 (VDE 0888-325)
Kategorie C .... DIN EN 60793-2-60 (VDE 0888-326)

Einmoden-Lichtwellenleiter
allgemeine Festlegungen .... DIN EN 60793-2 (VDE 0888-300)
E DIN EN 60793-2 (VDE 0888-300)

Einphasen-Kopplungskondensatoren
für Trägerfrequenzübertragungen .... E DIN IEC 60358-2 (VDE 0560-4)

Einphasen-Leistungsschalter
für Bahnanlagen .... DIN EN 50152-1 (VDE 0115-320-1)

Einphasen-Spannungswandler
für Bahnanlagen .... DIN EN 50152-3-3 (VDE 0115-320-3-3)

Einphasen-Stromwandler
für Bahnanlagen .... DIN EN 50152-3-2 (VDE 0115-320-3-2)

Einphasen-Systeme
Leistungsbegriffe .... VDE-Schriftenreihe Band 103

Einphasen-Transformatoren .... E DIN EN 60076-1 (VDE 0532-76-1)
DIN EN 60076-1 (VDE 0532-76-1)

Einrichtungen der Informationstechnik
Außenbereich .... DIN EN 60950-22 (VDE 0805-22)
Datenspeicherung .... DIN EN 60950-23 (VDE 0805-23)
Erdung in Gebäuden .... DIN EN 50310 (VDE 0800-2-310)
Funkstöreigenschaften
– Grenzwerte und Messverfahren .... DIN EN 55022 (VDE 0878-22)
Potentialausgleich in Gebäuden .... DIN EN 50310 (VDE 0800-2-310)
Sicherheitsanforderungen .... DIN EN 60950-1 (VDE 0805-1)
DIN EN 60950-1/A12 (VDE 0805-1/A12)
E DIN EN 60950-1/A2 (VDE 0805-1/A2)
E DIN EN 62368 (VDE 0868-1)
Störfestigkeitseigenschaften
– Grenzwerte und Prüfverfahren .... DIN EN 55024 (VDE 0878-24)
Stückprüfung in der Fertigung .... DIN EN 50514 (VDE 0805-514)
Überspannungsschutz .... Beiblatt 1 DIN VDE 0845 (VDE 0845)

Einrichtungen der Kommunikationstechnik
Sicherheitsanforderungen .... E DIN EN 62368 (VDE 0868-1)

Einrichtungen mit Telekommunikationsanschluss
Zerstörfestigkeit gegen Überspannungen und -ströme .... DIN EN 50468 (VDE 0845-7)

Einrichtungen zum Lichtbogenschweißen
elektromagnetische Felder
– Exposition von Personen .... DIN EN 50444 (VDE 0544-20)
Exposition durch elektromagnetische Felder
– Konformitätsprüfung .... DIN EN 50445 (VDE 0545-20)

Einrichtungen zum Widerstandsschweißen
Exposition durch elektromagnetische Felder
– Konformitätsprüfung .... DIN EN 50445 (VDE 0545-20)

Einrichtungen, elektrische
für Sicherheitszwecke .... DIN VDE 0100-560 (VDE 0100-560)

Einschaltdauer, begrenzte
von Lichtbogen-Schweißstromquellen .... DIN EN 60974-6 (VDE 0544-6)

Einschübe
Umweltanforderungen und Sicherheitsaspekte .... E DIN EN 61587-1 (VDE 0687-587-1)

Eintreibgeräte
handgeführt, motorbetrieben .... DIN EN 60745-2-16 (VDE 0740-2-16)

Einweg-Tokenträgersysteme
Protokoll der Anwendungsschicht .... E DIN IEC 62055-41 (VDE 0418-5-41)

Einweg-Zahlwort-Tokenträger
Protokoll der Bitübertragungsschicht .... E DIN IEC 62055-51 (VDE 0418-5-51)

Einwirkungen auf Freileitungen .... DIN EN 50341-1 (VDE 0210-1)

Einzelkammerwärmeschränke .... DIN EN 60216-4-1 (VDE 0304-4-1)

Einzelverluste
großer elektrischer Maschinen .... DIN EN 60034-2-2 (VDE 0530-2-2)

Einzelverlustverfahren .... DIN IEC/TS 60349-3 (VDE V 0115-400-3)

Einzelzellenleistungsverhalten
von Festoxid-Brennstoffzellen (SOFC) .... E DIN IEC/TS 62282-7-2 (VDE V 0130-7-2)

Eisbereiter
Anforderungen an Motorverdichter .... DIN EN 60335-2-34 (VDE 0700-34)
E DIN EN 60335-2-34 (VDE 0700-34)
für den Hausgebrauch .... DIN EN 60335-2-24 (VDE 0700-24)
E DIN EN 60335-2-24/A1 (VDE 0700-24/A1)
E DIN EN 60335-2-24/AC (VDE 0700-24/A2)

Eisbildung
Vermeidung durch Heizleitungen .... E DIN IEC 60800 (VDE 0253-800)

Eisenbahnen
Drehstrom-Bordnetz .... E DIN EN 50533 (VDE 0115-533)
elektrische Sicherheit und Erdung .... DIN EN 50122-2 (VDE 0115-4)
DIN EN 50122-3 (VDE 0115-5)
Oberleitungen .... DIN EN 50345 (VDE 0115-604)
Schutz gegen elektrischen Schlag .... DIN EN 50122-1 (VDE 0115-3)
Sicherheit in der Bahnstromversorgung .... DIN CLC/TS 50562 (VDE V 0115-562)

Eisenbahnfahrzeuge
Feuerlösch- und Brandmeldeeinrichtungen .... DIN VDE 0119-207-9 (VDE 0119-207-9)
Leittechnik
– analoger Zugfunk .... DIN VDE 0119-207-1 (VDE 0119-207-1)
– automatische Fahr-/Bremssteuerung .... DIN VDE 0119-207-3 (VDE 0119-207-3)
– Bordgeräte für EBuLa .... DIN VDE 0119-207-13 (VDE 0119-207-13)
– Fahrtenschreiber und Registriergeräte .... DIN VDE 0119-207-11 (VDE 0119-207-11)
– Fahrzeugeinrichtung - GSM-R-Zugfunk .... DIN VDE 0119-207-16 (VDE 0119-207-16)

Eisenbahnfahrzeuge
Leittechnik
– Fahrzeugeinrichtung LZB .... DIN VDE 0119-207-7 (VDE 0119-207-7)
– Fahrzeugeinrichtung PZB .... DIN VDE 0119-207-6 (VDE 0119-207-6)
– Feuerlösch- und Brandmeldeeinrichtungen .... DIN VDE 0119-207-9 (VDE 0119-207-9)
– Funkfernsteuerung FFST .... DIN VDE 0119-207-2 (VDE 0119-207-2)
– Geschwindigkeitsmess- und -
anzeigeeinrichtungen .... DIN VDE 0119-207-10 (VDE 0119-207-10)
– Geschwindigkeitsüberwachung GNT .... DIN VDE 0119-207-8 (VDE 0119-207-8)
– Sicherheitsfahrschaltung (Sifa) .... DIN VDE 0119-207-5 (VDE 0119-207-5)
– Signaleinrichtungen (akustisch, optisch) .... DIN VDE 0119-207-12 (VDE 0119-207-12)
– Softwareänderung .... DIN VDE 0119-207-14 (VDE 0119-207-14)
– Türsteuerung .... DIN VDE 0119-207-15 (VDE 0119-207-15)
– zeitmultiplexe Zugsteuerung .... DIN VDE 0119-207-4 (VDE 0119-207-4)
Zugelektrik
– Hauptschalter .... DIN VDE 0119-206-2 (VDE 0119-206-2)
– Haupttransformator .... DIN VDE 0119-206-3 (VDE 0119-206-3)
– Notbeleuchtung .... DIN VDE 0119-206-6 (VDE 0119-206-6)
– Schutzmaßnahmen .... DIN VDE 0119-206-7 (VDE 0119-206-7)
– Stromabnehmer .... DIN VDE 0119-206-1 (VDE 0119-206-1)
– Zugsammelschienen .... DIN VDE 0119-206-5 (VDE 0119-206-5)

Eisenbahn-Signaltechnik
Risikoanalyse technischer Funktionen .... DIN V VDE V 0831-101 (VDE V 0831-101)

Eisenbahn-Steuerungsysteme
Software .... DIN EN 50128 (VDE 0831-128)
E DIN EN 50128 (VDE 0831-128)

Eisenbahn-Überwachungssysteme
Software .... DIN EN 50128 (VDE 0831-128)
E DIN EN 50128 (VDE 0831-128)

EKG-Überwachungsgeräte .... DIN EN 60601-2-27 (VDE 0750-2-27)

Elastomermischungen .... DIN EN 60811-2-1 (VDE 0473-811-2-1)

Elastomerschläuche
wärmeschrumpfend, flammwidrig .... DIN EN 60684-3-271 (VDE 0341-3-271)
E DIN IEC 60684-3-271 (VDE 0341-3-271)

Elektrische Anlagen
Arbeiten an .... DIN EN 50110-1 (VDE 0105-1)
DIN VDE 0100-510 (VDE 0100-510)
DIN VDE 0105-100 (VDE 0105-100)
Arbeitsschutz .... VDE-Schriftenreihe Band 48
auf Baustellen .... VDE-Schriftenreihe Band 42
auf Campingplätzen .... DIN VDE 0100-708 (VDE 0100-708)
Bedienen von .... DIN EN 50110-1 (VDE 0105-1)
DIN VDE 0105-100 (VDE 0105-100)
Betrieb
– Bereiche mit explosiven Stoffen .... DIN VDE 0105-7 (VDE 0105-7)
Betrieb von .... VDE-Schriftenreihe Band 13
DIN VDE 0100-510 (VDE 0100-510)
DIN VDE 0105-100 (VDE 0105-100)
– nationale normative Anhänge .... DIN EN 50110-2 (VDE 0105-2)
Brandbekämpfung und technische Hilfeleistung .... E DIN VDE 0132 (VDE 0132)
DIN VDE 0132 (VDE 0132)
Fehlerstrom-Überwachung .... VDE-Schriftenreihe Band 113
für Flugplatzbeleuchtung .... DIN EN 50512 (VDE 0161-110)
DIN EN 61822 (VDE 0161-100)
DIN VDE V 0161-11 (VDE V 0161-11)

Elektrische Anlagen
für Marinas ... DIN VDE 0100-709 (VDE 0100-709)
E DIN VDE 0100-709/A1 (VDE 0100-709/A1)
für Sicherheitszwecke ... DIN VDE 0100-560 (VDE 0100-560)
im Bergbau unter Tage
– allgemeine Festlegungen ... DIN VDE 0118-1 (VDE 0118-1)
– Zusatzfestlegungen ... DIN VDE 0118-2 (VDE 0118-2)
im Freien ... DIN VDE 0100-737 (VDE 0100-737)
in explosionsfähigen Atmosphären
– Projektierung, Auswahl, Errichtung ... E DIN EN 60079-14 (VDE 0165-1)
DIN EN 60079-14 (VDE 0165-1)
in explosionsgefährdeten Bereichen
– Prüfung und Instandhaltung ... E DIN EN 60079-17 (VDE 0165-10-1)
DIN EN 60079-17 (VDE 0165-10-1)
in Fernmeldebetriebsräumen ... DIN VDE 0878-2 (VDE 0878-2)
in gartenbaulichen Betriebsstätten ... DIN VDE 0105-115 (VDE 0105-115)
in gasexplosionsgefährdeten Bereichen
– Projektierung, Auswahl, Errichtung ... E DIN EN 60079-14 (VDE 0165-1)
DIN EN 60079-14 (VDE 0165-1)
– Prüfung und Instandhaltung ... E DIN EN 60079-17 (VDE 0165-10-1)
in Landwirtschaft und Gartenbau ... DIN VDE 0100-705 (VDE 0100-705)
in landwirtschaftlichen Betriebsstätten ... DIN VDE 0105-115 (VDE 0105-115)
in Möbeln ... DIN 57100-724 (VDE 0100-724)
in Schwimmbädern ... DIN VDE 0100-702 (VDE 0100-702)
in Versorgungsnetzen
– Zustandsfeststellung ... DIN V VDE V 0109-2 (VDE V 0109-2)
Instandhaltung ... VDE-Schriftenreihe Band 13
DIN EN 50110-1 (VDE 0105-1)
Leitfaden ... Beiblatt 1 DIN VDE 0100-520 (VDE 0100-520)
Planung
– allgemeine Grundsätze ... VDE-Schriftenreihe Band 39
Schadenverhütung ... VDE-Schriftenreihe Band 85
Schutz bei Überlast und Kurzschluss ... VDE-Schriftenreihe Band 143
Schutz gegen elektrischen Schlag ... DIN EN 61140 (VDE 0140-1)
Schutz in
– Erdungen ... VDE-Schriftenreihe Band 81
– Gefahren durch elektrischen Strom ... VDE-Schriftenreihe Band 80
– gefährliche Körperströme ... VDE-Schriftenreihe Band 82
– Schutzeinrichtungen ... VDE-Schriftenreihe Band 84
– Überströme und Überspannungen ... VDE-Schriftenreihe Band 83
von Caravans und Motorcaravans ... DIN VDE 0100-721 (VDE 0100-721)
vorübergehend errichtete ... DIN VDE 0100-711 (VDE 0100-711)
DIN VDE 0100-740 (VDE 0100-740)

Elektrische Anlagen von Gebäuden ... VDE-Schriftenreihe Band 39
Daten und Fakten zur Errichtung ... VDE-Schriftenreihe Band 105
elektrische Betriebsmittel
– Auswahl und Errichtung ... DIN VDE 0100-537 (VDE 0100-537)
Elektromagnetische Verträglichkeit (EMV) ... VDE-Schriftenreihe Band 66
Kleinspannungsbeleuchtungsanlagen ... DIN VDE 0100-715 (VDE 0100-715)
Schaltgeräte und Steuergeräte
– Geräte zum Trennen und Schalten ... DIN VDE 0100-537 (VDE 0100-537)
Schutz bei Erdschlüssen ... DIN VDE 0100-442 (VDE 0100-442)
Schutz bei Überspannungen ... DIN VDE 0100-442 (VDE 0100-442)
Stichwortsammlung zur VDE 0100 ... VDE-Schriftenreihe Band 100
Zusammenfassung der Begriffe
– (deutsch/englisch/französisch) ... DIN VDE 0100-200 (VDE 0100-200)

Elektrische Antriebe
drehzahlveränderbare
– Bemessung von Niederspannungs-Gleichstrom-
Antriebssystemen .... DIN EN 61800-1 (VDE 0160-101)
– EMV-Anforderungen .... DIN EN 61800-3 (VDE 0160-103)
E DIN IEC 61800-3/A1 (VDE 0160-103/A1)
– Sicherheitsanforderungen .... DIN EN 61800-5-1 (VDE 0160-105-1)
DIN EN 61800-5-2 (VDE 0160-105-2)
für Markisen und Rollläden .... DIN EN 60335-2-97 (VDE 0700-97)
Elektrische Ausrüstung
von Hebezeugen .... DIN EN 60204-32 (VDE 0113-32)
von Maschinen .... VDE-Schriftenreihe Band 26
– allgemeine Anforderungen .... E DIN EN 60204-1 (VDE 0113-1)
DIN EN 60204-1 (VDE 0113-1)
DIN EN 60204-1/A1 (VDE 0113-1/A1)
– EMV-Anforderungen .... E DIN EN 60204-31 (VDE 0113-31)
– Geräte zum Prüfen der Sicherheit .... E DIN EN 61557-14 (VDE 0413-14)
– mit Spannungen über 1 kV .... VDE-Schriftenreihe Band 46
DIN EN 60204-11 (VDE 0113-11)
– Nähmaschinen, Näheinheiten, Nähanlagen .... E DIN EN 60204-31 (VDE 0113-31)
Elektrische Bahn-Signalanlagen
Risikoanalyse technischer Funktionen .... DIN V VDE V 0831-101 (VDE V 0831-101)
Sicherheitsmängel .... DIN V VDE V 0831-100 (VDE V 0831-100)
Elektrische Betriebsmittel
Auswahl und Errichtung .... VDE-Schriftenreihe Band 106
– allgemeine Bestimmungen .... DIN VDE 0100-510 (VDE 0100-510)
– Erdungsanlagen, Schutzleiter und Potentialausgleich ..... DIN VDE 0100-540 (VDE 0100-540)
– Installationsgeräte .... DIN VDE 0100-550 (VDE 0100-550)
– Koordinierung elektrischer Einrichtungen .... E DIN VDE 0100-570 (VDE 0100-570)
– Schalter .... DIN VDE 0100-550 (VDE 0100-550)
– Steckvorrichtungen .... DIN VDE 0100-550 (VDE 0100-550)
Berechnung von Kurzschlussströmen .... Beiblatt 4 DIN EN 60909-0 (VDE 0102)
Eigensicherheit "i" .... DIN EN 60079-11 (VDE 0170-7)
erhöhte Sicherheit "e" .... DIN EN 60079-7 (VDE 0170-6)
explosionsgeschützte .... VDE-Schriftenreihe Band 65
für den Anschluss von Leuchten
– Normblätter .... DIN EN 61995-2 (VDE 0620-400-2)
für explosionsgefährdete Bereiche
– elektrostatische Handsprüheinrichtungen .... DIN EN 50050 (VDE 0745-100)
– Zündschutzart "n" .... DIN EN 60079-15 (VDE 0170-16)
für gasexplosionsgefährdete Bereiche
– druckfeste Kapselung "d" .... E DIN EN 60079-1 (VDE 0170-5)
DIN EN 60079-1 (VDE 0170-5)
– Ölkapselung "o" .... DIN EN 60079-6 (VDE 0170-2)
in Bereichen mit brennbarem Staub .... DIN EN 50303 (VDE 0170-12-2)
DIN EN 61241-2-2 (VDE 0170-15-2-2)
– Eigensicherheit "iD" .... DIN EN 61241-11 (VDE 0170-15-11)
– Zündschutzart "pD" .... DIN EN 61241-4 (VDE 0170-15-4)
in Bereichen mit explosionsgefährlichen Stoffen .... DIN V VDE V 0166 (VDE V 0166)
in medizinischer Anwendung
– grafische Symbole .... Beiblatt 2 DIN EN 60601-1 (VDE 0750-1)
in Niederspannungsanlagen
– Isolationskoordination .... DIN VDE 0110-20 (VDE 0110-20)
in staubexplosionsgefährdeten Bereichen .... DIN EN 60079-10-2 (VDE 0165-102)
in Versorgungsnetzen
– Zustandsfeststellung .... DIN V VDE V 0109-2 (VDE V 0109-2)

Elektrische Betriebsmittel
in Wohngebäuden
– Auswahl und Errichtung .... VDE-Schriftenreihe Band 45
Isolationskoordination .... VDE-Schriftenreihe Band 73
Beiblatt 3 DIN EN 60664-1 (VDE 0110-1)
– Bemessung von Luft- und Kriechstrecken .... DIN EN 60664-5 (VDE 0110-5)
– Grundsätze, Anforderungen, Prüfungen .... DIN EN 60664-1 (VDE 0110-1)
– Teilentladungsprüfungen .... DIN VDE 0110-20 (VDE 0110-20)
Isolieröle .... DIN EN 60422 (VDE 0370-2)
E DIN IEC 60422 (VDE 0370-2)
Kennzeichnung der Anschlüsse .... DIN EN 60445 (VDE 0197)
Kurzzeichen an .... VDE-Schriftenreihe Band 15
ölgefüllte
– Probennahme von Gasen .... E DIN IEC 60567 (VDE 0370-9)
– Probennahme von Gasen und Öl .... DIN EN 60567 (VDE 0370-9)
Schutz gegen elektrischen Schlag .... DIN EN 61140 (VDE 0140-1)
Schutz gegen Verschmutzung .... DIN EN 60664-3 (VDE 0110-3)
Schutzklassen .... DIN EN 61140 (VDE 0140-1)

Elektrische Betriebsstätten .... DIN VDE 0100-731 (VDE 0100-731)

Elektrische Bordnetze
von Bahnfahrzeugen
– Systemarchitekturen .... DIN CLC/TS 50534 (VDE V 0115-534)

Elektrische Einrichtungen
Koordinierung .... E DIN VDE 0100-570 (VDE 0100-570)

Elektrische Energieversorgungsnetze
Austausch von transienten Daten .... E DIN EN 60255-24 (VDE 0435-3040)

Elektrische Erosion .... DIN EN 60112 (VDE 0303-11)

Elektrische Felder
Exposition von Personen .... DIN EN 50413 (VDE 0848-1)
induzierte Körperstromdichte
– Berechnungsverfahren .... DIN EN 62226-1 (VDE 0848-226-1)
– Exposition - 2D-Modelle .... DIN EN 62226-2-1 (VDE 0848-226-2-1)
Schutz von Personen .... E DIN VDE 0848-3-1 (VDE 0848-3-1)
von Elektrowärmeanlagen
– Exposition von Arbeitnehmern .... DIN EN 50519 (VDE 0848-519)

Elektrische Geräte
Änderung .... VDE-Schriftenreihe Band 62
DIN VDE 0701-0702 (VDE 0701-0702)
der industriellen Prozesstechnik .... DIN EN 61003-1 (VDE 0409)
für den Hausgebrauch
– allgemeine Anforderungen .... DIN EN 60335-1 (VDE 0700-1)
E DIN EN 60335-1/A101 (VDE 0700-1/A76)
E DIN EN 60335-1/A102 (VDE 0700-1/A77)
E DIN EN 60335-1/A103 (VDE 0700-1/A78)
E DIN EN 60335-1/A104 (VDE 0700-1/A79)
E DIN EN 60335-1/AG (VDE 0700-1/A81)
für Gartenteiche und Aquarien .... DIN EN 60335-2-55 (VDE 0700-55)
Gebrauch durch Kinder und Jugendliche
– Sicherheitsbestimmungen .... E DIN IEC 61010-2-092 (VDE 0411-2-092)
in der Bahnumgebung
– magnetische Felder .... DIN EN 50500 (VDE 0115-500)
in explosionsgefährdeten Bereichen
– Sicherheitseinrichtungen .... DIN EN 50495 (VDE 0170-18)

Elektrische Geräte
in Lehranstalten
– Sicherheitsbestimmungen .... E DIN IEC 61010-2-092 (VDE 0411-2-092)
Instandsetzung .... VDE-Schriftenreihe Band 62
DIN VDE 0701-0702 (VDE 0701-0702)
mit Mineralöl imprägnierte .... DIN EN 60599 (VDE 0370-7)
Prüfung .... VDE-Schriftenreihe Band 62
DIN VDE 0701-0702 (VDE 0701-0702)
Wiederholungsprüfungen .... VDE-Schriftenreihe Band 62
E DIN EN 62638 (VDE 0701-0702)
DIN VDE 0701-0702 (VDE 0701-0702)
zur Detektion brennbarer Gase .... DIN EN 50244 (VDE 0400-30-2)
zur Detektion und Messung von Sauerstoff .... DIN EN 50104 (VDE 0400-20)
zur Detektion von Kohlenmonoxid .... DIN EN 50292 (VDE 0400-35)
– in Freizeitfahrzeugen .... DIN EN 50291-2 (VDE 0400-34-2)
– in Wohnhäusern .... DIN EN 50291-1 (VDE 0400-34-1)
zur Schönheitspflege .... E DIN EN 50415 (VDE 0750-240)

Elektrische Haushaltsgeräte
allgemeine Anforderungen .... DIN EN 60335-1 (VDE 0700-1)
E DIN EN 60335-1/A101 (VDE 0700-1/A76)
E DIN EN 60335-1/A102 (VDE 0700-1/A77)
E DIN EN 60335-1/A103 (VDE 0700-1/A78)
E DIN EN 60335-1/A104 (VDE 0700-1/A79)
E DIN EN 60335-1/AA (VDE 0700-1/AA)
E DIN EN 60335-1/AG (VDE 0700-1/A81)
E DIN IEC 60335-1/A80 (VDE 0700-1/A80)
Auslegungen zu Europäischen Normen .... DIN V VDE V 0700-700 (VDE V 0700-700)
Backöfen .... DIN EN 60335-2-6 (VDE 0700-6)
E DIN EN 60335-2-6/AC (VDE 0700-6/A36)
E DIN IEC 60335-2-6 (VDE 0700-6)
Barbecue-Grillgeräte .... DIN EN 60335-2-78 (VDE 0700-78)
Batterieladegeräte .... DIN EN 60335-2-29 (VDE 0700-29)
Bodenbehandlungs- und Nassschrubbmaschinen .... DIN EN 60335-2-10 (VDE 0700-10)
Bratpfannen .... DIN EN 60335-2-13 (VDE 0700-13)
Brotröster .... DIN EN 60335-2-9 (VDE 0700-9)
E DIN EN 60335-2-9 (VDE 0700-9)
E DIN EN 60335-2-9/A100 (VDE 0700-9/A100)
Bügeleisen .... DIN EN 60335-2-3 (VDE 0700-3)
E DIN EN 60335-2-3/A100 (VDE 0700-3/A100)
Bügelmaschinen .... DIN EN 60335-2-44 (VDE 0700-44)
E DIN EN 60335-2-44/A2 (VDE 0700-44/A1)
Bügelpressen .... DIN EN 60335-2-44 (VDE 0700-44)
E DIN EN 60335-2-44/A2 (VDE 0700-44/A1)
Dampfkochtöpfe .... DIN EN 60335-2-15 (VDE 0700-15)
E DIN EN 60335-2-15/AA (VDE 0700-15/AA)
Dampfreiniger .... DIN EN 60335-2-54 (VDE 0700-54)
DIN EN 60335-2-79 (VDE 0700-79)
E DIN IEC 60335-2-79/A101 (VDE 0700-79/A1)
E DIN IEC 60335-2-79/A102 (VDE 0700-79/A2)
E DIN IEC 60335-2-79/A103 (VDE 0700-79/A3)
E DIN IEC 60335-2-79/A104 (VDE 0700-79/A4)
E DIN IEC 60335-2-79/A105 (VDE 0700-79/A5)
Druckkochtöpfe .... DIN EN 60335-2-15 (VDE 0700-15)
E DIN EN 60335-2-15/AA (VDE 0700-15/AA)
Dunstabzugshauben .... DIN EN 60335-2-31 (VDE 0700-31)
DIN EN 61591 (VDE 0705-1591)
E DIN EN 61591/AA (VDE 0705-1591/AA)

Elektrische Haushaltsgeräte

Durchflusserwärmer .... E DIN EN 50193-1 (VDE 0705-193-1)
DIN EN 60335-2-35 (VDE 0700-35)
E DIN EN 60335-2-35/A2 (VDE 0700-35/A35)
E DIN EN 60335-2-35/A200 (VDE 0700-35/A36)
Eierkocher .... DIN EN 60335-2-15 (VDE 0700-15)
E DIN EN 60335-2-15/AA (VDE 0700-15/AA)
Eisbereiter .... DIN EN 60335-2-24 (VDE 0700-24)
E DIN EN 60335-2-24/A1 (VDE 0700-24/A1)
E DIN EN 60335-2-24/AC (VDE 0700-24/A2)
Elektrolysator-Geschirrspülmaschinen
– spülmittelfreie .... DIN EN 60335-2-108 (VDE 0700-108)
Elektrolysator-Waschmaschinen
– waschmittelfreie .... DIN EN 60335-2-108 (VDE 0700-108)
elektromagnetische Felder
– Sicherheit von Personen .... DIN EN 62233 (VDE 0700-366)
elektromagnetische Verträglichkeit .... VDE-Schriftenreihe Band 16
Elektrowärmewerkzeuge .... E DIN EN 60335-2-45/A2 (VDE 0700-45/A2)
Flaschenwärmer .... DIN EN 60335-2-15 (VDE 0700-15)
E DIN EN 60335-2-15/AA (VDE 0700-15/AA)
Frisierstäbe .... DIN EN 60335-2-23 (VDE 0700-23)
E DIN EN 60335-2-23/A2 (VDE 0700-23/A2)
Frittiergeräte .... DIN EN 60335-2-13 (VDE 0700-13)
Fußwärmer .... DIN EN 60335-2-81 (VDE 0700-81)
E DIN EN 60335-2-81/A2 (VDE 0700-81/A32)
Geschirrspülmaschinen .... DIN EN 60335-2-5 (VDE 0700-5)
DIN EN 60335-2-5/A11 (VDE 0700-5/A11)
Geschirrspülmaschinen, spülmittelfreie .... DIN EN 60335-2-108 (VDE 0700-108)
Gesichtssaunen .... DIN EN 60335-2-23 (VDE 0700-23)
E DIN EN 60335-2-23/A2 (VDE 0700-23/A2)
Glüh- und Brennöfen .... DIN VDE 0700-244 (VDE 0700-244)
Grasscheren .... E DIN EN 60335-2-94 (VDE 0700-94)
Grillgeräte .... DIN EN 60335-2-9 (VDE 0700-9)
E DIN EN 60335-2-9 (VDE 0700-9)
E DIN EN 60335-2-9/A100 (VDE 0700-9/A100)
Haartrockner .... DIN EN 60335-2-23 (VDE 0700-23)
E DIN EN 60335-2-23/A2 (VDE 0700-23/A2)
Häcksler .... E DIN EN 50435 (VDE 0700-93)
Händetrockner .... DIN EN 60335-2-23 (VDE 0700-23)
E DIN EN 60335-2-23/A2 (VDE 0700-23/A2)
Hautbestrahlungsgeräte .... DIN EN 60335-2-27 (VDE 0700-27)
E DIN EN 60335-2-27 (VDE 0700-27)
E DIN EN 60335-2-27/A100 (VDE 0700-27/A100)
Heizeinsätze, ortsfeste .... DIN EN 60335-2-73 (VDE 0700-73)
DIN VDE 0700-253 (VDE 0700-253)
Heizkissen .... DIN EN 60335-2-17 (VDE 0700-17)
E DIN EN 60335-2-17 (VDE 0700-17)
Heizlüfter .... DIN EN 60335-2-30 (VDE 0700-30)
Heizmatten .... DIN EN 60335-2-81 (VDE 0700-81)
E DIN EN 60335-2-81/A2 (VDE 0700-81/A32)
Herde .... DIN EN 60335-2-6 (VDE 0700-6)
E DIN EN 60335-2-6/AC (VDE 0700-6/A36)
E DIN IEC 60335-2-6 (VDE 0700-6)
Hochdruckreiniger .... DIN EN 60335-2-79 (VDE 0700-79)
E DIN IEC 60335-2-79/A101 (VDE 0700-79/A1)
E DIN IEC 60335-2-79/A102 (VDE 0700-79/A2)
E DIN IEC 60335-2-79/A103 (VDE 0700-79/A3)

Elektrische Haushaltsgeräte

Hochdruckreiniger	E DIN IEC 60335-2-79/A104 (VDE 0700-79/A4)
	E DIN IEC 60335-2-79/A105 (VDE 0700-79/A5)
Induktionswoks	DIN EN 60335-2-13 (VDE 0700-13)
Infrarot-Kabinen	E DIN EN 60335-2-53 (VDE 0700-53)
Insektenvernichter	DIN EN 60335-2-59 (VDE 0700-59)
Joghurtbereiter	DIN EN 60335-2-15 (VDE 0700-15)
	E DIN EN 60335-2-15/AA (VDE 0700-15/AA)
Kleidungs- und Handtuchtrockner	DIN EN 60335-2-43 (VDE 0700-43)
Klimageräte	DIN EN 60335-2-40 (VDE 0700-40)
	E DIN EN 60335-2-40/AD (VDE 0700-40/A1)
	E DIN IEC 60335-2-40/A101 (VDE 0700-40/A101)
	E DIN IEC 60335-2-40/A102 (VDE 0700-40/A102)
	E DIN IEC 60335-2-40/A103 (VDE 0700-40/A103)
	E DIN IEC 60335-2-40/A104 (VDE 0700-40/A104)
	E DIN IEC 60335-2-40/A105 (VDE 0700-40/A105)
	E DIN IEC 60335-2-40/A106 (VDE 0700-40/A106)
Kochgeräte	DIN EN 60335-2-9 (VDE 0700-9)
	E DIN EN 60335-2-9 (VDE 0700-9)
	E DIN EN 60335-2-9/A100 (VDE 0700-9/A100)
Kochmulden	DIN EN 60335-2-6 (VDE 0700-6)
	E DIN EN 60335-2-6/AC (VDE 0700-6/A36)
	E DIN IEC 60335-2-6 (VDE 0700-6)
Kochtöpfe	DIN EN 60335-2-15 (VDE 0700-15)
	E DIN EN 60335-2-15/AA (VDE 0700-15/AA)
Küchenmaschinen	DIN EN 60335-2-14 (VDE 0700-14)
	E DIN EN 60335-2-14/A100 (VDE 0700-14/A100)
	E DIN EN 60335-2-14/AA (VDE 0700-14/AA)
Kühl- und Gefriergeräte	DIN EN 60335-2-24 (VDE 0700-24)
	E DIN EN 60335-2-24/A1 (VDE 0700-24/A1)
	E DIN EN 60335-2-24/AC (VDE 0700-24/A2)
	E DIN EN 62552 (VDE 0705-2552)
Langsamkocher	DIN EN 60335-2-15 (VDE 0700-15)
	E DIN EN 60335-2-15/AA (VDE 0700-15/AA)
Laubsauger	E DIN EN 60335-2-100 (VDE 0700-100)
	DIN V VDE V 0700-100 (VDE V 0700-100)
Luftbefeuchter	DIN EN 60335-2-98 (VDE 0700-98)
Luftreinigungsgeräte	DIN EN 60335-2-65 (VDE 0700-65)
	E DIN EN 60335-2-65/AA (VDE 0700-65/AA)
Massagegeräte	DIN EN 60335-2-32 (VDE 0700-32)
	E DIN EN 60335-2-32/AB (VDE 0700-32/AB)
Messung niedriger Leistungsaufnahmen	DIN EN 50564 (VDE 0705-2301)
Mikrowellenkochgeräte	DIN EN 60335-2-25 (VDE 0700-25)
	E DIN EN 60335-2-25/A100 (VDE 0700-25/A100)
Milchkocher	DIN EN 60335-2-15 (VDE 0700-15)
	E DIN EN 60335-2-15/AA (VDE 0700-15/AA)
Mundduschen	DIN EN 60335-2-52 (VDE 0700-52)
Mundpflegegeräte	DIN EN 60335-2-52 (VDE 0700-52)
Nähmaschinen	DIN EN 60335-2-28 (VDE 0700-28)
Nahrungsmittelabfälle-Zerkleinerer	E DIN EN 60335-2-16/A2 (VDE 0700-16/A2)
Pumpen	DIN EN 60335-2-41 (VDE 0700-41)
Rasenkantenschneider	DIN EN 60335-2-91 (VDE 0700-91)
Rasenlüfter	DIN EN 60335-2-92 (VDE 0700-92)
	E DIN EN 60335-2-92 (VDE 0700-92)
Rasenmäher	DIN EN 60335-2-77 (VDE 0700-77)
Rasentrimmer	DIN EN 60335-2-91 (VDE 0700-91)

Elektrische Haushaltsgeräte

Rasen-Vertikutierer	DIN EN 60335-2-92 (VDE 0700-92)
	E DIN EN 60335-2-92 (VDE 0700-92)
Rasiergeräte	DIN EN 60335-2-8 (VDE 0700-8)
Raumheizgeräte	DIN EN 60335-2-30 (VDE 0700-30)
Raumluft-Entfeuchter	DIN EN 60335-2-40 (VDE 0700-40)
	E DIN EN 60335-2-40/AD (VDE 0700-40/A1)
	E DIN IEC 60335-2-40/A101 (VDE 0700-40/A101)
	E DIN IEC 60335-2-40/A102 (VDE 0700-40/A102)
	E DIN IEC 60335-2-40/A103 (VDE 0700-40/A103)
	E DIN IEC 60335-2-40/A104 (VDE 0700-40/A104)
	E DIN IEC 60335-2-40/A105 (VDE 0700-40/A105)
	E DIN IEC 60335-2-40/A106 (VDE 0700-40/A106)
Regel- und Steuergeräte für	DIN EN 60730-2-1/A11 (VDE 0631-2-1/A11)
Saunaheizgeräte	DIN EN 60335-2-53 (VDE 0700-53)
	E DIN EN 60335-2-53 (VDE 0700-53)
Schredder/Zerkleinerer	E DIN EN 50435 (VDE 0700-93)
Speicherheizgeräte	DIN EN 60335-2-61 (VDE 0700-61)
Speiseeisbereiter	DIN EN 60335-2-24 (VDE 0700-24)
	E DIN EN 60335-2-24/A1 (VDE 0700-24/A1)
	E DIN EN 60335-2-24/AC (VDE 0700-24/A2)
Sprudelbadgeräte	DIN EN 60335-2-60 (VDE 0700-60)
Staubsauger	DIN EN 60335-2-2 (VDE 0700-2)
	DIN EN 60335-2-2/A11 (VDE 0700-2/A11)
Störaussendung	DIN EN 55014-1 (VDE 0875-14-1)
	E DIN EN 55014-1/A2 (VDE 0875-14-1/A2)
Störfestigkeit	DIN EN 55014-2 (VDE 0875-14-2)
Stückprüfungen	DIN EN 50106 (VDE 0700-500)
Tauchheizgeräte, Tauchsieder	DIN EN 60335-2-74 (VDE 0700-74)
Teppiche, beheizt	DIN EN 60335-2-106 (VDE 0700-106)
Toaster	E DIN EN 60335-2-9 (VDE 0700-9)
Trommeltrockner	DIN EN 60335-2-11 (VDE 0700-11)
Uhren	DIN EN 60335-2-26 (VDE 0700-26)
Umwälzpumpen	DIN EN 60335-2-51 (VDE 0700-51)
	E DIN EN 60335-2-51/A2 (VDE 0700-51/A1)
Ventilatoren	DIN EN 60335-2-80 (VDE 0700-80)
Verdampfergeräte	DIN EN 60335-2-101 (VDE 0700-101)
Wärmepumpen	DIN EN 60335-2-40 (VDE 0700-40)
	E DIN EN 60335-2-40/AD (VDE 0700-40/A1)
	E DIN IEC 60335-2-40/A101 (VDE 0700-40/A101)
	E DIN IEC 60335-2-40/A102 (VDE 0700-40/A102)
	E DIN IEC 60335-2-40/A103 (VDE 0700-40/A103)
	E DIN IEC 60335-2-40/A104 (VDE 0700-40/A104)
	E DIN IEC 60335-2-40/A105 (VDE 0700-40/A105)
	E DIN IEC 60335-2-40/A106 (VDE 0700-40/A106)
Wärmeunterbetten	DIN EN 60335-2-17 (VDE 0700-17)
	E DIN EN 60335-2-17 (VDE 0700-17)
Wärmezudecken	DIN EN 60335-2-17 (VDE 0700-17)
	E DIN EN 60335-2-17 (VDE 0700-17)
Warmhalteplatten	DIN EN 60335-2-12 (VDE 0700-12)
Wäschekocher	DIN EN 60335-2-15 (VDE 0700-15)
	E DIN EN 60335-2-15/AA (VDE 0700-15/AA)
Wäscheschleudern	DIN EN 60335-2-4 (VDE 0700-4)
Wäschetrockner	DIN EN 60335-2-11 (VDE 0700-11)
	E DIN EN 61121 (VDE 0705-1121)
	E DIN EN 61121/AA (VDE 0705-1121/AA)

Elektrische Haushaltsgeräte
Waschmaschinen .... DIN EN 60335-2-7 (VDE 0700-7)
E DIN EN 60335-2-7/A1 (VDE 0700-7/A1)
DIN EN 60335-2-7/A11 (VDE 0700-7/A11)
Waschmaschinen, waschmittelfrei .... DIN EN 60335-2-108 (VDE 0700-108)
Wasseraufbereitungsgeräte .... DIN EN 60335-2-109 (VDE 0700-109)
Wasserbett-Beheizungen .... DIN EN 60335-2-66 (VDE 0700-66)
E DIN EN 60335-2-66/A2 (VDE 0700-66/A34)
Wassererwärmer (Speicher, Boiler) .... DIN EN 60335-2-21 (VDE 0700-21)
Wassersauger .... DIN EN 60335-2-2 (VDE 0700-2)
DIN EN 60335-2-2/A11 (VDE 0700-2/A11)
Woks .... DIN EN 60335-2-13 (VDE 0700-13)
Wrasenabsaugungen .... DIN EN 60335-2-31 (VDE 0700-31)
Zahnbürsten .... DIN EN 60335-2-52 (VDE 0700-52)
Zerkleinerer für Nahrungsmittelabfälle .... E DIN EN 60335-2-16/A2 (VDE 0700-16/A2)
zur Behandlung von Haut und Haar .... DIN EN 60335-2-23 (VDE 0700-23)
E DIN EN 60335-2-23/A2 (VDE 0700-23/A2)

Elektrische Installationen
Elektroinstallationskanalsysteme
– für Wand und Decke .... DIN EN 50085-2-1 (VDE 0604-2-1)
E DIN EN 50085-2-1/AA (VDE 0604-2-1/AA)
Kabelhalter .... DIN EN 61914 (VDE 0604-202)
Kabelverschraubungen .... DIN EN 50262 (VDE 0619)

Elektrische Isolation
thermische Bewertung und Bezeichnung .... DIN EN 60085 (VDE 0301-1)

Elektrische Isoliermaterialien
glasgewebeverstärktes Glimmerpapier .... DIN EN 60371-3-6 (VDE 0332-3-6)
polyesterfolienverstärktes Glimmerpapier .... DIN EN 60371-3-4 (VDE 0332-3-4)
DIN EN 60371-3-7 (VDE 0332-3-7)

Elektrische Isoliersysteme (EIS)
aus Drahtwicklungen
– thermische Bewertung .... DIN EN 61857-22 (VDE 0302-22)
Bewertung und Kennzeichnung .... DIN EN 60505 (VDE 0302-1)
E DIN IEC 60505 (VDE 0302-1)
elektrische Belastbarkeit .... DIN EN 62068-1 (VDE 0302-91)
thermische Bewertung
– allgemeine Anforderungen - Niederspannung .... DIN EN 61857-1 (VDE 0302-11)
– Mehrzweckmodelle bei Drahtwicklungen .... DIN EN 61857-21 (VDE 0302-21)
– Veränderungen an drahtgewickelten EIS .... DIN EN 61858 (VDE 0302-30)
thermische Bewertung und Bezeichnung .... DIN EN 60085 (VDE 0301-1)
von drehenden elektrischen Maschinen .... E DIN IEC 60034-18-41 (VDE 0530-18-41)
DIN IEC/TS 60034-18-41 (VDE V 0530-18-41)

Elektrische Isolierung
thermische Bewertung und Bezeichnung .... DIN EN 60085 (VDE 0301-1)

Elektrische Laborgeräte
für Analysen .... DIN EN 61010-2-081 (VDE 0411-2-081)
Störfestigkeitsanforderungen .... DIN EN 61326-3-2 (VDE 0843-20-3-2)
zum Mischen und Rühren .... DIN EN 61010-2-051 (VDE 0411-2-051)

Elektrische Leistungsantriebssysteme
mit einstellbarer Drehzahl
– Anforderungen an die Sicherheit .... DIN EN 61800-5-1 (VDE 0160-105-1)
DIN EN 61800-5-2 (VDE 0160-105-2)
– elektrische, thermische und energetische Anforderungen .... DIN EN 61800-5-1 (VDE 0160-105-1)
– funktionale Sicherheit .... DIN EN 61800-5-2 (VDE 0160-105-2)

Elektrische Maschinen
Anforderungen an Bedienteile .... DIN EN 61310-3 (VDE 0113-103)
Anforderungen an die Kennzeichnung .... DIN EN 61310-2 (VDE 0113-102)
drehende .... VDE-Schriftenreihe Band 10
– Isoliersysteme .... DIN EN 60034-18-31 (VDE 0530-18-31)
DIN EN 60034-18-31/A1 (VDE 0530-18-31/A1)
– mechanische Schwingungen .... DIN EN 60034-14 (VDE 0530-14)
– Runddrahtwicklungen .... DIN EN 60034-18-22 (VDE 0530-18-22)
– Schutzarten .... DIN EN 60034-5 (VDE 0530-5)
sichtbare, hörbare und tastbare Signale .... DIN EN 61310-1 (VDE 0113-101)

Elektrische Messgeräte
Messwandler für .... E DIN IEC 61869-4 (VDE 0414-9-4)

Elektrische Messumformer
Abnahme und Stückprüfung .... DIN EN 60770-2 (VDE 0408-2)

Elektrische Produkte
Umweltschutznormung .... E DIN EN 62542 (VDE 0042-3)

Elektrische Prüfverfahren
für Niederspannungskabel und -leitungen .... E DIN EN 50395/AA (VDE 0481-395/AA)

Elektrische Relais .... DIN EN 60255-24 (VDE 0435-3040)
DIN EN 60255-25 (VDE 0435-3031)
Messrelais und Schutzeinrichtungen
– EMV-Anforderungen .... E DIN EN 60255-26 (VDE 0435-320)
DIN EN 60255-26 (VDE 0435-320)
Störfestigkeit .... DIN EN 60255-22-7 (VDE 0435-3027)

Elektrische Schutzeinrichtungen
Messwandler für .... E DIN IEC 61869-4 (VDE 0414-9-4)

Elektrische Sicherheit .... VDE-Schriftenreihe Band 78
Anforderungen an die Elektrische Systemtechnik (ESHG) .... DIN EN 50491-3 (VDE 0849-3)
in Informations- und Kommunikationsnetzen .... Beiblatt 1 DIN EN 41003 (VDE 0804-100)
in medizinisch genutzten Bereichen .... VDE-Schriftenreihe Band 117
in Niederspannungsnetzen
– Geräte zum Prüfen, Messen, Überwachen .... DIN EN 61557-12 (VDE 0413-12)
und Elektromagnetische Verträglichkeit
– Zusammenhänge .... VDE-Schriftenreihe Band 58

Elektrische Steuer- und Regelgeräte
Störfestigkeitsanforderungen .... DIN EN 61326-3-2 (VDE 0843-20-3-2)

Elektrische Systemtechnik
für Heim und Gebäude (ESHG)
– allgemeine technische Anforderungen .... DIN EN 50090-2-2 (VDE 0829-2-2)
– Anforderungen an die elektrische Sicherheit .... DIN EN 50491-3 (VDE 0849-3)
– Aufbau der Norm EN 50090 .... DIN EN 50090-1 (VDE 0829-1)
– EMV-Anforderungen für Industriebereiche .... DIN EN 50491-5-3 (VDE 0849-5-3)
– EMV-Anforderungen für Wohn- und Gewerbebereiche .... DIN EN 50491-5-2 (VDE 0849-5-2)
– EMV-Anforderungen, Bedingungen und Prüfungen .... DIN EN 50491-5-1 (VDE 0849-5-1)
– Konformitätsbeurteilung von Produkten .... DIN EN 50090-8 (VDE 0829-8)
– Leistungsmerkmale .... DIN EN 50090-1 (VDE 0829-1)
– Sicherheit der Einbauprodukte .... DIN EN 50090-2-3 (VDE 0829-2-3)
E DIN EN 50491-4-1 (VDE 0849-4-1)
– Systemübersicht .... DIN EN 50090-2-2 (VDE 0829-2-2)
– Umgebungsbedingungen .... DIN EN 50491-2 (VDE 0849-2)
– Verkabelung von Zweidrahtleitungen .... DIN EN 50090-9-1 (VDE 0829-9-1)

Elektrische Toiletten .... DIN EN 60335-2-84 (VDE 0700-84)

Elektrische Versorgungsnetze
Instandhaltung von Anlagen und Betriebsmitteln .... DIN V VDE V 0109-1 (VDE V 0109-1)
DIN V VDE V 0109-2 (VDE V 0109-2)
Netzdokumentation .... Anwendungsregel (VDE-AR-N 4201)

Elektrische Zugförderung
drehende elektrische Maschinen
– außer umrichtergespeiste Wechselstrommotoren .... DIN EN 60349-1 (VDE 0115-400-1)
– umrichtergespeiste Synchronmaschinen .... E DIN EN 60349-4 (VDE 0115-400-4)
– umrichtergespeiste Wechselstrommotoren .... DIN EN 60349-2 (VDE 0115-400-2)
DIN IEC/TS 60349-3 (VDE V 0115-400-3)
Maschinen für Schienen- und Straßenfahrzeuge
– umrichtergespeiste Asynchron-Lineatmotoren .... DIN EN 62520 (VDE 0115-404)

Elektrischer Schlag
Schutz bei elektrischen Bahnsystemen .... DIN EN 50122-1 (VDE 0115-3)
Schutz gegen .... VDE-Schriftenreihe Band 140
DIN EN 61140 (VDE 0140-1)
DIN VDE 0100-410 (VDE 0100-410)
Beiblatt 2 DIN VDE 0100-520 (VDE 0100-520)

Elektrischer Strom
Gefahren durch .... VDE-Schriftenreihe Band 80
Unfallverhütung .... VDE-Schriftenreihe Band 43
Wirkung auf Menschen und Nutztiere .... DIN IEC/TS 60479-1 (VDE V 0140-479-1)

Elektrisches Spielzeug .... E DIN EN 62115/AB (VDE 0700-210/A3)

Elektrizitätsversorgungsnetze
Unternehmen für den Betrieb
– Qualifikation und Organisation .... Anwendungsregel (VDE-AR-N 4001)
Zustandsfeststellung
– von Betriebsmitteln und Anlagen .... DIN V VDE V 0109-2 (VDE V 0109-2)

Elektrizitätszähler
allgemeine Anforderungen und Prüfungen
– Einrichtungen für Tarif- und Laststeuerung .... DIN EN 62052-21 (VDE 0418-2-21)
Annahmeprüfung
– allgemeine Verfahren .... DIN EN 62058-11 (VDE 0418-8-11)
Befestigungs- und Kontaktiereinrichtung (BKE)
– für elektronische Haushaltszähler (eHZ) .... DIN V VDE V 0603-5 (VDE V 0603-5)
Blindverbrauchszähler .... DIN VDE 0418-2 (VDE 0418-2)
elektromechanische Wirkverbrauchszähler .... DIN EN 50470-2 (VDE 0418-0-2)
elektronische Blindverbrauchszähler .... DIN EN 62053-23 (VDE 0418-3-23)
elektronische Wirkverbrauchszähler .... DIN EN 50470-3 (VDE 0418-0-3)
DIN EN 62053-21 (VDE 0418-3-21)
DIN EN 62053-22 (VDE 0418-3-22)
Fernzählgeräte .... DIN VDE 0418-5 (VDE 0418-5)
Gleichstromzähler .... DIN VDE 0418-3 (VDE 0418-3)
Haltbarkeit .... E DIN EN 62059-32-1 (VDE 0418-9-32-1)
Inkasso-Wirkverbrauchszähler .... DIN EN 62055-31 (VDE 0418-5-31)
Maximumwerke .... DIN VDE 0418-4 (VDE 0418-4)
Messeinrichtungen .... DIN EN 50470-1 (VDE 0418-0-1)
DIN EN 62052-11 (VDE 0418-2-11)
metrologische Eigenschaften .... E DIN EN 62059-32-1 (VDE 0418-9-32-1)
mit Inkassofunktion
– Protokoll der Anwendungsschicht .... E DIN IEC 62055-41 (VDE 0418-5-41)
– Protokoll der Bitübertragungsschicht .... E DIN IEC 62055-51 (VDE 0418-5-51)
E DIN IEC 62055-52 (VDE 0418-5-52)
Signalübertragung .... DIN EN 62056-31 (VDE 0418-6-31)

Elektrizitätszähler
statische, für Bahnen ... DIN EN 50463 (VDE 0115-480)
Symbole ... DIN EN 62053-52 (VDE 0418-3-52)
Tarif- und Laststeuerung
– elektronische Rundsteuerempfänger ... DIN EN 62054-11 (VDE 0420-4-11)
– Schaltuhren ... DIN EN 62054-21 (VDE 0419-4-21)
Zuverlässigkeit
– zeitraffende Zuverlässigkeitsprüfung ... DIN EN 62059-31-1 (VDE 0418-9-31-1)
Zuverlässigkeitsvorhersage ... DIN EN 62059-41 (VDE 0418-9-41)

Elektroboiler
für den Hausgebrauch ... DIN EN 60335-2-21 (VDE 0700-21)

Elektrodenhalter
für Lichtbogenschweißeinrichtungen ... DIN EN 60974-11 (VDE 0544-11)

Elektroden-Salzbadöfen ... DIN EN 60519-2 (VDE 0721-2)

Elektro-Durchfluss-Wassererwärmer
für den Hausgebrauch ... E DIN EN 50193-1 (VDE 0705-193-1)

Elektroenzephalographen ... DIN EN 60601-2-26 (VDE 0750-2-26)
E DIN IEC 60601-2-26 (VDE 0750-2-26)

Elektrofachkraft
Anforderungen ... DIN VDE 1000-10 (VDE 1000-10)

Elektrofahrzeuge
Antriebsbatterien ... DIN EN 50272-3 (VDE 0510-3)
DIN EN 61851-22 (VDE 0122-2-2)
DIN EN 61982-1 (VDE 0510-32)
– Kapazitäts- und Lebensdauerprüfungen ... E DIN EN 61982 (VDE 0510-32)
induktive Ladesysteme ... Anwendungsregel (VDE-AR-E 2122-4-2)
konduktive Ladesysteme ... DIN CLC/TS 50457-1 (VDE V 0122-2-3)
DIN CLC/TS 50457-2 (VDE V 0122-2-4)
DIN EN 61851-1 (VDE 0122-1)
DIN EN 61851-21 (VDE 0122-2-1)
E DIN EN 61851-22 (VDE 0122-2-2)
E DIN IEC 62196-1 (VDE 0623-5)
– AC/DC-Versorgung ... E DIN EN 61851-21 (VDE 0122-2-1)
– Austauschbarkeit von Stift und
Buchsensteckvorrichtungen ... E DIN IEC 62196-2 (VDE 0632-5-2)
Ladung der Antriebsbatterie ... Anwendungsregel (VDE-AR-E 2623-2-2)
DIN EN 62196-1 (VDE 0623-5)
E DIN IEC 62196-1 (VDE 0623-5)
E DIN IEC 62196-2 (VDE 0632-5-2)
Stromversorgung ... E DIN VDE 0100-722 (VDE 0100-722)

Elektro-Filteranlagen
Starkstromkabel für ... DIN VDE 0271 (VDE 0271)

Elektrofischereianlagen
Zusatzfestlegungen ... DIN VDE 0105-5 (VDE 0105-5)

Elektrofischereigeräte ... DIN EN 60335-2-86 (VDE 0686)

Elektro-Flurförderzeuge
Geräte-Steckvorrichtungen ... DIN VDE 0623-589 (VDE 0623-589)

Elektrogeräte
Kennzeichnung ... DIN EN 50419 (VDE 0042-10)

Elektroherde
für den Hausgebrauch ... DIN EN 60335-2-6 (VDE 0700-6)
E DIN EN 60335-2-6/AC (VDE 0700-6/A36)
E DIN IEC 60335-2-6 (VDE 0700-6)

Elektrohobel .... DIN EN 60745-2-14 (VDE 0740-2-14)

Elektro-Installation
in Wohngebäuden .... VDE-Schriftenreihe Band 45
Kabelverschraubungen .... E DIN IEC 62444 (VDE 0619)

Elektroinstallation, biologische .... DIN VDE 0100-444 (VDE 0100-444)

Elektro-Installationskanäle
Anwendung .... DIN VDE 0100-520 (VDE 0100-520)

Elektro-Installationskanalsysteme
allgemeine Anforderungen .... DIN EN 50085-1 (VDE 0604-1)
E DIN EN 50085-1/AA (VDE 0604-1/AA)
freistehende Installationseinheiten .... DIN EN 50085-2-4 (VDE 0604-2-4)
für Wand und Decke .... DIN EN 50085-2-1 (VDE 0604-2-1)
E DIN EN 50085-2-1/AA (VDE 0604-2-1/AA)
Montage unterboden, bodenbündig, aufboden .... DIN EN 50085-2-2 (VDE 0604-2-2)
Verdrahtungskanäle
– zum Einbau in Schaltschränke .... DIN EN 50085-2-3 (VDE 0604-2-3)

Elektro-Installationsrohre .... DIN VDE 0100-520 (VDE 0100-520)
erdverlegte
– Abdeckplatten zur Lagekennzeichnung .... DIN EN 50520 (VDE 0605-500)

Elektro-Installationsrohrsysteme
allgemeine Anforderungen .... DIN EN 61386-1 (VDE 0605-1)
biegsame .... DIN EN 61386-22 (VDE 0605-22)
erdverlegte .... DIN EN 61386-24 (VDE 0605-24)
flexible .... DIN EN 61386-23 (VDE 0605-23)
Rohrhalter .... E DIN IEC 61386-25 (VDE 0605-25)
starre .... DIN EN 61386-21 (VDE 0605-21)

Elektro-Installationsschlauchsysteme
flüssigkeitsdichte .... DIN EN 50369 (VDE 0605-100)

Elektro-Installationssysteme
halogenfreie
– Verhalten im Brandfall .... E DIN VDE 0604-2-100 (VDE 0604-2-100)

Elektroisolierflüssigkeiten
Anforderungen .... DIN EN 61198 (VDE 0380-6)
DIN VDE 0380-5 (VDE 0380-5)
ungebrauchte Silikonisolierflüssigkeiten
– Anforderungen .... DIN EN 60836 (VDE 0374-10)
Wartung .... DIN IEC 60944 (VDE 0374-2)

Elektroisolierlacke
Begriffe und allgemeine Anforderungen .... DIN EN 60464-1 (VDE 0360-1)
heißhärtende Tränklacke .... DIN EN 60464-3-2 (VDE 0360-3-2)
kalthärtende Überzugslacke .... DIN EN 60464-3-1 (VDE 0360-3-1)
Prüfverfahren .... DIN EN 60464-2 (VDE 0360-2)

Elektroisolierstoffe
Beschichtungen für Leiterplatten
– allgemeine Anforderungen .... DIN EN 61086-1 (VDE 0361-1)
– Klasse I, II und III .... DIN EN 61086-3-1 (VDE 0361-3-1)
Beständigkeit gegen Kriechwegbildung und Erosion .... DIN EN 61302 (VDE 0303-12)
– Prüfverfahren .... DIN EN 60587 (VDE 0303-10)
Bestrahlungsverfahren .... DIN IEC 60544-2 (VDE 0306-2)
cellulosehaltige
– viskosimetrischer Polymerisationsgrad .... DIN EN 60450 (VDE 0311-21)
Durchschlagfestigkeit .... DIN EN 60243-1 (VDE 0303-21)
Einsatz unter Strahlung .... DIN EN 60544-4 (VDE 0306-4)

Elektroisolierstoffe
elektrolytische Korrosionswirkung .... DIN EN 60426 (VDE 0303-6)
Ester .... DIN EN 61203 (VDE 0375-2)
feste
– Prüfung .... DIN EN 60212 (VDE 0308-1)
flexible Mehrschicht-
– Definitionen und allgemeine Anforderungen .... E DIN IEC 60626-1 (VDE 0316-1)
– Prüfverfahren .... DIN EN 60626-2 (VDE 0316-2)
Langzeitverhalten .... DIN EN 60216-4-2 (VDE 0304-24-2)
DIN EN 60216-4-3 (VDE 0304-24-3)
Mehrschichtisolierstoffe
– Bestimmungen für einzelne Materialien .... DIN EN 60626-3 (VDE 0316-3)
E DIN EN 60626-3/A1 (VDE 0316-3/A1)
Polymerisationsgrad
– Messung .... DIN EN 60450 (VDE 0311-21)
Prüfverfahren für die Hydrolysebeständigkeit
– gehärtete Formstoffe .... DIN EN 61234-2 (VDE 0349-2)
– Kunststofffolien .... DIN EN 61234-1 (VDE 0349-1)
Reaktionsharzmassen
– Prüfverfahren .... DIN EN 60455-2 (VDE 0355-2)
runde Rohre und Stäbe
– aus Schichtpressstoffen .... DIN EN 61212-2 (VDE 0319-2)
Schichtpressstoffe .... DIN EN 61212-2 (VDE 0319-2)
thermische Langzeiteigenschaften .... DIN EN 60216-2 (VDE 0304-22)
thermische Langzeitkennwerte
– Festzeitrahmenverfahren .... DIN EN 60216-6 (VDE 0304-26)
thermischer Lebensdauer-Index .... DIN EN 60216-5 (VDE 0304-25)
thermisches Langzeitverhalten
– Berechnung thermischer Langzeitkennwerte .... DIN EN 60216-3 (VDE 0304-23)
E DIN EN 60216-8 (VDE 0304-8)
Wärmeschränke für die Warmlagerung .... DIN EN 60216-4-1 (VDE 0304-4-1)
Wirkung ionisierender Strahlung .... DIN EN 60544-1 (VDE 0306-1)
E DIN EN 60544-2 (VDE 0306-2)

Elektroisolierung
quarzmehlgefüllte Epoxidharzmassen .... DIN EN 60455-3-2 (VDE 0355-3-2)
ungefüllte Epoxidharzmassen .... DIN EN 60455-3-1 (VDE 0355-3-1)
ungefüllte Polyurethanharzmassen .... DIN EN 60455-3-3 (VDE 0355-3-3)

Elektrokardiographen .... DIN EN 60601-2-25 (VDE 0750-2-25)
DIN EN 60601-2-27 (VDE 0750-2-27)
DIN EN 60601-2-51 (VDE 0750-2-51)
E DIN IEC 60601-2-25 (VDE 0750-2-25)

Elektrokardiographische Systeme, ambulante .... E DIN IEC 60601-2-47 (VDE 0750-2-47)

Elektrokardiographische Überwachungsgeräte .... DIN EN 60601-2-27 (VDE 0750-2-27)
E DIN IEC 60601-2-27 (VDE 0750-2-27)

Elektrolysatoren
für den Hausgebrauch .... DIN EN 60335-2-108 (VDE 0700-108)

Elektrolytkondensatoren (Aluminium-)
mit nicht festen Elektrolyten
– für Bahnfahrzeuge .... E DIN IEC 61881-2 (VDE 0115-430-2)

Elektrolytkondensatorpapiere .... DIN VDE 0311-10 (VDE 0311-10)
DIN VDE 0311-34 (VDE 0311-34)

Elektromagnetische Felder
Explosionsschutz .... DIN VDE 0848-5 (VDE 0848-5)
Exposition von Personen .... DIN EN 50384 (VDE 0848-384)
DIN EN 50385 (VDE 0848-385)

Elektromagnetische Felder
Exposition von Personen .... DIN EN 50400 (VDE 0848-400)
E DIN EN 50400/AA (VDE 0848-400/A1)
DIN EN 50401 (VDE 0848-401)
E DIN EN 50401/AA (VDE 0848-401/A1)
DIN EN 50413 (VDE 0848-1)
DIN EN 62311 (VDE 0848-211)
– mit implantierbaren medizinischen Geräten .... DIN EN 50527-1 (VDE 0848-527-1)
– Verfahren zur Beurteilung .... DIN EN 50499 (VDE 0848-499)
Mobilfunkstationen und schnurlose TK-Anlagen
– Konfirmitätsüberprüfung .... DIN EN 50384 (VDE 0848-384)
DIN EN 50385 (VDE 0848-385)
DIN EN 50400 (VDE 0848-400)
E DIN EN 50400/AA (VDE 0848-400/A1)
DIN EN 50401 (VDE 0848-401)
E DIN EN 50401/AA (VDE 0848-401/A1)
– Sicherheit von Personen .... DIN EN 50383 (VDE 0848-383)
Schutz von Personen .... DIN EN 50401 (VDE 0848-401)
E DIN VDE 0848-3-1 (VDE 0848-3-1)
Sicherheit von Personen .... DIN EN 50400 (VDE 0848-400)
E DIN EN 50400/AA (VDE 0848-400/A1)
DIN EN 50401 (VDE 0848-401)
E DIN EN 50401/AA (VDE 0848-401/A1)
DIN EN 50492 (VDE 0848-492)
DIN EN 62209-1 (VDE 0848-209-1)
von Artikelüberwachungsgeräten
– Exposition von Personen .... DIN EN 62369-1 (VDE 0848-369-1)
von Beleuchtungseinrichtungen
– Exposition von Personen .... DIN EN 62493 (VDE 0848-493)
von elektrischen Haushaltsgeräten
– Sicherheit von Personen .... DIN EN 62233 (VDE 0700-366)
von elektrischen und elektronischen Einrichtungen
– Begrenzung der Exposition von Personen .... DIN EN 62311 (VDE 0848-211)
von Hochspannungs-Schaltgerätekombinationen .... E DIN IEC 62271-208 (VDE 0671-208)
von Rundfunksendern
– Grundnorm .... DIN EN 50420 (VDE 0848-420)
DIN EN 50475 (VDE 0848-475)
– Produktnorm .... DIN EN 50421 (VDE 0848-421)
DIN EN 50476 (VDE 0848-476)

Elektromagnetische Feldstärke
am Betriebsort von Basisstationen
– Messung .... DIN EN 50492 (VDE 0848-492)

Elektromagnetische Geräte
allgemeine Bestimmungen .... DIN VDE 0580 (VDE 0580)

Elektromagnetische Komponenten
allgemeine Bestimmungen .... DIN VDE 0580 (VDE 0580)

Elektromagnetische Ortungsgeräte
für unter Erde verlegte Rohre und Kabel .... DIN EN 50249 (VDE 0403-10)

Elektromagnetische Störungen
Drosseln zur Unterdrückung .... DIN EN 60938-1 (VDE 0565-2)
DIN EN 60938-2 (VDE 0565-2-1)
E DIN IEC 60940/A1 (VDE 0565/A1)
Filtereinheiten zur Unterdrückung .... DIN EN 60939-1 (VDE 0565-3)
E DIN IEC 60940/A1 (VDE 0565/A1)
Kondensatoren zur Unterdrückung .... E DIN IEC 60940/A1 (VDE 0565/A1)

Elektromagnetische Störungen
Unterdrückung .... DIN EN 60938-2-2 (VDE 0565-2-3)
DIN V VDE V 0565 (VDE V 0565)
Widerstände zur Unterdrückung .... E DIN IEC 60940/A1 (VDE 0565/A1)

Elektromagnetische Störungfestigkeit
von integrierten Schaltungen .... DIN EN 62132-2 (VDE 0847-22-2)
E DIN EN 62132-6 (VDE 0847-22-6)

Elektromagnetische Strahlung .... DIN VDE 0100-444 (VDE 0100-444)

Elektromagnetische Verträglichkeit (EMV)
Bahnanwendungen
– Allgemeines .... DIN EN 50121-1 (VDE 0115-121-1)
– Bahnfahrzeuge - Geräte .... DIN EN 50121-3-2 (VDE 0115-121-3-2)
– ortsfeste Anlagen und Bahnenergieversorgung .... DIN EN 50121-5 (VDE 0115-121-5)
– Signal- und Telekommunikationseinrichtungen .... DIN EN 50121-4 (VDE 0115-121-4)
– Störaussendungen des Bahnsystems .... DIN EN 50121-2 (VDE 0115-121-2)
– Zug und gesamtes Fahrzeug .... DIN EN 50121-3-1 (VDE 0115-121-3-1)
elektrische Anlagen in Gebäuden .... VDE-Schriftenreihe Band 66
elektronische Geräte in Fahrzeugen .... DIN EN 50498 (VDE 0879-498)
Entladung statischer Elektrizität .... DIN EN 61000-4-2 (VDE 0847-4-2)
Fehlerstrom-Schutzeinrichtungen
– für Hausinstallationen .... DIN EN 61543 (VDE 0664-30)
funktionale Sicherheit
– von elektrischen und elektronischen Einrichtungen .... E DIN IEC 77/231/CDV (VDE 0839-1-2)
Geräte für Fernsehsignale, Tonsignale und
interaktive Dienste .... DIN EN 50083-2 (VDE 0855-200)
E DIN EN 50083-2 (VDE 0855-200)
Geräte zur Detektion von Gasen .... DIN EN 50270 (VDE 0843-30)
Grenzwerte für Oberschwingungsströme .... E DIN EN 61000-3-12 (VDE 0838-12)
DIN EN 61000-3-2 (VDE 0838-2)
Grundlagen
– für Elektroinstallateure und Planer .... VDE-Schriftenreihe Band 55
Installationsrichtlinien .... DIN EN 61000-5-5 (VDE 0847-5-5)
DIN EN 61000-5-7 (VDE 0847-5-7)
Lichtbogenschweißeinrichtungen .... DIN EN 60974-10 (VDE 0544-10)
medizinischer elektrischer Geräte
– Anforderungen und Prüfungen .... DIN EN 60601-1-2 (VDE 0750-1-2)
E DIN EN 60601-1-2 (VDE 0750-1-2)
Messgeräte .... DIN EN 60868-0 (VDE 0846-0)
DIN EN 61000-4-23 (VDE 0847-4-23)
Messrelais und Schutzeinrichtungen .... E DIN EN 60255-26 (VDE 0435-320)
DIN EN 60255-26 (VDE 0435-320)
Oberschwingungsströme .... DIN EN 61000-3-2 (VDE 0838-2)
Prüf- und Messverfahren .... DIN EN 61000-4-10 (VDE 0847-4-10)
DIN EN 61000-4-23 (VDE 0847-4-23)
DIN EN 61000-4-9 (VDE 0847-4-9)
– Flickermeter .... DIN EN 61000-4-15 (VDE 0847-4-15)
– für TEM-Wellenleiter .... DIN EN 61000-4-20 (VDE 0847-4-20)
– Messung der Spannungsqualität .... DIN EN 61000-4-30 (VDE 0847-4-30)
– Modenverwirbelungskammer .... DIN EN 61000-4-21 (VDE 0847-4-21)
– Oberschwingungen und Zwischenharmonische .... DIN EN 61000-4-7 (VDE 0847-4-7)
– Störfestigkeit gegen gedämpft schwingende Wellen ...... DIN EN 61000-4-18 (VDE 0847-4-18)
– Störfestigkeit gegen gedämpfte Sinusschwingungen ..... DIN EN 61000-4-12 (VDE 0847-4-12)
– Störfestigkeit gegen HEMP-Störgrößen .... DIN EN 61000-4-11 (VDE 0847-4-11)
DIN EN 61000-4-24 (VDE 0847-4-24)
DIN EN 61000-4-25 (VDE 0847-4-25)
DIN EN 61000-4-29 (VDE 0847-4-29)

Elektromagnetische Verträglichkeit (EMV)

Prüf- und Messverfahren
– Störfestigkeit gegen hochfrequente Felder .... DIN EN 61000-4-3 (VDE 0847-4-3)
– Störfestigkeit gegen Kurzzeitunterbrechungen .... DIN EN 61000-4-34 (VDE 0847-4-34)
– Störfestigkeit gegen leitungsgeführte Störgrößen .... DIN EN 61000-4-16 (VDE 0847-4-16)
– Störfestigkeit gegen Netzfrequenzschwankungen .... DIN EN 61000-4-28 (VDE 0847-4-28)
– Störfestigkeit gegen Oberschwingungen und Zwischenharmonische .... DIN EN 61000-4-13 (VDE 0847-4-13)
– Störfestigkeit gegen Spannungseinbrüche .... DIN EN 61000-4-34 (VDE 0847-4-34)
– Störfestigkeit gegen Spannungsschwankungen .... DIN EN 61000-4-14 (VDE 0847-4-14)
DIN EN 61000-4-34 (VDE 0847-4-34)
– Störfestigkeit gegen Stoßspannungen .... DIN EN 61000-4-5 (VDE 0847-4-5)
– Störfestigkeit gegen Wechselspannungsanteile .... DIN EN 61000-4-17 (VDE 0847-4-17)
– Übersicht über Reihe IEC 61000-4 .... DIN EN 61000-4-1 (VDE 0847-4-1)

Räume mit Absorberauskleidung
– Messung der Störaussendung .... E DIN EN 50147-3 (VDE 0876-147-3)

Störaussendung
– Anforderungen an Haushaltsgeräte und Elektrowerkzeuge .... DIN EN 55014-1 (VDE 0875-14-1)
E DIN EN 55014-1/A2 (VDE 0875-14-1/A2)
– Industriebereich .... DIN EN 61000-6-4 (VDE 0839-6-4)
– Wohn-, Geschäfts- und Gewerbebereich, Kleinbetriebe .... DIN EN 61000-6-3 (VDE 0839-6-3)

Störfestigkeit
– gegen hochfrequente elektromagnetische Felder .... DIN EN 61000-4-3 (VDE 0847-4-3)
– gegen leitungsgeführte Störgrößen .... DIN EN 61000-4-6 (VDE 0847-4-6)
– gegen Magnetfelder .... DIN EN 61000-4-8 (VDE 0847-4-8)
– gegen schnelle transiente Störgrößen/Burst .... DIN EN 61000-4-4 (VDE 0847-4-4)
E DIN EN 61000-4-4 (VDE 0847-4-4)
– gegen schwingende Wellen .... DIN EN 61000-4-18/A1 (VDE 0847-4-18/A1)
– gegen Stoßspannungen .... DIN EN 61000-4-5 (VDE 0847-4-5)
– gegen Unsymmetrie der Versorgungsspannung .... DIN EN 61000-4-27 (VDE 0847-4-27)
– gegen Wechselanteile an Gleichstrom-Netzanschlüssen .... DIN EN 61000-4-17/A2 (VDE 0847-4-17/A2)
– Haushaltsgeräte und Elektrowerkzeuge .... DIN EN 55014-2 (VDE 0875-14-2)
– Industriebereich .... DIN EN 61000-6-2 (VDE 0839-6-2)
– von Rundfunkempfängern .... Beiblatt 1 DIN EN 55020 (VDE 0872-20)
– Wohn-, Geschäfts- und Gewerbebereich .... DIN EN 61000-6-1 (VDE 0839-6-1)

Störminderungs-Transformatoren .... DIN EN 61558-2-19 (VDE 0570-2-19)

Stromversorgungsgeräte .... DIN EN 61204-3 (VDE 0557-3)

Umgebungsbedingungen .... DIN EN 61000-2-10 (VDE 0839-2-10)
DIN EN 61000-2-9 (VDE 0839-2-9)
– hohe elektromagnetische Leistung .... E DIN IEC 61000-2-13 (VDE 0839-2-13)
– niederfrequente leitungsgeführte Störgrößen .... DIN EN 61000-2-12 (VDE 0839-2-12)

Verträglichkeitspegel
– in Niederspannungsnetzen .... DIN EN 61000-2-2 (VDE 0839-2-2)

Vollabsorberräume
– Messung der Störaussendung .... DIN EN 61000-4-22 (VDE 0847-4-22)

von Kabelnetzen .... DIN EN 50083-8/A11 (VDE 0855-8/A11)

von statischen Transfersystemen .... DIN EN 62310-2 (VDE 0558-310-2)

von Stromversorgungsgeräten für Niederspannung .... E DIN EN 61204-3 (VDE 0557-3)

Weitverkehrsfunkrufeinrichtungen .... DIN ETS 300 741 (VDE 0878-741)

Werkzeugmaschinen
– Störaussendung .... DIN EN 50370-1 (VDE 0875-370-1)
– Störfestigkeit .... DIN EN 50370-2 (VDE 0875-370-2)

Widerstands-Schweißeinrichtungen .... DIN EN 62135-2 (VDE 0545-2)

Elektromotoren

explosionsgeschütze .... VDE-Schriftenreihe Band 64

Elektro-Motorgeräte
Instandsetzung, Änderung und Prüfung .... VDE-Schriftenreihe Band 62

Elektromyographen .... DIN EN 60601-2-40 (VDE 0750-2-40)

Elektronenbeschleuniger
zur Strahlentherapie .... E DIN EN 60601-2-1 (VDE 0750-2-1)
E DIN EN 60601-2-1/A1 (VDE 0750-2-1/A1)

Elektronenkanonen
in Elektrowärmeanlagen .... DIN EN 60519-7 (VDE 0721-7)
– Prüfverfahren .... DIN EN 60703 (VDE 0721-3032)

Elektronikgeräte
Kennzeichnung .... DIN EN 50419 (VDE 0042-10)

Elektronische Artikelüberwachung
elektromagnetische Felder
– Exposition von Personen .... DIN EN 50364 (VDE 0848-364)

Elektronische Bauelemente
Schutz gegen elektrostatische Phänomene .... E DIN EN 61340-5-1 (VDE 0300-5-1)
DIN EN 61340-5-1 (VDE 0300-5-1)
Beiblatt 1 DIN EN 61340-5-1 (VDE 0300-5-1)
Verpackungen .... DIN EN 61340-5-3 (VDE 0300-5-3)

Elektronische Bauteile
Schalter .... DIN VDE 0630-12 (VDE 0630-12)

Elektronische Betriebsmittel
Ausrüstung von Starkstromanlagen .... DIN EN 50178 (VDE 0160)
zur Informationsverarbeitung (EBI) in Starkstromanlagen .... DIN EN 50178 (VDE 0160)

Elektronische Einrichtungen
für Bahnfahrzeuge .... DIN EN 50155 (VDE 0115-200)
mechanische Bauweisen .... E DIN EN 61587-1 (VDE 0687-587-1)
E DIN IEC 61587-2 (VDE 0687-587-2)

Elektronische Geräte
in der Bahnumgebung
– magnetische Felder .... DIN EN 50500 (VDE 0115-500)

Elektronische Lampensysteme
in Serienstromkreisen
– Allgemeine Sicherheitsfestlegungen .... DIN VDE V 0161-11 (VDE V 0161-11)

Elektronische Produkte
Umweltschutznormung .... E DIN EN 62542 (VDE 0042-3)

Elektronische Schalter .... DIN VDE 0630-12 (VDE 0630-12)
für Haushalt u.ä. Installationen .... DIN EN 60669-2-1 (VDE 0632-2-1)
DIN EN 60669-2-1/A12 (VDE 0632-2-1/A12)

Elektronische Systeme
sicherheitsbezogene programmierbare
– allgemeine Anforderungen .... DIN EN 61508-1 (VDE 0803-1)
– Anforderungen an sicherheitsbezogene Systeme .... DIN EN 61508-2 (VDE 0803-2)
– Anforderungen an Software .... DIN EN 61508-3 (VDE 0803-3)
– Anwendungsrichtlinie für IEC 61508-2 und 61508-3 .... DIN EN 61508-6 (VDE 0803-6)
– Begriffe und Abkürzungen .... DIN EN 61508-4 (VDE 0803-4)
– Bestimmung von Sicherheits-Integritätsleveln .... DIN EN 61508-5 (VDE 0803-5)
– Verfahren und Maßnahmen .... DIN EN 61508-7 (VDE 0803-7)

Elektronischer Buchfahrplan
Bordgeräte .... DIN VDE 0119-207-13 (VDE 0119-207-13)

Elektroschlacke-Umschmelzöfen .... DIN EN 60519-1 (VDE 0721-1)
DIN EN 60519-8 (VDE 0721-8)
Prüfverfahren .... DIN EN 60779 (VDE 0721-1032)

Elektrosmog .... DIN VDE 0100-444 (VDE 0100-444)

Elektrostatik
elektrostatische Eigenschaften von Textilien .... E DIN IEC 61340-4-2 (VDE 0300-4-2)
Grundlagen .... VDE-Schriftenreihe Band 71
Messverfahren
– Ableitung von Ladungen .... DIN EN 61340-2-1 (VDE 0300-2-1)
Prüfverfahren für Schüttgutbehälter .... E DIN IEC 61340-4-4 (VDE 0300-4-4)
Schutz von elektronischen Bauelementen .... E DIN EN 61340-5-1 (VDE 0300-5-1)
DIN EN 61340-5-1 (VDE 0300-5-1)
– Benutzerhandbuch .... Beiblatt 1 DIN EN 61340-5-1 (VDE 0300-5-1)
Standardprüfverfahren
– für Bekleidung .... E DIN EN 61340-4-9 (VDE 0300-4-9)
– Handgelenkerdungsbänder .... E DIN EN 61340-4-6 (VDE 0300-4-6)
– Ionisation .... E DIN EN 61340-4-7 (VDE 0300-4-7)
– Schirmwirkung gegen elektrostatische Entladung .... E DIN EN 61340-4-8 (VDE 0300-4-8)

Elektrostatische Aufladungen .... DIN EN 61340-2-3 (VDE 0300-2-3)
DIN EN 61340-4-3 (VDE 0300-4-3)

Elektrostatische Effekte
Verfahren zur Simulation .... DIN EN 61340-3-2 (VDE 0300-3-2)

Elektrostatische Entladung
Abschirmbeutel .... E DIN EN 61340-4-8 (VDE 0300-4-8)
Prüfpulsformen .... DIN EN 61340-3-1 (VDE 0300-3-1)
DIN EN 61340-3-2 (VDE 0300-3-2)
Zündgefahren .... DIN EN 61340-4-4 (VDE 0300-4-4)

Elektrostatische Gefährdungen
Leitfaden .... E DIN VDE 0170-32-1 (VDE 0170-32-1)

Elektrostatische Phänomene
Schutz von elektronischen Bauelementen .... E DIN EN 61340-5-1 (VDE 0300-5-1)
DIN EN 61340-5-1 (VDE 0300-5-1)
Beiblatt 1 DIN EN 61340-5-1 (VDE 0300-5-1)
DIN EN 61340-5-3 (VDE 0300-5-3)

Elektrostatische Sicherheit
Schuhwerk und Bodenbeläge .... DIN EN 61340-4-5 (VDE 0300-4-5)

Elektrostatische Vorgänge
Grundlagen und Messungen .... E DIN IEC 61340-1 (VDE 0300-1)

Elektrostatisches Verhalten
Prüfverfahren .... DIN EN 61340-2-3 (VDE 0300-2-3)

Elektrostraßenfahrzeuge
Antriebsbatterien
– Kapazitäts- und Lebensdauerprüfungen .... E DIN EN 61982 (VDE 0510-32)
Lithium-Ionen-Zellen zum Antrieb
– Prüfung des Leistungsverhaltens .... E DIN IEC 61982-4 (VDE 0510-33)
– Zuverlässigkeits- und Missbrauchsprüfung .... E DIN IEC 61982-5 (VDE 0510-34)

Elektro-Straßenfahrzeuge
elektrische Ausrüstung .... DIN EN 61851-1 (VDE 0122-1)
induktive Ladesysteme .... Anwendungsregel (VDE-AR-E 2122-4-2)

Elektrotechnische Erzeugnisse
Beurteilung der Brandgefahr
– allgemeiner Leitfaden .... DIN EN 60695-1-10 (VDE 0471-1-10)
DIN EN 60695-1-11 (VDE 0471-1-11)

Elektrotechnische Erzeugnisse
Beurteilung der Brandgefahr
– Vorauswahlverfahren .... DIN EN 60695-1-30 (VDE 0471-1-30)
– Wärmefreisetzung .... DIN EN 60695-8-1 (VDE 0471-8-1)

Elektrotechnische Produkte
Materialdeklaration .... E DIN EN 62474 (VDE 0042-4)

Elektrounfälle .... VDE-Schriftenreihe Band 80

Elektrowärmeanlagen
allgemeine Anforderungen .... DIN EN 60519-1 (VDE 0721-1)
Anlagen mit Elektronenkanonen .... DIN EN 60519-7 (VDE 0721-7)
– Prüfverfahren .... DIN EN 60703 (VDE 0721-3032)
Anlagen, die die Wirkung ektromagnetischer Kräfte nutzen .... DIN EN 60519-11 (VDE 0721-11)
Einrichtungen mit Widerstandserwärmung .... DIN EN 60519-2 (VDE 0721-2)
DIN EN 60519-21 (VDE 0721-21)
elektrische und magnetische Felder
– Exposition von Arbeitnehmern .... DIN EN 50519 (VDE 0848-519)
Elektroschlacke-Umschmelzöfen .... DIN EN 60519-8 (VDE 0721-8)
Erwärmen und Schmelzen von Glas .... DIN EN 60519-21 (VDE 0721-21)
Induktionsrinnenöfen .... DIN EN 62076 (VDE 0721-51)
Induktionsschmelzanlagen .... DIN EN 60519-3 (VDE 0721-3)
Induktionstiegelöfen .... DIN EN 62076 (VDE 0721-51)
industrielle
– Elektroschlacke-Umschmelzöfen .... DIN EN 60779 (VDE 0721-1032)
– Lichtbogen-Reduktionsöfen .... E DIN EN 60683 (VDE 0721-1022)
– Lichtbogen-Schmelzöfen .... E DIN EN 60676 (VDE 0721-1012)
– Prüfbedingungen .... DIN EN 60398 (VDE 0721-50)
– Prüfverfahren für Induktionsöfen .... DIN EN 62076 (VDE 0721-51)
– Trace-Widerstandsheizungen .... DIN EN 60519-10 (VDE 0721-10)
kapazitive Hochfrequenz-Erwärmungsanlagen .... DIN EN 60519-9 (VDE 0721-9)
Lichtbogenofenanlagen .... DIN EN 60519-11 (VDE 0721-11)
DIN EN 60519-4 (VDE 0721-4)
E DIN EN 60519-4 (VDE 0721-4)
Mikrowellen-Erwärmungseinrichtungen .... DIN EN 60519-6 (VDE 0721-6)
Plasmaanlagen .... E DIN IEC 60519-5 (VDE 0721-5)
Prüfbedingungen .... DIN EN 60398 (VDE 0721-50)
Stranggießanlagen .... DIN EN 60519-11 (VDE 0721-11)

Elektrowärmegeräte
Instandsetzung, Änderung und Prüfung .... VDE-Schriftenreihe Band 62
zur Tieraufzucht und Tierhaltung .... DIN EN 60335-2-71 (VDE 0700-71)

Elektrowärmewerkzeuge
für den Hausgebrauch .... DIN EN 60335-2-45 (VDE 0700-45)
E DIN EN 60335-2-45/A2 (VDE 0700-45/A2)

Elektrowerkzeuge
handgeführte
– besondere Bestimmungen .... DIN VDE 0740-21 (VDE 0740-21)
handgeführte akkubetriebene
– Spritzpistolen .... DIN EN 50260-2-7 (VDE 0740-407)
handgeführte motorbetriebene
– allgemeine Anforderungen .... DIN EN 60745-1 (VDE 0740-1)
DIN EN 60745-1/A11 (VDE 0740-1/A11)
– Bandsägen .... DIN EN 60745-2-20 (VDE 0740-2-20)
– Bandschleifer .... DIN EN 60745-2-4 (VDE 0740-2-4)
E DIN EN 60745-2-4/AA (VDE 0740-2-4/AA)
– Blechscheren .... DIN EN 60745-2-8 (VDE 0740-2-8)
– Bohrmaschinen .... DIN EN 60745-2-1 (VDE 0740-2-1)

Elektrowerkzeuge

handgeführte motorbetriebene
– Eintreibgeräte ... DIN EN 60745-2-16 (VDE 0740-2-16)
– Exzenterpolierer ... DIN EN 60745-2-4 (VDE 0740-2-4)
E DIN EN 60745-2-4/AA (VDE 0740-2-4/AA)
– Exzenterschleifer ... DIN EN 60745-2-4 (VDE 0740-2-4)
E DIN EN 60745-2-4/AA (VDE 0740-2-4/AA)
– Flachdübelfräsen ... DIN EN 60745-2-19 (VDE 0740-2-19)
– Gewindeschneider ... DIN EN 60745-2-9 (VDE 0740-2-9)
– Hämmer ... DIN EN 60745-2-6 (VDE 0740-2-6)
– Heckenscheren ... DIN EN 60745-2-15 (VDE 0740-2-15)
– Hobel ... DIN EN 60745-2-14 (VDE 0740-2-14)
– Innenrüttler ... DIN EN 60745-2-12 (VDE 0740-2-12)
– Kantenfräsen ... DIN EN 60745-2-17 (VDE 0740-2-17)
– Kettensägen ... DIN EN 60745-2-13 (VDE 0740-2-13)
– Kreissägen ... DIN EN 60745-2-5 (VDE 0740-2-5)
– Nibbler ... DIN EN 60745-2-8 (VDE 0740-2-8)
– Oberfräsen ... DIN EN 60745-2-17 (VDE 0740-2-17)
– Polierer ... E DIN EN 60745-2-3/A2 (VDE 0740-2-3/A2)
E DIN EN 60745-2-3/AA (VDE 0740-2-3/AA)
E DIN EN 60745-2-3/AC (VDE 0740-2-3/AC)
DIN EN 60745-2-4 (VDE 0740-2-4)
E DIN EN 60745-2-4/AA (VDE 0740-2-4/AA)
– Rohrreinigungsgeräte ... DIN EN 60745-2-21 (VDE 0740-2-21)
– rotierende Kleinwerkzeuge ... E DIN EN 60745-2-23 (VDE 0740-2-23)
– Säbelsägen ... DIN EN 60745-2-11 (VDE 0740-2-11)
– Schlagbohrmaschinen ... DIN EN 60745-2-1 (VDE 0740-2-1)
– Schlagschrauber ... DIN EN 60745-2-2 (VDE 0740-2-2)
– Schleifer ... E DIN EN 60745-2-3/A2 (VDE 0740-2-3/A2)
E DIN EN 60745-2-3/AA (VDE 0740-2-3/AA)
E DIN EN 60745-2-3/AC (VDE 0740-2-3/AC)
DIN EN 60745-2-4 (VDE 0740-2-4)
E DIN EN 60745-2-4/AA (VDE 0740-2-4/AA)
– Schrauber ... DIN EN 60745-2-2 (VDE 0740-2-2)
– Spritzpistolen ... DIN EN 50144-2-7 (VDE 0740-2-7)
E DIN EN 50144-2-7 (VDE 0740-2-7)
– Stabschleifer ... E DIN EN 60745-2-23 (VDE 0740-2-23)
– Stichsägen ... DIN EN 60745-2-11 (VDE 0740-2-11)
– Trennschleifmaschinen ... E DIN EN 60745-2-22 (VDE 0740-2-22)
E DIN EN 60745-2-22/AA (VDE 0740-2-22/AA)
– Umreifungswerkzeuge ... DIN EN 60745-2-18 (VDE 0740-2-18)
Instandsetzung, Änderung und Prüfung ... VDE-Schriftenreihe Band 62
Störaussendung ... DIN EN 55014-1 (VDE 0875-14-1)
E DIN EN 55014-1/A2 (VDE 0875-14-1/A2)
Störfestigkeit ... DIN EN 55014-2 (VDE 0875-14-2)
tragbare motorbetriebene
– Bandsägen ... DIN EN 61029-2-5 (VDE 0740-505)
– Gehrungskappsägen ... DIN EN 61029-2-9 (VDE 0740-509)
transportable motorbetriebene
– Abrichthobel ... DIN EN 61029-2-3 (VDE 0740-503)
– allgemeine Anforderungen ... DIN EN 61029-1 (VDE 0740-500)
DIN EN 61029-1/A11 (VDE 0740-500/A11)
– Bandsägen ... E DIN EN 61029-2-5 (VDE 0740-505)
– Diamantbohrmaschinen mit Wasserzufuhr ... DIN EN 61029-2-6 (VDE 0740-506)
– Dickenhobel ... DIN EN 61029-2-3 (VDE 0740-503)
– Gehrungskappsägen ... E DIN EN 61029-2-9 (VDE 0740-509)
– Gewindeschneidmaschinen ... DIN EN 61029-2-12 (VDE 0740-512)

Elektrowerkzeuge
transportable motorbetriebene
– Hobel .... DIN EN 61029-2-3 (VDE 0740-503)
– kombinierte Tisch- und Gehrungssägen .... DIN EN 61029-2-11 (VDE 0740-511)
E DIN EN 61029-2-11 (VDE 0740-511)
– Tischfräsmaschinen .... DIN EN 61029-2-8 (VDE 0740-508)
E DIN EN 61029-2-8 (VDE 0740-508)
– Tischkreissägen .... DIN EN 61029-2-1 (VDE 0740-501)
E DIN EN 61029-2-1 (VDE 0740-501)
– Tischschleifmaschinen .... DIN EN 61029-2-4 (VDE 0740-504)
– Trennschleifmaschinen .... DIN EN 61029-2-10 (VDE 0740-510)

Elektrozaunanlagen
Errichtung und Betrieb .... DIN 57131 (VDE 0131)
Isolatoren .... DIN 57669 (VDE 0669)

Elektrozaungeräte
für Batterie- oder Netzanschluss .... DIN EN 60335-2-76 (VDE 0700-76)
E DIN EN 60335-2-76/AE (VDE 0700-76/AE)

Elementarrelais
Ausfallkriterien .... DIN EN 61810-2 (VDE 0435-120)
DIN EN 61810-2-1 (VDE 0435-120-1)
elektromechanische
– allgemeine Anforderungen .... DIN EN 61810-1 (VDE 0435-201)
– Funktionsfähigkeit (Zuverlässigkeit) .... DIN EN 61810-2 (VDE 0435-120)
DIN EN 61810-2-1 (VDE 0435-120-1)
– Nachweis der B10-Werte .... DIN EN 61810-2-1 (VDE 0435-120-1)
Kenngrößen .... DIN EN 61810-2 (VDE 0435-120)
DIN EN 61810-2-1 (VDE 0435-120-1)

E-Mobility .... DIN EN 62576 (VDE 0122-576)

Empfindlichkeit, spektrale
photovoltaischer Module .... E DIN EN 61853-2 (VDE 0126-34-2)

EMV-Anforderungen
an drehzahlveränderbare elektrische Antriebe .... DIN EN 61800-3 (VDE 0160-103)
E DIN IEC 61800-3/A1 (VDE 0160-103/A1)
an Feldgeräte .... DIN EN 61326-2-5 (VDE 0843-20-2-5)
E DIN IEC 61326-2-5 (VDE 0843-20-2-5)
an Isolationsüberwachungsgeräte .... DIN EN 61326-2-4 (VDE 0843-20-2-4)
E DIN IEC 61326-2-4 (VDE 0843-20-2-4)
an Messgrößenumformer .... DIN EN 61326-2-3 (VDE 0843-20-2-3)
E DIN IEC 61326-2-3 (VDE 0843-20-2-3)
an Messrelais und Schutzeinrichtungen .... E DIN EN 60255-26 (VDE 0435-320)
DIN EN 60255-26 (VDE 0435-320)
an Nähmaschinen, Näheinheiten, Nähanlagen .... E DIN EN 60204-31 (VDE 0113-31)
an Trafos, Netzgeräte, Drosseln .... DIN EN 62041 (VDE 0570-10)
an unterbrechungsfreie Stromversorgungssysteme .... DIN EN 62040-2 (VDE 0558-520)

EMV-Bauelemente .... VDE-Schriftenreihe Band 58

EMV-Fibel
für Elektroinstallateure und Planer .... VDE-Schriftenreihe Band 55

EMV-Filter, passive
Entstöreigenschaften .... E DIN EN 55017 (VDE 0565-17)

EMV-Gesetz .... VDE-Schriftenreihe Band 66

EMV-Störfestigkeitsanforderungen
an Beleuchtungseinrichtungen .... DIN EN 61547 (VDE 0875-15-2)

Endmuffen
für Starkstrom-Verteilerkabel ..... DIN EN 50393 (VDE 0278-393)
Endoskopiegeräte ..... DIN EN 60601-2-18 (VDE 0750-2-18)
E DIN EN 60601-2-18 (VDE 0750-2-18)
Endverschlüsse ..... DIN EN 60702-2 (VDE 0284-2)
Energiebemessungsprüfung
von Photovoltaik-Modulen ..... E DIN VDE 0126-34 (VDE 0126-34)
Energieeffizienz
durch elektrische Energieregler ..... Anwendungsregel (VDE-AR-E 2055-1)
Energieerzeugungssysteme
photovoltaische
– Sicherungseinsätze ..... DIN EN 60269-6 (VDE 0636-6)
Energiemessung
auf Bahnfahrzeugen ..... DIN EN 50463 (VDE 0115-480)
– Allgemeines ..... E DIN EN 50463-1 (VDE 0115-480-1)
– Datenbehandlung ..... E DIN EN 50463-3 (VDE 0115-480-3)
– Kommunikation ..... E DIN EN 50463-4 (VDE 0115-480-4)
– Messfunktion ..... E DIN EN 50463-2 (VDE 0115-480-2)
Energieregler
für den Hausgebrauch ..... DIN EN 60730-2-11 (VDE 0631-2-11)
Energieregler, elektrische
Spannungsabsenkung ..... Anwendungsregel (VDE-AR-E 2055-1)
Energie-Schaltgerätekombinationen
für Niederspannung ..... DIN EN 61439-2 (VDE 0660-600-2)
E DIN EN 61439-2 (VDE 0660-600-2)
Energiesparmotoren
in Drehzahlstellantrieben ..... DIN CLC/TS 60034-31 (VDE V 0530-31)
Energiesysteme
stationäre Brennstoffzellen ..... DIN EN 62282-3-3 (VDE 0130-303)
Energiesysteme (Brennstoffzellen-)
stationäre ..... DIN EN 62282-3-1 (VDE 0130-301)
E DIN IEC 62282-3-1 (VDE 0130-3-1)
Energiesysteme, photovoltaische
Leistungsumrichter ..... DIN EN 62109-1 (VDE 0126-14-1)
Energieversorgung
von Einbruch- und Überfallmeldeanlagen ..... DIN EN 50131-6 (VDE 0830-2-6)
E DIN EN 50131-6/AA (VDE 0830-2-6/AA)
Energieversorgung, netzunabhängige
in medizinischen Einrichtungen ..... DIN VDE 0558-507 (VDE 0558-507)
Energieversorgungsnetze ..... DIN EN 60255-24 (VDE 0435-3040)
Austausch von transienten Daten
– Standardformat ..... E DIN EN 60255-24 (VDE 0435-3040)
Netzdokumentation ..... Anwendungsregel (VDE-AR-N 4201)
Energieversorgungssysteme
magnetische Felder
– Exposition der Allgemeinbevölkerung ..... DIN EN 62110 (VDE 0848-110)
Energieverteilungskabel ..... DIN VDE 0276-603 (VDE 0276-603)
mit extrudierter Isolierung ..... DIN VDE 0276-620 (VDE 0276-620)
mit getränkter Papierisolierung ..... DIN VDE 0276-621 (VDE 0276-621)

Energieverteilungsnetze
Schaltgerätekombinationen ... DIN EN 61439-5 (VDE 0660-600-5)
unterirdische ... DIN VDE 0276-603 (VDE 0276-603)

Energiewirtschaftsgesetz ... DIN V VDE V 0109-2 (VDE V 0109-2)

Entflammbarkeit
von Werkstoffen
– Glühdrahtprüfung ... DIN EN 60695-2-12 (VDE 0471-2-12)

Entkeimungslampen ... DIN EN 61549 (VDE 0715-12)
E DIN EN 61549/A3 (VDE 0715-12/A3)

Entkopplungsfilter (Niederspannungs-) ... DIN EN 50065-4-1 (VDE 0808-4-1)
DIN EN 50065-4-2 (VDE 0808-4-2)
bewegliche ... DIN EN 50065-4-7 (VDE 0808-4-7)

Entladedrosselspulen ... DIN EN 60076-6 (VDE 0532-76-6)

Entladezeit
von Ionisatoren ... E DIN EN 61340-4-7 (VDE 0300-4-7)

Entladung
statischer Elektrizität ... DIN EN 61000-4-2 (VDE 0847-4-2)

Entladung, elektrostatische
Abschirmbeutel ... E DIN EN 61340-4-8 (VDE 0300-4-8)

Entladungen, elektrische
Schutzmaßnahmen ... VDE-Schriftenreihe Band 78

Entladungslampen
digital adressierbare Schnittstelle ... DIN EN 62386-203 (VDE 0712-0-203)
elektronische Vorschaltgeräte ... DIN EN 61347-2-12 (VDE 0712-42)
Funk-Entstörung ... DIN EN 60968 (VDE 0715-6)
DIN EN 61049 (VDE 0560-62)
Kondensatoren
– bis 2,5 kvar ... DIN EN 61049 (VDE 0560-62)
Sicherheitsanforderungen ... E DIN EN 62035/A2 (VDE 0715-10/A2)
Startgeräte ... DIN EN 60927 (VDE 0712-15)
E DIN EN 60927/A1 (VDE 0712-15/A1)
DIN EN 61347-2-1 (VDE 0712-31)
E DIN EN 61347-2-1/A2 (VDE 0712-31/A2)
Vorschaltgeräte ... DIN EN 60923 (VDE 0712-13)
DIN EN 61347-2-9 (VDE 0712-39)
E DIN EN 61347-2-9 (VDE 0712-39)
Zündgeräte ... DIN EN 60927 (VDE 0712-15)
E DIN EN 60927/A1 (VDE 0712-15/A1)

Entladungslampenkreise
Kondensatoren ... DIN EN 61048 (VDE 0560-61)

Entladungsvorgänge
elektrostatische ... VDE-Schriftenreihe Band 71

Entlötkolben ... DIN EN 60335-2-45 (VDE 0700-45)
E DIN EN 60335-2-45/A2 (VDE 0700-45/A2)

Entstöreigenschaften
von passiven EMV-Filtern ... E DIN EN 55017 (VDE 0565-17)

Entstörfilter
Rahmenspezifikation
– Sicherheitsprüfungen ... DIN EN 60939-2 (VDE 0565-3-1)
Vordruck für Bauartspezifikation
– Bewertungsstufe D/DZ ... DIN EN 60939-2-1 (VDE 0565-3-2)
– Sicherheitsprüfungen ... DIN EN 60939-2-2 (VDE 0565-3-3)

Entstörkondensatoren
für Netzbetrieb ... E DIN IEC 60384-14 (VDE 0565-1-1)
– Bewertungsstufe D ... DIN EN 60384-14-1 (VDE 0565-1-2)
– Bewertungsstufe DZ ... DIN EN 60384-14-3 (VDE 0565-1-4)
– Rahmenspezifikation ... DIN EN 60384-14 (VDE 0565-1-1)
– Sicherheitsprüfungen ... DIN EN 60384-14-2 (VDE 0565-1-3)

Entzündbarer Flock
Beschichtungsanlagen ... DIN EN 50223 (VDE 0147-103)

Entzündbarkeit
von Werkstoffen
– Glühdrahtprüfung ... DIN EN 60695-2-13 (VDE 0471-2-13)

Epedemie
Wärmebildkameras ... DIN EN 80601-2-59 (VDE 0750-2-59)

Epidiaskope ... DIN EN 60335-2-56 (VDE 0700-56)

Epoxid
für selbstklebende Bänder ... DIN EN 60454-3-11 (VDE 0340-3-11)

Epoxidharzmassen
quarzmehlgefüllte ... DIN EN 60455-3-2 (VDE 0355-3-2)
ungefüllte ... DIN EN 60455-3-1 (VDE 0355-3-1)

Epoxidharztafeln ... E DIN IEC 60893-3-2/A1 (VDE 0318-3-2/A1)
E DIN IEC 60893-3-2/A2 (VDE 0318-3-2/A2)

Erdbebenqualifikation
für gasisolierte Schaltgerätekombinationen ... DIN EN 62271-207 (VDE 0671-207)
E DIN EN 62271-207 (VDE 0671-207)
für gekapselte Schaltanlagen ... E DIN EN 62271-210 (VDE 0671-210)

Erden und Kurzschließen
ortsveränderliche Geräte ... DIN EN 61230 (VDE 0683-100)

Erder ... DIN VDE 0100-540 (VDE 0100-540)
für Blitzschutzsysteme ... DIN EN 50164-2 (VDE 0185-202)
E DIN EN 62561-2 (VDE 0185-561-2)
Werkstoffe ... DIN VDE 0151 (VDE 0151)

Erderdurchführungen
für Blitzschutzsysteme ... DIN EN 62561-5 (VDE 0185-561-5)

Erdersummenstrom ... DIN EN 60909-3 (VDE 0102-3)

Erdkabel
vieladrige und vielpaarige ... DIN VDE 0276-627 (VDE 0276-627)

Erdkabel (LWL-) ... DIN EN 60794-3-10 (VDE 0888-310)
E DIN IEC 60794-3-12 (VDE 0888-13)

Erdkurzschluss ... DIN EN 60909-3 (VDE 0102-3)

Erdrohre ... DIN EN 61386-24 (VDE 0605-24)

Erdschluss ... DIN EN 60909-0 (VDE 0102)
in Niederspannungsanlagen
– Schutz bei ... E DIN IEC 60364-4-44/A3 (VDE 0100-442)

Erdschlusslöschspulen ... DIN EN 60076-6 (VDE 0532-76-6)

Erdschluss-Schutzeinrichtungen
für Leuchtröhrengeräte und -anlagen ... DIN EN 50107-2 (VDE 0128-2)

Erdschlusssicheres Verlegen
von Kabeln und Leitungen ... DIN VDE 0100-520 (VDE 0100-520)

Erdseile
für Lichtwellenleiter ... DIN EN 60794-4-10 (VDE 0888-111-4)

Erdung
in Gebäuden mit Informationstechnik-Einrichtungen .... DIN EN 50310 (VDE 0800-2-310)
von elektrischen Anlagen .... VDE-Schriftenreihe Band 105
VDE-Schriftenreihe Band 39
von Fernmeldeanlagen .... VDE-Schriftenreihe Band 54
von Freileitungen über 1 kV .... DIN VDE 0141 (VDE 0141)
von Informationstechnik .... DIN V VDE V 0800-2 (VDE V 0800-2)
von Starkstromanlagen über 1 kV .... DIN EN 50522 (VDE 0101-2)
DIN VDE 0141 (VDE 0141)

Erdungen/Erder
in elektrischen Anlagen .... VDE-Schriftenreihe Band 81
VDE-Schriftenreihe Band 106

Erdungsanlagen
Errichtung .... DIN EN 50522 (VDE 0101-2)
in Niederspannungsanlagen .... E DIN IEC 60364-5-54 (VDE 0100-540)
DIN VDE 0100-540 (VDE 0100-540)
Korrosionsschutz .... DIN VDE 0151 (VDE 0151)
Mindestmaße .... DIN VDE 0151 (VDE 0151)
Projektierung .... DIN EN 50522 (VDE 0101-2)
von Freileitungen .... DIN EN 50341-1 (VDE 0210-1)
Werkstoffe .... DIN VDE 0151 (VDE 0151)

Erdungseinrichtungen
Leitungen für ortsveränderliche .... DIN EN 61138 (VDE 0283-3)

Erdungsgeräte
mit Stäben .... DIN EN 61219 (VDE 0683-200)
zwangsgeführte .... DIN EN 61219 (VDE 0683-200)

Erdungsleiter .... DIN VDE 0100-540 (VDE 0100-540)
in Niederspannungsnetzen
– Messen des Widerstandes .... DIN EN 61557-4 (VDE 0413-4)

Erdungsmittel
für Blitzschutzsysteme .... DIN EN 50164-7 (VDE 0185-207)
E DIN EN 62561-7 (VDE 0185-561-7)

Erdungsschalter
für Bahnanlagen .... DIN EN 50152-2 (VDE 0115-320-2)
für gekapselte Anlagen .... DIN EN 62271-102 (VDE 0671-102)
für stationäre Anlagen in Bahnnetzen .... DIN EN 50123-3 (VDE 0115-300-3)

Erdungsschalter (Wechselstrom-) .... E DIN IEC 62271-102/A1 (VDE 0671-102/A1)

Erdungstransformatoren (Sternpunktbildner) .... DIN EN 60076-6 (VDE 0532-76-6)

Erdungsvorrichtungen .... DIN EN 61219 (VDE 0683-200)
ortsveränderliche .... DIN EN 61230 (VDE 0683-100)

Erdungswiderstand
in Niederspannungsnetzen
– Messung .... DIN EN 61557-5 (VDE 0413-5)

Ereignisbaumanalyse .... DIN EN 62502 (VDE 0050-3)

Erhöhte Sicherheit "e"
Geräteschutz .... DIN EN 60079-7 (VDE 0170-6)

Erkennen von Personen
Schutzeinrichtungen .... DIN CLC/TS 62046 (VDE V 0113-211)

Ermüdungsprüfung
an Leitern für Freileitungen .... E DIN EN 62568 (VDE 0212-357)

Erosion
von Elektroisolierstoffen .... DIN EN 60587 (VDE 0303-10)

Erproben
elektrischer Anlagen .... DIN VDE 0100-600 (VDE 0100-600)
Erregersysteme
für Synchronmaschinen .... DIN EN 60034-16-1 (VDE 0530-16)
Errichten
elektrischer Prüfanlagen .... DIN EN 50191 (VDE 0104)
Errichten elektrischer Anlagen
Bergbau unter Tage
– allgemeine Festlegungen .... DIN VDE 0118-1 (VDE 0118-1)
– Zusatzfestlegungen .... DIN VDE 0118-2 (VDE 0118-2)
in explosionsgefährdeten Bereichen .... DIN V VDE V 0166 (VDE V 0166)
in Gebäuden .... VDE-Schriftenreihe Band 105
in Steinbrüchen .... DIN VDE 0168 (VDE 0168)
in Tagebauen .... DIN VDE 0168 (VDE 0168)
Errichten von Hochspannungsanlagen
Schutzmaßnahmen .... VDE-Schriftenreihe Band 78
Errichten von Niederspannungsanlagen
allgemeine Grundsätze .... DIN VDE 0100-100 (VDE 0100-100)
Anforderungen an Baustellen .... DIN VDE 0100-704 (VDE 0100-704)
Auswahl und Errichtung elektrischer Betriebsmittel
– allgemeine Bestimmungen .... DIN VDE 0100-510 (VDE 0100-510)
– Einrichtungen für Sicherheitszwecke .... DIN VDE 0100-560 (VDE 0100-560)
– Erdungsanlagen, Schutzleiter und Potentialausgleich E DIN IEC 60364-5-54 (VDE 0100-540)
DIN VDE 0100-540 (VDE 0100-540)
– Hilfsstromkreise .... E DIN IEC 60364-5-55/A3f2 (VDE 0100-557)
DIN VDE 0100-557 (VDE 0100-557)
– Koordinierung elektrischer Einrichtungen .... E DIN VDE 0100-570 (VDE 0100-570)
– Leuchten und Beleuchtungsanlagen .... E DIN VDE 0100-559 (VDE 0100-559)
DIN VDE 0100-559 (VDE 0100-559)
– Niederspannungsstromerzeugungsanlagen .... DIN VDE 0100-551 (VDE 0100-551)
– Schalt- und Steuergeräte .... DIN VDE 0100-530 (VDE 0100-530)
Bedienungsgänge und Wartungsgänge .... DIN VDE 0100-729 (VDE 0100-729)
Begriffe .... DIN VDE 0100-100 (VDE 0100-100)
DIN VDE 0100-200 (VDE 0100-200)
Betriebsstätten besonderer Art
– bauliche Anlagen für Menschenansammlungen .... E DIN IEC 60364-7-718 (VDE 0100-718)
DIN VDE 0100-718 (VDE 0100-718)
– Baustellen .... DIN VDE 0100-704 (VDE 0100-704)
– Beleuchtungsanlagen im Freien .... E DIN VDE 0100-714 (VDE 0100-714)
DIN VDE 0100-714 (VDE 0100-714)
– Bereiche mit begrenzter Bewegungsfreiheit .... DIN VDE 0100-706 (VDE 0100-706)
– elektrische Anlagen von Campingplätzen .... DIN VDE 0100-708 (VDE 0100-708)
– Kleinspannungsbeleuchtungsanlagen .... E DIN VDE 0100-715 (VDE 0100-715)
DIN VDE 0100-715 (VDE 0100-715)
– landwirtschaftliche und gartenbauliche Betriebsstätten .... DIN VDE 0100-705 (VDE 0100-705)
– Lichtwerbeanlagen .... E DIN VDE 0100-799 (VDE 0100-799)
– Möbel .... E DIN IEC 60364-7-713 (VDE 0100-713)
– öffentliche Einrichtungen und Arbeitsstätten .... E DIN IEC 60364-7-718 (VDE 0100-718)
– ortsveränderliche oder transportable Baueinheiten .... DIN VDE 0100-717 (VDE 0100-717)
– Photovoltaik-Stromversorgungssysteme .... E DIN IEC 60364-7-712 (VDE 0100-712)
– Räume mit Badewanne oder Dusche .... DIN VDE 0100-701 (VDE 0100-701)
– Räume und Kabinen mit Saunaheizungen .... DIN VDE 0100-703 (VDE 0100-703)
– Schwimmbecken und Springbrunnen .... E DIN IEC 60364-7-702 (VDE 0100-702)
– Unterrichtsräume mit Experimentiereinrichtungen .... DIN VDE 0100-723 (VDE 0100-723)

Errichten von Niederspannungsanlagen
Campingplätze und Marinas .... DIN VDE 0100-709 (VDE 0100-709)
E DIN VDE 0100-709/A1 (VDE 0100-709/A1)
Erstprüfungen .... VDE-Schriftenreihe Band 63
DIN VDE 0100-600 (VDE 0100-600)
feuchte und nasse Bereiche .... DIN VDE 0100-737 (VDE 0100-737)
in Landwirtschaft und Gartenbau .... DIN VDE 0100-705 (VDE 0100-705)
Kabel- und Leitungslängen .... Beiblatt 2 DIN VDE 0100-520 (VDE 0100-520)
leitfähige Bereiche mit begrenzter Bewegungsfreiheit .... DIN VDE 0100-706 (VDE 0100-706)
Schalt- und Steuergeräte .... DIN VDE 0100-530 (VDE 0100-530)
Schutzmaßnahmen .... VDE-Schriftenreihe Band 78
– Schutz bei Erdschlüssen .... E DIN IEC 60364-4-44/A3 (VDE 0100-442)
– Schutz bei Überlast .... Beiblatt 2 DIN VDE 0100-520 (VDE 0100-520)
– Schutz bei Überstrom .... DIN VDE 0100-430 (VDE 0100-430)
– Schutz gegen elektrischen Schlag .... VDE-Schriftenreihe Band 140
DIN VDE 0100-410 (VDE 0100-410)
– Schutz gegen elektromagnetische Störgrößen .... DIN VDE 0100-444 (VDE 0100-444)
– Schutz gegen Störspannungen .... E DIN IEC 60364-4-44/A3 (VDE 0100-442)
DIN VDE 0100-444 (VDE 0100-444)
– Schutz gegen thermische Auswirkungen .... E DIN IEC 60364-4-12 (VDE 0100-420)
– Schutz gegen Überspannungen .... E DIN IEC 60364-4-44/A3 (VDE 0100-442)
DIN VDE 0100-443 (VDE 0100-443)
– Trennen und Schalten .... DIN VDE 0100-460 (VDE 0100-460)
spezielle Anlagen und Räume
– Photovoltaik-Versorgungssysteme .... DIN VDE 0100-712 (VDE 0100-712)
Strombelastbarkeit .... Beiblatt 2 DIN VDE 0100-520 (VDE 0100-520)
Trennen, Schalten, Steuern
– Überspannungsschutzeinrichtungen .... DIN VDE 0100-534 (VDE 0100-534)
Übergangsfestlegungen .... Beiblatt 2 DIN VDE 0100 (VDE 0100)
Übersicht .... VDE-Schriftenreihe Band 106
Verzeichnis der einschlägigen Normen .... Beiblatt 2 DIN VDE 0100 (VDE 0100)
vorübergehend errichtete elektrische Anlagen .... DIN VDE 0100-740 (VDE 0100-740)
wiederkehrende Prüfung .... DIN VDE 0100-600 (VDE 0100-600)

Errichten von Starkstromanlagen
mit Nennspannungen bis 1 000 V
– elektrische Betriebsstätten .... DIN VDE 0100-731 (VDE 0100-731)
– Entwicklungsgang der Errichtungsbestimmungen .... Beiblatt 1 DIN VDE 0100 (VDE 0100)
– Schutz bei direktem Berühren in Wohnungen .... DIN VDE 0100-739 (VDE 0100-739)
– Schutz gegen thermische Einflüsse .... DIN VDE 0100-420 (VDE 0100-420)
– Schutz gegen Unterspannung .... DIN VDE 0100-450 (VDE 0100-450)
– Schutzeinrichtungen in TN- und TT-Netzen .... DIN VDE 0100-739 (VDE 0100-739)
– Struktur der Normenreihe .... Beiblatt 3 DIN VDE 0100 (VDE 0100)
mit Nennspannungen über 1 kV .... VDE-Schriftenreihe Band 11

Errichtungsbestimmungen
für Starkstromanlagen bis 1 000 V
– Entwicklungsgang .... Beiblatt 1 DIN VDE 0100 (VDE 0100)

Ersatzstromaggregate
Errichtung .... DIN VDE 0100-551 (VDE 0100-551)
Projektierung .... VDE-Schriftenreihe Band 122

Ersatzstromversorgungsanlagen .... DIN VDE 0100-551 (VDE 0100-551)

Erstellen von Anleitungen
Gliederung, Inhalt und Darstellung .... DIN EN 62079 (VDE 0039)
E DIN EN 82079-1 (VDE 0039-1)

Erstprüfungen
von Niederspannungsanlagen .... DIN VDE 0100-600 (VDE 0100-600)

ERTMS/ETCS/GSM-R-Informationen
Prinzipien für die Darstellung .... DIN CLC/TS 50459-1 (VDE V 0831-459-1)

ERTMS/ETCS/GSM-R-Systeme
Dateneingabe .... DIN CLC/TS 50459-4 (VDE V 0831-459-4)

ERTMS/ETCS-Informationen
ergonomische Anordnung .... DIN CLC/TS 50459-2 (VDE V 0831-459-2)
– akustische Informationen .... DIN CLC/TS 50459-6 (VDE V 0831-459-6)
– Symbole .... DIN CLC/TS 50459-5 (VDE V 0831-459-5)

ERTMS/GSM-R-Informationen
ergonomische Anordnung .... DIN CLC/TS 50459-3 (VDE V 0831-459-3)
– akustische Informationen .... DIN CLC/TS 50459-6 (VDE V 0831-459-6)
– Symbole .... DIN CLC/TS 50459-5 (VDE V 0831-459-5)

Erwärmen von Glas
Einrichtungen .... DIN EN 60519-21 (VDE 0721-21)

Erwärmung
von Patienten .... DIN EN 80601-2-35 (VDE 0750-2-35)

Erwärmungsanlagen
induktive .... DIN EN 60519-3 (VDE 0721-3)
konduktive .... DIN EN 60519-3 (VDE 0721-3)

Erweiterungseinheiten (ESHG-) .... DIN EN 50428 (VDE 0632-400)
E DIN IEC 60669-2-5 (VDE 0632-2-5)

Erzeugnisse, elektrotechnische
Beurteilung der Brandgefahr .... DIN EN 60695-1-10 (VDE 0471-1-10)

Erzeugungsanlagen
am Niederspannungsnetz .... Anwendungsregel (VDE-AR-N 4105)
E DIN V VDE V 0124-100 (VDE V 0124-100)

ESD
Wirkungen auf elektronische Bauelemente .... VDE-Schriftenreihe Band 71

ESHG/GA-Betriebsmittel
elektrische Sicherheit .... DIN EN 50491-3 (VDE 0849-3)

ESHG/GA-System
elektrische Sicherheit .... DIN EN 50491-3 (VDE 0849-3)

ESHG-Erweiterungseinheiten
für Haushalt u.ä. Installationen .... DIN EN 50428 (VDE 0632-400)
E DIN IEC 60669-2-5 (VDE 0632-2-5)

ESHG-Installationen
Installation und Planung .... E DIN EN 50491-6-1 (VDE 0849-6-1)

ESHG-Installationsmaterial
für Haushalt u.ä. Installationen .... DIN EN 50428 (VDE 0632-400)
E DIN IEC 60669-2-5 (VDE 0632-2-5)

ESHG-Produkte
funktionale Sicherheit .... DIN EN 50090-2-3 (VDE 0829-2-3)

ESHG-Schalter
für Haushalt u.ä. Installationen .... DIN EN 50428 (VDE 0632-400)
E DIN IEC 60669-2-5 (VDE 0632-2-5)

ESHG-Sensoren
für Haushalt u.ä. Installationen .... DIN EN 50428 (VDE 0632-400)
E DIN IEC 60669-2-5 (VDE 0632-2-5)

ESHG-Steckdosen
geschaltete
– für Haushalt u.ä. Installationen .... DIN EN 50428 (VDE 0632-400)
E DIN IEC 60669-2-5 (VDE 0632-2-5)

ESHG-Stellantriebe
für Haushalt u.ä. Installationen .... DIN EN 50428 (VDE 0632-400)
E DIN IEC 60669-2-5 (VDE 0632-2-5)

ESHG-Verkabelung
Zweidrahtleitungen Klasse 1 .... DIN EN 50090-9-1 (VDE 0829-9-1)

Ester
synthetische organische
– für elektrotechnische Zwecke .... DIN EN 61099 (VDE 0375-1)

Etagenverkabelung
für digitale Kommunikation
– Bauartspezifikation .... E DIN IEC 61156-2-1 (VDE 0819-1021)
E DIN IEC 61156-5-1 (VDE 0819-1051)
– Rahmenspezifikation .... E DIN IEC 61156-2 (VDE 0819-1002)

ETFE-Aderleitungen .... DIN 57250-106 (VDE 0250-106)

Europäisches Leitsystem
für den Schienenverkehr
– akustische Informationen .... DIN CLC/TS 50459-6 (VDE V 0831-459-6)
– Symbole .... DIN CLC/TS 50459-5 (VDE V 0831-459-5)

Ex-Bauteile
allgemeine Anforderungen .... DIN EN 60079-0 (VDE 0170-1)
E DIN IEC 60079-0-2 (VDE 0170-1-2)

Experimentiereinrichtungen
in Unterrichtsräumen .... DIN VDE 0100-723 (VDE 0100-723)
DIN VDE 0105-112 (VDE 0105-112)

Experimentieren
mit elektrischer Energie in Unterrichtsräumen .... DIN VDE 0105-112 (VDE 0105-112)

Experimentierkästen
Spielzeug-, elektrische .... DIN EN 62115 (VDE 0700-210)
E DIN EN 62115/A2 (VDE 0700-210/A1)
E DIN EN 62115/AA (VDE 0700-210/A2)

Explosionsfähige Atmosphären
Betriebsmittel mit Geräteschutzniveau (EPL) Ga .... DIN EN 60079-26 (VDE 0170-12-1)
eigensichere Feldbussysteme (FISCO) .... DIN EN 60079-27 (VDE 0170-27)
eigensichere Systeme .... DIN EN 60079-25 (VDE 0170-10-1)
Eigensicherheit "i" .... DIN EN 60079-11 (VDE 0170-7)
E DIN IEC 60079-11 (VDE 0170-7)
Einrichtungen mit optischer Strahlung .... DIN EN 60079-28 (VDE 0170-28)
Einteilung der Bereiche .... E DIN EN 60079-10-1 (VDE 0165-101)
DIN EN 60079-10-1 (VDE 0165-101)
DIN EN 60079-10-2 (VDE 0165-102)
elektrische Anlagen
– Projektierung, Auswahl, Errichtung .... E DIN EN 60079-14 (VDE 0165-1)
DIN EN 60079-14 (VDE 0165-1)
– Prüfung und Instandhaltung .... E DIN EN 60079-17 (VDE 0165-10-1)
DIN EN 60079-17 (VDE 0165-10-1)
elektrische Geräte .... E DIN IEC 60079-0-2 (VDE 0170-1-2)
elektrische Widerstands-Begleitheizungen
– allgemeine und Prüfanforderungen .... DIN EN 60079-30-1 (VDE 0170-60-1)
– Entwurf, Installation, Instandhaltung .... DIN EN 60079-30-2 (VDE 0170-60-2)

Explosionsfähige Atmosphären
elektrostatische Gefährdungen
– Leitfaden ..... E DIN VDE 0170-32-1 (VDE 0170-32-1)
erhöhte Sicherheit "e" ..... DIN EN 60079-7 (VDE 0170-6)
Gasmessgeräte ..... DIN EN 60079-29-4 (VDE 0400-40)
– Auswahl, Installation, Einsatz, Wartung ..... DIN EN 60079-29-2 (VDE 0400-2)
– Betriebsverhalten ..... E DIN EN 60079-29-1 (VDE 0400-1)
DIN EN 60079-29-1 (VDE 0400-1)
Geräte
– allgemeine Anforderungen ..... DIN EN 60079-0 (VDE 0170-1)
Geräteschutz durch druckfeste Kapselung "d" ..... E DIN EN 60079-1 (VDE 0170-5)
DIN EN 60079-1 (VDE 0170-5)
Geräteschutz durch Eigensicherheit "i" ..... E DIN IEC 60079-11 (VDE 0170-7)
Geräteschutz durch Gehäuse "t" ..... E DIN EN 60079-31 (VDE 0170-15-1)
DIN EN 60079-31 (VDE 0170-15-1)
Geräteschutz durch Ölkapselung "o" ..... DIN EN 60079-6 (VDE 0170-2)
Geräteschutz durch Sandkapselung "q" ..... DIN EN 60079-5 (VDE 0170-4)
E DIN IEC 60079-33 (VDE 0170-33)
Geräteschutz durch Sonderschutz "s" ..... E DIN IEC 60079-33 (VDE 0170-33)
Geräteschutz durch Überdruckkapselung "p" ..... E DIN EN 60079-2 (VDE 0170-3)
DIN EN 60079-2 (VDE 0170-3)
Geräteschutz durch Vergusskapselung "m" ..... DIN EN 60079-18 (VDE 0170-9)
Geräteschutz durch Zündschutzart "n" ..... DIN EN 60079-15 (VDE 0170-16)
Klassifizierung von Gasen und Dämpfen
– Prüfmethoden und Daten ..... DIN EN 60079-20-1 (VDE 0170-20-1)
Mindestzündtemperatur von Staub ..... E DIN IEC 60079-20-2 (VDE 0170-20-2)
Schutz durch überdruckgekapselten Raum "p" ..... DIN EN 60079-13 (VDE 0170-313)
Übertragungssysteme mit optischer Strahlung ..... DIN EN 60079-28 (VDE 0170-28)
Untersuchungsverfahren
– Mindestzündtemperatur von Staub ..... E DIN IEC 60079-20-2 (VDE 0170-20-2)

Explosionsgefährdete Bereiche
Einteilung ..... DIN EN 60079-10-1 (VDE 0165-101)
elektrische Anlagen
– Prüfung und Instandhaltung ..... DIN EN 60079-17 (VDE 0165-10-1)
elektrische Betriebsmittel ..... DIN V VDE V 0166 (VDE V 0166)
– allgemeine Anforderungen ..... DIN EN 60079-0 (VDE 0170-1)
Errichtung elektrischer Anlagen ..... VDE-Schriftenreihe Band 65
DIN V VDE V 0166 (VDE V 0166)
Gerätereparatur, Überholung und Regenerierung ..... DIN EN 60079-19 (VDE 0165-20-1)
Sicherheitseinrichtungen für elektrische Geräte ..... DIN EN 50495 (VDE 0170-18)
Widerstands-Begleitheizungen für ..... DIN EN 60079-30-1 (VDE 0170-60-1)
DIN EN 60079-30-2 (VDE 0170-60-2)
Zündschutzart "M" ..... DIN EN 50303 (VDE 0170-12-2)
Zündschutzart "n" ..... DIN EN 60079-15 (VDE 0170-16)

Explosionsgefahren ..... DIN EN 50495 (VDE 0170-18)

Explosionsgefährliche Stoffe ..... DIN V VDE V 0166 (VDE V 0166)

Explosionsgeschützte elektrische Betriebsmittel ..... VDE-Schriftenreihe Band 65

Explosionsrisiko
von Kopfleuchten ..... DIN EN 60079-35-1 (VDE 0170-14-1)

Explosionsschutz
Staub ..... DIN EN 50303 (VDE 0170-12-2)
– Einteilung der Bereiche ..... DIN EN 50281-2-1 (VDE 0170-15-2-1)

Explosionsschutzdokument ..... VDE-Schriftenreihe Band 121

Exposition der Allgemeinbevölkerung
gegenüber hochfrequenten elektromagnetischen Feldern
– von Rundfunksendern .... DIN EN 50421 (VDE 0848-421)
DIN EN 50476 (VDE 0848-476)

Exposition von Arbeitnehmern
gegenüber elektrischen und magnetischen Feldern
– von Elektrowärmeanlagen .... DIN EN 50519 (VDE 0848-519)

Exposition von Personen
gegenüber elektromagnetischen Feldern
– Verfahren für die Beurtelung .... DIN EN 50499 (VDE 0848-499)
– von Artikelüberwachungsgeräten .... DIN EN 62369-1 (VDE 0848-369-1)
– von Beleuchtungseinrichtungen .... DIN EN 62493 (VDE 0848-493)
– von Einrichtungen zum Widerstandsschweißen .... DIN EN 50505 (VDE 0545-21)
– von Rundfunksendern .... DIN EN 50420 (VDE 0848-420)
DIN EN 50475 (VDE 0848-475)
DIN EN 50496 (VDE 0848-496)
in elektrischen Feldern
– induzierte Körperstromdichte .... DIN EN 62226-3-1 (VDE 0848-226-3-1)
in elektrischen, magnetischen und elektromagnetischen Feldern .... DIN EN 50413 (VDE 0848-1)
in elektromagnetischen Feldern
– Begrenzung .... DIN EN 62311 (VDE 0848-211)
mit implantierbaren medizinischen Geräten
– in elektromagnetischen Feldern .... DIN EN 50527-1 (VDE 0848-527-1)
E DIN EN 50527-2-1 (VDE 0848-527-2-1)

Exzenterpolierer
handgeführt, motorbetrieben .... DIN EN 60745-2-4 (VDE 0740-2-4)
E DIN EN 60745-2-4/AA (VDE 0740-2-4/AA)

Exzenterschleifer
handgeführt, motorbetrieben .... DIN EN 60745-2-4 (VDE 0740-2-4)
E DIN EN 60745-2-4/AA (VDE 0740-2-4/AA)

F

Fabriken
elektrische Anlagen .... E DIN IEC 60364-7-718 (VDE 0100-718)

Fachgrundspezifikation
Daten- und Kontrollkabel .... DIN EN 50288-1 (VDE 0819-1)
E DIN EN 50288-1 (VDE 0819-1)
für Datenübertragungssysteme .... E DIN IEC 62255-1 (VDE 0819-2001)
Koaxialkabel .... DIN EN 50117-1 (VDE 0887-1)
Lichtwellenleiterkabel .... DIN EN 60793-1-33 (VDE 0888-233)
DIN EN 60793-1-46 (VDE 0888-246)
DIN EN 60793-1-50 (VDE 0888-250)
DIN EN 60793-1-51 (VDE 0888-251)
DIN EN 60793-1-52 (VDE 0888-252)
DIN EN 60793-1-53 (VDE 0888-253)
DIN EN 60794-1-1 (VDE 0888-100-1)
Niederspannungs-Enkopplungsfilter .... DIN EN 50065-4-1 (VDE 0808-4-1)

Fachkundenachweis
für Elektrofachkräfte
– Grundlagen .... VDE-Schriftenreihe Band 79

Fahrfähigkeit
von Bahnfahrzeugen im Brandfall .... E DIN EN 50553 (VDE 0115-553)

Fahrgastorientierte Dienste
für Bahnanwendungen ..... E DIN IEC 62580-1 (VDE 0115-580)

Fahrleistungsanalyse ..... DIN EN 50119 (VDE 0115-601)

Fahrleitungen
Isolatoren ..... DIN VDE 0446-2 (VDE 0446-2)
DIN VDE 0446-3 (VDE 0446-3)

Fahroberleitungen
für elektrischen Zugbetrieb ..... DIN EN 50119 (VDE 0115-601)
DIN EN 50345 (VDE 0115-604)

Fahrsignalanlagen ..... DIN EN 50556 (VDE 0832-100)

Fahrsimulatoren ..... DIN EN 60335-2-82 (VDE 0700-82)

Fahrsteuerung, automatische
für Eisenbahnfahrzeuge ..... DIN VDE 0119-207-3 (VDE 0119-207-3)

Fahrstromkreise
Stromrichter ..... DIN EN 61287-1 (VDE 0115-410)

Fahrtenschreiber
für Eisenbahnfahrzeuge ..... DIN VDE 0119-207-11 (VDE 0119-207-11)

Fahrzeuge
elektrische Heizgeräte ..... DIN EN 50408 (VDE 0700-230)
E DIN EN 50408/AA (VDE 0700-230/AA)
mit Verbrennungsmotoren
– Funkstöreigenschaften ..... DIN EN 55012 (VDE 0879-1)
DIN EN 55025 (VDE 0879-2)

Fahrzeugeinrichtung LZB ..... DIN VDE 0119-207-7 (VDE 0119-207-7)

Fahrzeugeinrichtung PZB ..... DIN VDE 0119-207-6 (VDE 0119-207-6)

Fahrzeugkabinenheizungen ..... DIN EN 50408 (VDE 0700-230)
E DIN EN 50408/AA (VDE 0700-230/AA)

Fahrzeugkupplungen
Laden von Antriebsbatterien ..... Anwendungsregel (VDE-AR-E 2623-2-2)

Fahrzeugseitige elektrische Energieversorgungssysteme ..... DIN CLC/TS 50534 (VDE V 0115-534)

Fahrzeugsoftware
für Eisenbahnfahrzeuge ..... DIN VDE 0119-207-14 (VDE 0119-207-14)

Fahrzeugstecker
für das Laden von Elektrofahrzeugen ..... E DIN IEC 62196-1 (VDE 0623-5)
E DIN IEC 62196-2 (VDE 0632-5-2)

Fahrzeugsteckvorrichtungen ..... Anwendungsregel (VDE-AR-E 2623-2-2)
für das Laden von Elektrofahrzeugen ..... E DIN IEC 62196-1 (VDE 0623-5)
E DIN IEC 62196-2 (VDE 0632-5-2)

Fahrzeugtransformatoren ..... DIN EN 60076-1 (VDE 0532-76-1)

Fail-safe-Sicherheitstransformator ..... DIN EN 61558-2-16 (VDE 0570-2-16)
DIN EN 61558-2-6 (VDE 0570-2-6)

Fallprüfung
von Kabeln und Leitungen ..... DIN EN 50396 (VDE 0473-396)
E DIN EN 50396/AA (VDE 0473-396/AA)

Falltüren
elektrische Antriebe ..... DIN EN 60335-2-103 (VDE 0700-103)

Farbkennzeichnung
von Kabel-/Leitungsadern ..... DIN VDE 0293-1 (VDE 0293-1)
DIN VDE 0293-308 (VDE 0293-308)

Farbsteuerung
Beleuchtung .... E DIN EN 62386-209 (VDE 0712-0-209)

Fasergeometrie
Lichtwellenleiter .... DIN EN 60793-1-20 (VDE 0888-220)

Fasern
von Lichtwellenleitern
– Nachweis von Fehlern .... DIN EN 60793-1-30 (VDE 0888-230)

Faserringeln .... DIN EN 60793-1-34 (VDE 0888-234)

Faserstoffe
lackierte, für die Elektrotechnik .... DIN VDE 0365-1 (VDE 0365-1)
– Lackgewebe .... DIN VDE 0365-2 (VDE 0365-2)

Fehlanpassungskorrektur
für Messungen an PV-Einrichtungen .... DIN EN 60904-7 (VDE 0126-4-7)

Fehlerschutz .... VDE-Schriftenreihe Band 106
bei indirektem Berühren .... VDE-Schriftenreihe Band 140
DIN VDE 0100-410 (VDE 0100-410)

Fehlerstrom-/Differenzstrom-Schutzschalter
mit Überstromschutz (RCBOs)
– für Hausinstallationen .... DIN EN 50550 (VDE 0640-10)
DIN EN 61009-1 (VDE 0664-20)
E DIN EN 61009-1/AD (VDE 0664-20/AD)
DIN EN 61009-2-1 (VDE 0664-21)
E DIN IEC 61009-1 (VDE 0664-20)
E DIN IEC 61009-1-100 (VDE 0664-20-100)
DIN V VDE V 0664-220 (VDE V 0664-220)
E DIN VDE 0664-200 (VDE 0664-200)
– Zusatzeinrichtungen .... DIN V VDE V 0664-220 (VDE V 0664-220)
DIN V VDE V 0664-420 (VDE V 0664-420)
mit und ohne Überstromschutz, Typ B
– für Hausinstallationen .... DIN EN 62423 (VDE 0664-40)
DIN V VDE V 0664-420 (VDE V 0664-420)
ohne Überstromschutz (RCCBs) .... DIN EN 61008-2-1 (VDE 0664-11)
– für Hausinstallationen .... DIN EN 50550 (VDE 0640-10)
DIN EN 61008-1 (VDE 0664-10)
E DIN EN 61008-1/AC (VDE 0664-10/AC)
E DIN IEC 61008-1 (VDE 0664-10)
E DIN IEC 61008-1-100 (VDE 0664-10-100)
DIN V VDE V 0664-120 (VDE V 0664-120)
– Zusatzeinrichtungen .... DIN V VDE V 0664-120 (VDE V 0664-120)

Fehlerstrom-Schutzeinrichtungen .... DIN VDE 0100-410 (VDE 0100-410)
DIN VDE 0100-530 (VDE 0100-530)
E DIN VDE 0100-570 (VDE 0100-570)
für Hausinstallationen
– elektromagnetische Verträglichkeit .... DIN EN 61543 (VDE 0664-30)
für Steckdosen .... E DIN IEC 62640 (VDE 0664-50)
ohne eingebauten Überstromschutz .... DIN VDE 0661-10 (VDE 0661-10)
DIN VDE 0661-10/A2 (VDE 0661-10/A2)
ortsveränderliche .... DIN VDE 0661-10 (VDE 0661-10)
DIN VDE 0661-10/A2 (VDE 0661-10/A2)
– für Geräte der Schutzklasse 1 .... E DIN IEC 62335 (VDE 0661-20)
Zusatzfunktionen .... E DIN IEC 62710 (VDE 0664-60)

Fehlerstrom-Schutzeinrichtungen (RCD)
in Niederspannungsnetzen .... DIN EN 61557-6 (VDE 0413-6)
in TT-, TN- und IT-Systemen .... DIN EN 61557-6 (VDE 0413-6)

Fehlerstrom-Schutzschalter
automatisch wiedereinschaltende Einrichtungen .... E DIN EN 50557 (VDE 0640-20)
ohne Überstromschutz
– für Hausinstallationen .... DIN VDE 0661-10/A2 (VDE 0661-10/A2)
DIN VDE 0664-101 (VDE 0664-101)
Typ B
– zur Erfassung von Wechsel- und Gleichströmen .... E DIN VDE 0664-100 (VDE 0664-100)
Typ B mit Überstromschutz
– für den gehobenen vorbeugenden Brandschutz .... E DIN VDE 0664-210 (VDE 0664-210)
– zur Erfassung von Wechsel- und Gleichströmen .. DIN V VDE V 0664-210 (VDE V 0664-210)
E DIN VDE 0664-210 (VDE 0664-210)
Typ B ohne Überstromschutz
– für den gehobenen vorbeugenden Brandschutz .... E DIN VDE 0664-110 (VDE 0664-110)
– zur Erfassung von Wechsel- und Gleichströmen .. DIN V VDE V 0664-110 (VDE V 0664-110)
E DIN VDE 0664-110 (VDE 0664-110)

Fehlerstrom-Schutzschalter (SRCDs)
für Steckdosen in Hausinstallationen .... E DIN IEC 62640 (VDE 0664-50)

Fehlerstrom-Überwachung
in elektrischen Anlagen .... VDE-Schriftenreihe Band 113

Fehlerunterbrecher
für Wechselspannungssysteme bis 38 kV .... E DIN IEC 62271-111 (VDE 0671-111)

Fehlschaltungsanalyse .... VDE-Schriftenreihe Band 79

Feldarme Installation .... DIN VDE 0100-444 (VDE 0100-444)

Feldbusinstallation
Kommunikationsprofilfamilie 10 .... DIN EN 61784-5-10 (VDE 0800-500-10)
Kommunikationsprofilfamilie 11 .... DIN EN 61784-5-11 (VDE 0800-500-11)
Kommunikationsprofilfamilie 2 .... DIN EN 61784-5-2 (VDE 0800-500-2)
Kommunikationsprofilfamilie 3 .... DIN EN 61784-5-3 (VDE 0800-500-3)
Kommunikationsprofilfamilie 6 .... DIN EN 61784-5-6 (VDE 0800-500-6)

Feldbussysteme
eigensichere (FISCO) .... DIN EN 60079-27 (VDE 0170-27)

Feldbustechnologie
Kommunikationsprofile .... DIN EN 61784-3 (VDE 0803-500)
DIN EN 61784-5-10 (VDE 0800-500-10)
DIN EN 61784-5-11 (VDE 0800-500-11)
DIN EN 61784-5-2 (VDE 0800-500-2)
DIN EN 61784-5-3 (VDE 0800-500-3)
DIN EN 61784-5-6 (VDE 0800-500-6)

Feldgeräte
EMV-Anforderungen .... DIN EN 61326-2-5 (VDE 0843-20-2-5)
E DIN IEC 61326-2-5 (VDE 0843-20-2-5)

Feldgeräte (FISCO-) .... DIN EN 60079-27 (VDE 0170-27)

FELV .... DIN VDE 0100-410 (VDE 0100-410)

Fensterantriebe
elektrische .... DIN EN 60335-2-103 (VDE 0700-103)
E DIN EN 60335-2-103/A1 (VDE 0700-103/A1)
E DIN IEC 60335-2-103/A1 (VDE 0700-103/A3)

Fensterreinigungsgeräte
für den Hausgebrauch .... DIN EN 60335-2-54 (VDE 0700-54)

Fernmeldeanlagen
Außenkabel
– Isolierhülle aus Papier .... DIN VDE 0816-3 (VDE 0816-3)

Fernmeldeanlagen
Beeinflussung durch
– Drehstromanlagen .... DIN VDE 0228-2 (VDE 0228-2)
– Gleichstrom-Bahnanlagen .... DIN VDE 0228-4 (VDE 0228-4)
– Hochspannungs-Gleichstrom- Übertragungsanlagen (HGÜ) ... DIN VDE 0228-5 (VDE 0228-5)
– Starkstromanlagen .... DIN VDE 0228-1 (VDE 0228-1)
– Wechselstrom-Bahnanlagen .... DIN VDE 0228-3 (VDE 0228-3)
Errichtung und Betrieb .... DIN VDE 0800-10 (VDE 0800-10)
in bergbaulichen Anlagen .... DIN VDE 0118-1 (VDE 0118-1)
DIN VDE 0118-2 (VDE 0118-2)
Installationskabel und -leitungen .... DIN VDE 0815/A1 (VDE 0815/A1)
Kabel und isolierte Leitungen .... DIN VDE 0891-5 (VDE 0891-5)
– allgemeine Bestimmungen .... DIN VDE 0891-1 (VDE 0891-1)
Leitungen mit Litzenleitern .... DIN 57891-7 (VDE 0891-7)
Lichtwellenleiter
– Außenkabel .... DIN VDE 0888-3 (VDE 0888-3)
– Außenkabel, aufteilbare .... DIN VDE 0888-5 (VDE 0888-5)
– Innenkabel .... DIN VDE 0888-4 (VDE 0888-4)
DIN VDE 0888-6 (VDE 0888-6)
Messkabel .... DIN VDE 0891-6 (VDE 0891-6)
mit Fernspeisung .... DIN EN 60950-21 (VDE 0805-21)
DIN VDE 0800-3 (VDE 0800-3)
ortsfeste Batterieanlagen .... DIN EN 50272-2 (VDE 0510-2)
Schaltdrähte
– mit erweitertem Temperaturbereich .... DIN VDE 0812 (VDE 0812)
DIN VDE 0881 (VDE 0881)
DIN VDE 0891-2 (VDE 0891-2)
DIN VDE 0891-9 (VDE 0891-9)
Schaltkabel .... DIN VDE 0891-3 (VDE 0891-3)
Schaltlitzen
– mit erweitertem Temperaturbereich .... DIN VDE 0812 (VDE 0812)
DIN VDE 0881 (VDE 0881)
DIN VDE 0891-2 (VDE 0891-2)
DIN VDE 0891-9 (VDE 0891-9)
Schnüre .... DIN 57814 (VDE 0814)
DIN 57891-4 (VDE 0891-4)
selbsttragende Fernmeldeluftkabel .... DIN 57891-8 (VDE 0891-8)
Spannungsfestigkeit von Kabeln, Leitungen und Schnüren DIN VDE 0472-509 (VDE 0472-509)

Fernmeldekabel
Dichtheit von Mänteln .... DIN VDE 0472-604 (VDE 0472-604)
DIN VDE 0813 (VDE 0813)
DIN VDE 0815 (VDE 0815)
Reduktionsfaktor .... DIN 57472-507 (VDE 0472-507)

Fernmeldekabel (LWL-)
Erd- und Röhrenkabel .... E DIN IEC 60794-3-12 (VDE 0888-13)
selbsttragende Luftkabel .... E DIN IEC 60794-3-21 (VDE 0888-14)

Fernmeldeleitungen
am Gestänge von Starkstromfreileitungen .... DIN VDE 0211 (VDE 0211)
Auswahl .... DIN 57814 (VDE 0814)
DIN VDE 0815 (VDE 0815)
Freileitungs-Isolatoren .... DIN VDE 0446-2 (VDE 0446-2)
DIN VDE 0446-3 (VDE 0446-3)
für erhöhte mechanische Beanspruchung .... DIN VDE 0817 (VDE 0817)

Fernmeldetechnik
Prüfungen .... DIN VDE 0800-1 (VDE 0800-1)

Fernmeldetürme
Blitzschutz .... Beiblatt 2 DIN EN 62305-3 (VDE 0185-305-3)
Fernnebensprechen .... E DIN EN 60512-28-100 (VDE 0687-512-28-100)
Fernschalter
für Haushalt u.ä. Installationen .... DIN EN 60669-2-2 (VDE 0632-2-2)
Fernsehempfang .... DIN EN 60728-13 (VDE 0855-13)
Fernsehempfänger
Störfestigkeitseigenschaften
– Grenzwerte und Prüfverfahren .... DIN EN 55020 (VDE 0872-20)
E DIN EN 55020/AA (VDE 0872-20/A1)
Fernsehrundfunk
Kabelverteilsysteme .... VDE-Schriftenreihe Band 6
Fernseh-Rundfunkempfänger
Funkstöreigenschaften
– Grenzwerte und Messverfahren .... DIN EN 55013 (VDE 0872-13)
E DIN EN 55013/A3 (VDE 0872-13/A3)
Störfestigkeit .... Beiblatt 1 DIN EN 55020 (VDE 0872-20)
Fernsehsignale
Kabelnetze für
– Sicherheitsanforderungen .... DIN EN 60728-11 (VDE 0855-1)
– Störstrahlungscharakteristik .... DIN EN 50083-2 (VDE 0855-200)
E DIN EN 50083-2 (VDE 0855-200)
Fernsehstudios
Geräte für künstlichen Nebel .... DIN 57700-245 (VDE 0700-245)
Leuchten .... DIN VDE 0711-217 (VDE 0711-217)
Fernsehwagen .... DIN VDE 0100-717 (VDE 0100-717)
Fernspeisung
von Anlagen der Informationstechnik .... VDE-Schriftenreihe Band 53
DIN EN 60950-21 (VDE 0805-21)
DIN VDE 0800-3 (VDE 0800-3)
Fernwirkanlagen
in bergbaulichen Anlagen .... DIN VDE 0118-1 (VDE 0118-1)
DIN VDE 0118-2 (VDE 0118-2)
Fernzählgeräte
Elektrizitätszähler .... DIN VDE 0418-5 (VDE 0418-5)
Fertigstellung
von Bahnfahrzeugen .... DIN EN 50215 (VDE 0115-101)
Fertigungsausrüstungen
für Halbleiter .... DIN EN 60204-33 (VDE 0113-33)
Festbrennstoffgeräte
mit elektrischem Anschluss .... DIN EN 60335-2-102 (VDE 0700-102)
Festigkeitsprüfung
von Kabeln und Leitungen .... DIN EN 50396 (VDE 0473-396)
E DIN EN 50396/AA (VDE 0473-396/AA)
Festkondensatoren
Begriffe .... DIN EN 60384-1 (VDE 0565-1)
Fachgrundspezifikation .... DIN EN 60384-1 (VDE 0565-1)
Prüfungen und Messverfahren .... DIN EN 60384-1 (VDE 0565-1)
Qualitätsbewertung .... DIN EN 60384-1 (VDE 0565-1)
Verwendung in Geräten der Elektronik .... DIN EN 60384-1 (VDE 0565-1)
E DIN IEC 60384-14 (VDE 0565-1-1)

Festkondensatoren
zur Unterdrückung elektromagnetischer Störungen
– Bewertungsstufe D .... DIN EN 60384-14-1 (VDE 0565-1-2)
– Bewertungsstufe DZ .... DIN EN 60384-14-3 (VDE 0565-1-4)
– für Netzbetrieb .... E DIN IEC 60384-14 (VDE 0565-1-1)
– Rahmenspezifikation .... DIN EN 60384-14 (VDE 0565-1-1)
– Sicherheitsprüfungen .... DIN EN 60384-14-2 (VDE 0565-1-3)

Festoxid-Brennstoffzellen (SOFC)
Einzelzellen-/Stackleistungsverhalten .... E DIN IEC/TS 62282-7-2 (VDE V 0130-7-2)

Festzeitrahmenverfahren
thermische Langzeitkennwerte von Elektroisolierstoffen .... DIN EN 60216-6 (VDE 0304-26)

Fette
für blanke Leiter (Freileitungen) .... E DIN IEC 61394 (VDE 0212-351)

Feuergefährdete Betriebsstätten .... DIN VDE 0100-482 (VDE 0100-482)

Feuerlöscheinrichtungen
für Eisenbahnfahrzeuge .... DIN VDE 0119-207-9 (VDE 0119-207-9)

Feuersicherheit
von Steckverbindern .... DIN EN 60512-20-1 (VDE 0687-512-20-1)
DIN EN 60512-20-3 (VDE 0687-512-20-3)

Feuerungsanlagen
elektrische Ausrüstung .... DIN EN 50156-1 (VDE 0116-1)

Feuerverzinkung
Armaturen für Freileitungen und Schaltanlagen .... DIN VDE 0212-54 (VDE 0212-54)

Feuerwehraufzüge
Starkstromanlagen in .... VDE-Schriftenreihe Band 61

Feuerwehrfahrzeuge .... DIN VDE 0100-717 (VDE 0100-717)

Feuerwehrschalter
für äußere und innere Anzeigen .... DIN EN 50425 (VDE 0632-425)

FFST - Funkfernsteuerung
für Eisenbahnfahrzeuge .... DIN VDE 0119-207-2 (VDE 0119-207-2)

FFT-basierte Messgeräte
für hochfrequente Störaussendung .... DIN EN 55016-1-1 (VDE 0876-16-1-1)
für leitungsgeführte Störaussendung .... DIN EN 55016-2-1 (VDE 0877-16-2-1)

Fieberthermometer .... E DIN IEC 80601-2-56 (VDE 0750-256)

Filmaufnahmeleuchten .... DIN EN 60598-2-9/A1 (VDE 0711-209/A1)

Filmbetrachter .... DIN EN 60335-2-56 (VDE 0700-56)

Filmleuchten .... VDE-Schriftenreihe Band 12

Filmstudios
Geräte für künstlichen Nebel .... DIN 57700-245 (VDE 0700-245)
Leuchten .... DIN VDE 0711-217 (VDE 0711-217)

Filter
Entkopplungs- .... DIN EN 50065-4-1 (VDE 0808-4-1)
Entstör-
– Sicherheitsprüfungen .... DIN EN 60939-2 (VDE 0565-3-1)
zur Unterdrückung elektromagnetischer Störungen
– Bewertungsstufe D/DZ .... DIN EN 60939-2-1 (VDE 0565-3-2)
– Sicherheitsprüfungen .... DIN EN 60939-2-2 (VDE 0565-3-3)

Filter, passive
Sicherheitsprüfungen .... DIN EN 60939-2 (VDE 0565-3-1)
zur Unterdrückung elektromagnetischer Störungen .... DIN EN 60939-1 (VDE 0565-3)

Filterdrosselspulen
für Bahnfahrzeuge .... DIN EN 60310 (VDE 0115-420)
Filtereinheiten
zur Unterdrückung elektromagnetischer Störungen .... E DIN IEC 60940/A1 (VDE 0565/A1)
DIN V VDE V 0565 (VDE V 0565)
Filtersysteme
für Raumluft .... DIN EN 60335-2-65 (VDE 0700-65)
E DIN EN 60335-2-65/AA (VDE 0700-65/AA)
Fingernagelprobe .... DIN 57814 (VDE 0814)
Fingerprintprüfungen
für kaltschrumpfende Komponenten
– für Nieder- Mittelspannungsanwendungen .... DIN VDE 0278-631-4 (VDE 0278-631-4)
für Reaktionsharzmassen .... DIN VDE 0278-631-1 (VDE 0278-631-1)
für wärmeschrumpfende Komponenten
– für Mittelspannungsanwendungen .... DIN VDE 0278-631-3 (VDE 0278-631-3)
– für Niederspannungsanwendungen .... DIN VDE 0278-631-2 (VDE 0278-631-2)
FI-Schalter .... DIN VDE 0100-530 (VDE 0100-530)
RCBO Typ B+ .... E DIN VDE 0664-210 (VDE 0664-210)
RCCB Typ B+ .... E DIN VDE 0664-110 (VDE 0664-110)
Fischereigeräte
elektrische .... DIN EN 60335-2-86 (VDE 0686)
FI-Schutzschalter .... DIN VDE 0100-530 (VDE 0100-530)
RCBO Typ B+ .... E DIN VDE 0664-210 (VDE 0664-210)
RCCB Typ B+ .... E DIN VDE 0664-110 (VDE 0664-110)
FISCO (eigensichere Feldbussysteme) .... DIN EN 60079-25 (VDE 0170-10-1)
DIN EN 60079-27 (VDE 0170-27)
FISCO-Feldgeräte .... DIN EN 60079-27 (VDE 0170-27)
FISCO-Speisegeräte .... DIN EN 60079-27 (VDE 0170-27)
Flachdübelfräsen
handgeführt, motorbetrieben .... DIN EN 60745-2-19 (VDE 0740-2-19)
Flächenheizelemente .... DIN EN 60335-2-96 (VDE 0700-96)
Flachleitungen
Gummi .... DIN VDE 0250-809 (VDE 0250-809)
Flachstecker
nicht wieder anschließbare .... DIN VDE 0620-101 (VDE 0620-101)
Flachsteckverbindungen
für elektrische Kupferleiter .... DIN EN 61210 (VDE 0613-6)
Flammen-Atomabsorptionsspektrometrie
zur Bestimmung des Gesamtbleigehalts .... DIN EN 50414 (VDE 0473-414)
Flammenausbreitung
an Kabeln und isolierten Leitern
– Prüfart A .... DIN EN 60332-3-22 (VDE 0482-332-3-22)
– Prüfart A F/R .... DIN EN 60332-3-21 (VDE 0482-332-3-21)
– Prüfart B .... DIN EN 60332-3-23 (VDE 0482-332-3-23)
– Prüfart C .... DIN EN 60332-3-24 (VDE 0482-332-3-24)
– Prüfart D .... DIN EN 60332-3-25 (VDE 0482-332-3-25)
– Prüfgerät .... DIN EN 60332-1-1 (VDE 0482-332-1-1)
– Prüfverfahren für fallende Tropfen/Teile .... DIN EN 60332-1-3 (VDE 0482-332-1-3)
– Prüfverfahren mit 1-kW-Flamme .... DIN EN 60332-1-2 (VDE 0482-332-1-2)
– Prüfvorrichtung .... DIN EN 60332-3-10 (VDE 0482-332-3-10)

Flammenausbreitung
an kleinen isolierten Leitern und Kabeln
– Prüfgerät .... DIN EN 60332-2-1 (VDE 0482-332-2-1)
– Prüfverfahren mit leuchtender Flamme .... DIN EN 60332-2-2 (VDE 0482-332-2-2)
oberflächige .... DIN EN 60695-9-1 (VDE 0471-9-1)
Prüfung von Isolierflüssigkeiten .... DIN EN 61197 (VDE 0380-7)

Flaschenwärmer .... DIN EN 60335-2-15 (VDE 0700-15)
E DIN EN 60335-2-15/AA (VDE 0700-15/AA)

Flex .... E DIN EN 60745-2-3/A2 (VDE 0740-2-3/A2)

Flexible halogenfreie Leitungen
thermoplastische Isolierung .... DIN EN 50525-3-11 (VDE 0285-525-3-11)
vernetzte Isolierung .... DIN EN 50525-3-21 (VDE 0285-525-3-21)

Flexible Leitungen
Kennzeichnung der Adern .... DIN VDE 0293-308 (VDE 0293-308)
thermoplastische PVC-Isolierung .... DIN EN 50525-2-11 (VDE 0285-525-2-11)
vernetzte Elastomer-Isolierung .... DIN EN 50525-2-21 (VDE 0285-525-2-21)

Flicker
in Niederspannungs-Versorgungsnetzen .... VDE-Schriftenreihe Band 111
DIN EN 61000-3-11 (VDE 0838-11)
DIN EN 61000-3-3 (VDE 0838-3)
in Stromversorgungsnetzen .... VDE-Schriftenreihe Band 110

Flickermessungen .... VDE-Schriftenreihe Band 110

Flickermeter
Funktionsbeschreibung und Auslegungsspezifikation .... DIN EN 61000-4-15 (VDE 0847-4-15)

Flickermeter (IEC-) .... VDE-Schriftenreihe Band 110
Messung von Spannungsschwankungen .... VDE-Schriftenreihe Band 109

Flickerstärke .... DIN EN 60868-0 (VDE 0846-0)

Fliegende Bauten
elektrische Anlagen .... DIN VDE 0100-740 (VDE 0100-740)
Starkstromanlagen .... VDE-Schriftenreihe Band 61

Fließbilderstellung
EDV-Werkzeuge .... DIN EN 62424 (VDE 0810-24)

Flipper-Automaten .... DIN EN 60335-2-82 (VDE 0700-82)

Flock, entzündbarer
Beschichtungsanlagen .... DIN EN 50223 (VDE 0147-103)

Floursiliconschläuche .... DIN EN 60684-3-136 (VDE 0341-3-136)

Fluchtweg .... DIN VDE 0100-729 (VDE 0100-729)

Flugfeldbeleuchtung .... DIN EN 61822 (VDE 0161-100)

Flughafen
Wärmebildkameras .... DIN EN 80601-2-59 (VDE 0750-2-59)

Flughäfen
elektrische Anlagen .... E DIN IEC 60364-7-718 (VDE 0100-718)
DIN VDE 0100-718 (VDE 0100-718)

Flugplatzbefeuerungsanlagen
Andockführungssystem (A-VDGS) .... DIN EN 50512 (VDE 0161-110)
Blitzfeuer .... DIN V ENV 50234 (VDE V 0161-234)
Konstantstromregler .... DIN EN 61822 (VDE 0161-100)
Konstantstrom-Serienkreise .... Beiblatt 1 DIN EN 61821 (VDE 0161-103)
DIN EN 61821 (VDE 0161-103)
E DIN IEC 61821 (VDE 0161-103)
Serienstromkreis .... DIN EN 61822 (VDE 0161-100)

Flugplatzbefeuerungsanlagen
Serienstromtransformatoren ..... DIN EN 61823 (VDE 0161-104)
Steuer- und Überwachungssysteme ..... DIN V ENV 50230 (VDE V 0161-230)
– individuelle Feuer ..... DIN EN 50490 (VDE 0161-106)
Zeichen ..... DIN V ENV 50235 (VDE V 0161-235)

Flugplatzbeleuchtungsanlagen
Konstantstromregler ..... DIN EN 61822 (VDE 0161-100)

Fluorelastomer-Wärmeschrumpfschläuche
flammwidrig, flüssigkeitsbeständig ..... DIN EN 60684-3-233 (VDE 0341-3-233)

Flurförderzeuge
mit batterieelektrischem Antrieb
– elektrische Anforderungen ..... DIN EN 1175-1 (VDE 0117-1)
mit Verbrennungsmotoren
– elektrische Anforderungen ..... DIN EN 1175-2 (VDE 0117-2)
– elektrische Kraftübertragungssysteme ..... DIN EN 1175-3 (VDE 0117-3)

Flüssigkeiten
für elektrotechnische Anwendungen ..... E DIN EN 62701 (VDE 0370-34)

Flüssigkeitserhitzer
für den Hausgebrauch ..... DIN EN 60335-2-15 (VDE 0700-15)
E DIN EN 60335-2-15/AA (VDE 0700-15/AA)
DIN EN 60335-2-73 (VDE 0700-73)

Flüssigkeitskühlsysteme
zum Lichtbogenschweißen ..... E DIN EN 60974-2 (VDE 0544-2)
DIN EN 60974-2 (VDE 0544-2)

Flüssigkeitsstandanzeiger
für Transformatoren und Drosselspulen ..... DIN EN 50216-5 (VDE 0532-216-5)

Flüssigkristallanzeigen (LCD) ..... DIN EN 62087 (VDE 0868-100)

Flutlicht
Errichtung ..... E DIN VDE 0100-714 (VDE 0100-714)

Flutlicht-Projektoren ..... DIN VDE 0711-217 (VDE 0711-217)

FNICO (nichtzündfähige Feldbussysteme) ..... DIN EN 60079-25 (VDE 0170-10-1)

FNN-Anwendungsregeln
Erarbeitung ..... Anwendungsregel VDE-AR-N 100 (VDE-AR-N 4000)

Folgenanalyse ..... DIN EN 31010 (VDE 0050-1)

Folienschweißgeräte ..... DIN EN 60335-2-45 (VDE 0700-45)
E DIN EN 60335-2-45/A2 (VDE 0700-45/A2)

Fontänen
elektrische Anlagen ..... DIN VDE 0100-702 (VDE 0100-702)

Formmikanit ..... DIN EN 60371-3-9 (VDE 0332-3-9)

Formspulen
drehender Wechselstrommaschinen ..... DIN EN 60034-15 (VDE 0530-15)

Formteile
wärmeschrumpfende
– Abmessungen ..... DIN EN 62329-3-100 (VDE 0342-3-100)
– allgemeine Anforderungen ..... E DIN EN 62677-1 (VDE 0343-1)
– Begriffe und allgemeine Anforderungen ..... DIN EN 62329-1 (VDE 0342-1)
– Elastomer, halbfest ..... DIN EN 62329-3-102 (VDE 0342-3-102)
– Polyolefin, halbfest ..... DIN EN 62329-3-101 (VDE 0342-3-101)
– Prüfverfahren ..... DIN EN 62329-2 (VDE 0342-2)
E DIN EN 62677-2 (VDE 0343-2)

Fotoleuchten .... VDE-Schriftenreihe Band 12
DIN EN 60598-2-9/A1 (VDE 0711-209/A1)

Frästische .... DIN EN 61029-2-8 (VDE 0740-508)

Freileitungen
Aluminiumleiter ACSS .... DIN EN 50540 (VDE 0212-355)
Armaturen
– Anforderungen und Prüfungen .... DIN EN 61284 (VDE 0212-1)
– Feuerverzinken .... DIN VDE 0212-54 (VDE 0212-54)
Armaturen für kunststoffumhüllte Freileitungsseile .... DIN EN 50397-2 (VDE 0276-397-2)
aus konzentrisch verseilten runden Drähten .... DIN EN 62420 (VDE 0212-354)
bis 1 000 V .... DIN VDE 0211 (VDE 0211)
Drähte aus Aluminium .... E DIN EN 62641 (VDE 0212-304)
Einwirkungen .... DIN EN 50341-1 (VDE 0210-1)
Erdungsanlagen .... DIN EN 50341-1 (VDE 0210-1)
Ermüdungsprüfung .... E DIN EN 62568 (VDE 0212-357)
Fette für blanke Leiter .... E DIN IEC 61394 (VDE 0212-351)
für Wechselspannungen über 1 000 V
– Isolatoren .... DIN EN 61109 (VDE 0441-100)
– Verbund-Freileitungsstützer .... DIN EN 61952 (VDE 0441-200)
Hausanschlusskästen .... DIN VDE 0660-505 (VDE 0660-505)
Hochfrequente Felder .... Beiblatt 3 DIN VDE 0873 (VDE 0873)
Isolatoren .... DIN EN 50341-1 (VDE 0210-1)
DIN EN 60383-1 (VDE 0446-1)
DIN EN 60383-2 (VDE 0446-4)
DIN EN 61211 (VDE 0446-102)
DIN EN 61466-2 (VDE 0441-5)
DIN VDE 0446-2 (VDE 0446-2)
DIN VDE 0446-3 (VDE 0446-3)
Maste .... DIN EN 50341-1 (VDE 0210-1)
mit Nennspannungen über 1 kV
– Erdung .... DIN VDE 0141 (VDE 0141)
– Leiter und Armaturen .... DIN EN 50397-3 (VDE 0276-397-3)
Prüfung von Tragwerksgründungen .... DIN EN 61773 (VDE 0210-20)
Schwingungsschutzarmaturen .... DIN EN 61897 (VDE 0212-3)
DIN VDE 0212-51 (VDE 0212-51)
Sicherheitsabstände .... DIN EN 61854 (VDE 0212-2)
Stützpunkte und Tragwerke
– Belastungsprüfung .... DIN EN 60652 (VDE 0210-15)
über AC 1 kV bis AC 36 kV
– Kunststoff-ummantelte Leiter .... DIN EN 50397-1 (VDE 0276-397-1)
DIN EN 50397-3 (VDE 0276-397-3)
– Leitfaden für die Verwendung .... DIN EN 50397-3 (VDE 0276-397-3)
über AC 1 kV bis AC 45 kV
– allgemeine Anforderungen .... DIN EN 50423-1 (VDE 0210-10)
– Nationale Normative Festlegungen (NNA) .... Beiblatt 1 DIN EN 50423 (VDE 0210-10)
DIN EN 50423-2 (VDE 0210-11)
DIN EN 50423-3-4 (VDE 0210-12)
über AC 45 kV
– allgemeine Anforderungen .... DIN EN 50341-1 (VDE 0210-1)
– Nationale Normative Festlegungen (NNA) .... DIN EN 50341-2 (VDE 0210-2)
DIN EN 50341-3-4 (VDE 0210-3)
verseilte Leiter
– Eigendämpfungseigenschaften .... E DIN EN 62567 (VDE 0212-356)
Vogelschutz .... Anwendungsregel (VDE-AR-N 4210-11)
wärmebeständige Drähte aus Aluminiumlegierung .... DIN EN 62004 (VDE 0212-303)

Freileitungen (Niederspannungs-)
Abspann- und Tragklemmen
– für selbsttragende isolierte Freileitungsseile .... DIN EN 50483-2 (VDE 0278-483-2)
– für Systeme mit Nullleiter-Tragseil .... DIN EN 50483-3 (VDE 0278-483-3)
Prüfanforderungen für Bauteile
– Allgemeines .... DIN EN 50483-1 (VDE 0278-483-1)
– elektrische Alterungsprüfungen .... DIN EN 50483-5 (VDE 0278-483-5)
– Umweltprüfungen .... DIN EN 50483-6 (VDE 0278-483-6)
– Verbinder .... DIN EN 50483-4 (VDE 0278-483-4)

Freileitungsarmaturen .... DIN EN 50341-1 (VDE 0210-1)

Freileitungsbetrieb
witterungsabhängiger .... Anwendungsregel (VDE-AR-N 4210-5)

Freileitungsmasten
Bauteile aus Thomasstahl
– Tragfähigkeit .... Anwendungsregel (VDE-AR-N 4210-3)

Freileitungsseile
kunststoffumhüllte, Armaturen .... DIN EN 50397-2 (VDE 0276-397-2)
selbsttragende isolierte
– Abspann- und Tragklemmen .... DIN EN 50483-2 (VDE 0278-483-2)

Freiluftanlagen
Abspritzeinrichtungen .... DIN EN 50186-1 (VDE 0143-1)
DIN EN 50186-2 (VDE 0143-2)

Freiluft-Durchführungen
für Gleichspannungsanwendungen .... DIN EN 62199 (VDE 0674-501)

Freiluft-Endverschlüsse
für Starkstrom-Verteilerkabel .... DIN EN 50393 (VDE 0278-393)

Freiluft-Gleichstromschalter .... DIN EN 50123-4 (VDE 0115-300-4)

Freiluftisolatoren
Fremdschichteinfluss .... E DIN EN 60507 (VDE 0448-1)
DIN EN 60507 (VDE 0448-1)
Prüfung von Werkstoffen .... DIN VDE 0441-1 (VDE 0441-1)

Freiluft-Leistungsschalter
Messung von Schalldruckpegeln .... E DIN IEC 62271-37-082 (VDE 0671-37-082)

Freimeldung
der Arbeitsstelle .... VDE-Schriftenreihe Band 79

Freiraum-Kommunikationssysteme
optische .... DIN EN 60825-12 (VDE 0837-12)

Freizeitfahrzeuge
Detektion brennbarer Gase .... DIN EN 50194-2 (VDE 0400-30-3)
Detektion von Kohlenmomoxid .... DIN EN 50291-2 (VDE 0400-34-2)
elektrische Anlagen .... DIN VDE 0100-721 (VDE 0100-721)

Frequenzübertragungsverhalten
von Leistungstransformatoren .... E DIN EN 60076-18 (VDE 0532-76-18)

Frisierstäbe .... DIN EN 60335-2-23 (VDE 0700-23)
E DIN EN 60335-2-23/A2 (VDE 0700-23/A2)

Friteusen
für den gewerblichen Gebrauch .... DIN EN 60335-2-37 (VDE 0700-37)
E DIN EN 60335-2-37/A2 (VDE 0700-37/A1)
E DIN EN 60335-2-37/AA (VDE 0700-37/A2)

Frittiergeräte
für den Hausgebrauch .... DIN EN 60335-2-13 (VDE 0700-13)

FTTB .... DIN EN 60728-13 (VDE 0855-13)

FTTH .... DIN EN 60728-13 (VDE 0855-13)

Führungssysteme
für Kabel und Leitungen .... DIN EN 61537 (VDE 0639)

Füllmassen
heiß zu vergießende .... DIN VDE 0291-1a (VDE 0291-1a)
von Kabeln und Leitungen
– korrosive Bestandteile .... E DIN EN 60811-604 (VDE 0473-811-604)
– Messung der Dielektrizitäzskonstante .... E DIN EN 60811-301 (VDE 0473-811-301)
– Messung der Gesamtsäurezahl .... E DIN EN 60811-603 (VDE 0473-811-603)
– Messung des Gleichstromwiderstands .... E DIN EN 60811-302 (VDE 0473-811-302)
– Messung des Tropfpunktes .... E DIN EN 60811-601 (VDE 0473-811-601)
– Ölabscheidung .... E DIN EN 60811-602 (VDE 0473-811-602)
– Prüfung der Kälterissbeständigkeit .... E DIN EN 60811-411 (VDE 0473-811-411)

Füllstoffgehalt
in Polyethylenmischungen .... E DIN EN 60811-605 (VDE 0473-811-605)

Fundamenterder .... VDE-Schriftenreihe Band 35
DIN VDE 0100-540 (VDE 0100-540)

Funkanlagen der Behörden
zur digitalen Bild- und Tonübertragung .... Anwendungsregel (VDE-AR-E 2866-10)

Funk-Basisstationen
allgemeine Anforderungen .... DIN EN 60950-1 (VDE 0805-1)
DIN EN 60950-1/A12 (VDE 0805-1/A12)
E DIN EN 60950-1/A2 (VDE 0805-1/A2)

Funkdienste, bewegliche .... DIN EN 60215 (VDE 0866)

Funkenstrecken
Schutz .... DIN EN 60099-1 (VDE 0675-1)

Funk-Entstörfilter
Vordruck für Bauartspezifikation
– Bewertungsstufe D/DZ .... DIN EN 60939-2-1 (VDE 0565-3-2)
– Sicherheitsprüfungen .... DIN EN 60939-2-2 (VDE 0565-3-3)

Funk-Entstörkondensatoren
für Netzbetrieb
– Bewertungsstufe D .... DIN EN 60384-14-1 (VDE 0565-1-2)
– Bewertungsstufe DZ .... DIN EN 60384-14-3 (VDE 0565-1-4)
– Rahmenspezifikation .... DIN EN 60384-14 (VDE 0565-1-1)
– Sicherheitsprüfungen .... DIN EN 60384-14-2 (VDE 0565-1-3)

Funkfernsteuerung
von Triebfahrzeugen für Güterbahnen .... Beiblatt 1 DIN EN 50239 (VDE 0831-239)
DIN EN 50239 (VDE 0831-239)

Funkfernsteuerung FFST
für Eisenbahnfahrzeuge .... DIN VDE 0119-207-2 (VDE 0119-207-2)

Funkgeräte
Feststationen .... DIN EN 60215 (VDE 0866)

Funksender
Sicherheitsbestimmungen .... DIN EN 60215 (VDE 0866)
DIN EN 60215/A2 (VDE 0866/A1)

Funksendesysteme
Senderausgangsleistung bis 1 kW
– Sicherheitsanforderungen .... DIN VDE 0855-300 (VDE 0855-300)

Funkspektrumangelegenheiten (ERM)
Weitverkehrsfunkrufeinrichtungen .... DIN ETS 300 741 (VDE 0878-741)

Funkstöreigenschaften
informationstechnischer Einrichtungen
– Grenzwerte und Messverfahren ... DIN EN 55012 (VDE 0879-1)
von Beleuchtungseinrichtungen
– Grenzwerte und Messverfahren ... DIN EN 55015 (VDE 0875-15-1)
E DIN EN 55015 (VDE 0875-15-1)
von Fahrzeugen und Booten ... DIN EN 55012 (VDE 0879-1)
DIN EN 55025 (VDE 0879-2)
von Ton- und Fernseh-Rundfunkempfängern
– Grenzwerte und Messverfahren ... DIN EN 55013 (VDE 0872-13)
E DIN EN 55013/A3 (VDE 0872-13/A3)

Funkstörfeldstärke
Messung ... DIN 57873-1 (VDE 0873-1)

Funkstörmessgeräte ... DIN EN 55016-1-1 (VDE 0876-16-1-1)

Funkstörprüfung
an Hochspannungsisolatoren ... DIN EN 60437 (VDE 0674-6)

Funkstörungen
durch Anlagen der Elektrizitätsversorgung ... DIN 57873-1 (VDE 0873-1)
DIN 57873-2 (VDE 0873-2)
durch Bahnanlagen ... DIN 57873-1 (VDE 0873-1)
DIN 57873-2 (VDE 0873-2)
durch Bahnstromversorgungsleitungen ... DIN 57873-1 (VDE 0873-1)
durch wissenschaftliche und medizinische Geräte ... DIN EN 55011 (VDE 0875-11)
hochfrequente
– Messgeräte-Unsicherheit ... E DIN EN 55016-4-2 (VDE 0876-16-4-2)
Messgeräte und -einrichtungen
– FFT-basierte Messgeräte ... DIN EN 55016-1-1 (VDE 0876-16-1-1)
– Messplätze für Antennenkalibrierung ... DIN EN 55016-1-5 (VDE 0876-16-1-5)
E DIN EN 55016-1-5/A1 (VDE 0876-16-1-5/A1)
– Zusatz-/Hilfseinrichtungen ... DIN EN 55016-1-2 (VDE 0876-16-1-2)
DIN EN 55016-1-3 (VDE 0876-16-1-3)
DIN EN 55016-1-4 (VDE 0876-16-1-4)
E DIN EN 55016-1-4/A1 (VDE 0876-16-1-4/A1)
Verfahren zur Messung
– gestrahlte Störaussendung ... DIN EN 55016-2-3 (VDE 0877-16-2-3)
– leitungsgeführte Störaussendung ... DIN EN 55016-2-1 (VDE 0877-16-2-1)
– Störfestigkeit ... DIN EN 55016-2-4 (VDE 0877-16-2-4)
– Störleistung ... DIN EN 55016-2-2 (VDE 0877-16-2-2)
– Unsicherheit bei EMV-Messungen ... DIN EN 55016-4-2 (VDE 0876-16-4-2)

Funktion
von Niederspannungssicherungen ... DIN EN 60269-1 (VDE 0636-1)

Funktionale Sicherheit
Normen der Reihe IEC 61508 ... Beiblatt 1 DIN EN 61508 (VDE 0803)
sicherheitsbezogener Systeme
– industrielle Anwendungen ... DIN EN 61326-3-1 (VDE 0843-20-3-1)
DIN EN 61326-3-2 (VDE 0843-20-3-2)
speicherprogrammierbarer Steuerungen ... E DIN EN 61131-6 (VDE 0411-506)

Funktionen der Kategorie A .... DIN EN 60880 (VDE 0491-3-2)
Funktionen der Kategorie B .... DIN EN 62138 (VDE 0491-3-3)
Funktionen der Kategorie C .... DIN EN 62138 (VDE 0491-3-3)
Funktionserdung .... DIN EN 50178 (VDE 0160)
Funktionskleinspannung .... DIN VDE 0100-410 (VDE 0100-410)
Funktionslisten .... E DIN IEC 62027 (VDE 0040-7)
Funktionsspielzeug
elektrisches .... DIN EN 62115 (VDE 0700-210)
E DIN EN 62115/A2 (VDE 0700-210/A1)
E DIN EN 62115/AA (VDE 0700-210/A2)
Funk-Übertragungsgeräte
für Einbruchmeldeanlagen .... DIN EN 50131-5-3 (VDE 0830-2-5-3)
Furnierfräsen .... DIN EN 60745-2-17 (VDE 0740-2-17)
Fusionsspleißschutz
für optische Fasern und Kabel .... DIN EN 61073-1 (VDE 0888-731)
Fußböden
elektrischer Widerstand .... DIN EN 61340-4-1 (VDE 0300-4-1)
Fußbodenheizung .... DIN VDE 0100-753 (VDE 0100-753)
DIN VDE 0253 (VDE 0253)
Fußbodeninstallationen .... DIN EN 61534-22 (VDE 0604-122)
Fußwärmer .... DIN EN 60335-2-81 (VDE 0700-81)
E DIN EN 60335-2-81/A2 (VDE 0700-81/A32)
Fütterungsautomaten
für Aquarien .... DIN EN 60335-2-55 (VDE 0700-55)
Fuzzy Control-Programmierung .... VDE-Schriftenreihe Band 102

G

Gabelstapler
elektrische Ausrüstung .... DIN EN 1175-1 (VDE 0117-1)
DIN EN 1175-2 (VDE 0117-2)
DIN EN 1175-3 (VDE 0117-3)
DIN EN 60204-32 (VDE 0113-32)
Gammabestrahlungseinrichtungen
medizinische .... DIN EN 60601-2-11 (VDE 0750-2-11)
E DIN IEC 60601-2-11 (VDE 0750-2-11)
Gammastrahlen-Emitter
Monitore für Überwachung und Nachweis .... DIN EN 62022 (VDE 0493-3-1)
Gammastrahlung
Äquivalentdosisleistung .... E DIN IEC 60846-1 (VDE 0492-2-1)
mobile Messinstrumente .... E DIN IEC 62438 (VDE 0493-4-1)
Überwachungseinrichtungen .... DIN EN 60861 (VDE 0493-4-2)
Gangbreite .... DIN VDE 0100-729 (VDE 0100-729)
Ganzkörperzähler
für die in-vivo-Überwachung .... DIN EN 61582 (VDE 0493-2-3)
– wiederkehrende Prüfung .... DIN VDE 0493-200 (VDE 0493-200)

Garagentorantriebe .... DIN EN 60335-2-95 (VDE 0700-95)
E DIN EN 60335-2-95/A2 (VDE 0700-95/A2)
mit Senkrechtbewegung .... E DIN EN 60335-2-95 (VDE 0700-95)

Gärten
Beleuchtungsanlagen .... E DIN VDE 0100-714 (VDE 0100-714)

Gartenbauliche Betriebsstätten
elektrische Anlagen .... DIN VDE 0100-705 (VDE 0100-705)
DIN VDE 0105-115 (VDE 0105-115)

Gartenleuchten
ortsveränderliche .... DIN EN 60598-2-7/A13 (VDE 0711-207/A13)
DIN EN 60598-2-7/A2 (VDE 0711-207/A2)
DIN VDE 0711-207 (VDE 0711-207)

Gartenteiche
elektrische Geräte .... DIN EN 60335-2-55 (VDE 0700-55)
Leuchten .... DIN EN 60335-2-55 (VDE 0700-55)
E DIN IEC 60598-2-18/A1 (VDE 0711-2-18/A1)
Pumpen .... DIN EN 60335-2-55 (VDE 0700-55)

Gärtnereien
elektrische Anlagen .... DIN VDE 0100-705 (VDE 0100-705)

Gasanalyse
für gelöste Gase (DGA)
– Werksprüfung .... DIN EN 61181 (VDE 0370-13)
E DIN EN 61181/A1 (VDE 0370-13/A1)

Gasaußendruckkabel und Garnituren
für Wechselspannungen bis 275 kV
– Prüfungen .... DIN VDE 0276-635 (VDE 0276-635)

Gasbrenner
Zündtransformatoren .... DIN EN 61558-2-3 (VDE 0570-2-3)

Gaschromatographie .... DIN EN 61619 (VDE 0371-8)

Gase
brennbare
– Geräte zur Detektion und Messung .... E DIN EN 60079-29-1 (VDE 0400-1)
DIN EN 60079-29-1 (VDE 0400-1)
DIN EN 60079-29-2 (VDE 0400-2)
brennbare oder toxische
– Geräte zur Detektion und Messung .... DIN EN 45544-1 (VDE 0400-22-1)
DIN EN 45544-2 (VDE 0400-22-2)
DIN EN 45544-3 (VDE 0400-22-3)
DIN EN 45544-4 (VDE 0400-22-4)
DIN EN 50270 (VDE 0843-30)
DIN EN 50402 (VDE 0400-70)
freie und gelöste
– Interpretation der Analyse .... DIN EN 60599 (VDE 0370-7)

Gase, explosionsfähige
stoffliche Eigenschaften zur Klassifizierung .... DIN EN 60079-20-1 (VDE 0170-20-1)

Gasentladungsableiter (ÜsAg)
Anwendungsprinzipien .... E DIN EN 61643-313 (VDE 0845-5-13)
Eigenschaften .... E DIN EN 61643-312 (VDE 0845-5-12)
Prüfverfahren .... E DIN EN 61643-311 (VDE 0845-5-11)

Gasexplosionsgefährdete Bereiche
Einteilung .... E DIN EN 60079-10-1 (VDE 0165-101)
DIN EN 60079-10-1 (VDE 0165-101)

Gasexplosionsgefährdete Bereiche
elektrische Anlagen
– Projektierung, Auswahl, Errichtung .... E DIN EN 60079-14 (VDE 0165-1)
DIN EN 60079-14 (VDE 0165-1)
– Prüfung und Instandhaltung .... E DIN EN 60079-17 (VDE 0165-10-1)
DIN EN 60079-17 (VDE 0165-10-1)
elektrische Betriebsmittel
– druckfeste Kapselung "d" .... E DIN EN 60079-1 (VDE 0170-5)
DIN EN 60079-1 (VDE 0170-5)
– Ölkapselung "o" .... DIN EN 60079-6 (VDE 0170-2)

Gasgemische
Sauerstoffkonzentration .... DIN EN 50104 (VDE 0400-20)

Gasgeräte
Brennstoffzellen-Gasheizgeräte .... DIN EN 50465 (VDE 0130-310)
E DIN VDE 0130-310 (VDE 0130-310)
mit elektrischem Anschluss .... DIN EN 60335-2-102 (VDE 0700-102)

Gasinnendruckkabel und Garnituren
für Wechselspannungen bis 275 kV
– Prüfungen .... DIN VDE 0276-634 (VDE 0276-634)

Gaskonsolen
für Schweiß- und Plasmaschneidsysteme .... DIN EN 60974-8 (VDE 0544-8)
E DIN IEC 60974-8 (VDE 0544-8)

Gaskonzentrationen
bei Heizungsanlagen
– tragbare Messgeräte .... E DIN EN 50379-1 (VDE 0400-50-1)
DIN EN 50379-1 (VDE 0400-50-1)
E DIN EN 50379-2 (VDE 0400-50-2)
DIN EN 50379-2 (VDE 0400-50-2)
E DIN EN 50379-3 (VDE 0400-50-3)
DIN EN 50379-3 (VDE 0400-50-3)

Gasmessgeräte
Auswahl, Installation, Einsatz, Wartung .... DIN EN 60079-29-2 (VDE 0400-2)
Betriebsverhalten .... E DIN EN 60079-29-1 (VDE 0400-1)
DIN EN 60079-29-1 (VDE 0400-1)
mit offener Messstrecke .... DIN EN 60079-29-4 (VDE 0400-40)

Gassammelrelais
Probennahme freier Gase .... DIN EN 60567 (VDE 0370-9)

Gaststätten
elektrische Anlagen .... VDE-Schriftenreihe Band 61
E DIN IEC 60364-7-718 (VDE 0100-718)

Gaswarnsysteme, ortsfeste
funktionale Sicherheit .... DIN EN 50402 (VDE 0400-70)

Gebäude
elektrische Anlagen von
– Begriffe .... DIN VDE 0100-200 (VDE 0100-200)
– Schutz bei Erdschlüssen .... DIN VDE 0100-442 (VDE 0100-442)
– Schutz bei Überspannungen .... DIN VDE 0100-442 (VDE 0100-442)

Gebäudeanschluss (FFTB)
an Lichtwellenleiternetze .... Anwendungsregel (VDE-AR-E 2800-901)

Gebäudeautomation
Anforderungen an die elektrische Sicherheit .... DIN EN 50491-3 (VDE 0849-3)
Umgebungsbedingungen .... DIN EN 50491-2 (VDE 0849-2)

Gebläseheizsysteme .... DIN VDE 0100-420 (VDE 0100-420)

Gebrauchstauglichkeit
medizinischer elektrischer Geräte .... DIN EN 60601-1-6 (VDE 0750-1-6)

Gefährdungen, elektrostatische
Leitfaden .... E DIN VDE 0170-32-1 (VDE 0170-32-1)

Gefährdungsbeurteilung .... VDE-Schriftenreihe Band 121
von Arbeitsmitteln .... VDE-Schriftenreihe Band 120

Gefahrenmeldeanlagen
Alarmübertragung in Paketvermittlungsnetzwerken .... E DIN EN 50136-1-7 (VDE 0830-5-1-7)
allgemeine Festlegungen .... DIN VDE 0833-1 (VDE 0833-1)
Begriffe .... Beiblatt 1 DIN EN 50131-1 (VDE 0830-2-1)
Brandmeldeanlagen
– Planen, Errichten, Betreiben .... DIN VDE 0833-2 (VDE 0833-2)
CCTV-Überwachungsanlagen
– Anwendungsregeln .... E DIN EN 50132-7 (VDE 0830-7-7)
– Videoübertragung .... E DIN EN 50132-5-3 (VDE 0830-7-5-3)
Einbruch- und Überfallmeldeanlagen
– aktive Glasbruchmelder .... DIN CLC/TS 50131-2-7-3 (VDE V 0830-2-2-73)
– akustische Glasbruchmelder .... DIN CLC/TS 50131-2-7-1 (VDE V 0830-2-2-71)
– Alarmvorprüfung .... E DIN EN 50131-9 (VDE 0830-2-9)
– Anwendungsregeln .... DIN CLC/TS 50131-7 (VDE V 0830-2-7)
– Energieversorgung .... DIN EN 50131-6 (VDE 0830-2-6)
E DIN EN 50131-6/AA (VDE 0830-2-6/AA)
– Melderzentrale .... DIN EN 50131-3 (VDE 0830-2-3)
– Nebelgeräte und Nebelsysteme .... DIN EN 50131-8 (VDE 0830-2-8)
– passive Glasbruchmelder .... DIN CLC/TS 50131-2-7-2 (VDE V 0830-2-2-72)
– Planung, Errichtung, Betrieb .... DIN VDE 0833-3 (VDE 0833-3)
– Signalgeber .... DIN EN 50131-4 (VDE 0830-2-4)
– Systemanforderungen .... DIN EN 50131-1 (VDE 0830-2-1)
– Übertragungseinrichtungen .... E DIN EN 50131-10 (VDE 0830-2-10)
Einbruchmeldeanlagen
– aktive Glasbruchmelder .... DIN CLC/TS 50131-2-7-3 (VDE V 0830-2-2-73)
– akustische Glasbruchmelder .... DIN CLC/TS 50131-2-7-1 (VDE V 0830-2-2-71)
– Alarmvorprüfung .... E DIN EN 50131-9 (VDE 0830-2-9)
– kombinierte PIR- und Mikrowellenmelder .... DIN EN 50131-2-4 (VDE 0830-2-2-4)
– kombinierte PIR- und Ultraschallmelder .... DIN EN 50131-2-5 (VDE 0830-2-2-5)
– Mikrowellenmelder .... DIN EN 50131-2-3 (VDE 0830-2-2-3)
– Öffnungsmelder (Magnetkontakte) .... DIN EN 50131-2-6 (VDE 0830-2-2-6)
– passive Glasbruchmelder .... DIN CLC/TS 50131-2-7-2 (VDE V 0830-2-2-72)
– Passiv-Infrarotmelder .... DIN EN 50131-2-2 (VDE 0830-2-2-2)
– Übertragungsgeräte (Funk-) .... DIN EN 50131-5-3 (VDE 0830-2-5-3)
Energieversorgung .... DIN EN 50131-6 (VDE 0830-2-6)
E DIN EN 50131-6/AA (VDE 0830-2-6/AA)
Personen-Hilferufanlagen
– Anwendungsregeln .... DIN CLC/TS 50134-7 (VDE V 0830-4-7)
– Verbindungen und Kommunikation .... DIN EN 50134-5 (VDE 0830-4-5)
– Zentrale und Steuereinrichtung .... E DIN EN 50134-3 (VDE 0830-4-3)
Sprachalarmierung im Brandfall .... DIN VDE 0833-4 (VDE 0833-4)
E DIN VDE 0833-4 (VDE 0833-4)
Übereinstimmung mit EG-Richtlinien .... Beiblatt 1 DIN EN 50130 (VDE 0830-1)
Überfallmeldeanlagen
– Alarmvorprüfung .... E DIN EN 50131-9 (VDE 0830-2-9)
Übertragungseinrichtungen
– Anzeige- und Bedieneinrichtung .... DIN CLC/TS 50136-4 (VDE V 0830-5-4)

Gefahrenwarnanlagen (GWA) .... DIN V VDE V 0826-1 (VDE V 0826-1)

Gefriergeräte
Anforderungen an Motorverdichter .... DIN EN 60335-2-34 (VDE 0700-34)
E DIN EN 60335-2-34 (VDE 0700-34)
für den gewerblichen Gebrauch
– Anforderungen an Motorverdichter .... DIN EN 60335-2-89 (VDE 0700-89)
E DIN EN 60335-2-89/A1 (VDE 0700-89/A1)
für den Hausgebrauch .... DIN EN 60335-2-24 (VDE 0700-24)
E DIN EN 60335-2-24/A1 (VDE 0700-24/A1)
E DIN EN 60335-2-24/AC (VDE 0700-24/A2)
E DIN EN 62552 (VDE 0705-2552)
mit Verflüssigersatz oder Motorverdichter
– für den gewerblichen Gebrauch .... DIN EN 60335-2-89 (VDE 0700-89)
E DIN EN 60335-2-89/A1 (VDE 0700-89/A1)

Geführte Nahverkehrssysteme
Sicherheit in der Bahnstromversorgung .... DIN CLC/TS 50562 (VDE V 0115-562)

Gehäuse
für Installationsgeräte .... DIN EN 60670-1 (VDE 0606-1)
mit Aufhängemitteln
– für Installationsgeräte .... DIN EN 60670-21 (VDE 0606-21)

Gehäuseableitstrom .... (VDE 0752)

Gehörbeeinträchtigung
Behandlung durch Cochlear-Implantate .... DIN EN 45502-2-3 (VDE 0750-10-3)

Gehrungs- und Tischsägen
kombinierte .... DIN EN 61029-2-11 (VDE 0740-511)
E DIN EN 61029-2-11 (VDE 0740-511)

Gehrungskappsägen
transportabel, motorbetrieben .... DIN EN 61029-2-9 (VDE 0740-509)
E DIN EN 61029-2-9 (VDE 0740-509)

Gehrungssägen
transportabel, motorbetrieben .... DIN EN 61029-2-9 (VDE 0740-509)

Geldautomaten
allgemeine Anforderungen .... DIN EN 60950-1 (VDE 0805-1)
DIN EN 60950-1/A12 (VDE 0805-1/A12)
E DIN EN 60950-1/A2 (VDE 0805-1/A2)

Geldbearbeitungsmaschinen
allgemeine Anforderungen .... DIN EN 60950-1 (VDE 0805-1)
DIN EN 60950-1/A12 (VDE 0805-1/A12)
E DIN EN 60950-1/A2 (VDE 0805-1/A2)

Gelenksysteme
zur Kabelführung .... E DIN IEC 62549 (VDE 0604-300)

Generatoren, photovoltaische
Installation und Sicherheitsanforderungen .... E DIN IEC 62548 (VDE 0126-42)

Geradschleifer .... E DIN EN 60745-2-3/A2 (VDE 0740-2-3/A2)

Geräte
für explosionsgefährdete Bereiche .... DIN EN 60079-0 (VDE 0170-1)
zum Arbeiten unter Spannung
– Konformitätsbewertung .... DIN EN 61318 (VDE 0682-120)
– Mindestanforderungen .... DIN EN 61477 (VDE 0682-130)
zur Flüssigkeitserhitzung .... DIN EN 60335-2-15 (VDE 0700-15)
E DIN EN 60335-2-15/AA (VDE 0700-15/AA)

Geräte für Bahnfahrzeuge
Störaussendung und Störfestigkeit .... DIN EN 50121-3-2 (VDE 0115-121-3-2)

Geräte für Dekorationszwecke .... DIN EN 50410 (VDE 0700-410)

Geräte für Lampen
allgemeine Anforderungen .... E DIN IEC 61347-1/A106 (VDE 0712-30/A106)
allgemeine und Sicherheitsanforderungen .... DIN EN 61347-1 (VDE 0712-30)
Betriebsgeräte für LED-Module .... DIN EN 61347-2-13 (VDE 0712-43)
E DIN EN 61347-2-13 (VDE 0712-43)
Betriebsgeräte für Leuchtstofflampen .... E DIN IEC 61347-2-3 (VDE 0712-33)
Betriebsgeräte für Notbeleuchtung .... E DIN IEC 61347-2-7 (VDE 0712-37)
elektronische Wechselrichter und Konverter .... DIN EN 61347-2-10 (VDE 0712-40)
Kondensatoren für Lampenkreise .... DIN EN 61048 (VDE 0560-61)
Konverter für Glühlampen
– wechselstromversorgte elektronische .... DIN EN 61347-2-2 (VDE 0712-32)
E DIN IEC 61347-2-2/A3 (VDE 0712-32/A3)
Module für Leuchten .... DIN EN 61347-2-11 (VDE 0712-41)
Startgeräte .... DIN EN 60927 (VDE 0712-15)
E DIN EN 60927/A1 (VDE 0712-15/A1)
DIN EN 61347-2-1 (VDE 0712-31)
E DIN EN 61347-2-1/A2 (VDE 0712-31/A2)
Vorschaltgeräte für Entladungslampen .... DIN EN 60923 (VDE 0712-13)
DIN EN 61347-2-12 (VDE 0712-42)
Vorschaltgeräte für Leuchtstofflampen .... DIN EN 61347-2-3 (VDE 0712-33)
E DIN IEC 62442-1 (VDE 0712-28)
Vorschaltgeräte für Notbeleuchtung .... DIN EN 61347-2-7 (VDE 0712-37)
E DIN IEC 61347-2-7 (VDE 0712-37)
Zündgeräte .... DIN EN 60927 (VDE 0712-15)
E DIN EN 60927/A1 (VDE 0712-15/A1)

Geräte kleiner Leistung
elektromagnetische Felder .... DIN EN 62479 (VDE 0848-479)

Geräte, elektromagnetische
allgemeine Bestimmungen .... DIN VDE 0580 (VDE 0580)

Geräteanschlusskabel
bis 100 MHz, geschirmt .... E DIN EN 50288-2-2 (VDE 0819-2-2)
bis 100 MHz, ungeschirmt .... DIN EN 50288-3-2 (VDE 0819-3-2)
E DIN EN 50288-3-2 (VDE 0819-3-2)
bis 250 MHz, geschirmt .... DIN EN 50288-5-2 (VDE 0819-5-2)
E DIN EN 50288-5-2 (VDE 0819-5-2)
bis 250 MHz, ungeschirmt .... DIN EN 50288-6-2 (VDE 0819-6-2)
E DIN EN 50288-6-2 (VDE 0819-6-2)
bis 600 MHz, geschirmt .... DIN EN 50288-4-2 (VDE 0819-4-2)
E DIN EN 50288-4-2 (VDE 0819-4-2)
für digitale Kommunikation .... E DIN IEC 61156-3 (VDE 0819-1003)
E DIN IEC 61156-3-1 (VDE 0819-1031)
E DIN IEC 61156-6 (VDE 0819-1006)
E DIN IEC 61156-6-1 (VDE 0819-1061)
E DIN IEC 61156-8 (VDE 0819-1008)

Geräteanschlussleitungen
Cord sets .... DIN EN 60320-2-2 (VDE 0625-2-2)
DIN EN 60799 (VDE 0626)
Mehrfach-Verteilerleisten .... DIN V VDE V 0626-2 (VDE V 0626-2)

Geräteanschlussschnüre .... DIN EN 61935-2-20 (VDE 0819-935-2-20)

Gerätebatterien .... DIN VDE 0510-7 (VDE 0510-7)

Geräteeinbausteckdosen .... DIN EN 60320-2-2 (VDE 0625-2-2)

Gerätegehäuse
zufällige Entzündung .... DIN CLC/TS 62441 (VDE V 0868-441)

Geräteplattform
sicherheitsleittechnischer Systeme .... DIN EN 60987 (VDE 0491-3-1)
E DIN EN 60987/A1 (VDE 0491-3-1/A1)

Geräteprüfung
unter Einwirkung von Sonnenstrahlung .... DIN EN 60068-2-5 (VDE 0468-2-5)

Geräteschalter
allgemeine Anforderungen .... DIN EN 61058-1 (VDE 0630-1)
elektronische .... DIN VDE 0630-12 (VDE 0630-12)
Schnurschalter .... DIN EN 61058-2-1 (VDE 0630-2-1)
unabhängig montierte .... DIN EN 61058-2-4 (VDE 0630-2-4)
Wahlschalter .... DIN EN 61058-2-5 (VDE 0630-2-5)

Geräteschutz
durch Ölkapselung "o" .... DIN EN 60079-6 (VDE 0170-2)
durch Sandkapselung "q" .... DIN EN 60079-5 (VDE 0170-4)
durch Überdruckkapselung "p" .... E DIN EN 60079-2 (VDE 0170-3)
DIN EN 60079-2 (VDE 0170-3)
durch Vergusskapselung "m" .... DIN EN 60079-18 (VDE 0170-9)
durch Zündschutzart "n" .... DIN EN 60079-15 (VDE 0170-16)
Eigensicherheit "i" .... DIN EN 60079-11 (VDE 0170-7)
E DIN IEC 60079-11 (VDE 0170-7)
erhöhte Sicherheit "e" .... DIN EN 60079-7 (VDE 0170-6)

Geräteschutzniveau (EPL) Ga .... DIN EN 60079-26 (VDE 0170-12-1)

Geräteschutzschalter (GS) .... DIN EN 60934 (VDE 0642)
E DIN EN 60934/A2 (VDE 0642/A2)

Geräteschutzsicherungen
Begriffe .... DIN EN 60127-1 (VDE 0820-1)
G-Sicherungseinsätze .... DIN EN 60127-1 (VDE 0820-1)
DIN EN 60127-2 (VDE 0820-2)
DIN EN 60127-6 (VDE 0820-6)
Kleinstsicherungseinsätze .... DIN EN 60127-3 (VDE 0820-3)
welteinheitliche modulare Sicherungseinsätze (UMF)
– Bauarten für Steck- und Oberflächenmontage .... DIN EN 60127-4 (VDE 0820-4)

Geräte-Staubexplosionsschutz
durch Gehäuse "t" .... E DIN EN 60079-31 (VDE 0170-15-1)
DIN EN 60079-31 (VDE 0170-15-1)

Gerätesteckvorrichtungen
für den Hausgebrauch .... DIN EN 60320-2-3 (VDE 0625-2-3)
– allgemeine Anforderungen .... DIN EN 60320-1 (VDE 0625-1)
für Elektro-Flurförderzeuge .... DIN VDE 0623-589 (VDE 0623-589)
für industrielle Anwendungen .... DIN EN 60309-1 (VDE 0623-1)
DIN EN 60309-2 (VDE 0623-2)
– allgemeine Anforderungen .... E DIN EN 60309-1/A2 (VDE 0623-1/A2)
für Nähmaschinen .... DIN EN 60320-2-1 (VDE 0625-2-1)
mit vom Gerätegewicht abhängiger Kupplung .... DIN EN 60320-2-4 (VDE 0625-2-4)
Schutzgrad höher als IPX0 .... DIN EN 60320-2-3 (VDE 0625-2-3)

Gerätesteckvorrichtungen (MDAC)
an Mehrfach-Verteilerleisten .... DIN V VDE V 0626-2 (VDE V 0626-2)

Geräte-Trockentransformatoren .... E DIN IEC 61558-2-14 (VDE 0570-2-14)

Geräusche
in Stationen zur Hochspannungsgleichstromübertragung ...... E DIN IEC 61973 (VDE 0553-973)

Geräuschgrenzwerte
drehender elektrischer Maschinen .... DIN EN 60034-9 (VDE 0530-9)

Geräuschmessung
an Transformatoren und Drosselspulen .... DIN EN 60076-10 (VDE 0532-76-10)
an Windenergieanlagen .... DIN EN 61400-11 (VDE 0127-11)
E DIN IEC 61400-11 (VDE 0127-11)

Geräuschspannungsmessgeräte .... DIN EN 55016-1-1 (VDE 0876-16-1-1)

Gesamtbromgehalt
in elektronischen und elektrischen Geräten .... E DIN EN 62321-3-2 (VDE 0042-1-3-2)

Gesamtsäurezahl
von Füllmassen .... E DIN EN 60811-603 (VDE 0473-811-603)

Gesamtverluste
von umrichtergespeisten Wechselstrommotoren .... DIN IEC/TS 60349-3 (VDE V 0115-400-3)

Gesamtwirkungsgrad
von Photovoltaik-Wechselrichtern .... DIN EN 50530 (VDE 0126-12)

Geschäftshäuser
Starkstromanlagen in .... VDE-Schriftenreihe Band 61

Geschirrspender, beheizte .... DIN EN 60335-2-49 (VDE 0700-49)
für den gewerblichen Gebrauch .... E DIN EN 60335-2-49/AB (VDE 0700-49/A1)

Geschirrspülmaschinen
für den gewerblichen Gebrauch .... DIN EN 50416 (VDE 0700-416)
für den Hausgebrauch .... DIN EN 60335-2-5 (VDE 0700-5)
DIN EN 60335-2-5/A11 (VDE 0700-5/A11)
spülmittelfreie .... DIN EN 60335-2-108 (VDE 0700-108)

Geschwindigkeitsanzeigeeinrichtungen
für Eisenbahnfahrzeuge .... DIN VDE 0119-207-10 (VDE 0119-207-10)

Geschwindigkeitsmesseinrichtungen
für Eisenbahnfahrzeuge .... DIN VDE 0119-207-10 (VDE 0119-207-10)

Geschwindigkeitsüberwachung GNT
für Eisenbahnfahrzeuge .... DIN VDE 0119-207-8 (VDE 0119-207-8)

Gesichtssaunen .... DIN EN 60335-2-23 (VDE 0700-23)
E DIN EN 60335-2-23/A2 (VDE 0700-23/A2)

Gestalten
elektrischer und elektronischer Produkte .... DIN EN 62430 (VDE 0042-2)

Gestelle
seismische Prüfungen .... E DIN IEC 61587-2 (VDE 0687-587-2)
Umweltanforderungen und Sicherheitsaspekte .... E DIN EN 61587-1 (VDE 0687-587-1)

Gesundheitseinrichtungen
Leuchten .... DIN EN 60598-2-25 (VDE 0711-2-25)

Gesundheitsschutzkennzeichnung
am Arbeitsplatz .... VDE-Schriftenreihe Band 79

Getriebe
für Windturbinen
– Auslegungsanforderungen .... E DIN IEC 61400-4 (VDE 0127-4)

Gewebebänder
aus Textilglas ... DIN EN 61067-1 (VDE 0338-1)
DIN EN 61067-2 (VDE 0338-2)
DIN EN 61067-3-1 (VDE 0338-3-1)

Gewindeschneider
handgeführt, motorbetrieben ... DIN EN 60745-2-9 (VDE 0740-2-9)

Gewindeschneidmaschinen
transportabel, motorbetrieben ... DIN EN 61029-2-12 (VDE 0740-512)

Gewitterortung
Messempfänger und Messnetze ... DIN EN 50536 (VDE 0185-236)

Gewitterwarnsysteme ... DIN EN 50536 (VDE 0185-236)

Gezeitenenergieressource
Bewertung und Charakterisierung ... E DIN IEC/TS 62600-201 (VDE V 0125-201)

Gezeiten-Energiewandler
Bewertung und Charakterisierung ... E DIN IEC/TS 62600-101 (VDE V 0125-101)
E DIN IEC/TS 62600-201 (VDE V 0125-201)
Leistungsbewertung ... E DIN EN 62600-200 (VDE 0125-200)
Terminologie ... E DIN IEC/TS 62600-1 (VDE V 0125-1)

GGA-Netze ... DIN EN 50083-9 (VDE 0855-9)

Gießharz
für Kabelgarnituren ... DIN VDE 0291-1 (VDE 0291-1)
Massen
– für Kabelgarnituren ... DIN VDE 0291-1 (VDE 0291-1)
Zwischenwände für Schaltanlagen ... DIN EN 50089 (VDE 0670-806)

Gießharz-Zwischenwände
für Hochspannungs-Schaltgeräte und -Schaltanlagen .... DIN EN 50089/A1 (VDE 0670-806/A1)

Glas
Einrichtungen zum Erwärmen und Schmelzen ... DIN EN 60519-21 (VDE 0721-21)

Glasbruchmelder
aktive ... DIN CLC/TS 50131-2-7-3 (VDE V 0830-2-2-73)
akustische ... DIN CLC/TS 50131-2-7-1 (VDE V 0830-2-2-71)
passive ... DIN CLC/TS 50131-2-7-2 (VDE V 0830-2-2-72)

Glasfilament
für selbstklebende Bänder ... DIN EN 60454-3-11 (VDE 0340-3-11)

Glasfilament-Textilschläuche
mit Beschichtung auf PVC-Basis ... DIN EN 60684-3-406 bis 408 (VDE 0341-3-406 bis 408)
mit Siliconelastomerbeschichtung ... DIN EN 60684-3-400 bis 402 (VDE 0341-3-400 bis 402)

Glasgewebe
Lack ... DIN VDE 0365-3 (VDE 0365-3)

Glasisolatoren ... DIN EN 60383-1 (VDE 0446-1)
DIN EN 61211 (VDE 0446-102)
DIN EN 61325 (VDE 0446-5)
für verschmutzte Umgebungen ... E DIN IEC 60815-2 (VDE 0446-202)

Glasisolierstoffe
Anforderungen ... DIN EN 60672-1 (VDE 0335-1)
DIN EN 60672-3 (VDE 0335-3)
Prüfverfahren ... DIN EN 60672-2 (VDE 0335-2)

Glaskörperentfernung (Augen)
Geräte zur ... DIN EN 80601-2-58 (VDE 0750-2-58)

Glättungsdrosselspulen
für Bahnfahrzeuge .... DIN EN 60310 (VDE 0115-420)
für Hochspannungs-Gleichstromübertragung .... DIN EN 60076-6 (VDE 0532-76-6)
Gleichrichtertransformatoren .... DIN EN 60146-1-3 (VDE 0558-8)
Gleichspannung
Messen des Scheitelwertes
– durch Luftfunkenstrecken .... DIN EN 60052 (VDE 0432-9)
Gleichstromanlagen
Berechnung von Kurzschlussströmen .... Beiblatt 1 DIN EN 61660-1 (VDE 0102-10)
DIN EN 61660-1 (VDE 0102-10)
Gleichstrom-Bahnanlagen
Beeinflussung von Fernmeldeanlagen .... DIN VDE 0228-4 (VDE 0228-4)
Gleichstrombahnen
Streustromwirkungen .... DIN EN 50122-2 (VDE 0115-4)
Gleichstrom-Bahnsysteme
Beeinflussung durch Wechselstrombahnsysteme .... DIN EN 50122-3 (VDE 0115-5)
Gleichstrom-Bedarfsanlagen
von Kraftwerken und Schaltanlagen
– Kurzschlussströme .... DIN EN 61660-2 (VDE 0103-10)
Gleichstrom-Ionisationskammern .... DIN IEC 60568 (VDE 0491-6)
Gleichstrom-Ladestationen
für Elektrofahrzeuge .... DIN CLC/TS 50457-1 (VDE V 0122-2-3)
Gleichstrom-Leistungsschalter
für ortsfeste Bahnanlagen .... DIN EN 50123-2 (VDE 0115-300-2)
Gleichstrommaschinen .... VDE-Schriftenreihe Band 10
Prüfungen
– Verluste und Wirkungsgrad .... DIN EN 60034-2-1 (VDE 0530-2-1)
Gleichstrom-Netzanschlüsse
Störfestigkeit gegen Wechselspannungsanteile ..... DIN EN 61000-4-17/A2 (VDE 0847-4-17/A2)
Gleichstrom-Schalteinrichtungen
für ortsfeste Anlagen in Bahnnetzen .... DIN EN 50123-1 (VDE 0115-300-1)
DIN EN 50123-6 (VDE 0115-300-6)
– Niederspannungsbegrenzer und Überspannungsableiter . DIN EN 50123-5 (VDE 0115-300-5)
für ortsfeste Bahnanlagen
– Mess-, Steuer- und Schutzeinrichtungen .... DIN EN 50123-7-1 (VDE 0115-300-7-1)
DIN EN 50123-7-2 (VDE 0115-300-7-2)
DIN EN 50123-7-3 (VDE 0115-300-7-3)
für stationäre Anlagen in Bahnnetzen
– Trennschalter .... DIN EN 50123-3 (VDE 0115-300-3)
Gleichstrom-Trenner .... DIN VDE 0660-112 (VDE 0660-112)
Gleichstrom-Trennschalter
für stationäre Anlagen .... DIN EN 50123-3 (VDE 0115-300-3)
Gleichstromumrichter .... DIN EN 61204-7 (VDE 0557-7)
DIN EN 61204-7/A11 (VDE 0557-7/A11)
Gleichstromwiderstand
von Füllmassen .... E DIN EN 60811-302 (VDE 0473-811-302)
von Isolierflüssigkeiten .... DIN EN 60247 (VDE 0380-2)
Gleisfreimeldesysteme
Achszähler .... DIN CLC/TS 50238-3 (VDE V 0831-238-3)
Gleisstromkreise .... DIN CLC/TS 50238-2 (VDE V 0831-238-2)
Zulassung von Fahrzeugen .... DIN EN 50238 (VDE 0831-238)

Gleisstromkreise .... DIN CLC/TS 50238-2 (VDE V 0831-238-2)

Glimmer
Formmikanit .... DIN EN 60371-3-9 (VDE 0332-3-9)
Heizmikanit .... DIN EN 60371-3-3 (VDE 0332-3-3)

Glimmer-Isoliermaterialien
Kommutator-Isolierlamellen .... DIN EN 60371-3-1 (VDE 0332-3-1)
Prüfverfahren .... DIN EN 60371-2 (VDE 0332-2)

Glimmerpapier .... DIN EN 60371-3-2 (VDE 0332-3-2)
Glasgewebeträger mit Epoxidkleber .... DIN EN 60371-3-5 (VDE 0332-3-5)
glasgewebeverstärkt
– mit Epoxidharz-Bindemittel .... DIN EN 60371-3-6 (VDE 0332-3-6)
polyesterfolienverstärkt
– mit Epoxidharz-Bindemittel .... DIN EN 60371-3-4 (VDE 0332-3-4)
DIN EN 60371-3-7 (VDE 0332-3-7)
Prüfverfahren .... DIN EN 60371-2 (VDE 0332-2)

Glimmerpapierbänder
für flammwidrige Sicherheitskabel .... DIN EN 60371-3-8 (VDE 0332-3-8)

Glimmstarter
für Leuchtstofflampen .... DIN EN 60155 (VDE 0712-101)
E DIN VDE 0712-101/A5 (VDE 0712-101/A5)

Glüh- und Brennöfen
für den Hausgebrauch .... DIN VDE 0700-244 (VDE 0700-244)

Glühdrahtprüfeinrichtungen .... E DIN IEC 60695-2-10 (VDE 0471-2-10)

Glühdrahtprüfung .... DIN EN 60695-2-10 (VDE 0471-2-10)
DIN EN 60695-2-11 (VDE 0471-2-11)
zur Entflammbarkeit .... DIN EN 60695-2-12 (VDE 0471-2-12)
E DIN IEC 60695-2-11 (VDE 0471-2-11)
zur Entzündbarkeit .... DIN EN 60695-2-13 (VDE 0471-2-13)

Glühlampen
elektronische Konverter .... DIN EN 61347-2-2 (VDE 0712-32)
E DIN IEC 61347-2-2/A3 (VDE 0712-32/A3)
– Arbeitsweise .... DIN EN 61047 (VDE 0712-25)
E DIN IEC 61047/A1 (VDE 0712-25/A100)
für allgemeine Beleuchtungszwecke .... E DIN EN 60432-1/A2 (VDE 0715-1/A2)
für den Hausgebrauch .... DIN EN 60432-1 (VDE 0715-1)
E DIN EN 60432-1/A2 (VDE 0715-1/A2)
Halogen-Glühlampen .... DIN EN 60432-2 (VDE 0715-2)
DIN EN 60432-3 (VDE 0715-11)

GNT Geschwindigkeitsüberwachung
für Eisenbahnfahrzeuge .... DIN VDE 0119-207-8 (VDE 0119-207-8)

Gondelanemometrie .... E DIN IEC 61400-12-2 (VDE 0127-12-2)

Gongs
für den Haushalt .... DIN EN 62080 (VDE 0632-600)

Gradientenindex-Mehrmodenfasern .... DIN EN 60793-1-49 (VDE 0888-249)

Grafische Symbole
für elektrische medizinische Geräte .... Beiblatt 2 DIN EN 60601-1 (VDE 0750-1)

Grasscheren
mit Scherblättern .... E DIN EN 60335-2-94 (VDE 0700-94)

Grasschneider
mit Scherblättern .... E DIN EN 60335-2-94 (VDE 0700-94)

Grenzspaltweite
für Gas- oder Dampf-Luft-Gemische .... DIN EN 60079-20-1 (VDE 0170-20-1)

Grid code .... Anwendungsregel (VDE-AR-N 4105)
Grillgeräte
für den Hausgebrauch .... DIN EN 60335-2-9 (VDE 0700-9)
E DIN EN 60335-2-9 (VDE 0700-9)
E DIN EN 60335-2-9/A100 (VDE 0700-9/A100)
Großer Prüfstrom .... DIN VDE 0100-410 (VDE 0100-410)
Grubenbaue, schlagwettergefährdete
Kopfleuchten .... E DIN IEC 60079-35-2 (VDE 0170-14-2)
Grubengasabsauganlagen .... DIN VDE 0118-1 (VDE 0118-1)
DIN VDE 0118-2 (VDE 0118-2)
Gruppenlaufzeitdifferenz .... DIN EN 60793-1-49 (VDE 0888-249)
G-Sicherungseinsätze .... DIN EN 60127-2 (VDE 0820-2)
allgemeine Anforderungen .... DIN EN 60127-1 (VDE 0820-1)
für besondere Anwendungen .... E DIN EN 60127-7 (VDE 0820-11)
DIN V VDE V 0820-11 (VDE V 0820-11)
Gütebestätigung .... DIN VDE 0820-5 (VDE 0820-5)
Sicherungshalter .... DIN EN 60127-10 (VDE 0820-10)
GSM-R-Zugfunk .... DIN VDE 0119-207-16 (VDE 0119-207-16)
Gummiaderleitungen
halogenfreie .... E DIN VDE 0250-606 (VDE 0250-606)
Gummiflachleitungen .... DIN VDE 0250-809 (VDE 0250-809)
Gummi-Mantelmischungen .... DIN VDE 0207-21 (VDE 0207-21)
Gummischlauchleitung NSHCÖU .... DIN VDE 0250-811 (VDE 0250-811)
Gummischlauchleitung NSHTÖU .... DIN VDE 0250-814 (VDE 0250-814)
Gummischlauchleitung NSSHÖU .... DIN VDE 0250-812 (VDE 0250-812)
Güterbahnen
Funkfernsteuerung .... Beiblatt 1 DIN EN 50239 (VDE 0831-239)

H

Haarbehandlungsgeräte .... DIN EN 60335-2-23 (VDE 0700-23)
Haartrockner .... DIN EN 60335-2-23 (VDE 0700-23)
E DIN EN 60335-2-23/A2 (VDE 0700-23/A2)
Häcksler
für den Hausgebrauch .... E DIN EN 50435 (VDE 0700-93)
Hafen .... DIN VDE 0100-709 (VDE 0100-709)
E DIN VDE 0100-709/A1 (VDE 0100-709/A1)
Hafenanlage .... DIN VDE 0100-709 (VDE 0100-709)
E DIN VDE 0100-709/A1 (VDE 0100-709/A1)
Halbleiterbauelemente
magnetische und kapazitive Koppler .... DIN V VDE V 0884-10 (VDE V 0884-10)
optoelektronische Bauelemente
– Grenz- und Kennwerte .... E DIN VDE 0884-2/A2 (VDE 0884-2/A2)
Optokoppler .... DIN EN 60747-5-5 (VDE 0884-5)
E DIN EN 60747-5-5/A1 (VDE 0884-5/A1)
Halbleiter-Chip-Erzeugnisse
Beschaffung und Anwendung .... DIN EN 62258-1 (VDE 0884-101)
Halbleiter-Fertigungsausrüstungen .... DIN EN 60204-33 (VDE 0113-33)

Halbleiter-Motor-Starter
für Wechselspannung .... DIN EN 60947-4-2 (VDE 0660-117)
E DIN EN 60947-4-2 (VDE 0660-117)

Halbleiter-Motor-Steuergeräte
für Wechselspannung .... DIN EN 60947-4-2 (VDE 0660-117)
E DIN EN 60947-4-2 (VDE 0660-117)

Halbleiterrelais
für Wechselstrom .... DIN EN 62314 (VDE 0435-202)

Halbleiterschütze
für nichtmotorische Lasten .... DIN EN 60947-4-3 (VDE 0660-109)
E DIN EN 60947-4-3/A2 (VDE 0660-109/A2)

Halbleiterschutz-Sicherungseinsätze .... DIN EN 60269-4 (VDE 0636-4)
E DIN EN 60269-4/A1 (VDE 0636-4/A1)

Halbleiter-Steuergeräte
für nichtmotorische Lasten .... DIN EN 60947-4-3 (VDE 0660-109)
E DIN EN 60947-4-3/A2 (VDE 0660-109/A2)

Halbleiter-Stromrichter
Leistungsfähigkeit .... DIN EN 60146-1-3 (VDE 0558-8)
netzgeführte .... DIN EN 60146-1-1 (VDE 0558-11)
selbstgeführte .... DIN EN 60146-2 (VDE 0558-2)

Halogenfreie Elektroinstallationssysteme .... E DIN VDE 0604-2-100 (VDE 0604-2-100)

Halogenfreiheit
von Kabeln und Leitungen
– Prüfung .... DIN VDE 0472-815 (VDE 0472-815)

Halogen-Glühlampen
elektronische Konverter
– Arbeitsweise .... DIN EN 61047 (VDE 0712-25)
für allgemeine Beleuchtungszwecke .... E DIN EN 60432-2/A2 (VDE 0715-2/A2)
E DIN EN 60432-3/A3 (VDE 0715-11/A3)
für den Hausgebrauch .... DIN EN 60432-2 (VDE 0715-2)
E DIN EN 60432-2/A2 (VDE 0715-2/A2)
E DIN EN 60432-3/A3 (VDE 0715-11/A3)
Sicherheitsanforderungen .... DIN EN 60432-3 (VDE 0715-11)

Halogen-Metalldampflampen .... DIN EN 61549 (VDE 0715-12)
E DIN EN 61549/A3 (VDE 0715-12/A3)
DIN EN 62035 (VDE 0715-10)
E DIN EN 62035/A2 (VDE 0715-10/A2)
Vorschaltgeräte .... DIN EN 60923 (VDE 0712-13)
DIN EN 61347-2-9 (VDE 0712-39)
E DIN EN 61347-2-9 (VDE 0712-39)

Hämmer
handgeführt, motorbetrieben .... DIN EN 60745-2-6 (VDE 0740-2-6)

Hämodiafiltrationsgeräte .... DIN EN 60601-2-16 (VDE 0750-2-16)
E DIN EN 60601-2-16 (VDE 0750-2-16)
E DIN EN 60601-2-16/A1 (VDE 0750-2-16/A1)

Hämodialysegeräte .... DIN EN 60601-2-16 (VDE 0750-2-16)
E DIN EN 60601-2-16 (VDE 0750-2-16)
E DIN EN 60601-2-16/A1 (VDE 0750-2-16/A1)
Hämofiltrationsgeräte .... DIN EN 60601-2-16 (VDE 0750-2-16)
E DIN EN 60601-2-16 (VDE 0750-2-16)
E DIN EN 60601-2-16/A1 (VDE 0750-2-16/A1)
Handbereich .... DIN VDE 0100-410 (VDE 0100-410)
Händetrockner .... DIN EN 60335-2-23 (VDE 0700-23)
E DIN EN 60335-2-23/A2 (VDE 0700-23/A2)
Handgelenkerdungsbänder .... E DIN EN 61340-4-6 (VDE 0300-4-6)
Handleuchten .... VDE-Schriftenreihe Band 12
DIN EN 60598-2-8 (VDE 0711-2-8)
Transformatoren .... DIN EN 61558-2-9 (VDE 0570-2-9)
Handlung im Notfall .... DIN VDE 0100-537 (VDE 0100-537)
Handsprüheinrichtungen
elektrostatische
– für brennbare Beschichtungsflüssigkeiten .... DIN EN 50050 (VDE 0745-100)
E DIN EN 50050-1 (VDE 0745-101)
– für brennbare Beschichtungspulver .... DIN EN 50050 (VDE 0745-100)
E DIN EN 50050-2 (VDE 0745-102)
– für entzündbaren Flock .... E DIN EN 50050-3 (VDE 0745-103)
– für flüssige Lacküberzüge .... DIN VDE 0745-200 (VDE 0745-200)
– für nichtentzündbare Beschichtungsstoffe .... E DIN EN 50059 (VDE 0745-200)
Handtuchtrockner
für den Hausgebrauch .... DIN EN 60335-2-43 (VDE 0700-43)
Handwerkzeug
zum Arbeiten unter Spannung .... E DIN EN 60900 (VDE 0682-201)
Hängeisolatoren
für Wechselstromfreileitungen über 1 000 V .... DIN EN 61109 (VDE 0441-100)
Hardwareauslegung
rechnerbasierter Systeme für Kernkraftwerke .... DIN EN 60987 (VDE 0491-3-1)
E DIN EN 60987/A1 (VDE 0491-3-1/A1)
Harmonische .... VDE-Schriftenreihe Band 115
Haubenöfen .... DIN EN 60519-2 (VDE 0721-2)
Hauptdokument .... E DIN IEC 62023 (VDE 0040-6)
Haupterdungsschiene .... DIN VDE 0100-540 (VDE 0100-540)
Hauptleitungen
in Wohngebäuden .... VDE-Schriftenreihe Band 45
Hauptleitungsabzweigklemmen .... DIN VDE 0603-2 (VDE 0603-2)
Haupt-Leitungsschutzschalter
selektiv, für Hausinstallationen .... DIN VDE 0641-21 (VDE 0641-21)
Hauptpotentialausgleich .... DIN VDE 0100-410 (VDE 0100-410)
DIN VDE 0100-540 (VDE 0100-540)
Hauptstromversorgungssysteme
in Wohngebäuden .... VDE-Schriftenreihe Band 45
Haupttransformator
für Bahnfahrzeuge .... DIN VDE 0119-206-3 (VDE 0119-206-3)
– Hochspannungsdurchführung .... DIN CLC/TS 50537-1 (VDE V 0115-537-1)
– Pumpe für Isolierflüssigkeiten .... DIN CLC/TS 50537-2 (VDE V 0115-537-2)
– Wasserpumpe für Traktionsumrichter .... DIN CLC/TS 50537-3 (VDE V 0115-537-3)

Hauptwarten
von Kernkraftwerken
– Meldung und Anzeige von Störungen .... DIN IEC 62241 (VDE 0491-5-2)
– Mensch-Maschine-Schnittstelle .... DIN EN 60964 (VDE 0491-5-1)

Hausanschluss
Kabel .... DIN VDE 0100-732 (VDE 0100-732)

Hausanschlusskasten .... DIN VDE 0100-732 (VDE 0100-732)

Hauseinführung .... DIN VDE 0100-732 (VDE 0100-732)

Haushaltfolienschweißgeräte .... DIN EN 60335-2-45 (VDE 0700-45)
E DIN EN 60335-2-45/A2 (VDE 0700-45/A2)

Haushalts-Dunstabzugshauben
Messung der Gebrauchseigenschaft .... DIN EN 61591 (VDE 0705-1591)
E DIN EN 61591/AA (VDE 0705-1591/AA)

Haushaltsgeräte
elektrische und elektronische
– Messung niedriger Leistungsaufnahmen .... DIN EN 50564 (VDE 0705-2301)

Haushalts-Kühl-/Gefriergeräte
Eigenschaften und Prüfverfahreb .... E DIN EN 62552 (VDE 0705-2552)

Haushaltszähler, elektronische
Befestigungs- und Kontaktiereinrichtung (BKE) .... DIN V VDE V 0603-5 (VDE V 0603-5)
Installationskleinverteiler und Zählerplätze .... DIN V VDE V 0603-102 (VDE V 0603-102)

Hausinstallationen
Anzeigeleuchten .... DIN EN 62094-1/A11 (VDE 0632-700/A11)
Dosen für Installationsgeräte
– Verbindungsdosen .... DIN EN 60670-22 (VDE 0606-22)
Dosen und Gehäuse für Installationsgeräte .... DIN EN 60670-1 (VDE 0606-1)
DIN EN 60670-21 (VDE 0606-21)
elektromechanische Schütze .... DIN EN 61095 (VDE 0637-3)
Fehlerstrom-/Differenzstrom-Schutzschalter
– mit Überstromschutz (RCBOs) .... DIN EN 61009-1 (VDE 0664-20)
E DIN EN 61009-1/AD (VDE 0664-20/AD)
DIN EN 61009-2-1 (VDE 0664-21)
E DIN IEC 61009-1 (VDE 0664-20)
E DIN IEC 61009-1-100 (VDE 0664-20-100)
DIN V VDE V 0664-220 (VDE V 0664-220)
E DIN VDE 0664-200 (VDE 0664-200)
– mit und ohne Überstromschutz, Typ B .... DIN EN 62423 (VDE 0664-40)
DIN V VDE V 0664-420 (VDE V 0664-420)
– ohne Überstromschutz (RCCBs) .... DIN EN 61008-1 (VDE 0664-10)
E DIN EN 61008-1/AC (VDE 0664-10/AC)
DIN EN 61008-2-1 (VDE 0664-11)
E DIN IEC 61008-1-100 (VDE 0664-10-100)
DIN V VDE V 0664-120 (VDE V 0664-120)

Fehlerstromschutzeinrichtungen (RCDs)
– elektromagnetische Verträglichkeit .... DIN EN 61543 (VDE 0664-30)
Fernschalter .... DIN EN 60669-2-2 (VDE 0632-2-2)
Hilfsschalter .... DIN EN 62019 (VDE 0640)
Leitungsschutzschalter .... DIN EN 60898-1 (VDE 0641-11)
DIN EN 60898-1/A12 (VDE 0641-11/A12)
E DIN EN 60898-1/AB (VDE 0641-11/AB)
DIN EN 60898-2 (VDE 0641-12)
DIN V VDE V 0641-100 (VDE V 0641-100)

Hausinstallationen
Schalter
– allgemeine Anforderungen .... DIN EN 60669-1 (VDE 0632-1)
Beiblatt 1 DIN EN 60669-1 (VDE 0632-1)
E DIN IEC 60669-1/A101 (VDE 0632-1/A101)
E DIN IEC 60669-1/A102 (VDE 0632-1/A102)
Stecker und Steckdosen .... DIN VDE 0620-1 (VDE 0620-1)
Zeitschalter .... DIN EN 60669-2-3 (VDE 0632-2-3)

Hausinstallationskabel
von 5 MHz - 1 000 MHz
– Rahmenspezifikation .... DIN EN 50117-2-1 (VDE 0887-2-1)
von 5 MHz - 3 000 MHz
– Rahmenspezifikation .... DIN EN 50117-2-4 (VDE 0887-2-4)
DIN EN 50117-4-1 (VDE 0887-4-1)

Haustürklingeln .... DIN EN 62080 (VDE 0632-600)

Hausverteilnetz .... DIN EN 60728-1-2 (VDE 0855-7-2)

Hautbehandlungsgeräte .... DIN EN 60335-2-23 (VDE 0700-23)
E DIN EN 60335-2-23/A2 (VDE 0700-23/A2)

Hautbestrahlungsgeräte
mit Ultraviolett und Infrarotstrahlung
– für den Hausgebrauch .... DIN EN 60335-2-27 (VDE 0700-27)
E DIN EN 60335-2-27 (VDE 0700-27)

HDTV .... DIN EN 60728-1-2 (VDE 0855-7-2)
DIN EN 60728-13 (VDE 0855-13)

Hebezeuge
elektrische Ausrüstung .... DIN EN 60204-32 (VDE 0113-32)

Heckenmesser .... DIN EN 60745-2-15 (VDE 0740-2-15)

Heckenscheren
handgeführt, motorbetrieben .... DIN EN 60745-2-15 (VDE 0740-2-15)

Heckenschneider .... DIN EN 60745-2-15 (VDE 0740-2-15)

Heißluftdämpfer
für den gewerblichen Gebrauch .... DIN EN 60335-2-42 (VDE 0700-42)
E DIN EN 60335-2-42/AA (VDE 0700-42/A1)

Heißluftgebläse .... DIN EN 60335-2-45 (VDE 0700-45)
E DIN EN 60335-2-45/A2 (VDE 0700-45/A2)

Heißumluftöfen
für den gewerblichen Gebrauch .... DIN EN 60335-2-42 (VDE 0700-42)
E DIN EN 60335-2-42/AA (VDE 0700-42/A1)

Heizeinsätze
ortsfeste, für den Hausgebrauch .... DIN EN 60335-2-73 (VDE 0700-73)
DIN VDE 0700-253 (VDE 0700-253)

Heizgeräte
für den Hausgebrauch
– Regel- und Steuergeräte .... DIN EN 60730-2-15 (VDE 0631-2-15)
für Fahrgastkabinen .... DIN EN 50408 (VDE 0700-230)
E DIN EN 50408/AA (VDE 0700-230/AA)

Heizkabel .... DIN VDE 0253 (VDE 0253)

Heizkissen .... DIN EN 60335-2-17 (VDE 0700-17)
E DIN EN 60335-2-17 (VDE 0700-17)

Heizleitungen
für Raumheizung ... E DIN IEC 60800 (VDE 0253-800)
isolierte ... DIN VDE 0253 (VDE 0253)
Parallel- ... E DIN VDE 0254 (VDE 0254)

Heizlüfter
für den Hausgebrauch ... DIN EN 60335-2-30 (VDE 0700-30)

Heizmatten
für den Hausgebrauch ... DIN EN 60335-2-81 (VDE 0700-81)
E DIN EN 60335-2-81/A2 (VDE 0700-81/A32)

Heizmikanit ... DIN EN 60371-3-3 (VDE 0332-3-3)

Heizstrahler ... DIN EN 60335-2-49 (VDE 0700-49)

Heizsysteme
unter abnehmbaren Fußbodenbelägen ... DIN EN 60335-2-106 (VDE 0700-106)

Heizung
Zentralspeicher ... DIN VDE 0700-201 (VDE 0700-201)

Heizungsanlagen
Umwälzpumpen ... DIN EN 60335-2-51 (VDE 0700-51)
E DIN EN 60335-2-51/A2 (VDE 0700-51/A1)
Verbrennungsparameter
– tragbare Messgeräte ... E DIN EN 50379-1 (VDE 0400-50-1)
DIN EN 50379-1 (VDE 0400-50-1)
E DIN EN 50379-2 (VDE 0400-50-2)
DIN EN 50379-2 (VDE 0400-50-2)
E DIN EN 50379-3 (VDE 0400-50-3)
DIN EN 50379-3 (VDE 0400-50-3)

Heliports
Konstantstromkreise für Befeuerungsanlagen ... E DIN IEC 61821 (VDE 0161-103)

Helligkeitssteuerung von Leuchten
elektronische Schalter ... DIN EN 60669-2-1 (VDE 0632-2-1)

Helme
elektrisch isolierend
– für Arbeiten an Niederspannungsanlagen ... DIN EN 50365 (VDE 0682-321)

HEMP-Störgrößen
Störfestigkeit gegen ... DIN EN 61000-4-25 (VDE 0847-4-25)
E DIN EN 61000-4-25/A1 (VDE 0847-4-25/A1)

HEMP-Umgebung ... DIN EN 61000-2-10 (VDE 0839-2-10)
DIN EN 61000-2-9 (VDE 0839-2-9)

Herde
für den gewerblichen Gebrauch ... DIN EN 60335-2-36 (VDE 0700-36)
E DIN EN 60335-2-36/AA (VDE 0700-36/A1)
für den Hausgebrauch ... DIN EN 60335-2-6 (VDE 0700-6)
E DIN EN 60335-2-6/AC (VDE 0700-6/A36)
E DIN IEC 60335-2-6 (VDE 0700-6)

Herdwagenöfen ... DIN EN 60519-2 (VDE 0721-2)

Herzschrittmacher
externe, mit interner Stromversorgung ... DIN EN 60601-2-31 (VDE 0750-2-31)
E DIN EN 60601-2-31/A1 (VDE 0750-2-31/A1)
implantierbare ... Anwendungsregel (VDE-AR-E 2750-10)

HF-chirurgisches Zubehör ... DIN EN 60601-2-2 (VDE 0750-2-2)

HF-Güte
von Steckverbindern ... DIN EN 60512-21-1 (VDE 0687-512-21-1)

HH-Sicherungen .... DIN EN 60282-1 (VDE 0670-4)

High-Speed-Steckverbinder
mit integrierter Schirmungsfunktion .... E DIN EN 61076-4-116 (VDE 0687-76-4-116)

Hilfeleistung, technische
im Bereich elektrischer Anlagen .... E DIN VDE 0132 (VDE 0132)
DIN VDE 0132 (VDE 0132)

Hilferufanlagen
Steuereinrichtungen .... DIN EN 50134-3 (VDE 0830-4-3)
Systemanforderungen .... DIN EN 50134-1 (VDE 0830-4-1)

Hilfseinrichtungen
zur Störleistungsmessung .... DIN EN 55016-1-3 (VDE 0876-16-1-3)

Hilfsschalter
für Hausinstallationen .... DIN EN 62019 (VDE 0640)

Hilfsstromkreise
in Niederspannungsanlagen .... E DIN IEC 60364-5-55/A3f2 (VDE 0100-557)
DIN VDE 0100-460 (VDE 0100-460)
DIN VDE 0100-557 (VDE 0100-557)

Hilfsstromschalter .... DIN EN 60947-5-1 (VDE 0660-200)
mit Pilotfunktion .... DIN VDE 0660-209 (VDE 0660-209)

Hindernisse .... DIN VDE 0100-410 (VDE 0100-410)

Hinweisschilder für Laserstrahlung
nationaler Wortlaut .... Beiblatt 1 DIN EN 60825-1 (VDE 0837-1)

Hirnstammimplantatsysteme .... DIN EN 45502-2-3 (VDE 0750-10-3)

HITU-Systeme .... E DIN EN 60601-2-62 (VDE 0750-2-62)

Hobel
handgeführt, motorbetrieben .... DIN EN 60745-2-14 (VDE 0740-2-14)
transportabel, motorbetrieben .... DIN EN 61029-2-3 (VDE 0740-503)

Hobelmaschinen .... DIN EN 60745-2-14 (VDE 0740-2-14)

Hochbahnen
elektrische Sicherheit und Erdung .... DIN EN 50122-3 (VDE 0115-5)

Hochdruck-Flüssigkeits-Chromatographie (HPLC) .... E DIN EN 62321-6 (VDE 0042-1-6)

Hochdruckreiniger
für den Hausgebrauch .... DIN EN 60335-2-79 (VDE 0700-79)
– allgemeine Anforderungen .... E DIN IEC 60335-2-79/A103 (VDE 0700-79/A3)
– Aufschriften und Anweisungen .... E DIN IEC 60335-2-79/A101 (VDE 0700-79/A1)
– Geräuschmessung .... E DIN IEC 60335-2-79/A105 (VDE 0700-79/A5)
– mechanische Sicherheit .... E DIN IEC 60335-2-79/A102 (VDE 0700-79/A2)
– normative Verweisungen, Begriffe .... E DIN IEC 60335-2-79/A104 (VDE 0700-79/A4)

Hochdruckwasserprüfung
Schutzart IPX9 .... E DIN IEC 60529/A1 (VDE 0470-1/A1)

Hochflexible Leitungen
mit vernetzter Elastomer-Isolierung .... DIN EN 50525-2-22 (VDE 0285-525-2-22)

Hochfrequente elektromagnetische Felder
durch Hochspannungsfreileitungen und -anlagen .... Beiblatt 3 DIN VDE 0873 (VDE 0873)
Prüfung der Störfestigkeit .... DIN EN 61000-4-3 (VDE 0847-4-3)
Sicherheit von Personen
– Körpermodelle, Messgeräte, Messverfahren .... DIN EN 62209-1 (VDE 0848-209-1)
Störgrößen, induziert durch .... DIN EN 60255-22-6 (VDE 0435-3026)

Hochfrequenz-Chirurgiegeräte
Anwendungsregeln .... DIN 57753-1 (VDE 0753-1)
besondere Festlegungen .... DIN EN 60601-2-2 (VDE 0750-2-2)

Hochfrequenz-Erwärmungsanlagen
kapazitive ..... DIN EN 60519-9 (VDE 0721-9)

Hochfrequenz-Identifizierung ..... DIN EN 50364 (VDE 0848-364)

Hochfrequenz-Leistungskondensatoren ..... DIN VDE 0560-10 (VDE 0560-10)

Hochhäuser
elektrische Anlagen ..... E DIN IEC 60364-7-718 (VDE 0100-718)
DIN VDE 0100-718 (VDE 0100-718)
ortsfeste Batterieanlagen ..... DIN EN 50272-2 (VDE 0510-2)

Hochspannungsanlagen
Arbeiten an ..... DIN VDE 0105-100 (VDE 0105-100)
Bedienen von ..... DIN EN 50110-1 (VDE 0105-1)
DIN VDE 0105-100 (VDE 0105-100)
Bestimmung von Grenzwerten ..... Beiblatt 2 DIN VDE 0873 (VDE 0873)
Betrieb von ..... DIN VDE 0105-100 (VDE 0105-100)
Instandhaltung ..... DIN EN 50110-1 (VDE 0105-1)
isolierende Mehrzweckstangen ..... DIN EN 50508 (VDE 0682-213)
mit Nennspannungen über 1 kV
– Errichtung ..... VDE-Schriftenreihe Band 11

Hochspannungsausrüstung
von Maschinen ..... DIN EN 60204-11 (VDE 0113-11)

Hochspannungsdurchführung
für Haupttransformatoren ..... DIN CLC/TS 50537-1 (VDE V 0115-537-1)

Hochspannungsfreileitungen
Funkstörungen ..... Beiblatt 1 DIN VDE 0873 (VDE 0873)
Beiblatt 2 DIN VDE 0873 (VDE 0873)
magnetische Felder
– Exposition der Allgemeinbevölkerung ..... DIN EN 62110 (VDE 0848-110)

Hochspannungs-Gleichstrom-Energieübertragung
Thyristorventile
– Prüfung ..... DIN EN 60700-1 (VDE 0553-1)

Hochspannungs-Gleichstromübertragung (HGÜ)
Geräusche in Stationen ..... E DIN IEC 61973 (VDE 0553-973)
Prüfung von Stromrichterventilen ..... DIN EN 62501 (VDE 0553-501)
Systemprüfungen für Anlagen ..... DIN EN 61975 (VDE 0553-975)

Hochspannungsisolatoren
Funkstörprüfung ..... DIN EN 60437 (VDE 0674-6)
für verschmutzte Umgebungen
– allgemeine Grundlagen ..... E DIN IEC 60815-1 (VDE 0446-201)
– Keramik- und Glasisolatoren ..... E DIN IEC 60815-2 (VDE 0446-202)
– Polymerisolatoren für Wechselspannungssysteme ..... E DIN IEC 60815-3 (VDE 0446-203)

Hochspannungs-Isolatoren ..... E DIN EN 60507 (VDE 0448-1)

Hochspannungs-Lastschalter
für Bemessungsspannungen unter 52 kV ..... DIN EN 60265-1 (VDE 0670-301)

Hochspannungs-Lastschalter-Sicherungs-Kombinationen ..... DIN EN 62271-105 (VDE 0671-105)
E DIN EN 62271-105 (VDE 0671-105)

Hochspannungs-Leistungsschalter
Leitfaden für die Erdbeben-Qualifikation ..... DIN EN 61166 (VDE 0670-111)

Hochspannungsmaschinen
Isolierung von Stäben und Spulen ..... DIN EN 50209 (VDE 0530-33)

Hochspannungs-Messzubehör
handgehaltenes .... E DIN EN 61010-031 (VDE 0411-031)
DIN EN 61010-031 (VDE 0411-031)

Hochspannungsnetze
Reihenkondensatoren für .... DIN EN 60143-1 (VDE 0560-42)

Hochspannungs-Polymerisolatoren
für Innenraum- und Freiluftanwendung .... E DIN EN 62217 (VDE 0441-1000)

Hochspannungsprüfgeräte .... DIN 57681-2 (VDE 0681-2)
DIN 57681-3 (VDE 0681-3)
DIN EN 61219 (VDE 0683-200)
DIN EN 61243-2 (VDE 0682-412)
DIN EN 61243-2/A2 (VDE 0682-412/A1)
DIN VDE 0681-1 (VDE 0681-1)
DIN VDE 0681-6 (VDE 0681-6)

Hochspannungs-Prüftechnik
allgemeine Begriffe und Prüfbedingungen .... DIN EN 60060-1 (VDE 0432-1)
für Niederspannungsgeräte
– Prüfbedingungen .... DIN EN 61180-1 (VDE 0432-10)
– Prüfgeräte .... DIN EN 61180-2 (VDE 0432-11)
Messsysteme .... DIN EN 60060-2 (VDE 0432-2)
Teilentladungsmessungen .... E DIN EN 60270/A1 (VDE 0434/A1)
Vor-Ort-Prüfungen .... DIN EN 60060-3 (VDE 0432-3)

Hochspannungs-Schaltanlagen
Bemessungsspannungen über 52 kV .... DIN EN 62271-205 (VDE 0671-205)
digitale Schnittstellen .... DIN EN 62271-3 (VDE 0671-3)
druckbeanspruchte Hohlisolatoren .... DIN EN 62155 (VDE 0674-200)
druckbeaufschlagte .... DIN VDE 0670-803 (VDE 0670-803)
Erdbebenqualifikation .... DIN EN 62271-207 (VDE 0671-207)
E DIN EN 62271-210 (VDE 0671-210)
fabrikfertige .... DIN EN 62271-200 (VDE 0671-200)
fabrikfertige Stationen .... DIN EN 62271-202 (VDE 0671-202)
Freiluft-Leistungsschalter .... E DIN IEC 62271-37-082 (VDE 0671-37-082)
für erschwerte klimatische Bedingungen .... E DIN IEC 62271-304 (VDE 0671-304)
gasgefüllte
– Kapselungen aus Aluminium und -Knetlegierungen ..... DIN EN 50064/A1 (VDE 0670-803/A1)
– Kapselungen aus Leichtmetallguss .... DIN EN 50052/A2 (VDE 0670-801/A2)
– Kapselungen aus Schmiedestahl .... DIN EN 50068 (VDE 0670-804)
DIN EN 50068/A1 (VDE 0670-804/A1)
gasisolierte metallgekapselte .... E DIN EN 62271-211 (VDE 0671-211)
E DIN IEC 62271-203 (VDE 0671-203)
gasisolierte Schaltgerätekombinationen
– Erdbebenqualifikation .... E DIN EN 62271-207 (VDE 0671-207)
Gebrauch von Schwefelhexafluorid .... E DIN IEC 62271-4 (VDE 0671-4)
DIN V 62271-303 (VDE V 0671-303)
gemeinsame Bestimmungen .... DIN EN 62271-1 (VDE 0671-1)
E DIN IEC 62271-1/A1 (VDE 0671-1/A1)
geschweißte Kapselungen .... DIN EN 50069 (VDE 0670-805)
– aus Leichtmetallguss und Aluminium-Knetlegierungen DIN EN 50069/A1 (VDE 0670-805/A1)
Gießharz-Zwischenwände .... DIN EN 50089 (VDE 0670-806)
DIN VDE 0670-801 (VDE 0670-801)
Kompakt-Schaltanlagen für Verteilerstationen .... DIN EN 50532 (VDE 0670-699)
Lastschalter über 1 kV bis 52 kV .... E DIN IEC 62271-103 (VDE 0671-103)
Lastschalter über 52 kV .... DIN EN 62271-104 (VDE 0671-104)
Leistungstransformatoren .... E DIN EN 62271-211 (VDE 0671-211)
metallgekapselte .... E DIN IEC 62271-200 (VDE 0671-200)

Hochspannungs-Schaltanlagen
metallgekapselte gasgefüllte
– Gießharz-Zwischenwände .... DIN EN 50089/A1 (VDE 0670-806/A1)
Schalten induktiver Lasten .... DIN EN 62271-110 (VDE 0671-110)
E DIN EN 62271-110 (VDE 0671-110)
Spannungsanzeigesysteme .... DIN EN 62271-206 (VDE 0671-206)
synthetische Prüfung .... DIN EN 62271-101 (VDE 0671-101)
E DIN EN 62271-101 (VDE 0671-101)
DIN EN 62271-101/A1 (VDE 0671-101/A1)
Wechselstrom-Erdungsschalter .... E DIN EN 62271-102/A2 (VDE 0671-102/A2)
Wechselstrom-Lastschalter-Sicherungs-
Kombinationen .... E DIN EN 62271-105 (VDE 0671-105)
Wechselstrom-Leistungsschalter .... DIN EN 62271-100 (VDE 0671-100)
DIN EN 62271-107 (VDE 0671-107)
E DIN IEC 62271-107 (VDE 0671-107)
– Prüfungen für 1 100 kV und 1 200 kV .... E DIN EN 62271-100/A1 (VDE 0671-100/A1)
Wechselstrom-Leistungsschalter mit Trennfunktion .... DIN EN 62271-108 (VDE 0671-108)
Wechselstrom-Trennschalter .... E DIN EN 62271-102/A2 (VDE 0671-102/A2)
Wechselstrom-Überbrückungsschalter
– für Reihenkondensatoren .... DIN EN 62271-109 (VDE 0671-109)

Hochspannungsschaltfelder
Niederspannungsstromkreisen .... DIN 57100-736 (VDE 0100-736)

Hochspannungs-Schaltgeräte
Bemessungsspannungen über 52 kV .... DIN EN 62271-205 (VDE 0671-205)
digitale Schnittstellen .... DIN EN 62271-3 (VDE 0671-3)
Erdbebenqualifikation .... DIN EN 62271-207 (VDE 0671-207)
E DIN EN 62271-210 (VDE 0671-210)
fabrikfertige Stationen .... DIN EN 62271-202 (VDE 0671-202)
Freiluft-Leistungsschalter .... E DIN IEC 62271-37-082 (VDE 0671-37-082)
gasgefüllte
– Kapselungen aus Aluminium und -Knetlegierungen .... DIN EN 50064/A1 (VDE 0670-803/A1)
– Kapselungen aus Leichtmetallguss .... DIN EN 50052/A2 (VDE 0670-801/A2)
– Kapselungen aus Schmiedestahl .... DIN EN 50068/A1 (VDE 0670-804/A1)
gasisolierte Schaltgerätekombinationen
– Erdbebenqualifikation .... E DIN EN 62271-207 (VDE 0671-207)
Gebrauch von Schwefelhexafluorid .... E DIN IEC 62271-4 (VDE 0671-4)
DIN V 62271-303 (VDE V 0671-303)
gemeinsame Bestimmungen .... DIN EN 62271-1 (VDE 0671-1)
E DIN IEC 62271-1/A1 (VDE 0671-1/A1)
geschweißte Kapselungen
– aus Leichtmetallguss und Aluminium-Knetlegierungen DIN EN 50069/A1 (VDE 0670-805/A1)
Kombinationsstarter .... E DIN IEC 62271-106 (VDE 0671-106)
Lastschalter über 1 kV bis 52 kV .... E DIN IEC 62271-103 (VDE 0671-103)
Lastschalter über 52 kV .... DIN EN 62271-104 (VDE 0671-104)
Leistungstransformatoren .... E DIN EN 62271-211 (VDE 0671-211)
metallgekapselte gasgefüllte
– Gießharz-Zwischenwände .... DIN EN 50089/A1 (VDE 0670-806/A1)
Motorstarter mit Schützen .... E DIN IEC 62271-106 (VDE 0671-106)
Schalten induktiver Lasten .... DIN EN 62271-110 (VDE 0671-110)
E DIN EN 62271-110 (VDE 0671-110)
synthetische Prüfung .... DIN EN 62271-101 (VDE 0671-101)
E DIN EN 62271-101 (VDE 0671-101)
DIN EN 62271-101/A1 (VDE 0671-101/A1)
Wechselstrom-Erdungsschalter .... E DIN EN 62271-102/A2 (VDE 0671-102/A2)
E DIN IEC 62271-102/A1 (VDE 0671-102/A1)
Wechselstrom-Lastschalter-Sicherungs-Kombinationen .. E DIN EN 62271-105 (VDE 0671-105)

Hochspannungs-Schaltgeräte
Wechselstrom-Leistungsschalter .... DIN EN 62271-100 (VDE 0671-100)
DIN EN 62271-107 (VDE 0671-107)
E DIN IEC 62271-107 (VDE 0671-107)
– Prüfungen für 1 100 kV und 1 200 kV .... E DIN EN 62271-100/A1 (VDE 0671-100/A1)
Wechselstrom-Leistungsschalter mit Trennfunktion .... DIN EN 62271-108 (VDE 0671-108)
Wechselstrom-Schütze .... E DIN IEC 62271-106 (VDE 0671-106)
Wechselstrom-Trennschalter .... E DIN EN 62271-102/A2 (VDE 0671-102/A2)
E DIN IEC 62271-102/A1 (VDE 0671-102/A1)
Wechselstrom-Überbrückungsschalter
– für Reihenkondensatoren .... DIN EN 62271-109 (VDE 0671-109)

Hochspannungs-Schaltgerätekombinationen
niederfrequente elektromagnetische Felder .... E DIN IEC 62271-208 (VDE 0671-208)

Hochspannungs-Schiffskupplungen .... E DIN EN 62613-1 (VDE 0623-613-1)
E DIN EN 62613-2 (VDE 0623-613-2)

Hochspannungs-Schiffsstecker .... E DIN EN 62613-1 (VDE 0623-613-1)
E DIN EN 62613-2 (VDE 0623-613-2)

Hochspannungssicherungen
Ausblassicherungen .... E DIN IEC 60282-2 (VDE 0670-411)
für Parallelkondensatoren .... E DIN EN 60549 (VDE 0670-404)
für Transformatorstromkreise .... E DIN IEC 60787 (VDE 0670-403)
DIN VDE 0670-402 (VDE 0670-402)
strombegrenzende .... DIN EN 60282-1 (VDE 0670-4)

Hochspannungs-Sicherungseinsätze
für Motorstromkreise .... DIN EN 60644 (VDE 0670-401)

Hochspannungs-Stoßprüfungen .... DIN EN 61083-1 (VDE 0432-7)

Hochspannungs-Übertragungsleitungen
starre gasisolierte
– Bemessungsspannungen über 52 kV .... E DIN IEC 62271-204 (VDE 0671-204)

Hochspannungsvorschriften .... DIN EN 61936-1 (VDE 0101-1)

Hochspannungswechselstrombahnen
elektromagnetische Beeinflussung .... E DIN EN 50443 (VDE 0845-8)

Hochspannungs-Wechselstrom-Leistungsschalter
mit Trennfunktion .... DIN EN 62271-108 (VDE 0671-108)

Hochspannungs-Wechselstrom-Motorstarter
mit Schützen .... DIN EN 60470 (VDE 0670-501)

Hochspannungs-Wechselstrom-Schütze .... DIN EN 60470 (VDE 0670-501)

Hochstromprüffeld .... DIN EN 62475 (VDE 0432-20)

Hochstrom-Prüftechnik
Hochstrom-Messungen
– Begriffe und Anforderungen .... DIN EN 62475 (VDE 0432-20)

Hochtemperaturkabel
für Schienenfahrzeuge
– allgemeine Anforderungen .... DIN EN 50382-1 (VDE 0260-382-1)
– einadrige silikonisolierte Leitungen .... DIN EN 50382-2 (VDE 0260-382-2)

Hochtemperatursupraleiter
eingefrorene magnetische Flussdichte .... DIN EN 61788-9 (VDE 0390-9)

Hochzuverlässiges System .... DIN EN 60880 (VDE 0491-3-2)
DIN EN 60987 (VDE 0491-3-1)
E DIN EN 60987/A1 (VDE 0491-3-1/A1)

Hohlisolatoren
Begriffe, Prüfverfahren, Konstruktionsempfehlungen .... DIN EN 61462 (VDE 0441-102)
für Innenraum- und Freiluftanwendung .... DIN EN 62217 (VDE 0441-1000)

Hohlwandinstallationen .... DIN VDE 0100-482 (VDE 0100-482)

Holz als Isolierstoff
Ringe aus Rotbuchenfurnieren .... DIN EN 61061-3-2 (VDE 0310-3-2)
Tafeln aus Rotbuchenfurnieren .... DIN EN 61061-3-1 (VDE 0310-3-1)

Hörgeräte
Leistungsmerkmale .... E DIN EN 60601-2-66 (VDE 0750-2-66)

Horizontalachs-Windturbinen
Getriebe für Antriebsstränge .... E DIN IEC 61400-4 (VDE 0127-4)
Messung des Leistungsverhaltens .... E DIN IEC 61400-12-2 (VDE 0127-12-2)

Hotels
elektrische Anlagen .... E DIN IEC 60364-7-718 (VDE 0100-718)

HPLC .... E DIN EN 62321-6 (VDE 0042-1-6)

HTS-Filme
Oberflächenimpedanz .... E DIN IEC 61788-15 (VDE 0390-15)

Hub- und Zuggeräte
elektrische Ausrüstung .... VDE-Schriftenreihe Band 60

Hubarbeitsbühnen
zum Arbeiten unter Spannung .... E DIN IEC 61057 (VDE 0682-741)

Hubbalkenöfen .... DIN EN 60519-2 (VDE 0721-2)

Hubkolben-Verbrennungsmotoren .... DIN EN 60034-22 (VDE 0530-22)

Human Body Model (HBM)
Bauelementeprüfung .... DIN EN 61340-3-1 (VDE 0300-3-1)

Human-Factor-Anforderungen
an Hauptwarten von Kernkraftwerken .... DIN IEC 62241 (VDE 0491-5-2)

Hupen
für den Haushalt .... DIN EN 62080 (VDE 0632-600)

Hybridelektrofahrzeuge
Doppelschichtkondensatoren .... DIN EN 62576 (VDE 0122-576)

Hybridfahrzeuge
Lithium-Sekundärbatterien .... DIN V VDE V 0510-11 (VDE V 0510-11)

Hydrolysebeständigkeit .... DIN EN 61234-1 (VDE 0349-1)

Hystereseverluste
in Verbundsupraleitern .... DIN EN 61788-13 (VDE 0390-13)
von Multifilament-Verbundleitern .... E DIN EN 61788-13 (VDE 0390-13)

I

"i"; Eigensicherheit .... DIN EN 60079-11 (VDE 0170-7)
DIN EN 60079-25 (VDE 0170-10-1)
E DIN IEC 60079-11 (VDE 0170-7)

"iD"; Eigensicherheit .... DIN EN 61241-11 (VDE 0170-15-11)

IAMS .... E DIN EN 62321-6 (VDE 0042-1-6)

IC-Code .... DIN EN 60034-6 (VDE 0530-6)

Identifikation
von Anschlüssen in Systemen .... DIN EN 61666 (VDE 0040-5)

Identifikationsbeschriftung .... DIN EN 62491 (VDE 0040-4)

Identifizierungssysteme
allgemeine Regeln .... E DIN IEC 62507 (VDE 0040-2)

IEC-Bemessungsströme
Normwerte .... DIN EN 60059 (VDE 0175-2)

IEC-Flickermeter .... VDE-Schriftenreihe Band 110
Messung von Spannungsschwankungen .... VDE-Schriftenreihe Band 109

IEC-Normfrequenzen .... DIN EN 60196 (VDE 0175-3)

IEC-Normspannungen .... E DIN IEC 60038 (VDE 0175-1)
DIN IEC 60038 (VDE 0175)

IEC-Normwerte
für Bemessungsströme .... DIN EN 60059 (VDE 0175-2)

IM-Code .... DIN EN 60034-7 (VDE 0530-7)

Impeller-Waschmaschinen .... DIN EN 60335-2-7 (VDE 0700-7)

Implantierbare medizinische Geräte .... DIN EN 45502-1 (VDE 0750-10)
allgemeine Festlegungen .... E DIN EN 45502-1 (VDE 0750-10)
Steckverbindersystem .... E DIN ISO 27186 (VDE 0750-20-1)

Imprägnierharzwerkstoffe
auf Basis ungesättigter Polyester .... DIN EN 60455-3-5 (VDE 0355-3-5)

Imprägniermittel
Bestimmung der Verbackungsfestigkeit .... DIN EN 61033 (VDE 0362-1)

Impulseinrichtung
für Zähler .... DIN EN 62053-31 (VDE 0418-3-31)

Indienststellung
von Bahnfahrzeugen .... DIN EN 50215 (VDE 0115-101)

Indirektes Berühren .... DIN VDE 0100-410 (VDE 0100-410)

Induktionslampen (Leuchtstoff-) .... DIN EN 62532 (VDE 0715-14)

Induktionsmotoren
mit Käfigläufer, umrichtergespeist
– Anwendungsleitfaden .... DIN VDE 0530-17 (VDE 0530-17)

Induktionsrinnenöfen
Prüfverfahren .... DIN EN 62076 (VDE 0721-51)

Induktionsschmelzanlagen .... DIN EN 60519-3 (VDE 0721-3)

Induktionstiegelöfen
Prüfverfahren .... DIN EN 62076 (VDE 0721-51)

Induktions-Wechselstrommaschinen
Prüfungen
– Verluste und Wirkungsgrad .... DIN EN 60034-2-1 (VDE 0530-2-1)

Induktionswoks
für den Hausgebrauch .... DIN EN 60335-2-13 (VDE 0700-13)

Induktionszähler
Impulseinrichtung .... DIN EN 62053-31 (VDE 0418-3-31)

Induktive Ladung
von Elektrofahrzeugen .... Anwendungsregel (VDE-AR-E 2122-4-2)

Induktive Lasten
Schalten .... DIN EN 62271-110 (VDE 0671-110)
E DIN EN 62271-110 (VDE 0671-110)

Induktive Spannungswandler
für elektrische Messgeräte .... DIN EN 60044-2 (VDE 0414-44-2)

Induktives Erwärmen
Kondensatoren .... DIN EN 60110-1 (VDE 0560-9)

Industriebereiche
mit besonderer elektromagnetischer Umgebung .... DIN EN 61326-3-2 (VDE 0843-20-3-2)

Industrielle Anlagen
Beschriftung von Kabeln, Leitungen und Adern .... DIN EN 62491 (VDE 0040-4)
Kennzeichnung von Anschlüssen .... DIN EN 61666 (VDE 0040-5)

Industrielle Ausrüstungen
Beschriftung von Kabeln, Leitungen und Adern .... DIN EN 62491 (VDE 0040-4)
Kennzeichnung von Anschlüssen .... DIN EN 61666 (VDE 0040-5)

Industrielle Geräte
Funkstörungen
– Grenzwerte und Messverfahren .... DIN EN 55011 (VDE 0875-11)

Industrielle Kommunikationsnetze
Feldbusinstallation
– Installationsprofile für CPF 2 .... E DIN IEC 61784-5 (VDE 0800-500-1)
– Kommunikationsprofilfamilie 10 .... DIN EN 61784-5-10 (VDE 0800-500-10)
– Kommunikationsprofilfamilie 11 .... DIN EN 61784-5-11 (VDE 0800-500-11)
– Kommunikationsprofilfamilie 2 .... DIN EN 61784-5-2 (VDE 0800-500-2)
– Kommunikationsprofilfamilie 3 .... DIN EN 61784-5-3 (VDE 0800-500-3)
– Kommunikationsprofilfamilie 6 .... DIN EN 61784-5-6 (VDE 0800-500-6)
Installation in Industrieanlagen .... DIN EN 61918 (VDE 0800-500)
E DIN IEC 61918 (VDE 0800-500)

Industrielle Prozessleitsysteme
intelligente Messumformer
– Methoden zur Bewertung .... DIN EN 60770-3 (VDE 0408-3)
Messumformer .... DIN EN 60770-1 (VDE 0408-1)

Industrielle Prozessleittechnik
Geräte mit analogen Eingängen .... DIN EN 61003-1 (VDE 0409)
– Funktionskontrolle und Serienprüfung .... DIN EN 61003-2 (VDE 0409-2)

Industrielle Systeme
Beschriftung von Kabeln, Leitungen und Adern .... DIN EN 62491 (VDE 0040-4)
Kennzeichnung von Anschlüssen .... DIN EN 61666 (VDE 0040-5)

Industrieprodukte
Beschriftung von Kabeln, Leitungen und Adern .... DIN EN 62491 (VDE 0040-4)
Kennzeichnung von Anschlüssen .... DIN EN 61666 (VDE 0040-5)

Information, technische
Strukturierung .... E DIN IEC 62023 (VDE 0040-6)

Informationen
in Dokumenten .... DIN EN 61082-1 (VDE 0040-1)

Informationsfunktionen
für Kernkraftwerke
– Kategorisierung .... DIN EN 61226 (VDE 0491-1)
Informationsnetze
Anschluss von Geräten
– Schnittstellen .... Beiblatt 1 DIN EN 41003 (VDE 0804-100)
Informationstechnik
Einrichtungen
– allgemeine Sicherheitsanforderungen .... DIN EN 60950-1/A12 (VDE 0805-1/A12)
– Energieverbrauch .... DIN EN 62018 (VDE 0806-2018)
Einrichtungen für den Außenbereich .... DIN EN 60950-22 (VDE 0805-22)
DIN EN 60950-22/A11 (VDE 0805-22/A11)
Einrichtungen zur Datenspeicherung .... DIN EN 60950-23 (VDE 0805-23)
Fernspeisung von Anlagen .... VDE-Schriftenreihe Band 53
Installationsplanung und -praktiken im Freien .... DIN EN 50174-3 (VDE 0800-174-3)
Kommunikationsverkabelung
– Installationsplanung und Installationspraktiken .... DIN EN 50174-2 (VDE 0800-174-2)
– Spezifikation und Qualitätssicherung .... DIN EN 50174-1 (VDE 0800-174-1)
Potentialausgleich und Erdung .... VDE-Schriftenreihe Band 66
DIN V VDE V 0800-2 (VDE V 0800-2)
Sicherheit in der .... VDE-Schriftenreihe Band 54
Informationstechnikgeräte
umweltbewusstes Design .... DIN EN 62075 (VDE 0806-2075)
E DIN EN 62075 (VDE 0806-2075)
Informationstechnische Einrichtungen
für den Außenbereich .... DIN EN 60950-22 (VDE 0805-22)
zur Datenspeicherung .... DIN EN 60950-23 (VDE 0805-23)
Informationstechnische Verkabelung .... DIN EN 61935-1 (VDE 0819-935-1)
DIN EN 61935-2-20 (VDE 0819-935-2-20)
DIN EN 61935-3 (VDE 0819-935-3)
Schnüre nach ISO/IEC 11801 .... DIN EN 61935-2 (VDE 0819-935-2)
Informationsübertragung
auf Niederspannungsnetzen .... DIN EN 50065-1 (VDE 0808-1)
Informationsverarbeitung
in Starkstromanlagen .... DIN EN 50178 (VDE 0160)
Informationsverarbeitungsanlagen
Außenkabel .... DIN VDE 0891-6 (VDE 0891-6)
– Isolierhülle aus Papier .... DIN VDE 0816-3 (VDE 0816-3)
Fernmeldeschnüre .... DIN 57814 (VDE 0814)
DIN 57891-4 (VDE 0891-4)
Installationskabel und -leitungen .... DIN VDE 0815/A1 (VDE 0815/A1)
Kabel und isolierte Leitungen .... DIN VDE 0891-5 (VDE 0891-5)
– allgemeine Bestimmungen .... DIN VDE 0891-1 (VDE 0891-1)
Leitungen für erhöhte mechanische Beanspruchung .... DIN VDE 0817 (VDE 0817)
Leitungen mit Litzenleitern .... DIN 57891-7 (VDE 0891-7)
Lichtwellenleiter
– Außenkabel .... DIN VDE 0888-3 (VDE 0888-3)
DIN VDE 0888-5 (VDE 0888-5)
– Innenkabel .... DIN VDE 0888-4 (VDE 0888-4)
DIN VDE 0888-6 (VDE 0888-6)
Schaltdrähte
– mit erweitertem Temperaturbereich .... DIN VDE 0812 (VDE 0812)
DIN VDE 0881 (VDE 0881)
DIN VDE 0891-2 (VDE 0891-2)
DIN VDE 0891-9 (VDE 0891-9)

Informationsverarbeitungsanlagen
Schaltkabel .... DIN VDE 0891-3 (VDE 0891-3)
Schaltlitzen
– mit erweitertem Temperaturbereich .... DIN VDE 0812 (VDE 0812)
DIN VDE 0881 (VDE 0881)
DIN VDE 0891-2 (VDE 0891-2)
DIN VDE 0891-9 (VDE 0891-9)
Spannungsfestigkeit von Kabeln, Leitungen und
Schnüren .... DIN VDE 0472-509 (VDE 0472-509)
Verdrahtung .... DIN VDE 0812 (VDE 0812)
DIN VDE 0881 (VDE 0881)

Infrarot-Kabinen
für den Hausgebrauch .... E DIN EN 60335-2-53 (VDE 0700-53)

Infrarotstrahler
zur Hautbehandlung .... DIN EN 60335-2-27 (VDE 0700-27)
E DIN EN 60335-2-27 (VDE 0700-27)
E DIN EN 60335-2-27/A100 (VDE 0700-27/A100)

Infusionspumpen .... E DIN EN 60601-2-24 (VDE 0750-2-24)
implantierbare .... E DIN ISO 14708-4 (VDE 0750-10-5)

Infusionspumpen und Infusionsregler .... DIN EN 60601-2-24 (VDE 0750-2-24)

Infusionsregler .... E DIN EN 60601-2-24 (VDE 0750-2-24)

Injektions-Hornantenne (LIHA) .... E DIN EN 62132-6 (VDE 0847-22-6)

Inkasso-Wirkverbrauchszähler
elektronische
– Klassen 1 und 2 .... DIN EN 62055-31 (VDE 0418-5-31)

Inkubatoren
Säuglings- .... DIN EN 60601-2-20 (VDE 0750-2-20)

Innenkabel
bis 1 200 MHz, im Wohnbereich
– Klasse 4 .... E DIN EN 50441-4 (VDE 0815-4)
geschirmt, im Wohnbereich
– Klasse 2 .... DIN EN 50441-2 (VDE 0815-2)
E DIN EN 50441-2 (VDE 0815-2)
– Klasse 3 .... DIN EN 50441-3 (VDE 0815-3)
ungeschirmt, im Wohnbereich
– Klasse 1 .... DIN EN 50441-1 (VDE 0815-1)
E DIN EN 50441-1 (VDE 0815-1)

Innenkabel (LWL-)
Bandkabel .... DIN EN 60794-2-30 (VDE 0888-118)

Innenraumbeleuchtung
ortsfeste .... DIN VDE 0711-201 (VDE 0711-201)
ortsveränderliche .... DIN EN 60598-2-4 (VDE 0711-2-4)

Innenrüttler
handgeführt, motorbetrieben .... DIN EN 60745-2-12 (VDE 0740-2-12)

Insektenvernichter
für den Hausgebrauch .... DIN EN 60335-2-101 (VDE 0700-101)
DIN EN 60335-2-59 (VDE 0700-59)

Inselbildung
bei Photovoltaikanlagen .... DIN EN 62116 (VDE 0126-2)

In-situ-Photonenspektrometriesystem
mit Germaniumdetektor .... E DIN IEC 61275 (VDE 0493-4-3)

In-situ-Werte
mit finiten Amplituden
– in Ultraschallbündeln .... DIN CLC/TS 61949 (VDE V 0754-2)

Installation
von medizinischen elektrischen Geräten
– Ausarbeitung von Normen .... Beiblatt 1 DIN VDE 0752 (VDE 0752)

Installationsdosen
zur Aufnahme von Geräten .... DIN VDE 0606-1 (VDE 0606-1)

Installationsdraht .... DIN VDE 0815 (VDE 0815)

Installationseinheiten
freistehende .... DIN EN 50085-2-4 (VDE 0604-2-4)

Installationsgeräte
Auswahl und Errichtung .... DIN VDE 0100-550 (VDE 0100-550)
für Hausinstallationen
– Dosen und Gehäuse .... DIN EN 60670-1 (VDE 0606-1)
– Dosen und Gehäuse mit Aufhängemitteln .... DIN EN 60670-21 (VDE 0606-21)
– Verbindungsdosen .... DIN EN 60670-22 (VDE 0606-22)

Installationskabel und -leitungen
für Fernmelde- und Informationsverarbeitungsanlagen .... DIN VDE 0815/A1 (VDE 0815/A1)

Installationskanalsysteme
für elektrische Installationen
– allgemeine Anforderungen .... DIN EN 50085-1 (VDE 0604-1)
E DIN EN 50085-1/AA (VDE 0604-1/AA)
Montage unterboden, bodenbündig, aufboden .... DIN EN 50085-2-2 (VDE 0604-2-2)
Verdrahtungskanäle .... DIN EN 50085-2-3 (VDE 0604-2-3)

Installationskleinverteiler .... E DIN VDE 0603-1/A1 (VDE 0603-1/A1)
DIN VDE 0603-2 (VDE 0603-2)
Befestigungs- und Kontaktiereinrichtung (BKE)
– für elektronische Haushaltszähler .... DIN V VDE V 0603-5 (VDE V 0603-5)
für elektronische Haushaltszähler .... DIN V VDE V 0603-102 (VDE V 0603-102)
Zählersteckklemmen (ZSK) .... E DIN VDE 0603-3 (VDE 0603-3)

Installationskurzsäulen .... DIN EN 50085-2-4 (VDE 0604-2-4)

Installationsleitung NHXMH .... DIN VDE 0250-214 (VDE 0250-214)

Installationsleitung NYM .... DIN VDE 0250-204 (VDE 0250-204)

Installationsmaterial
für Hausinstallationen
– Hilfsschalter .... DIN EN 62019 (VDE 0640)
Kabelhalter .... DIN EN 61914 (VDE 0604-202)
Kabelkanalsysteme .... DIN EN 50085-2-1 (VDE 0604-2-1)
E DIN EN 50085-2-1/AA (VDE 0604-2-1/AA)
Kabelträgersysteme .... DIN EN 61537 (VDE 0639)
Kabelverschraubungen .... E DIN IEC 62444 (VDE 0619)
Leitungsroller für den Hausgebrauch .... DIN EN 61242 (VDE 0620-300)
Verbinder für Fertigbauteile .... E DIN VDE 0606-201 (VDE 0606-201)

Installationsmaterial (ESHG-) .... DIN EN 50428 (VDE 0632-400)
E DIN IEC 60669-2-5 (VDE 0632-2-5)

Installationsprofile
für Feldbusinstallation .... DIN EN 61784-5-10 (VDE 0800-500-10)
DIN EN 61784-5-11 (VDE 0800-500-11)
DIN EN 61784-5-2 (VDE 0800-500-2)
DIN EN 61784-5-3 (VDE 0800-500-3)
DIN EN 61784-5-6 (VDE 0800-500-6)
E DIN IEC 61784-5 (VDE 0800-500-1)

Installationsrichtlinien
für Schutzeinrichtungen
– gegen leitungsgeführte HEMP-Störgrößen .... DIN EN 61000-5-5 (VDE 0847-5-5)

Installationsrohrsysteme
allgemeine Anforderungen .... DIN EN 61386-1 (VDE 0605-1)
biegsame .... DIN EN 61386-22 (VDE 0605-22)
erdverlegte .... DIN EN 61386-24 (VDE 0605-24)
flexible .... DIN EN 61386-23 (VDE 0605-23)
Rohrhalter .... E DIN IEC 61386-25 (VDE 0605-25)
starre .... DIN EN 61386-21 (VDE 0605-21)

Installationssäulen .... DIN EN 50085-2-4 (VDE 0604-2-4)

Installationsschlauchsysteme
flüssigkeitsdichte .... DIN EN 50369 (VDE 0605-100)

Installationssteckbuchsen .... DIN EN 61535 (VDE 0606-200)
E DIN EN 61535/A1 (VDE 0606-200/A1)

Installationsstecker .... DIN EN 61535 (VDE 0606-200)
E DIN EN 61535/A1 (VDE 0606-200/A1)

Installationssteckverbinder
für dauerhafte Verbindungen .... DIN EN 61535 (VDE 0606-200)
E DIN EN 61535/A1 (VDE 0606-200/A1)

Installationstechnik
Lexikon .... VDE-Schriftenreihe Band 52

Installationsverteiler (IVL)
für die Bedienung durch Laien .... E DIN EN 61439-3 (VDE 0660-600-3)

Instandhaltung
auf die Funktionsfähigkeit bezogene .... DIN EN 60300-3-11 (VDE 0050-5)
elektrischer Anlagen .... VDE-Schriftenreihe Band 13

Instandhaltungsgang .... DIN VDE 0100-729 (VDE 0100-729)

Instandhaltungsgrundsätze .... DIN EN 60300-3-11 (VDE 0050-5)

Instandsetzung
elektrischer Betriebsmittel
– Prüfgeräte .... DIN VDE 0404-1 (VDE 0404-1)
elektrischer Geräte .... VDE-Schriftenreihe Band 62
DIN VDE 0701-0702 (VDE 0701-0702)
– Wiederholungsprüfung .... E DIN EN 62638 (VDE 0701-0702)

Instrumenten- und Kontrollkabel
Rahmenspezifikation .... DIN EN 50288-7 (VDE 0819-7)

Integration DEZ .... Anwendungsregel (VDE-AR-N 4105)

Integrierte Alarmanlagen .... DIN CLC/TS 50398 (VDE V 0830-6-398)

Integrierte Schaltungen
elektromagnetische Störfestigkeit
– Messung .... DIN EN 62132-2 (VDE 0847-22-2)
E DIN EN 62132-6 (VDE 0847-22-6)
optoelektronische Bauelemente
– Grenz- und Kennwerte .... E DIN VDE 0884-2/A2 (VDE 0884-2/A2)

Interaktive Dienste
Elektromagnetische Verträglichkeit von Kabelnetzen .... DIN EN 50083-8 (VDE 0855-8)
Kabelnetze für
– Sicherheitsanforderungen .... DIN EN 60728-11 (VDE 0855-1)

Interoperabilität
bei Bahnenergieversorgung und Fahrzeugen .... E DIN EN 50388 (VDE 0115-606)
DIN EN 50388 (VDE 0115-606)
von Stromabnehmer und Oberleitung .... E DIN EN 50367 (VDE 0115-605)
DIN EN 50367 (VDE 0115-605)

Interpretationsliste
zur Reihe EN 60730 .... Beiblatt 1 DIN EN 60730 (VDE 0631)

Inventarisierung
von Arbeitsmitteln .... VDE-Schriftenreihe Band 120

In-vitro-Diagnosegeräte (IVD)
EMV-Anforderungen .... DIN EN 61326-2-6 (VDE 0843-20-2-6)
E DIN IEC 61326-2-6 (VDE 0843-20-2-6)

In-vitro-Diagnostik (IVD)
Diagnosegeräte .... DIN EN 61010-2-101 (VDE 0411-2-101)

In-vivo-Überwachung
Ganz- und Teilkörperzähler .... DIN EN 61582 (VDE 0493-2-3)
– wiederkehrende Prüfung .... DIN VDE 0493-200 (VDE 0493-200)

Ionen-Anlagerungs-Massenspektroskopie (IAMS) .... E DIN EN 62321-6 (VDE 0042-1-6)

Ionisatoren .... E DIN EN 61340-4-7 (VDE 0300-4-7)

Ionisierende Strahlung
Einsatz von Elektroisolierstoffen .... DIN EN 60544-4 (VDE 0306-4)
Grundlagen der Strahlenwirkung .... DIN EN 60544-1 (VDE 0306-1)
Verunreinigungen .... DIN VDE 0303-33 (VDE 0303-33)
Wirkung auf Isolierstoffe .... DIN EN 60544-1 (VDE 0306-1)
E DIN EN 60544-2 (VDE 0306-2)
E DIN EN 60544-5 (VDE 0306-5)
DIN EN 60544-5 (VDE 0306-5)

IP (Schutzarten)
Einteilung für drehende elektrische Maschinen .... DIN EN 60034-5 (VDE 0530-5)

Isolation
von Niederspannungssicherungen .... DIN EN 60269-1 (VDE 0636-1)

Isolationsbemessung
Parameter .... VDE-Schriftenreihe Band 56

Isolationserhalt im Brandfall
Kabel und Leitungen in Notstromkreisen
– ungeschützte Verlegung .... DIN EN 50200 (VDE 0482-200)
DIN EN 50362 (VDE 0482-362)

Isolationsfehlerschutz
in elektrischen Anlagen .... VDE-Schriftenreihe Band 85

Isolationsfehlersuche
in IT-Systemen .... DIN EN 61557-9 (VDE 0413-9)

Isolationsfehlersuchgeräte (IFLs) .... E DIN VDE 0100-570 (VDE 0100-570)

Isolationskoordination
Anwendungsrichtlinie
– Arbeitsblatt und Beispiele .... DIN EN 60071-2 (VDE 0111-2)
Begriffe, Grundsätze, Anforderungen .... DIN EN 60071-1 (VDE 0111-1)
Bemessungsbeispiele und Isolationsprüfungen .... E DIN IEC 60664-2-1 (VDE 0110-2-1)
für elektrische Betriebsmittel .... Beiblatt 3 DIN EN 60664-1 (VDE 0110-1)
DIN EN 60664-5 (VDE 0110-5)
– Grundsätze, Anforderungen, Prüfungen .... DIN EN 60664-1 (VDE 0110-1)
– hochfrequente Spannungsbeanspruchungen .... DIN EN 60664-4 (VDE 0110-4)
– Schutz gegen Verschmutzung .... DIN EN 60664-3 (VDE 0110-3)

Isolationskoordination
für elektrische Betriebsmittel
– Teilentladungsprüfungen .... DIN VDE 0110-20 (VDE 0110-20)
in Niederspannungsanlagen .... VDE-Schriftenreihe Band 56
DIN EN 60664-5 (VDE 0110-5)
in Niederspannungsbetriebsmitteln
– Bemessungsbeispiele und Isolationsprüfungen .... E DIN IEC 60664-2-1 (VDE 0110-2-1)
Kriech- und Luftstrecken .... DIN EN 60664-5 (VDE 0110-5)
– bei Bahnanwendungen .... DIN EN 50124-1 (VDE 0115-107-1)
Schnittstellen .... Beiblatt 3 DIN EN 60664-1 (VDE 0110-1)

Isolationspegel .... DIN EN 60071-1 (VDE 0111-1)
Leistungstransformatoren .... DIN EN 60076-3 (VDE 0532-3)

Isolationsprüfungen
Anwendung der Normenreihe IEC 60664 .... E DIN IEC 60664-2-1 (VDE 0110-2-1)

Isolationsüberwachung .... VDE-Schriftenreihe Band 114

Isolations-Überwachungseinrichtungen
in elektrischen Anlagen .... DIN VDE 0100-410 (VDE 0100-410)

Isolationsüberwachungsgeräte
EMV-Anforderungen .... DIN EN 61326-2-4 (VDE 0843-20-2-4)
E DIN IEC 61326-2-4 (VDE 0843-20-2-4)
für IT-Systeme in Niederspannungsnetzen .... DIN EN 61557-8 (VDE 0413-8)

Isolationsüberwachungsgeräte (IMDs) .... E DIN VDE 0100-570 (VDE 0100-570)

Isolationswiderstand
Geräte zum Prüfen, Messen, Überwachen .... DIN EN 61557-2 (VDE 0413-2)
von festen, isolierenden Werkstoffen .... DIN IEC 60167 (VDE 0303-31)
von Isolierstoffen .... DIN IEC 60167 (VDE 0303-31)

Isolationswiderstandsprüfung
an Kabeln und Leitungen .... DIN EN 50395 (VDE 0481-395)

Isolatoren
Abspritzeinrichtungen .... DIN EN 50186-1 (VDE 0143-1)
DIN EN 50186-2 (VDE 0143-2)
DIN EN 60383-1 (VDE 0446-1)
DIN IEC 60660 (VDE 0441-3)
Durchschlagprüfung .... DIN EN 61211 (VDE 0446-102)
Endarmaturen .... DIN EN 61466-1 (VDE 0441-4)
für Bahnstromleitungen .... DIN EN 60507 (VDE 0448-1)
für Fahrleitungen .... DIN VDE 0446-3 (VDE 0446-3)
für Fernmeldeleitungen .... DIN VDE 0446-2 (VDE 0446-2)
DIN VDE 0446-3 (VDE 0446-3)
für Freileitungen .... DIN EN 50341-1 (VDE 0210-1)
DIN EN 60383-2 (VDE 0446-4)
DIN EN 60507 (VDE 0448-1)
DIN EN 61211 (VDE 0446-102)
DIN VDE 0446-2 (VDE 0446-2)
DIN VDE 0446-3 (VDE 0446-3)
– Wechselstrom-Hochleistungs-Lichtbogenprüfungen .... DIN EN 61467 (VDE 0446-104)
für Schaltanlagen .... DIN EN 60507 (VDE 0448-1)
für Wechselstromfreileitungen über 1 000 V .... E DIN EN 60507 (VDE 0448-1)
DIN EN 61109 (VDE 0441-100)
Glas- .... DIN EN 61211 (VDE 0446-102)
Hochspannungs-,
– Keramik- und Glasisolatoren .... E DIN EN 60507 (VDE 0448-1)

Isolatoren
Hochspannungs-, für verschmutzte Umgebungen
– allgemeine Grundlagen .... E DIN IEC 60815-1 (VDE 0446-201)
– Keramik- und Glasisolatoren .... E DIN IEC 60815-2 (VDE 0446-202)
Keramik-Ketten (Langstabausführung) .... DIN EN 60433 (VDE 0446-7)
Prüfung .... E DIN EN 60507 (VDE 0448-1)
DIN EN 60507 (VDE 0448-1)
DIN VDE 0441-1 (VDE 0441-1)

Isolatorketten
Prüfungen .... DIN EN 61467 (VDE 0446-104)

Isolier- und Mantelmischungen
für Kabel und isolierte Leitungen
– besondere Prüfverfahren .... DIN EN 60811-5-1 (VDE 0473-811-5-1)
– fluorhaltige Polymere .... DIN VDE 0207-6 (VDE 0207-6)
– Gummi .... DIN VDE 0207-20 (VDE 0207-20)
– Polyethylen- und Polypropylen-Verbindungen .... DIN EN 60811-4-1 (VDE 0473-811-4-1)
DIN EN 60811-4-2 (VDE 0473-811-4-2)
– PVC-Mantelmischungen .... DIN VDE 0207-5 (VDE 0207-5)
– PVC-Mischungen .... DIN EN 60811-3-2 (VDE 0473-811-3-2)

Isolierbänder
selbstklebende
– aus Glasgewebe .... DIN EN 60454-3-8 (VDE 0340-3-8)
– aus Polycarbonat-Folien .... DIN EN 60454-3-6 (VDE 0340-3-6)
– aus Polyesterfolie .... DIN EN 60454-3-2 (VDE 0340-3-2)
– aus Polyethylen- und Polypropylen-Folie .... DIN EN 60454-3-12 (VDE 0340-3-12)
– aus Polyethylen-Folie .... DIN EN 60454-3-12 (VDE 0340-3-12)
– aus Polyimid-Folie .... DIN EN 60454-3-7 (VDE 0340-3-7)
– aus Polypropylenfolie .... DIN EN 60454-3-12 (VDE 0340-3-12)
– aus Polytetrafluorethylenfolie .... DIN EN 60454-3-14 (VDE 0340-3-14)
– aus PVC-Folie .... DIN EN 60454-3-1 (VDE 0340-3-1)
– aus verschiedenen Trägermaterialien .... DIN EN 60454-3-19 (VDE 0340-3-19)
– aus Zelluloseacetat-Gewebe .... DIN EN 60454-3-8 (VDE 0340-3-8)
– aus Zellulosepapier .... DIN EN 60454-3-4 (VDE 0340-3-4)
– Prüfverfahren .... DIN EN 60454-2 (VDE 0340-2)

Isolierende Ärmel
zum Arbeiten unter Spannung .... DIN EN 60984 (VDE 0682-312)
DIN EN 60984/A1 (VDE 0682-312/A1)
DIN EN 60984/A11 (VDE 0682-312/A11)

Isolierende Leitern
für Arbeiten an Niederspannungsanlagen .... DIN EN 50528 (VDE 0682-712)

Isolierende Schutzplatten
in Innenraumanlagen .... DIN VDE 0682-552 (VDE 0682-552)

Isolierende Stangen
zum Arbeiten unter Spannung .... DIN EN 60832-1 (VDE 0682-211)

Isolierende Wände .... DIN VDE 0100-410 (VDE 0100-410)

Isolierender Fußboden .... DIN VDE 0100-410 (VDE 0100-410)

Isolierflüssigkeiten
auf Mineralölbasis
– Oxidationsbeständigkeit .... DIN EN 61125 (VDE 0380-4)
– Viskosität bei niedrigen Temperaturen .... DIN EN 61868 (VDE 0370-15)
Bestimmen von Wasser .... DIN EN 60814 (VDE 0370-20)
DIN EN 61620 (VDE 0370-16)
DIN IEC 60963 (VDE 0372-2)
DIN VDE 0380-5 (VDE 0380-5)

Isolierflüssigkeiten
Bestimmung des Permittivitäts-Verlustfaktors .... DIN EN 61620 (VDE 0370-16)
Bestimmung des Säuregehaltes .... DIN EN 62021-1 (VDE 0370-31)
DIN EN 62021-2 (VDE 0370-32)
Blitzimpuls-Durchschlagspannung .... E DIN IEC 60897 (VDE 0370)
Einteilung .... DIN EN 61100 (VDE 0389-2)
Gasverhalten .... DIN IEC 60628 (VDE 0370-8)
Klassifizierung .... DIN EN 61039 (VDE 0389-1)
Messung der Permittivitätszahl .... DIN EN 60247 (VDE 0380-2)
Messung des dielektrischen Verlustfaktors .... DIN EN 60247 (VDE 0380-2)
Messung des spezifischen Gleichstrom-Widerstandes .... DIN EN 60247 (VDE 0380-2)
Messungen der Entflammbarkeit .... DIN EN 61144 (VDE 0380-3)
Nachweis von korrosivem Schwefel in Isolieröl .... DIN EN 62535 (VDE 0370-33)
E DIN EN 62697-1 (VDE 0370-4)
Probennahme .... DIN EN 60970 (VDE 0370-14)
DIN IEC 60475 (VDE 0370-3)
Teilchen in .... DIN EN 50353 (VDE 0370-17)
DIN EN 60970 (VDE 0370-14)
ungebrauchte, auf Kohlenwasserstoffbasis .... DIN EN 60867 (VDE 0372-1)

Isolierfolien
Begriffe und allgemeine Anforderungen .... DIN EN 60674-1 (VDE 0345-1)
Fluorethylenpropylen-(FEP-)Folien .... DIN EN 60674-3-7 (VDE 0345-3-7)
Isotrop biaxial -orientierte PET-Folien .... DIN EN 60674-3-2 (VDE 0345-3-2)
Polycarbonat-(PC-)Folien .... DIN EN 60674-3-3 (VDE 0345-3-3)
Polyimid-Folien .... DIN EN 60674-3-4 bis 6 (VDE 0345-3-4 bis 6)
Polypropylenfolien für Kondensatoren .... DIN EN 60674-3-1 (VDE 0345-3-1)
E DIN IEC 60674-3-1/A1 (VDE 0345-3-1/A1)
Prüfverfahren .... DIN EN 60674-2 (VDE 0345-2)
Typvergleich .... Beiblatt 1 DIN EN 60674 (VDE 0345)
Verzeichnis einschlägiger Normen .... Beiblatt 1 DIN EN 60674 (VDE 0345)

Isolierhüllen
aus fluorhaltigen Polymeren .... DIN VDE 0207-6 (VDE 0207-6)
Biegeprüfung .... E DIN EN 60811-504 (VDE 0473-811-504)
Dehnungsprüfung .... E DIN EN 60811-505 (VDE 0473-811-505)
Prüfung des Masseverlusts .... E DIN EN 60811-409 (VDE 0473-811-409)
Rissbeständigkeit .... E DIN EN 60811-509 (VDE 0473-811-509)
Schlagprüfung .... E DIN EN 60811-506 (VDE 0473-811-506)
Schrumpfungsprüfung .... E DIN EN 60811-502 (VDE 0473-811-502)
Wärmedruckprüfung .... E DIN EN 60811-508 (VDE 0473-811-508)

Isolierlacke
heißhärtende Tränklacke .... DIN EN 60464-3-2 (VDE 0360-3-2)
kalthärtende Überzugslacke .... DIN EN 60464-3-1 (VDE 0360-3-1)

Isoliermaterialien
aus Glimmer
– allgemeine Anforderungen .... DIN EN 60371-1 (VDE 0332-1)
– Formmikanit .... DIN EN 60371-3-9 (VDE 0332-3-9)
– glasgewebeverstärktes Glimmerpapier .... DIN EN 60371-3-6 (VDE 0332-3-6)
– Glimmerpapier .... DIN EN 60371-3-2 (VDE 0332-3-2)
– Glimmerpapier mit Glasgewebeträger .... DIN EN 60371-3-5 (VDE 0332-3-5)
– Glimmerpapierbänder .... DIN EN 60371-3-8 (VDE 0332-3-8)
– Kommutator-Isolierlamellen .... DIN EN 60371-3-1 (VDE 0332-3-1)
– polyesterverstärktes Glimmerpapier .... DIN EN 60371-3-4 (VDE 0332-3-4)
DIN EN 60371-3-7 (VDE 0332-3-7)
– Prüfverfahren .... DIN EN 60371-2 (VDE 0332-2)
elektrolytische Korrosionswirkung
– Prüfverfahren zur Bestimmung .... DIN EN 60426 (VDE 0303-6)

Isoliermischungen
halogenfreie flammwidrige
– für Kommunikationskabel .... DIN EN 50290-2-26 (VDE 0819-106)
halogenfreie thermoplastische .... DIN EN 50363-7 (VDE 0207-363-7)
halogenfreie vernetzte .... DIN EN 50363-5 (VDE 0207-363-5)
E DIN EN 50363-5/AA (VDE 0207-363-5/AA)
vernetzte elastomere .... DIN EN 50363-1 (VDE 0207-363-1)
vernetztes Polyvinylchlorid (XLPVC) .... DIN EN 50363-9-1 (VDE 0207-363-9-1)

Isoliermischungen (PVC-)
für Niederspannungskabel und -leitungen .... DIN EN 50363-3 (VDE 0207-363-3)
E DIN EN 50363-3/AA (VDE 0207-363-3/AA)

Isolieröle
auf Mineralölbasis .... DIN EN 60465 (VDE 0370-12)
DIN EN 61065 (VDE 0370-11)
DIN EN 61198 (VDE 0380-6)
E DIN EN 62701 (VDE 0370-34)
E DIN IEC 60296 (VDE 0370-1)
– für Transformatoren und Schaltgeräte .... E DIN EN 62701 (VDE 0370-34)
– Überwachung und Wartung .... DIN EN 60422 (VDE 0370-2)
E DIN IEC 60422 (VDE 0370-2)
Bestimmung der Faserverunreinigungen .... DIN EN 50353 (VDE 0370-17)
Nachweis von potenziell korrosivem Schwefel .... DIN EN 62535 (VDE 0370-33)
neue für Transformatoren und Schaltgeräte .... E DIN IEC 60296 (VDE 0370-1)
recycelte .... E DIN EN 62701 (VDE 0370-34)

Isolierölqualität
in elektrischen Betriebsmitteln .... DIN EN 60422 (VDE 0370-2)
E DIN IEC 60422 (VDE 0370-2)

Isolierpapiere
auf Zellulosebasis
– Kondensatorpapiere .... DIN VDE 0311-32 (VDE 0311-32)
Prüfverfahren .... DIN EN 60554-2 (VDE 0311-20)
DIN VDE 0311-10 (VDE 0311-10)

Isolierschläuche
Begriffe und allgemeine Anforderungen .... DIN EN 60684-1 (VDE 0341-1)
Ethylen-Chlortrifluorethylen-
Textilschläuche .... DIN EN 60684-3-343 bis 345 (VDE 0341-3-343 bis 345)
extrudierte Floursiliconschläuche .... DIN EN 60684-3-136 (VDE 0341-3-136)
extrudierte Polychloroprenschläuche .. DIN EN 60684-3-116 bis 117 (VDE 0341-3-116 bis 117)
E DIN IEC 60684-3-116 bis 117 (VDE 0341-3-116 bis 117)
extrudierte Polyolefinschläuche .... DIN EN 60684-3-165 (VDE 0341-3-165)
extrudierte PTFE-Schläuche .... DIN EN 60684-3-145 bis 147 (VDE 0341-3-145 bis 147)
extrudierte PVC/Nitrilschläuche .... DIN EN 60684-3-151 (VDE 0341-3-151)
extrudierte PVC-Schläuche .... DIN EN 60684-3-100 bis 105 (VDE 0341-3-100 bis 105)
extrudierte Siliconschläuche .... DIN EN 60684-3-121 bis 124 (VDE 0341-3-121 bis 124)
Fluorelastomer-Wärmeschrumpfschläuche
– flammwidrig, flüssigkeitsbeständig .... DIN EN 60684-3-233 (VDE 0341-3-233)
für hydraulische Geräte und Ausrüstungen .... DIN EN 62237 (VDE 0682-744)
Glasfilament-Textilschläuche
– mit Acrylbeschichtung .... DIN EN 60684-3-300 (VDE 0341-3-300)
DIN EN 60684-3-403 bis 405 (VDE 0341-3-403 bis 405)
DIN EN 60684-3-409 (VDE 0341-3-409)
– mit Beschichtung auf PVC-Basis ...... DIN EN 60684-3-406 bis 408 (VDE 0341-3-406 bis 408)
– mit Siliconelastomerbeschichtung .... DIN EN 60684-3-400 bis 402 (VDE 0341-3-400 bis 402)

Isolierschläuche
PET-Textilschläuche
– mit Acryl-Beschichtung ... DIN EN 60684-3-320 (VDE 0341-3-320)
DIN EN 60684-3-420 bis 422 (VDE 0341-3-420 bis 422)
Polyethylenterephthalat-
Textilschläuche ... DIN EN 60684-3-340 bis 342 (VDE 0341-3-340 bis 342)
Polyolefin-Wärmeschrumpfschläuche ... DIN EN 60684-3-209 (VDE 0341-3-209)
DIN EN 60684-3-211 (VDE 0341-3-211)
– für die Isolierung von Sammelschienen ... DIN EN 60684-3-283 (VDE 0341-3-283)
– halbleitend ... DIN EN 60684-3-281 (VDE 0341-3-281)
– kriechstromfest ... DIN EN 60684-3-280 (VDE 0341-3-280)
– mit Feldsteuerung ... DIN EN 60684-3-282 (VDE 0341-3-282)
Prüfverfahren ... DIN EN 60684-2 (VDE 0341-2)
E DIN IEC 60684-2 (VDE 0341-2)
wärmeschrumpfende Bauteile ... DIN V VDE V 0341-9005 (VDE V 0341-9005)
DIN V VDE V 0341-9012 (VDE V 0341-9012)
wärmeschrumpfende Elastomerschläuche
– flammwidrig, flüssigkeitsbeständig ... E DIN IEC 60684-3-271 (VDE 0341-3-271)
wärmeschrumpfende flammwidrige
– mit begrenztem Brandrisiko ... DIN EN 60684-3-216 (VDE 0341-3-216)
wärmeschrumpfende mit Innenbeschichtung ... DIN V VDE V 0341-9012 (VDE V 0341-9012)
wärmeschrumpfende ohne Innenbeschichtung ... DIN V VDE V 0341-9005 (VDE V 0341-9005)
wärmeschrumpfende Polyolefinschläuche ... DIN EN 60684-3-212 (VDE 0341-3-212)
– flammwidrig ... DIN EN 60684-3-248 (VDE 0341-3-248)
– nicht flammwidrig ... E DIN EN 60684-3-214 (VDE 0341-3-214)
DIN EN 60684-3-214 (VDE 0341-3-214)
DIN EN 60684-3-246 (VDE 0341-3-246)
E DIN IEC 60684-3-247 (VDE 0341-3-247)
wärmeschrumpfende Polyvinylidenfluoridschläuche ... DIN EN 60684-3-228 (VDE 0341-3-228)
DIN EN 60684-3-229 (VDE 0341-3-229)

Isolierstoffe ... DIN EN 60664-1 (VDE 0110-1)
Beschichtungen für Leiterplatten
– allgemeine Anforderungen ... DIN EN 61086-1 (VDE 0361-1)
– Klasse I, II und III ... DIN EN 61086-3-1 (VDE 0361-3-1)
Bestrahlungsverfahren ... DIN IEC 60544-2 (VDE 0306-2)
Biegevorrichtung ... DIN EN 60626-2 (VDE 0316-2)
Dickenprüfgerät ... DIN EN 60626-2 (VDE 0316-2)
dielektrische Eigenschaften ... DIN VDE 0303-13 (VDE 0303-13)
DIN VDE 0303-4 (VDE 0303-4)
Falzvorrichtung ... DIN EN 60626-2 (VDE 0316-2)
flexible Mehrschicht-
– allgemeine Anforderungen ... DIN EN 60626-1 (VDE 0316-1)
E DIN IEC 60626-1 (VDE 0316-1)
– Bestimmungen für einzelne Materialien ... DIN EN 60626-3 (VDE 0316-3)
E DIN EN 60626-3/A1 (VDE 0316-3/A1)
– Prüfverfahren ... DIN EN 60626-2 (VDE 0316-2)
flüssige ... DIN EN 50353 (VDE 0370-17)
DIN IEC 60963 (VDE 0372-2)
formgepresste Rohre und Stäbe
– rechteckiger und sechseckiger Querschnitt ... DIN EN 62011-2 (VDE 0320-2)
DIN EN 62011-3-1 (VDE 0320-3-1)
für Niederspannungskabel und -leitungen
– allgemeine Einführung ... E DIN EN 50363-0 (VDE 0207-363-0)
DIN EN 50363-0 (VDE 0207-363-0)
– halogenfreie thermoplastische Isoliermischungen ... DIN EN 50363-7 (VDE 0207-363-7)
– halogenfreie vernetzte Isoliermischungen ... DIN EN 50363-5 (VDE 0207-363-5)
E DIN EN 50363-5/AA (VDE 0207-363-5/AA)

Isolierstoffe

für Niederspannungskabel und -leitungen
– Isoliermischungen - vernetztes Polyvinylchlorid ... DIN EN 50363-9-1 (VDE 0207-363-9-1)
– PVC-Isoliermischungen ... DIN EN 50363-3 (VDE 0207-363-3)
E DIN EN 50363-3/AA (VDE 0207-363-3/AA)
– vernetzte elastomere Isoliermischungen ... DIN EN 50363-1 (VDE 0207-363-1)
– vernetzte elastomere Umhüllungsmischungen ... DIN EN 50363-2-2 (VDE 0207-363-2-2)
getränkte
– Gasanalyse (DGA) als Werksprüfung ... DIN EN 61181 (VDE 0370-13)
E DIN EN 61181/A1 (VDE 0370-13/A1)
Hochspannungs-Lichtbogenfestigkeit ... DIN EN 61621 (VDE 0303-71)
Lichtbogenfestigkeit ... DIN VDE 0303-5 (VDE 0303-5)
Probierkörper ... DIN EN 60626-2 (VDE 0316-2)
runde formgepresste Rohre ... DIN EN 61212-3-2 (VDE 0319-3-2)
runde formgepresste Stäbe ... DIN EN 61212-3-3 (VDE 0319-3-3)
runde Rohre und Stäbe
– aus technischen Schichtpressstoffen ... DIN EN 61212-2 (VDE 0319-2)
DIN EN 61212-3-2 (VDE 0319-3-2)
E DIN IEC 61212-3-1 (VDE 0319-3-1)
E DIN IEC 61212-3-2 (VDE 0319-3-2)
Tafeln aus Schichtpressstoffen
– allgemeine Anforderungen ... DIN EN 60893-1 (VDE 0318-1)
DIN EN 60893-3-1 (VDE 0318-3-1)
– auf Basis warmhärtender Harze ... DIN EN 60893-2 (VDE 0318-2)
DIN EN 60893-3-5 (VDE 0318-3-5)
DIN EN 60893-3-6 (VDE 0318-3-6)
DIN EN 60893-3-7 (VDE 0318-3-7)
DIN EN 61212-1 (VDE 0319-1)
E DIN IEC 60893-3-1 (VDE 0318-3-1)
E DIN IEC 60893-3-2/A1 (VDE 0318-3-2/A1)
E DIN IEC 60893-3-3/A1 (VDE 0318-3-3/A1)
E DIN IEC 60893-3-4/A1 (VDE 0318-3-4/A1)
E DIN IEC 60893-4 (VDE 0318-4)
– auf Epoxidharzbasis ... DIN EN 60893-3-2 (VDE 0318-3-2)
E DIN IEC 60893-3-2/A1 (VDE 0318-3-2/A1)
E DIN IEC 60893-3-2/A2 (VDE 0318-3-2/A2)
– auf Melaminharzbasis ... DIN EN 60893-3-3 (VDE 0318-3-3)
E DIN IEC 60893-3-3/A1 (VDE 0318-3-3/A1)
– auf Phenolharzbasis ... DIN EN 60893-3-4 (VDE 0318-3-4)
E DIN IEC 60893-3-4/A1 (VDE 0318-3-4/A1)
– auf Polyesterharzbasis ... DIN EN 60893-3-5 (VDE 0318-3-5)
– auf Polyimidharzbasis ... DIN EN 60893-3-7 (VDE 0318-3-7)
– auf Silikonharzbasis ... DIN EN 60893-3-6 (VDE 0318-3-6)
– Typen von Tafeln ... E DIN IEC 60893-3-1 (VDE 0318-3-1)
thermische Langzeiteigenschaften ... DIN EN 60216-2 (VDE 0304-22)
E DIN EN 60216-8 (VDE 0304-8)
Wirkung ionisierender Strahlung ... E DIN EN 60544-2 (VDE 0306-2)
E DIN EN 60544-5 (VDE 0306-5)
DIN EN 60544-5 (VDE 0306-5)

Isoliersysteme

Bewertung und Kennzeichnung ... DIN EN 60505 (VDE 0302-1)
E DIN IEC 60505 (VDE 0302-1)
drehender elektrischer Maschinen
– funktionelle Bewertung ... DIN EN 60034-18-1 (VDE 0530-18-1)
E DIN IEC 60034-18-21 (VDE 0530-18-21)
– Qualifizierungs- und Abnahmeprüfungen ... DIN CLC/TS 60034-18-42 (VDE V 0530-18-42)

Isoliersysteme
funktionelle Bewertung
– Prüfverfahren für Runddrahtwicklungen .... DIN EN 60034-18-21 (VDE 0530-18-21)
DIN EN 60034-18-21/A1 (VDE 0530-18-21/A1)
DIN EN 60034-18-21/A2 (VDE 0530-18-21/A2)
– Prüfverfahren für Wicklungen .... DIN EN 60034-18-31 (VDE 0530-18-31)
DIN EN 60034-18-31/A1 (VDE 0530-18-31/A1)
Beiblatt 1 DIN VDE 0530-18 (VDE 0530-18)
für Umrichterbetrieb .... E DIN IEC 60034-18-41 (VDE 0530-18-41)
DIN IEC/TS 60034-18-41 (VDE V 0530-18-41)

thermische Bewertung
– allgemeine Anforderungen - Niederspannung .... DIN EN 61857-1 (VDE 0302-11)
– drahtgewickelte EIS .... DIN EN 61857-22 (VDE 0302-22)
– Veränderungen an drahtgewickelten EIS .... DIN EN 61858 (VDE 0302-30)

Isolierte Leitungen
Brennen unter definierten Bedingungen
– Messung der Rauchdichte .... DIN EN 61034-1 (VDE 0482-1034-1)
DIN EN 61034-2 (VDE 0482-1034-2)
Brennverhalten .... DIN EN 50267-1 (VDE 0482-267-1)
DIN EN 50267-2-1 (VDE 0482-267-2-1)
DIN EN 50267-2-2 (VDE 0482-267-2-2)
DIN EN 50267-2-3 (VDE 0482-267-2-3)
Durchlaufspannungsprüfung .... DIN EN 62230 (VDE 0481-2230)
für Fernmeldeanlagen und Informationsverarbeitungsanlagen
– allgemeine Bestimmungen .... DIN VDE 0891-1 (VDE 0891-1)
– Schaltkabel .... DIN VDE 0891-3 (VDE 0891-3)
für Starkstromanlagen
– nicht harmonisierte Starkstromleitungen .... DIN VDE 0298-3 (VDE 0298-3)
halogenfreie
– Mantelmischungen .... DIN VDE 0207-24 (VDE 0207-24)
Heizleitungen .... DIN VDE 0253 (VDE 0253)
Leiter für .... DIN EN 60228 (VDE 0295)
Prüfungen .... DIN VDE 0472-1 (VDE 0472-1)
– Halogenfreiheit .... DIN VDE 0472-815 (VDE 0472-815)
– Kerbkraft .... DIN 57472-619 (VDE 0472-619)
– Kristallit-Schmelzpunkt .... DIN 57472-621 (VDE 0472-621)
– Porenfreiheit von metallenen Überzügen .... DIN 57472-812 (VDE 0472-812)
– Verzeichnis der Normen .... Beiblatt 1 DIN VDE 0472 (VDE 0472)
Strombelastbarkeit .... DIN VDE 0298-4 (VDE 0298-4)
Typkurzzeichen .... DIN VDE 0292 (VDE 0292)

Isolierte Starkstromleitungen
ETFE-Aderleitung .... DIN 57250-106 (VDE 0250-106)
geschirmte Leitung mit Gummiisolierung .... DIN VDE 0250-605 (VDE 0250-605)
Gummischlauchleitung NSHCÖU .... DIN VDE 0250-811 (VDE 0250-811)
Gummischlauchleitung NSHTÖU .... DIN VDE 0250-814 (VDE 0250-814)
Gummischlauchleitung NSSHÖU .... DIN VDE 0250-812 (VDE 0250-812)
Prüfung von Isolierhüllen und Mänteln .... DIN VDE 0472-805 (VDE 0472-805)
PVC-Installationsleitung NYM .... DIN VDE 0250-204 (VDE 0250-204)
PVC-isolierte Schlauchleitung
– mit Polyurethanmantel .... E DIN VDE 0250-407/A1 (VDE 0250-407/A1)
Stegleitung .... DIN VDE 0250-201 (VDE 0250-201)
Strombelastbarkeit .... DIN VDE 0289-8 (VDE 0289-8)
Theaterleitung .... DIN VDE 0250-802 (VDE 0250-802)
wärmebeständige Silikon-Fassungsader .... DIN VDE 0250-502 (VDE 0250-502)

Isolierung .... DIN EN 61140 (VDE 0140-1)
in der Fernmelde- und Informationstechnik .... VDE-Schriftenreihe Band 54
Prüfung der Lichtbogenfestigkeit .... DIN EN 61621 (VDE 0303-71)
Isolierverhalten
von Armaturen für isolierte Freileitungen .... DIN VDE 0212-55 (VDE 0212-55)
Isolierwanddicken
von Kabeln und Leitungen
– für Schienenfahrzeuge .... DIN EN 50355 (VDE 0260-355)
Isolierwerkstoffe
mechanische Eigenschaften .... E DIN EN 60811-501 (VDE 0473-811-501)
Wellspan .... DIN EN 60455-1 (VDE 0355-1)
DIN EN 61628-1 (VDE 0313-1)
DIN EN 61628-2 (VDE 0313-2)
IT-Anlagen
Schutz gegen Überspannungen .... VDE-Schriftenreihe Band 119
Beiblatt 1 DIN VDE 0845 (VDE 0845)
IT-Netz
Schutzmaßnahmen .... Beiblatt 1 DIN VDE 0845 (VDE 0845)
IT-Netzwerke
mit Medizinprodukten
– Risikomanagement .... DIN EN 80001-1 (VDE 0756-1)
IT-Systeme
Differenzstrom-Überwachungsgeräte (RCMs) .... DIN EN 61557-11 (VDE 0413-11)
Isolationsfehlersuche .... DIN EN 61557-9 (VDE 0413-9)
Izod .... DIN EN 60893-3-6 (VDE 0318-3-6)
DIN EN 60893-3-7 (VDE 0318-3-7)

J

Jachtanschluss .... DIN VDE 0100-709 (VDE 0100-709)
E DIN VDE 0100-709/A1 (VDE 0100-709/A1)
Jachten
Stromversorgung an Liegeplätzen .... DIN VDE 0100-709 (VDE 0100-709)
E DIN VDE 0100-709/A1 (VDE 0100-709/A1)
Jachthafen .... DIN VDE 0100-709 (VDE 0100-709)
E DIN VDE 0100-709/A1 (VDE 0100-709/A1)
Jahrmärkte .... DIN VDE 0100-711 (VDE 0100-711)
Jalousien
für den Hausgebrauch
– elektrischer Antrieb .... DIN EN 60335-2-97 (VDE 0700-97)
Japanpapier .... DIN VDE 0311-10 (VDE 0311-10)
Joghurtbereiter
für den Hausgebrauch .... DIN EN 60335-2-15 (VDE 0700-15)
E DIN EN 60335-2-15/AA (VDE 0700-15/AA)

K

Kabel
Alterung .... DIN EN 60811-1-2 (VDE 0473-811-1-2)
Aufbauelemente .... DIN VDE 0289-2 (VDE 0289-2)
Außenmaße .... DIN 57472-401 (VDE 0472-401)
DIN EN 60811-1-1 (VDE 0473-811-1-1)

Kabel
Beschriftung .... DIN EN 62491 (VDE 0040-4)
Brennen unter definierten Bedingungen
– Messung der Rauchdichte .... DIN EN 61034-1 (VDE 0482-1034-1)
DIN EN 61034-2 (VDE 0482-1034-2)
Dichtebestimmung .... DIN EN 60811-1-3 (VDE 0473-811-1-3)
Dichtheit von Mänteln .... DIN VDE 0472-604 (VDE 0472-604)
Durchlaufspannungsprüfung .... DIN EN 62230 (VDE 0481-2230)
für Datenübertragungssysteme .... E DIN IEC 62255-1 (VDE 0819-2001)
für digitale Breitbandkommunikation
– gefüllte Außenkabel .... E DIN IEC 62255-3 (VDE 0819-2003)
– gefüllte Verbindungskabel .... E DIN IEC 62255-5 (VDE 0819-2005)
– Luftkabel .... E DIN IEC 62255-4 (VDE 0819-2004)
– ungefüllte Außenkabel .... E DIN IEC 62255-2 (VDE 0819-2002)
für digitale Kommunikation
– Etagenverkabelung - Bauartspezifikation .... E DIN IEC 61156-2-1 (VDE 0819-1021)
E DIN IEC 61156-5-1 (VDE 0819-1051)
– Etagenverkabelung - Rahmenspezifikation .... E DIN IEC 61156-5 (VDE 0819-1005)
– Geräteanschlusskabel .... E DIN IEC 61156-3-1 (VDE 0819-1031)
E DIN IEC 61156-6 (VDE 0819-1006)
E DIN IEC 61156-6-1 (VDE 0819-1061)
E DIN IEC 61156-8 (VDE 0819-1008)
für digitale Nachrichtenübertragung
– mehradrig und symmetrisch paar-/viererverselt .... E DIN IEC 61156-1 (VDE 0819-1001)
E DIN IEC 61156-3 (VDE 0819-1003)
E DIN IEC 61156-3-1 (VDE 0819-1031)
E DIN IEC 61156-4 (VDE 0819-1004)
E DIN IEC 61156-4-1 (VDE 0819-1041)
E DIN IEC 61156-5 (VDE 0819-1005)
für Fernmeldeanlagen
– Spannungsfestigkeit .... DIN VDE 0472-509 (VDE 0472-509)
DIN VDE 0813 (VDE 0813)
DIN VDE 0815 (VDE 0815)
für Kraftwerke
– mit verbessertem Verhalten im Brandfall .... DIN VDE 0250-214 (VDE 0250-214)
DIN VDE 0276-604 (VDE 0276-604)
DIN VDE 0276-622 (VDE 0276-622)
für Nachrichtenübertragungssysteme .... E DIN IEC 62255-1 (VDE 0819-2001)
für Starkstromanlagen
– nicht harmonisierte Starkstromleitungen .... DIN VDE 0298-3 (VDE 0298-3)
Garnituren
– Prüfverfahren .... DIN VDE 0278-629-1 (VDE 0278-629-1)
DIN VDE 0278-629-2 (VDE 0278-629-2)
halogenfreie
– Isoliermischungen .... DIN VDE 0207-24 (VDE 0207-24)
– Mantelmischungen .... DIN VDE 0207-24 (VDE 0207-24)
Leiter für .... DIN EN 60228 (VDE 0295)
mehradrig und symmetrisch paar-/viererverselt
– Steigekabel - Bauartspezifikation .... E DIN IEC 61156-4-1 (VDE 0819-1041)
mit Bleimantel .... DIN VDE 0265 (VDE 0265)
mit fluidgefüllter und extrudierter Isolierung .... DIN EN 62271-209 (VDE 0671-209)
mit Kunststoffisolierung .... DIN VDE 0265 (VDE 0265)
mit speziellen Eigenschaften im Brandfall .... DIN VDE 0250-215 (VDE 0250-215)
Ölbeständigkeit .... DIN EN 60811-2-1 (VDE 0473-811-2-1)
ölgefüllte
– Probennahme von Gasen .... E DIN IEC 60567 (VDE 0370-9)
– Probennahme von Öl .... DIN EN 60567 (VDE 0370-9)

Kabel
Ozonbeständigkeit .... DIN EN 60811-2-1 (VDE 0473-811-2-1)
Reißdehnung .... DIN EN 60811-1-1 (VDE 0473-811-1-1)
Rissbeständigkeit .... DIN EN 60811-3-1 (VDE 0473-811-3-1)
selbsttragende Fernmelde-Luftkabel .... DIN 57818 (VDE 0818)
Stoßspannungsprüfung .... DIN EN 60230 (VDE 0481-230)
Strombelastbarkeit .... VDE-Schriftenreihe Band 143
– Umrechnungsfaktoren .... DIN VDE 0276-1000 (VDE 0276-1000)
Verlustfaktor .... DIN 57472-505 (VDE 0472-505)
vieladrige und vielpaarige
– Verlegung in Luft und in Erde .... DIN VDE 0276-627 (VDE 0276-627)
Wanddicke der Isolierhülle .... DIN EN 50306-1 (VDE 0260-306-1)
DIN EN 50306-2 (VDE 0260-306-2)
DIN EN 50306-3 (VDE 0260-306-3)
DIN EN 50306-4 (VDE 0260-306-4)
DIN VDE 0262 (VDE 0262)
Wärmedruckprüfung .... DIN EN 60811-3-1 (VDE 0473-811-3-1)
Wasseraufnahmeprüfung .... DIN EN 60811-1-3 (VDE 0473-811-1-3)
Zubehör .... DIN VDE 0289-6 (VDE 0289-6)
Zugfestigkeit .... DIN EN 60811-1-1 (VDE 0473-811-1-1)

Kabel und Leitungen
ausgewählte Kenngrößen .... VDE-Schriftenreihe Band 59
Beschriftung .... DIN EN 62491 (VDE 0040-4)
Brennen unter definierten Bedingungen
– Messung der Rauchdichte .... DIN EN 61034-1 (VDE 0482-1034-1)
DIN EN 61034-2 (VDE 0482-1034-2)
Durchlaufspannungsprüfung .... DIN EN 62230 (VDE 0481-2230)
elektrische Prüfverfahren .... DIN EN 50395 (VDE 0481-395)
für Fernmeldeanlagen und Informationsverarbeitungsanlagen
– allgemeine Bestimmungen .... DIN VDE 0891-1 (VDE 0891-1)
– Schaltkabel .... DIN VDE 0891-3 (VDE 0891-3)
für Schienenfahrzeuge
– Hochtemperaturkabel und -leitungen .... DIN EN 50382-1 (VDE 0260-382-1)
DIN EN 50382-2 (VDE 0260-382-2)
– Isolierwanddicken .... DIN EN 50355 (VDE 0260-355)
für Verwendung in Notstromkreisen
– Isolationserhalt im Brandfall .... DIN EN 50362 (VDE 0482-362)
in Niederspannungsanlagen .... VDE-Schriftenreihe Band 106
Isolier- und Mantelmischungen
– besondere Prüfverfahren .... DIN EN 60811-5-1 (VDE 0473-811-5-1)
– fluorhaltige Polymere .... DIN VDE 0207-6 (VDE 0207-6)
– PVC-Mischungen .... DIN EN 60811-3-2 (VDE 0473-811-3-2)
– Verzeichnis der Normen .... Beiblatt 1 DIN VDE 0207 (VDE 0207)
Isolierstoffe
– allgemeine Einführung .... E DIN EN 50363-0 (VDE 0207-363-0)
DIN EN 50363-0 (VDE 0207-363-0)
– halogenfreie thermoplastische Isoliermischungen .... DIN EN 50363-7 (VDE 0207-363-7)
– halogenfreie vernetzte Isoliermischungen .... DIN EN 50363-5 (VDE 0207-363-5)
E DIN EN 50363-5/AA (VDE 0207-363-5/AA)
– Isoliermischungen - vernetztes Polyvinylchlorid .... DIN EN 50363-9-1 (VDE 0207-363-9-1)
– PVC-Isoliermischungen .... DIN EN 50363-3 (VDE 0207-363-3)
E DIN EN 50363-3/AA (VDE 0207-363-3/AA)
– PVC-Umhüllungsmischungen .... DIN EN 50363-4-2 (VDE 0207-363-4-2)
– vernetzte elastomere Isoliermischungen .... DIN EN 50363-1 (VDE 0207-363-1)
Kennzeichnung der Adern .... DIN VDE 0293-308 (VDE 0293-308)
Kurzzeichen-Lexikon .... VDE-Schriftenreihe Band 29

Kabel und Leitungen

Mantelwerkstoffe
- halogenfreie thermoplastische Mantelmischungen .... DIN EN 50363-8 (VDE 0207-363-8)
  E DIN EN 50363-8/AA (VDE 0207-363-8/AA)
- halogenfreie vernetzte Mantelmischungen .... DIN EN 50363-6 (VDE 0207-363-6)
  E DIN EN 50363-6/AA (VDE 0207-363-6/AA)
- Mantelmischungen - thermoplastisches Polyurethan .... DIN EN 50363-10-2 (VDE 0207-363-10-2)
- Mantelmischungen - vernetztes Polyvinylchlorid .... DIN EN 50363-10-1 (VDE 0207-363-10-1)
- PVC-Mantelmischungen .... DIN EN 50363-4-1 (VDE 0207-363-4-1)
- vernetzte elastomere Mantelmischungen .... DIN EN 50363-2-1 (VDE 0207-363-2-1)
  E DIN EN 50363-2-1/AA (VDE 0207-363-2-1/AA)

maximal zulässige Längen .... Beiblatt 5 DIN VDE 0100 (VDE 0100)
nichtelektrische Prüfverfahren .... DIN EN 50396 (VDE 0473-396)
E DIN EN 50396/AA (VDE 0473-396/AA)

Prüfung der Flammenausbreitung
- Prüfart A .... DIN EN 60332-3-22 (VDE 0482-332-3-22)
- Prüfart A F/R .... DIN EN 60332-3-21 (VDE 0482-332-3-21)
- Prüfart B .... DIN EN 60332-3-23 (VDE 0482-332-3-23)
- Prüfart C .... DIN EN 60332-3-24 (VDE 0482-332-3-24)
- Prüfart D .... DIN EN 60332-3-25 (VDE 0482-332-3-25)
- Prüfgerät .... DIN EN 60332-1-1 (VDE 0482-332-1-1)
  DIN EN 60332-2-1 (VDE 0482-332-2-1)
- Prüfung mit 1-kW-Flamme .... DIN EN 60332-1-2 (VDE 0482-332-1-2)
- Prüfung mit leuchtender Flamme .... DIN EN 60332-2-2 (VDE 0482-332-2-2)
- Prüfverfahren für fallende Tropfen und Teile .... DIN EN 60332-1-3 (VDE 0482-332-1-3)
- Prüfvorrichtung .... DIN EN 60332-3-10 (VDE 0482-332-3-10)

Prüfungen
- Halogenfreiheit .... DIN VDE 0472-815 (VDE 0472-815)
- Kerbkraft .... DIN 57472-619 (VDE 0472-619)
- Kristallit-Schmelzpunkt .... DIN 57472-621 (VDE 0472-621)
- Porenfreiheit von metallenen Überzügen .... DIN 57472-812 (VDE 0472-812)
- Verzeichnis der Normen .... Beiblatt 1 DIN VDE 0472 (VDE 0472)

Prüfverfahren für nichtmetallene Werkstoffe
- Allgemeines .... E DIN EN 60811-100 (VDE 0473-811-100)
- Alterung in der Druckkammer .... E DIN EN 60811-412 (VDE 0473-811-412)
- Bestimmung der Dichte .... E DIN EN 60811-606 (VDE 0473-811-606)
- Biegeprüfung für Isolierhüllen und Mäntel .... E DIN EN 60811-504 (VDE 0473-811-504)
- Dehnungsprüfung für Isolierhüllen und Mäntel ...... E DIN EN 60811-505 (VDE 0473-811-505)
- Dielektrizitätskonstanten von Füllmassen .... E DIN EN 60811-301 (VDE 0473-811-301)
- Gleichstromwiderstand von Füllmassen .... E DIN EN 60811-302 (VDE 0473-811-302)
- Kälterissbeständigkeit von Füllmassen .... E DIN EN 60811-411 (VDE 0473-811-411)
- Langzeit-Prüfung für Polyethylen- und Polypropylenmischungen .... E DIN EN 60811-408 (VDE 0473-811-408)
- Masseaufnahme von Polyethylen- und Polypropylenmischungen .... E DIN EN 60811-407 (VDE 0473-811-407)
- Masseverlust von Isolierhüllen und Mänteln .... E DIN EN 60811-409 (VDE 0473-811-409)
- mechanische Prüfungen .... E DIN EN 60811-501 (VDE 0473-811-501)
  E DIN EN 60811-502 (VDE 0473-811-502)
  E DIN EN 60811-503 (VDE 0473-811-503)
  E DIN EN 60811-504 (VDE 0473-811-504)
  E DIN EN 60811-505 (VDE 0473-811-505)
  E DIN EN 60811-506 (VDE 0473-811-506)
  E DIN EN 60811-507 (VDE 0473-811-507)
  E DIN EN 60811-508 (VDE 0473-811-508)
  E DIN EN 60811-509 (VDE 0473-811-509)
  E DIN EN 60811-510 (VDE 0473-811-510)

Kabel und Leitungen

Prüfverfahren für nichtmetallene Werkstoffe
- mechanische Prüfungen … E DIN EN 60811-511 (VDE 0473-811-511)
  E DIN EN 60811-512 (VDE 0473-811-512)
  E DIN EN 60811-513 (VDE 0473-811-513)
- Messung der Außenmaße … E DIN EN 60811-203 (VDE 0473-811-203)
- Ölbeständigkeitsprüfungen … E DIN EN 60811-404 (VDE 0473-811-404)
- physikalische Prüfungen … E DIN EN 60811-601 (VDE 0473-811-601)
  E DIN EN 60811-602 (VDE 0473-811-602)
  E DIN EN 60811-603 (VDE 0473-811-603)
  E DIN EN 60811-604 (VDE 0473-811-604)
  E DIN EN 60811-605 (VDE 0473-811-605)
  E DIN EN 60811-606 (VDE 0473-811-606)
  E DIN EN 60811-607 (VDE 0473-811-607)
- Prüfung der Ozonbeständigkeit … E DIN EN 60811-403 (VDE 0473-811-403)
- Prüfung der Spannungsrissbeständigkeit … E DIN EN 60811-406 (VDE 0473-811-406)
- Prüfung der thermischen Stabilität … E DIN EN 60811-405 (VDE 0473-811-405)
- Rissbeständigkeit von Isolierhüllen und Mänteln … E DIN EN 60811-509 (VDE 0473-811-509)
- Sauerstoffalterung unter Kupfereinfluss … E DIN EN 60811-410 (VDE 0473-811-410)
- Schlagprüfung für Isolierhüllen und Mäntel … E DIN EN 60811-506 (VDE 0473-811-506)
- Schrumpfungsprüfung für Isolierhüllen … E DIN EN 60811-502 (VDE 0473-811-502)
- Schrumpfungsprüfung für Mäntel … E DIN EN 60811-503 (VDE 0473-811-503)
- thermische Alterungsverfahren … E DIN EN 60811-401 (VDE 0473-811-401)
- Wanddicke von Isolierhüllen … E DIN EN 60811-201 (VDE 0473-811-201)
- Wanddicke von Mänteln … E DIN EN 60811-202 (VDE 0473-811-202)
- Wärmedehnungsprüfung für vernetzte Werkstoffe E DIN EN 60811-507 (VDE 0473-811-507)
- Wärmedruckprüfung für Isolierhüllen und Mäntel … E DIN EN 60811-508 (VDE 0473-811-508)
- Wasseraufnahmeprüfungen … E DIN EN 60811-402 (VDE 0473-811-402)

PVC-isolierte und -ummantelte
- Weichmacher-Ausschwitzungen … DIN EN 50497 (VDE 0473-497)

Reißlänge … DIN 57472-626 (VDE 0472-626)

Starkstromleitungen bis 450/750 V
- Aderleitungen mit EVA-Isolierung … DIN EN 50525-2-42 (VDE 0285-525-2-42)
- Aderleitungen mit PVC-Isolierung … DIN EN 50525-2-31 (VDE 0285-525-2-31)
- allgemeine Anforderungen … DIN EN 50525-1 (VDE 0285-525-1)
- einadrige Leitungen mit vernetzter Silikon-Isolierung … DIN EN 50525-2-41 (VDE 0285-525-2-41)
- flexible Leitungen mit Elastomer-Isolierung … DIN EN 50525-2-21 (VDE 0285-525-2-21)
- flexible Leitungen mit PVC-Isolierung … DIN EN 50525-2-11 (VDE 0285-525-2-11)
- halogenfreie Leitungen mit thermoplastischer Isolierung … DIN EN 50525-3-11 (VDE 0285-525-3-11)
- halogenfreie Leitungen mit vernetzter Isolierung … DIN EN 50525-3-21 (VDE 0285-525-3-21)
- hochflexible Leitungen mit Elastomer-Isolierung … DIN EN 50525-2-22 (VDE 0285-525-2-22)
- Lahnlitzen-Leitungen mit PVC-Isolierung … DIN EN 50525-2-71 (VDE 0285-525-2-71)
- Leitungen für Lichterketten mit Elastomer-Isolierung … DIN EN 50525-2-82 (VDE 0285-525-2-82)
- Lichtbogenschweißleitungen mit Elastomer-Hülle … DIN EN 50525-2-81 (VDE 0285-525-2-81)
- mehradrige Leitungen mit Silikon-Isolierung … DIN EN 50525-2-83 (VDE 0285-525-2-83)
- raucharme Aderleitungen mit thermoplastischer Isolierung … DIN EN 50525-3-31 (VDE 0285-525-3-31)
- raucharme Aderleitungen mit vernetzter Isolierung . DIN EN 50525-3-41 (VDE 0285-525-3-41)
- raucharme Verdrahtungsleitungen mit thermoplastischer Isolierung … DIN EN 50525-3-31 (VDE 0285-525-3-31)
- raucharme Verdrahtungsleitungen mit vernetzter Isolierung … DIN EN 50525-3-41 (VDE 0285-525-3-41)
- Steuerleitungen mit PVC-Isolierung … DIN EN 50525-2-51 (VDE 0285-525-2-51)
- Verdrahtungsleitungen mit EVA-Isolierung … DIN EN 50525-2-42 (VDE 0285-525-2-42)

Kabel und Leitungen
Starkstromleitungen bis 450/750 V
– Verdrahtungsleitungen mit PVC-Isolierung .... DIN EN 50525-2-31 (VDE 0285-525-2-31)
– Wendelleitungen mit PVC-Isolierung .... DIN EN 50525-2-12 (VDE 0285-525-2-12)
– Zwillingsleitungen mit PVC-Isolierung .... DIN EN 50525-2-72 (VDE 0285-525-2-72)
Umhüllungswerkstoffe
– vernetzte elastomere Umhüllungsmischungen .... DIN EN 50363-2-2 (VDE 0207-363-2-2)
Verlegung .... VDE-Schriftenreihe Band 39
– Elektromagnetische Verträglichkeit (EMV) .... VDE-Schriftenreihe Band 66
Verlegung in Wohngebäuden .... VDE-Schriftenreihe Band 45
Zugentlastungselemente
– Zug- und Dehnungsverhalten .... DIN 57472-625 (VDE 0472-625)

Kabel- und Leitungsanlagen
Schnittstellenanschlüsse
– Begrenzung des Temperaturanstiegs .... Beiblatt 1 DIN VDE 0100-520 (VDE 0100-520)

Kabel, konfektioniertes
LWL-Simplex- und Duplexkabel .... DIN EN 60794-2-50 (VDE 0888-120)

Kabelabfangung
von Steckverbindern .... DIN EN 60512-17-1 (VDE 0687-512-17-1)
DIN EN 60512-17-3 (VDE 0687-512-17-3)
DIN EN 60512-17-4 (VDE 0687-512-17-4)

Kabeladern
Beschriftung .... DIN EN 62491 (VDE 0040-4)
Farbkennzeichnung .... DIN VDE 0293-308 (VDE 0293-308)

Kabelanlagen
in Möbeln .... E DIN IEC 60364-7-713 (VDE 0100-713)

Kabelanschlüsse
für gasisolierte metallgekapselte Schaltanlagen .... DIN EN 62271-209 (VDE 0671-209)

Kabelanschlusseinheiten, ölgefüllte
für Transformatoren und Drosselspulen .... E DIN VDE 0532-601 (VDE 0532-601)

Kabelauslegung .... Beiblatt 2 DIN VDE 0100-520 (VDE 0100-520)

Kabelband .... DIN EN 62275 (VDE 0604-201)

Kabelbinder
für elektrische Installationen .... DIN EN 62275 (VDE 0604-201)

Kabelbrand
Isolationserhalt
– bei ungeschützter Verlegung .... DIN EN 50200 (VDE 0482-200)

Kabelendverschlüsse
fluidgefüllt und feststoffisoliert .... DIN EN 62271-209 (VDE 0671-209)

Kabelführungsgelenksysteme .... E DIN IEC 62549 (VDE 0604-300)

Kabelführungssysteme
Kabelbinder .... DIN EN 62275 (VDE 0604-201)

Kabelgarnituren
für das Laden von Elektrofahrzeugen .... E DIN IEC 62196-1 (VDE 0623-5)
E DIN IEC 62196-2 (VDE 0632-5-2)

für Mittelspannung
– Materialcharakterisierung .... DIN VDE 0278-631-3 (VDE 0278-631-3)
für Nieder- und Mittelspannung
– Materialcharakterisierung .... DIN VDE 0278-631-4 (VDE 0278-631-4)
für Starkstromkabel .... DIN VDE 0278-629-1 (VDE 0278-629-1)
DIN VDE 0278-629-2 (VDE 0278-629-2)

Kabelgarnituren
Materialcharakterisierung .... DIN VDE 0278-631-1 (VDE 0278-631-1)
DIN VDE 0278-631-2 (VDE 0278-631-2)
Muffen, Endmuffen und Endverschlüsse .... DIN EN 50393 (VDE 0278-393)
Prüfverfahren .... DIN EN 50393 (VDE 0278-393)
DIN EN 61442 (VDE 0278-442)
Prüfverfahren für Reaktionsharzmassen .... DIN VDE 0278-631-1 (VDE 0278-631-1)
Reaktionsharzmassen für .... E DIN IEC 60455-3-8 (VDE 0355-3-8)
Stoßspannungsprüfung .... DIN EN 60230 (VDE 0481-230)

Kabelhalter
für elektrische Installationen .... DIN EN 61914 (VDE 0604-202)

Kabelkanalsysteme
für Wand und Decke .... DIN EN 50085-2-1 (VDE 0604-2-1)
E DIN EN 50085-2-1/AA (VDE 0604-2-1/AA)
Montage unterboden, bodenbündig, aufboden .... DIN EN 50085-2-2 (VDE 0604-2-2)

Kabelklemmen
mit Isolierteilen .... DIN 57220-3 (VDE 0220-3)

Kabelkrane
elektrische Ausrüstung .... DIN EN 60204-32 (VDE 0113-32)

Kabellängen
maximal zulässige .... Beiblatt 5 DIN VDE 0100 (VDE 0100)
Beiblatt 2 DIN VDE 0100-520 (VDE 0100-520)

Kabelmäntel
aus fluorhaltigen Polymeren .... DIN VDE 0207-6 (VDE 0207-6)
Biegeprüfung .... E DIN EN 60811-504 (VDE 0473-811-504)
Dehnungsprüfung .... E DIN EN 60811-505 (VDE 0473-811-505)
Rissbeständigkeit .... E DIN EN 60811-509 (VDE 0473-811-509)
Schlagprüfung .... E DIN EN 60811-506 (VDE 0473-811-506)
Schrumpfungsprüfung .... E DIN EN 60811-503 (VDE 0473-811-503)
UV-Beständigkeit .... DIN EN 50289-4-17 (VDE 0819-289-4-17)
Wärmedruckprüfung .... E DIN EN 60811-508 (VDE 0473-811-508)

Kabelnetze
für Fernsehsignale, Tonsignale und interaktive Dienste .... Beiblatt 1 DIN EN 50083 (VDE 0855)
DIN EN 50083-10 (VDE 0855-10)
DIN EN 50083-8 (VDE 0855-8)
DIN EN 50083-9 (VDE 0855-9)
– aktive Breitbandgeräte .... DIN EN 60728-3 (VDE 0855-3)
– Bandbreitenerweiterung .... E DIN IEC 60728-13-1 (VDE 0855-13-1)
– Einrichtung von Rückkanälen .... Beiblatt 1 DIN EN 50083-10 (VDE 0855-10)
– elektromagnetische Verträglichkeit von Geräten .... DIN EN 50083-2 (VDE 0855-200)
E DIN EN 50083-2 (VDE 0855-200)
– elektromagnetische Verträglichkeit von Kabelnetzen DIN EN 50083-8/A11 (VDE 0855-8/A11)
– Geräte für Kopfstellen .... DIN EN 60728-5 (VDE 0855-5)
– Messverfahren für die Nichtlinearität .... E DIN EN 60728-3-1 (VDE 0855-3-1)
– optische Anlage zur Übertragung von Rundfunksignalen .... DIN EN 60728-13 (VDE 0855-13)
– passive Breitbandgeräte .... DIN EN 60728-4 (VDE 0855-4)
– Rückweg-Systemanforderungen .... E DIN EN 60728-10 (VDE 0855-10)
– Sicherheitsanforderungen .... DIN EN 60728-11 (VDE 0855-1)
– Signale der Teilnehmeranschlussdose .... DIN EN 60728-1-2 (VDE 0855-7-2)
– Systemanforderungen in Vorwärtsrichtung .... DIN EN 60728-1 (VDE 0855-7)
– Zweiwege-HF-Wohnungsvernetzung .... DIN EN 60728-1-1 (VDE 0855-7-1)
für Multimedia-Signale
– elektromagnetische Verträglichkeit von Geräten .... DIN EN 50083-2 (VDE 0855-200)
E DIN EN 50083-2 (VDE 0855-200)
Hausanschlüsse .... DIN VDE 0100-732 (VDE 0100-732)

Kabelnetze
mit koaxialem Kabelausgang ... DIN EN 60728-1 (VDE 0855-7)
Systemanforderungen ... Beiblatt 1 DIN EN 50083 (VDE 0855)

Kabelschneidgeräte
hydraulische ... DIN EN 50340 (VDE 0682-661)

Kabelstraps ... DIN EN 62275 (VDE 0604-201)

Kabelsysteme ... DIN VDE 0100-520 (VDE 0100-520)

Kabelträgersysteme ... DIN EN 61537 (VDE 0639)
halogenfreie
– Verhalten im Brandfall ... E DIN VDE 0604-2-100 (VDE 0604-2-100)

Kabelvergussmassen ... DIN VDE 0291-1 (VDE 0291-1)

Kabelverlegung
Lichtwellenleiter ... DIN EN 187105 (VDE 0888-114)

Kabelverschraubungen
für elektrische Installationen ... E DIN IEC 62444 (VDE 0619)

Kabelverteilanlagen
Außenkabel 5 MHz - 1 000 MHz ... DIN EN 50117-2-2 (VDE 0887-2-2)
Außenkabel 5 MHz - 3 000 MHz ... DIN EN 50117-2-5 (VDE 0887-2-5)
Hausinstallationskabel 5 MHz - 1 000 MHz ... DIN EN 50117-2-1 (VDE 0887-2-1)
Hausinstallationskabel 5 MHz - 3 000 MHz ... DIN EN 50117-2-4 (VDE 0887-2-4)
Verteiler und Linienkabel 5 MHz - 1 000 MHz ... DIN EN 50117-2-3 (VDE 0887-2-3)

Kabelverteilsysteme
Anschluss von Geräten ... DIN EN 41003 (VDE 0804-100)

Kabinen
mit Saunaheizungen ... DIN VDE 0100-703 (VDE 0100-703)

Kabinenventilatoren ... DIN VDE 0700-220 (VDE 0700-220)

Kaffeebereiter
für den Hausgebrauch ... DIN EN 60335-2-15 (VDE 0700-15)
E DIN EN 60335-2-15/AA (VDE 0700-15/AA)

Kaffeemaschinen
für den Hausgebrauch ... DIN EN 60335-2-15 (VDE 0700-15)
E DIN EN 60335-2-15/AA (VDE 0700-15/AA)

Käfigläufer-Drehstrommotoren
Wirkungsgrad-Klassifizierung ... E DIN EN 60034-30 (VDE 0530-30)
DIN EN 60034-30 (VDE 0530-30)

Käfigläufer-Induktionsmotoren
für Umrichterbetrieb
– Anwendungsleitfaden ... DIN VDE 0530-17 (VDE 0530-17)

Käfigschäden
an drehenden elektrischen Maschinen ... DIN CLC/TS 60034-24 (VDE V 0530-240)

Kalandriertes Papier ... DIN EN 60819-3-3 (VDE 0309-3-3)
E DIN IEC 60819-3-3 (VDE 0309-3-3)

Kaltdampf-Atomabsorptionsspektrometrie ... E DIN EN 62321-4 (VDE 0042-1-4)

Kaltdampf-Atomfluoreszenzspektrometrie ... E DIN EN 62321-4 (VDE 0042-1-4)

Kältedehnung
bei Kabeln und isolierten Leitungen ... DIN EN 60811-1-4 (VDE 0473-811-1-4)

Kältemittel
aus Klima- und Kühlanlagen
– Geräte zur Rückgewinnung ... E DIN IEC 61D/81/CD (VDE 0700-104)

Kälteprüfung .... DIN EN 60068-2-1 (VDE 0468-2-1)
Kälterissbeständigkeit
von Füllmassen .... E DIN EN 60811-411 (VDE 0473-811-411)
Kaltkathoden-Entladungslampen .... DIN EN 60598-2-14 (VDE 0711-2-14)
Kaltpressmassen .... DIN VDE 0291-1a (VDE 0291-1a)
Kaltschrumpfende Komponenten
für Nieder- und Mittelspannungsanwendungen
– Fingerprintprüfungen .... DIN VDE 0278-631-4 (VDE 0278-631-4)
Kaltstart-Entladungslampen
Wechselrichter und Konverter .... DIN EN 61347-2-10 (VDE 0712-40)
Kaltvergussmassen .... DIN VDE 0291-1 (VDE 0291-1)
DIN VDE 0291-1a (VDE 0291-1a)
Kammeröfen .... DIN EN 60519-2 (VDE 0721-2)
Kantenfräsen
handgeführt, motorbetrieben .... DIN EN 60745-2-17 (VDE 0740-2-17)
Kapazität
von Steckverbindern .... DIN EN 60512-22-1 (VDE 0687-512-22-1)
Kapazitive Koppler .... DIN V VDE V 0884-10 (VDE V 0884-10)
Kapazitive Spannungswandler .... E DIN EN 61869-5 (VDE 0414-9-5)
Kappenisolatoren
Kenngrößen .... DIN EN 60305 (VDE 0446-6)
Kappsägen
transportabel, motorbetrieben .... DIN EN 61029-2-9 (VDE 0740-509)
Kapselung, druckfeste .... E DIN EN 60079-1 (VDE 0170-5)
DIN EN 60079-1 (VDE 0170-5)
Kapselungen
aus Aluminium und -Knetlegierungen
– für gasgefüllte Schaltgeräte und -anlagen .... DIN EN 50064/A1 (VDE 0670-803/A1)
aus Leichtmetallguss
– für gasgefüllte Schaltgeräte und -anlagen .... DIN EN 50052/A2 (VDE 0670-801/A2)
aus Schmiedestahl
– für gasgefüllte Schaltgeräte und -anlagen .... DIN EN 50068 (VDE 0670-804)
DIN EN 50068/A1 (VDE 0670-804/A1)
druckbeaufschlagte .... DIN VDE 0670-801 (VDE 0670-801)
geschweißte
– aus Leichtmetallguss und Aluminium-Knetlegierungen DIN EN 50069/A1 (VDE 0670-805/A1)
Karusselltüren
elektrische Antriebe .... DIN EN 60335-2-103 (VDE 0700-103)
Kassensysteme
allgemeine Anforderungen .... DIN EN 60950-1 (VDE 0805-1)
DIN EN 60950-1/A12 (VDE 0805-1/A12)
E DIN EN 60950-1/A2 (VDE 0805-1/A2)
Kathodenstrahlröhren
mechanische Sicherheit .... DIN EN 61965 (VDE 0864-1)
Kathodenstrahlröhren (CRT)
Leistungsaufnahme .... DIN EN 62087 (VDE 0868-100)
Kenngrößen
für den Elektropraktiker .... VDE-Schriftenreihe Band 59
von Elementarrelais .... DIN EN 61810-2 (VDE 0435-120)
DIN EN 61810-2-1 (VDE 0435-120-1)
von Niederspannungssicherungen .... DIN EN 60269-1 (VDE 0636-1)

Kennzeichnung
der Adern von Kabeln und Leitungen .... DIN EN 50334 (VDE 0293-334)
DIN VDE 0293-1 (VDE 0293-1)
– Farbkennzeichnung .... DIN VDE 0293-308 (VDE 0293-308)
elektrisch isolierender Kleidung .... DIN EN 50286 (VDE 0682-301)
DIN EN 50321 (VDE 0682-331)
elektrischer Maschinen .... DIN EN 61310-2 (VDE 0113-102)
von Anschlüssen in Systemen .... DIN EN 61666 (VDE 0040-5)
von elektrischen Isoliersystemen .... E DIN IEC 60505 (VDE 0302-1)
von Elektro- und Elektronikgeräten .... DIN EN 50419 (VDE 0042-10)
von Produkten .... VDE-Schriftenreihe Band 116
von technischen Dokumenten .... DIN EN 61355-1 (VDE 0040-3)

Keramikisolatoren .... DIN EN 61211 (VDE 0446-102)
für verschmutzte Umgebungen .... E DIN IEC 60815-2 (VDE 0446-202)
Prüfung .... DIN EN 60383-1 (VDE 0446-1)
DIN EN 61325 (VDE 0446-5)

Keramikisolierstoffe
Anforderungen .... DIN EN 60672-3 (VDE 0335-3)
Prüfverfahren .... DIN EN 60672-2 (VDE 0335-2)

Kerbkraft
von Kabeln und Leitungen
– Prüfung .... DIN 57472-619 (VDE 0472-619)

Kernbohrmaschinen .... DIN EN 61029-2-6 (VDE 0740-506)

Kernkraftwerke
Geräteplattform .... DIN EN 60987 (VDE 0491-3-1)
E DIN EN 60987/A1 (VDE 0491-3-1/A1)
Hauptwarte
– Meldung und Anzeige von Störungen .... DIN IEC 62241 (VDE 0491-5-2)
Kerninstrumentierung
– zur Messung der Neutronenflussdichte .... DIN IEC 60568 (VDE 0491-6)
Kühlmittelverluste .... DIN IEC 62117 (VDE 0491-4)
leittechnische Systeme
– Hardwareauslegung .... DIN EN 60987 (VDE 0491-3-1)
E DIN EN 60987/A1 (VDE 0491-3-1/A1)
– komplexe elektronische Komponenten .... E DIN IEC 62566 (VDE 0491-3-5)
– physikalische und elektrische Trennung .... DIN EN 60709 (VDE 0491-7)
– Sicherstellung der Funktionsfähigkeit .... DIN EN 60671 (VDE 0491-100)
– Versagen gemeinsamer Ursache .... DIN EN 62340 (VDE 0491-10)
Notsteuerstellen
– für das Abfahren des Reaktors .... DIN EN 60965 (VDE 0491-5-5)
Sicherheitsleittechnik .... DIN IEC 61513 (VDE 0491-2)
DIN IEC 61839 (VDE 0491-5)
– allgemeine Anforderungen .... DIN IEC 61513/A100 (VDE 0491-2/A100)
– allgemeine Systemanforderungen .... E DIN IEC 61513 (VDE 0491-2)
– Datenkommunikation .... DIN EN 61500 (VDE 0491-3-4)
– Kategorisierung leittechnischer Funktionen .... DIN EN 61226 (VDE 0491-1)
– Sicherstellung der Funktionsfähigkeit .... DIN EN 60671 (VDE 0491-100)
– Software .... DIN EN 60880 (VDE 0491-3-2)
DIN EN 62138 (VDE 0491-3-3)
Warten
– Anwendung von Sichtgeräten .... DIN IEC 61772 (VDE 0491-5-4)
– Auslegung .... DIN EN 60964 (VDE 0491-5-1)
– Handbedienungen .... DIN IEC 61227 (VDE 0491-5-3)
– Notsteuerstellen .... DIN EN 60965 (VDE 0491-5-5)
– rechnerunterstützte Prozeduren .... E DIN IEC 62646 (VDE 0491-5-6)

Kernneutronendetektoren (Online-) .... DIN IEC 60568 (VDE 0491-6)

Kernreaktoren
Notsteuerstellen .... DIN EN 60965 (VDE 0491-5-5)

Kerntechnische Anlagen
Überwachung der Strahlung und des Radioaktivitätsniveaus . DIN IEC 61559-1 (VDE 0493-5-1)

Kettensägen
handgeführt, motorbetrieben .... DIN EN 60745-2-13 (VDE 0740-2-13)

Kinderzimmerleuchten .... DIN EN 60598-2-10 (VDE 0711-2-10)

Kinos
elektrische Anlagen .... E DIN IEC 60364-7-718 (VDE 0100-718)
DIN VDE 0100-718 (VDE 0100-718)

Kirchtürme
Blitzschutz .... Beiblatt 2 DIN EN 62305-3 (VDE 0185-305-3)

Kirmesplätze
elektrische Anlagen .... DIN VDE 0100-740 (VDE 0100-740)

Klassifikation
von Niederspannungssicherungen .... DIN EN 60269-1 (VDE 0636-1)
von technischen Dokumenten .... DIN EN 61355-1 (VDE 0040-3)

Klassifizierung
von Gasen und Dämpfen
– Prüfmethoden und Daten .... DIN EN 60079-20-1 (VDE 0170-20-1)
von Isolierflüssigkeiten .... DIN EN 61039 (VDE 0389-1)

Klebepistolen .... DIN EN 60335-2-45 (VDE 0700-45)
E DIN EN 60335-2-45/A2 (VDE 0700-45/A2)

Klebstoff, warmhärtender
für selbstklebende Bänder .... DIN EN 60454-3-11 (VDE 0340-3-11)

Kleidungstrockner
für den Hausgebrauch .... DIN EN 60335-2-43 (VDE 0700-43)

Kleindrosseln .... DIN EN 61558-2-20 (VDE 0570-2-20)

Kleinerzeuger
Anschluss ans öffentliche Niederspannungsnetz .... E DIN VDE 0435-901 (VDE 0435-901)

Kleingeneratoren
Anschluss ans öffentliche Niederspannungsnetz .... DIN EN 50438 (VDE 0435-901)
E DIN VDE 0435-901 (VDE 0435-901)

Kleinspannung .... DIN VDE 0100-410 (VDE 0100-410)

Kleinspannungsanlagen
Arbeiten an .... DIN EN 50110-1 (VDE 0105-1)
DIN VDE 0105-100 (VDE 0105-100)
Bedienen von .... DIN EN 50110-1 (VDE 0105-1)
DIN VDE 0105-100 (VDE 0105-100)
Betrieb von .... DIN VDE 0105-100 (VDE 0105-100)
Instandhaltung .... DIN EN 50110-1 (VDE 0105-1)

Kleinspannungs-Beleuchtungsanlagen .... E DIN VDE 0100-715 (VDE 0100-715)
DIN VDE 0100-715 (VDE 0100-715)

Kleinspannungs-Beleuchtungssysteme .... DIN EN 60598-2-23 (VDE 0711-2-23)

Kleinspannungs-Glühlampen .... DIN EN 61549 (VDE 0715-12)
E DIN EN 61549/A3 (VDE 0715-12/A3)

Kleinstromerzeuger .... VDE-Schriftenreihe Band 122

Kleinstsicherungseinsätze
allgemeine Anforderungen .... DIN EN 60127-1 (VDE 0820-1)
für besondere Anwendungen .... E DIN EN 60127-7 (VDE 0820-11)
für gedruckte Schaltungen .... DIN EN 60127-3 (VDE 0820-3)

Kleintransformatoren
Trenntransformatoren .... DIN EN 61558-2-15 (VDE 0570-2-15)

Kleinwerkzeuge, rotierende .... E DIN EN 60745-2-23 (VDE 0740-2-23)

Klemmstellen
schraubenlose .... DIN EN 60998-1 (VDE 0613-1)
DIN EN 60998-2-2 (VDE 0613-2-2)
DIN EN 60999-2 (VDE 0609-101)

Klimaanlagen
Rückgewinnung/Aufbereitung von Kältemitteln .... E DIN IEC 61D/81/CD (VDE 0700-104)

Klimageräte
für den Hausgebrauch .... DIN EN 60335-2-40 (VDE 0700-40)
E DIN EN 60335-2-40/AD (VDE 0700-40/A1)
E DIN IEC 60335-2-40/A101 (VDE 0700-40/A101)
E DIN IEC 60335-2-40/A102 (VDE 0700-40/A102)
E DIN IEC 60335-2-40/A103 (VDE 0700-40/A103)
E DIN IEC 60335-2-40/A104 (VDE 0700-40/A104)
E DIN IEC 60335-2-40/A105 (VDE 0700-40/A105)
E DIN IEC 60335-2-40/A106 (VDE 0700-40/A106)
– Regel- und Steuergeräte .... DIN EN 60730-2-15 (VDE 0631-2-15)

Klimaprüfkammern
Berechnung der Messunsicherheit .... DIN EN 60068-3-11 (VDE 0468-3-11)

Klimatische Prüfungen, kombinierte
Temperatur/Feuchte und Schwingung/Schock .... DIN EN 60068-2-53 (VDE 0468-2-53)

Klingeltransformatoren .... DIN EN 61558-2-8 (VDE 0570-2-8)

Kliniken
Blitzschutz .... Beiblatt 2 DIN EN 62305-3 (VDE 0185-305-3)
elektrische Anlagen .... VDE-Schriftenreihe Band 17
E DIN VDE 0100-710 (VDE 0100-710)
DIN VDE 0100-710 (VDE 0100-710)
Beiblatt 1 DIN VDE 0100-710 (VDE 0100-710)
Leuchten .... DIN EN 60598-2-25 (VDE 0711-2-25)

Knackstöranalysatoren .... DIN EN 55016-1-1 (VDE 0876-16-1-1)

Knickprüfung
von Kabeln und Leitungen .... DIN EN 50396 (VDE 0473-396)
E DIN EN 50396/AA (VDE 0473-396/AA)

Koaxiale Verkabelung .... DIN EN 61935-1 (VDE 0819-935-1)
DIN EN 61935-2-20 (VDE 0819-935-2-20)
DIN EN 61935-3 (VDE 0819-935-3)

Koaxialkabel .... DIN EN 60728-1-2 (VDE 0855-7-2)
Fachgrundspezifikation .... DIN EN 50117-1 (VDE 0887-1)
flexible konfektionierte
– Rahmenspezifikation .... DIN EN 60966-2-1 (VDE 0887-966-2-1)
für Kabelverteilanlagen
– Außenkabel 5 MHz - 1 000 MHz .... DIN EN 50117-2-2 (VDE 0887-2-2)
– Außenkabel 5 MHz - 3 000 MHz .... DIN EN 50117-2-5 (VDE 0887-2-5)
– Hausinstallationskabel 5 MHz - 1 000 MHz .... DIN EN 50117-2-1 (VDE 0887-2-1)
– Hausinstallationskabel 5 MHz - 3 000 MHz .... DIN EN 50117-2-4 (VDE 0887-2-4)
DIN EN 50117-4-1 (VDE 0887-4-1)
– Verteiler und Linienkabel 5 MHz - 1 000 MHz .... DIN EN 50117-2-3 (VDE 0887-2-3)

Koaxialkabel
Miniaturkabel .... DIN EN 50117-3-1 (VDE 0887-3-1)
Reparatur und Ersatz .... E DIN VDE 0887-100 (VDE 0887-100)

Koaxialkabel, konfektionierte
Frequenzbereich 0 MHz bis 1 000 MHz
– Steckverbinder nach IEC 61169-2 .... DIN EN 60966-2-5 (VDE 0887-966-2-5)
– Steckverbinder nach IEC 61169-8 .... DIN EN 60966-2-3 (VDE 0887-966-2-3)
Frequenzbereich 0 MHz bis 3 000 MHz
– Steckverbinder nach IEC 61169-2 .... DIN EN 60966-2-4 (VDE 0887-966-2-4)
– Steckverbinder nach IEC 61169-24 .... DIN EN 60966-2-6 (VDE 0887-966-2-6)

Koch- und Bratpfannen (Mehrzweck-)
für den gewerblichen Gebrauch .... DIN EN 60335-2-39 (VDE 0700-39)
E DIN EN 60335-2-39/AA (VDE 0700-39/A1)

Kochgeräte
für den Hausgebrauch .... DIN EN 60335-2-9 (VDE 0700-9)
E DIN EN 60335-2-9 (VDE 0700-9)
E DIN EN 60335-2-9/A100 (VDE 0700-9/A100)

Kochkessel
für den gewerblichen Gebrauch .... DIN EN 60335-2-47 (VDE 0700-47)
E DIN EN 60335-2-47/AA (VDE 0700-47/A1)

Kochmulden
für den Hausgebrauch .... DIN EN 60335-2-6 (VDE 0700-6)
E DIN EN 60335-2-6/AC (VDE 0700-6/A36)
E DIN IEC 60335-2-6 (VDE 0700-6)

Kochplatten
für den gewerblichen Gebrauch .... DIN EN 60335-2-36 (VDE 0700-36)
E DIN EN 60335-2-36/AA (VDE 0700-36/A1)

Kochtöpfe, elektrische
für den Hausgebrauch .... DIN EN 60335-2-15 (VDE 0700-15)
E DIN EN 60335-2-15/AA (VDE 0700-15/AA)

Kohlendioxid
in Innenraumluft
– Geräte zur Detektion und Messung .... DIN EN 50543 (VDE 0400-36)

Kohlenmonoxid
in Freizeitfahrzeugen
– Geräte zur Detektion .... DIN EN 50291-2 (VDE 0400-34-2)
in Innenraumluft
– Geräte zur Detektion und Messung .... DIN EN 50543 (VDE 0400-36)
in Tiefgaragen und Tunneln
– Geräte zur Detektion und Messung .... E DIN EN 50545-1 (VDE 0400-80)
in Wohnhäusern
– Geräte zur Detektion .... DIN EN 50291-1 (VDE 0400-34-1)
DIN EN 50292 (VDE 0400-35)

Kohlenmonoxidkonzentration .... DIN EN 50291-1 (VDE 0400-34-1)

Kohleschleifstücke
für Stromabnehmer
– Prüfung .... DIN EN 50405 (VDE 0115-501)

Kolorimetrische Titration .... DIN EN 62021-2 (VDE 0370-32)

Kombimelder
Passiv-Infrarot/Mikrowellen .... DIN EN 50131-2-4 (VDE 0830-2-2-4)
Passiv-Infrarot/Ultraschall .... DIN EN 50131-2-5 (VDE 0830-2-2-5)

Kombinationsstarter (Hochspannungs-) .... E DIN IEC 62271-106 (VDE 0671-106)
Kombinierte Alarmanlagen .... DIN CLC/TS 50398 (VDE V 0830-6-398)
Kombinierte Dienstleistungen
Anbieter .... Anwendungsregel (VDE-AR-E 2757-2)
Kombinierte Messgeräte
für Schutzmaßnahmen .... E DIN EN 61557-10 (VDE 0413-10)
Kombinierte Wandler
für elektrische Messgeräte .... DIN EN 60044-3 (VDE 0414-44-3)
E DIN IEC 61869-4 (VDE 0414-9-4)
Kommunikationsgeräte
auf elektrischen Niederspannungsnetzen
– Funkstöreigenschaften .... E DIN EN 50561-1 (VDE 0878-561-1)
– Störfestigkeit .... DIN EN 50412-2-1 (VDE 0808-121)
– Verwendung im Heimbereich .... E DIN EN 50561-1 (VDE 0878-561-1)
mobile schnurlose
– spezifische Absorptionsrate (SAR) .... DIN EN 62209-2 (VDE 0848-209-2)
zufällige Entzündung durch Kerzenflamme .... DIN CLC/TS 62441 (VDE V 0868-441)
Kommunikationskabel
Entwicklung und Konstruktion .... DIN EN 50290-2-20 (VDE 0819-100)
DIN EN 50290-2-25 (VDE 0819-105)
DIN EN 50290-2-28 (VDE 0819-108)
DIN EN 50290-2-29 (VDE 0819-109)
DIN EN 50290-2-30 (VDE 0819-110)
– halogenfreie flammwidrige Isoliermischungen .... DIN EN 50290-2-26 (VDE 0819-106)
– halogenfreie flammwidrige Mantelmischungen .... DIN EN 50290-2-27 (VDE 0819-107)
– PE-Mantelmischungen .... DIN EN 50290-2-24 (VDE 0819-104)
– PVC-Isoliermischungen .... DIN EN 50290-2-21 (VDE 0819-101)
– PVC-Mantelmischungen .... DIN EN 50290-2-22 (VDE 0819-102)
FEP Isolierung und Mantelmischung .... DIN EN 50290-2-30 (VDE 0819-110)
Isoliermischungen .... DIN EN 50290-2-25 (VDE 0819-105)
DIN EN 50290-2-28 (VDE 0819-108)
DIN EN 50290-2-29 (VDE 0819-109)
DIN EN 50290-2-30 (VDE 0819-110)
paar-/viererverseilte
– Fachgrundspezifikation .... E DIN IEC 61156-1/A1 (VDE 0819-1001/A1)
PE-Isoliermischungen .... DIN EN 50290-2-23 (VDE 0819-103)
Petrolat-Füllmasse .... DIN EN 50290-2-28 (VDE 0819-108)
Polypropylen-Isoliermischungen .... DIN EN 50290-2-25 (VDE 0819-105)
Prüfverfahren
– Messungen der Schirmwirkung .... E DIN IEC 62153-4-1 (VDE 0819-153-4-1)
Typenkurzzeichen .... Beiblatt 1 DIN VDE 0816-1 (VDE 0816-1)
UV-Beständigkeit der Mäntel .... DIN EN 50289-4-17 (VDE 0819-289-4-17)
vernetzte PE-Isoliermischung .... DIN EN 50290-2-29 (VDE 0819-109)
Kommunikationsnetze
Anschluss von Geräten
– Schnittstellen .... Beiblatt 1 DIN EN 41003 (VDE 0804-100)
Kommunikationsnetze, industrielle
Feldbusinstallation
– Installationsprofile für CPF 2 .... E DIN IEC 61784-5 (VDE 0800-500-1)
– Kommunikationsprofilfamilie 10 .... DIN EN 61784-5-10 (VDE 0800-500-10)
– Kommunikationsprofilfamilie 11 .... DIN EN 61784-5-11 (VDE 0800-500-11)
– Kommunikationsprofilfamilie 2 .... DIN EN 61784-5-2 (VDE 0800-500-2)
– Kommunikationsprofilfamilie 3 .... DIN EN 61784-5-3 (VDE 0800-500-3)
– Kommunikationsprofilfamilie 6 .... DIN EN 61784-5-6 (VDE 0800-500-6)

Kommunikationsnetze, industrielle
Installation in Industrieanlagen .... DIN EN 61918 (VDE 0800-500)
E DIN IEC 61918 (VDE 0800-500)
Übertragung bei Feldbussen
– Profilfestlegungen .... DIN EN 61784-3 (VDE 0803-500)

Kommunikationsprofile
der Feldbustechnologie .... DIN EN 61784-3 (VDE 0803-500)

Kommunikationsprotokoll
zwischen Ladegerät und Elektrofahrzeug .... DIN CLC/TS 50457-2 (VDE V 0122-2-4)

Kommunikationsschnittstellen
für Hochspannungs-Schaltgeräte und -Schaltanlagen .... DIN EN 62271-3 (VDE 0671-3)

Kommunikationssubsystem
basierend auf EN 50325-4 .... E DIN EN 50325-5 (VDE 0803-600)

Kommunikationssysteme
auf elektrischen Niederspannungsnetzen
– Störfestigkeit .... DIN EN 50412-2-1 (VDE 0808-121)

Kommunikationstechnikgeräte
umweltbewusstes Design .... DIN EN 62075 (VDE 0806-2075)
E DIN EN 62075 (VDE 0806-2075)

Kommunikationsverkabelung
Installationsplanung und Installationspraktiken .... DIN EN 50174-2 (VDE 0800-174-2)
Installationsplanung und -praktiken im Freien .... DIN EN 50174-3 (VDE 0800-174-3)
Rangierschnüre und Geräteanschlussschnüre .... DIN EN 61935-2-20 (VDE 0819-935-2-20)
Spezifikation und Qualitätssicherung .... DIN EN 50174-1 (VDE 0800-174-1)

Kommutator-Isolierlamellen
aus Glimmer .... DIN EN 60371-3-1 (VDE 0332-3-1)

Kommutierungsdrosselspulen
für Bahnfahrzeuge .... DIN EN 60310 (VDE 0115-420)

Kompakte Gerätekombination
für Verteilungsstationen (CEADS) .... DIN EN 50532 (VDE 0670-699)

Kompakt-Schaltanlagen
für Verteilerstationen .... DIN EN 50532 (VDE 0670-699)

Kompatibilitätsnachweis
für Bahnfahrzeuge .... DIN EN 50238 (VDE 0831-238)

Kompensationsdrosselspulen .... DIN EN 60076-6 (VDE 0532-76-6)

Kompensatoren (Lichtwellenleiter-) .... DIN EN 61978-1 (VDE 0885-978-1)

Komponentensoftware
für Eisenbahnfahrzeuge .... DIN VDE 0119-207-14 (VDE 0119-207-14)

Kompressions-Kühlgeräte
Anforderungen an Motorverdichter .... DIN EN 60335-2-34 (VDE 0700-34)
E DIN EN 60335-2-34 (VDE 0700-34)

Kondensatorbatterien
zur Korrektur des Niederspannungsleistungsfaktors .... DIN EN 61921 (VDE 0560-700)
zur Leistungsfaktor-Verbesserung .... DIN EN 60871-1 (VDE 0560-410)

Kondensatoreinheiten
zur Leistungsfaktor-Verbesserung .... DIN EN 60871-1 (VDE 0560-410)

Kondensatoren
allgemeine Bestimmungen .... DIN VDE 0560-1 (VDE 0560-1)
Berührungsschutz .... DIN VDE 0560-2 (VDE 0560-2)
der Leistungselektronik .... DIN EN 61071 (VDE 0560-120)

Kondensatoren
Funk-Entstör- ..... DIN EN 60384-14 (VDE 0565-1-1)
DIN EN 60384-14-1 (VDE 0565-1-2)
für Bahnfahrzeuge
– Papier-/Foliekondensatoren ..... DIN EN 61881-1 (VDE 0115-430-1)
für Entladungslampenkreise ..... DIN EN 61048 (VDE 0560-61)
für HF-Generatoren ..... DIN VDE 0560-10 (VDE 0560-10)
für Kopplung ..... DIN VDE 0560-2 (VDE 0560-2)
DIN VDE 0560-3 (VDE 0560-3)
für Leuchtstofflampen ..... DIN EN 61049 (VDE 0560-62)
für Leuchtstofflampenkreise ..... DIN EN 61048 (VDE 0560-61)
für Mikrowellenkochgeräte ..... DIN EN 61270-1 (VDE 0560-22)
für Spannungsmessung ..... DIN VDE 0560-3 (VDE 0560-3)
für Überspannungsschutz ..... DIN VDE 0560-3 (VDE 0560-3)
mit Aluminium-Elektrolyt
– für Wechselspannung ..... DIN EN 137000 (VDE 0560-800)
DIN EN 137100 (VDE 0560-810)
DIN EN 137101 (VDE 0560-811)
nichtselbstheilende ..... DIN EN 60931-2 (VDE 0560-49)
DIN EN 60931-3 (VDE 0560-45)
DIN EN 61049 (VDE 0560-62)
nichtselbstheilende Leistungs-Parallel- ..... DIN EN 60931-1 (VDE 0560-48)
Parallelkondensatoren ..... DIN EN 60871-1 (VDE 0560-410)
DIN IEC 871-2 (VDE 0560-420)
Schutzeinrichtungen für Reihenkondensatorbatterien ..... DIN EN 60143-2 (VDE 0560-43)
selbstheilende Leistungs-Parallel ..... DIN EN 60831-1 (VDE 0560-46)
DIN EN 60831-2 (VDE 0560-47)
Sicherungen für Reihenkondensatoren ..... DIN EN 60143-3 (VDE 0560-44)
zum Glätten pulsierender Gleichspannungen ..... DIN VDE 0560-11 (VDE 0560-11)
zur Unterdrückung elektromagnetischer Störungen ..... E DIN IEC 60940/A1 (VDE 0565/A1)
DIN V VDE V 0565 (VDE V 0565)
– Bewertungsstufe DZ ..... DIN EN 60384-14-3 (VDE 0565-1-4)
– Sicherheitsprüfungen ..... DIN EN 60384-14-2 (VDE 0565-1-3)

Kondensatorester ..... DIN EN 61099 (VDE 0375-1)

Kondensatorpapiere
auf Zellulosebasis ..... DIN VDE 0311-32 (VDE 0311-32)

Konduktive Ladesysteme
für Elektrofahrzeuge ..... DIN CLC/TS 50457-1 (VDE V 0122-2-3)
DIN CLC/TS 50457-2 (VDE V 0122-2-4)
DIN EN 61851-1 (VDE 0122-1)
DIN EN 61851-21 (VDE 0122-2-1)
E DIN EN 61851-22 (VDE 0122-2-2)
– AC/DC-Versorgung ..... E DIN EN 61851-21 (VDE 0122-2-1)

Konfektionierte Kabel ..... DIN EN 61935-2-20 (VDE 0819-935-2-20)

Konformitätsprüfung
von Windenergieanlagen ..... DIN EN 61400-22 (VDE 0127-22)

Konformitätszeichen
an elektrischen Betriebsmitteln ..... VDE-Schriftenreihe Band 15

Konstantstromregler
für Flugplatzbefeuerungsanlagen ..... DIN EN 61822 (VDE 0161-100)

Konstantstrom-Serienkreise
für Flugplatzbefeuerungsanlagen ..... Beiblatt 1 DIN EN 61821 (VDE 0161-103)
DIN EN 61821 (VDE 0161-103)
E DIN IEC 61821 (VDE 0161-103)

Konstruktion
von medizinischen elektrischen Geräten
– Ausarbeitung von Normen .... Beiblatt 1 DIN VDE 0752 (VDE 0752)
Kontaktgrills
für den gewerblichen Gebrauch .... DIN EN 60335-2-38 (VDE 0700-38)
Kontaminationsmessgeräte und -monitore .... DIN EN 60325 (VDE 0493-2-1)
Kontaminationsmonitore
tragbare
– wiederkehrende Prüfung .... DIN VDE 0493-100 (VDE 0493-100)
Kontroll- und Datenkabel
bis 1 000 MHz, geschirmt
– für den Horizontal- und Steigbereich .... E DIN EN 50288-9-1 (VDE 0819-9-1)
bis 100 MHz, geschirmt
– für den Horizontal- und Steigbereich .... DIN EN 50288-2-1 (VDE 0819-2-1)
E DIN EN 50288-2-1 (VDE 0819-2-1)
– Geräteanschluss- und Schaltkabel .... DIN EN 50288-2-2 (VDE 0819-2-2)
E DIN EN 50288-2-2 (VDE 0819-2-2)
bis 100 MHz, ungeschirmt
– für den Horizontal- und Steigbereich .... DIN EN 50288-3-1 (VDE 0819-3-1)
E DIN EN 50288-3-1 (VDE 0819-3-1)
– Geräteanschluss- und Schaltkabel .... DIN EN 50288-3-2 (VDE 0819-3-2)
E DIN EN 50288-3-2 (VDE 0819-3-2)
bis 250 MHz, geschirmt
– für den Horizontal- und Steigbereich .... DIN EN 50288-5-1 (VDE 0819-5-1)
E DIN EN 50288-5-1 (VDE 0819-5-1)
– Geräteanschluss- und Schaltkabel .... DIN EN 50288-5-2 (VDE 0819-5-2)
E DIN EN 50288-5-2 (VDE 0819-5-2)
bis 250 MHz, ungeschirmt
– für den Horizontal- und Steigbereich .... DIN EN 50288-6-1 (VDE 0819-6-1)
E DIN EN 50288-6-1 (VDE 0819-6-1)
– Geräteanschluss- und Schaltkabel .... DIN EN 50288-6-2 (VDE 0819-6-2)
E DIN EN 50288-6-2 (VDE 0819-6-2)
bis 500 MHz, geschirmt
– für den Horizontal- und Steigbereich .... E DIN EN 50288-10 (VDE 0819-10)
bis 500 MHz, ungeschirmt
– für den Horizontal- und Steigbereich .... E DIN EN 50288-11 (VDE 0819-11)
bis 600 MHz, geschirmt
– für den Horizontal- und Steigbereich .... DIN EN 50288-4-1 (VDE 0819-4-1)
E DIN EN 50288-4-1 (VDE 0819-4-1)
– Geräteanschluss- und Schaltkabel .... DIN EN 50288-4-2 (VDE 0819-4-2)
E DIN EN 50288-4-2 (VDE 0819-4-2)
Fachgrundspezifikation .... DIN EN 50288-1 (VDE 0819-1)
E DIN EN 50288-1 (VDE 0819-1)
für analoge und digitale Übertragung
– Typ 1 Kabel bis 2 MHz .... E DIN EN 50288-8 (VDE 0819-8)
Konvektionsheizgeräte .... DIN EN 60335-2-30 (VDE 0700-30)
Konverter
für Glühlampen
– Arbeitsweise .... DIN EN 61047 (VDE 0712-25)
E DIN IEC 61047/A1 (VDE 0712-25/A100)
– wechselstromversorgte elektronische .... DIN EN 61347-2-2 (VDE 0712-32)
E DIN IEC 61347-2-2/A3 (VDE 0712-32/A3)
für Kaltstart-Entladungslampen .... DIN EN 61347-2-10 (VDE 0712-40)

Konzentrator-Photovoltaik-Module
Bauarteignung und Bauartzulassung .... DIN EN 62108 (VDE 0126-33)
Energiebemessungsprüfung .... E DIN VDE 0126-34 (VDE 0126-34)
Leistungsmessung
– Strahlungsintensität und Temperatur .... E DIN EN 62670 (VDE 0126-35-1)
Sicherheitsqualifikation .... E DIN EN 62688 (VDE 0126-36)

Kopfleuchten
für schlagwettergefährdete Grubenbaue
– Gebrauchstauglichkeit und Sicherheit .... DIN EN 62013-2 (VDE 0170-14-2)
E DIN IEC 60079-35-2 (VDE 0170-14-2)
– Konstruktion und Prüfung .... DIN EN 60079-35-1 (VDE 0170-14-1)

Kopfstellen
Störstrahlungscharakteristik .... DIN EN 50083-2 (VDE 0855-200)
E DIN EN 50083-2 (VDE 0855-200)
von terrestrischen Rundfunk- und Satellitensystemen .... DIN EN 60728-5 (VDE 0855-5)

Kopfstellenempfang .... DIN EN 50083-9 (VDE 0855-9)

Koppel-/Entkoppelnetzwerk .... DIN EN 61000-4-4 (VDE 0847-4-4)
E DIN EN 61000-4-4 (VDE 0847-4-4)

Koppler
magnetische und kapazitive .... DIN V VDE V 0884-10 (VDE V 0884-10)

Kopplungen
Prüfung bei Fernmeldekabeln und -leitungen .... DIN 57472-506 (VDE 0472-506)

Kopplungskondensatoren
Einphasen-Kopplungskondensatoren .... E DIN IEC 60358-2 (VDE 0560-4)

Korona
Entladung .... DIN 57873-1 (VDE 0873-1)
Teilentladungen .... DIN EN 60270 (VDE 0434)

Körpermodelle .... DIN EN 62209-1 (VDE 0848-209-1)

Körperstrom
Schutzmaßnahmen .... VDE-Schriftenreihe Band 9

Körperstromdichte
induzierte
– Berechnungsverfahren .... DIN EN 62226-1 (VDE 0848-226-1)
DIN EN 62226-3-1 (VDE 0848-226-3-1)
– Exposition - 2D-Modelle .... DIN EN 62226-2-1 (VDE 0848-226-2-1)
DIN EN 62226-3-1 (VDE 0848-226-3-1)

Körpertemperaturmessung .... E DIN IEC 80601-2-56 (VDE 0750-256)

Korrosion
durch Streuströme
– Schutz vor .... DIN EN 50162 (VDE 0150)

Korrosionsgefährdung .... VDE-Schriftenreihe Band 35

Korrosionsprüfung (Salznebel-)
von photovoltaischen (PV-)Modulen .... E DIN IEC 61701 (VDE 0126-8)

Korrosionsschädigung
durch Rauch und Brandgase .... DIN EN 60695-5-1 (VDE 0471-5-1)

Korrosionsschutz
gegen Streuströme .... DIN EN 50162 (VDE 0150)
von blanken Freileitungsleitern .... E DIN IEC 61394 (VDE 0212-351)

Korrosionsschutzüberzüge
auf Metallen
– durch kolorimetrische Verfahren .... E DIN EN 62321-7-1 (VDE 0042-1-7-1)

Korrosionswirkung
elektrolytische
– von Isoliermaterialien .... DIN EN 60426 (VDE 0303-6)
Korrosive Bestandteile
von Füllmassen
– Messung des Nichtvorhandenseins .... E DIN EN 60811-604 (VDE 0473-811-604)
Kraftstoffwirtschaftlichkeit
Verbesserung .... DIN EN 62576 (VDE 0122-576)
Kraftwerke
Kabel mit verbessertem Brandverhalten .... DIN VDE 0276-604 (VDE 0276-604)
DIN VDE 0276-622 (VDE 0276-622)
DIN VDE 0276-627 (VDE 0276-627)
Kabel; ergänzende Prüfverfahren .... DIN VDE 0276-605 (VDE 0276-605)
Krane
elektrische Ausrüstung .... VDE-Schriftenreihe Band 60
DIN EN 60204-32 (VDE 0113-32)
Krankenhausbetten .... DIN EN 60601-2-52 (VDE 0750-2-52)
Krankenhäuser
Blitzschutz .... Beiblatt 2 DIN EN 62305-3 (VDE 0185-305-3)
elektrische Anlagen .... VDE-Schriftenreihe Band 17
E DIN VDE 0100-710 (VDE 0100-710)
Beiblatt 1 DIN VDE 0100-710 (VDE 0100-710)
DIN VDE 0100-710 (VDE 0100-710)
Krankentransportfahrzeuge .... DIN VDE 0100-717 (VDE 0100-717)
Kreislaufunterstützungssysteme
implantierbare .... E DIN ISO 14708-5 (VDE 0750-10-6)
Kreissägen
handgeführt, motorbetrieben .... DIN EN 60745-2-5 (VDE 0740-2-5)
Kreuzverweistabelle
für Prüfverfahren für Lichtwellenleiterkabel .... E DIN EN 60794-1-2 (VDE 0888-100-2)
Kriechstrecken .... DIN EN 50178 (VDE 0160)
Bemessung .... DIN EN 60664-4 (VDE 0110-4)
DIN EN 60664-5 (VDE 0110-5)
Isolationskoordination
– bei Bahnanwendungen .... DIN EN 50124-1 (VDE 0115-107-1)
Spannungsfestigkeit .... VDE-Schriftenreihe Band 56
von elektrischen Betriebsmitteln .... DIN EN 60664-1 (VDE 0110-1)
Kriechwegbildung
bei Elektroisolierstoffen .... DIN EN 60587 (VDE 0303-10)
Prüfzahl, Vergleichszahl .... DIN EN 60112 (VDE 0303-11)
Kristallit-Schmelzpunkt
von Kabeln und Leitungen
– Prüfung .... DIN 57472-621 (VDE 0472-621)
Kritikalitätsanalyse .... DIN EN 60300-3-11 (VDE 0050-5)
Kritische Temperatur
von Verbundsupraleitern
– Widerstandsmessverfahren .... DIN EN 61788-10 (VDE 0390-10)
Kritischer Strom
von Bi-2212 und Bi-2223-Supraleitern .... DIN EN 61788-3 (VDE 0390-3)
von Nb3Sn-Verbundsupraleitern .... DIN EN 61788-2 (VDE 0390-2)
von Nb-Ti-Verbundsupraleitern .... DIN EN 61788-1 (VDE 0390-1)

Küchenmaschinen
für den gewerblichen Gebrauch .... DIN EN 60335-2-64 (VDE 0700-64)
DIN EN 60335-2-64/A1 (VDE 0700-64/A1)
E DIN EN 60335-2-64/A2 (VDE 0700-64/A1)
E DIN EN 60335-2-64/AB (VDE 0700-64/A3)
E DIN IEC 60335-2-64/A1 (VDE 0700-64/A2)
für den Hausgebrauch .... DIN EN 60335-2-14 (VDE 0700-14)
E DIN EN 60335-2-14/A100 (VDE 0700-14/A100)
E DIN EN 60335-2-14/AA (VDE 0700-14/AA)

Kugeldruckprüfung
zur Beurteilung der Brandgefahr .... E DIN EN 60695-10-2 (VDE 0471-10-2)

Kühlanlagen
Rückgewinnung/Aufbereitung von Kältemitteln .... E DIN IEC 61D/81/CD (VDE 0700-104)

Kühlgeräte
für den gewerblichen Gebrauch
– Anforderungen an Motorverdichter .... DIN EN 60335-2-89 (VDE 0700-89)
E DIN EN 60335-2-89/A1 (VDE 0700-89/A1)
für den Hausgebrauch .... DIN EN 60335-2-24 (VDE 0700-24)
E DIN EN 60335-2-24/A1 (VDE 0700-24/A1)
E DIN EN 60335-2-24/AC (VDE 0700-24/A2)
E DIN EN 62552 (VDE 0705-2552)
mit Verflüssigersatz oder Motorverdichter
– für den gewerblichen Gebrauch .... DIN EN 60335-2-89 (VDE 0700-89)
E DIN EN 60335-2-89/A1 (VDE 0700-89/A1)

Kühlung
von Transformatoren .... VDE-Schriftenreihe Band 72

Kühlungseinrichtungen
von Bahn-Umrichtern .... DIN CLC/TS 50537-3 (VDE V 0115-537-3)

Kunstharzpressholz
für elektrotechnische Zwecke
– nicht-imprägniert .... DIN EN 61061-1 (VDE 0310-1)

Kunststoffisolatoren .... DIN VDE 0441-1 (VDE 0441-1)

Kunststoffisolierung .... DIN VDE 0265 (VDE 0265)
extrudierte .... DIN VDE 0278-629-1 (VDE 0278-629-1)

Kunststoffseile
für Fahrleitungen .... DIN EN 50345 (VDE 0115-604)

Kunststoff-ummantelte Leiter
für Freileitungen über 1 kV bis 36 kV .... DIN EN 50397-1 (VDE 0276-397-1)

Kupferleiter
Bruchdehnung .... DIN 57472-623 (VDE 0472-623)
Flachsteckverbindungen für .... DIN EN 61210 (VDE 0613-6)

Kupfervolumen
von Verbundsupraleitern .... E DIN EN 61788-5 (VDE 0390-5)

Kupplungen
abschaltbare .... DIN EN 60309-4 (VDE 0623-3)
für industrielle Anwendungen .... DIN EN 60309-1 (VDE 0623-1)
DIN EN 60309-2 (VDE 0623-2)
DIN EN 60309-4 (VDE 0623-3)
– allgemeine Anforderungen .... E DIN EN 60309-1/A2 (VDE 0623-1/A2)

Kupplungen, abschaltbare
für industrielle Anwendungen .... E DIN EN 60309-4/A1 (VDE 0623-4/A1)

Kurbelergometer .... DIN VDE 0750-238 (VDE 0750-238)

Kurzschließeinrichtungen
Leitungen für ortsveränderliche .... DIN EN 61138 (VDE 0283-3)

Kurzschließen
Geräte
– zwangsgeführte .... DIN EN 61219 (VDE 0683-200)

Kurzschließen und Erden
ortsveränderliche Geräte .... DIN EN 61230 (VDE 0683-100)

Kurzschließvorrichtungen
ortsveränderliche Geräte .... DIN EN 61219 (VDE 0683-200)
DIN EN 61230 (VDE 0683-100)

Kurzschlussarten .... VDE-Schriftenreihe Band 118

Kurzschlussbemessungswerte
von Überstrom-Schutzeinrichtungen .... Beiblatt 1 DIN EN 60947-1 (VDE 0660-100)

Kurzschlussfester Transformator .... DIN EN 61558-2-16 (VDE 0570-2-16)

Kurzschlussfestigkeit
von Leistungstransformatoren .... DIN EN 60076-5 (VDE 0532-76-5)
von partiell typgeprüften Schaltgerätekombinationen .... DIN IEC 61117 (VDE 0660-509)

Kurzschlussläufer-Induktionsmotoren
Bestimmung der Größen in Ersatzschaltbildern .... E DIN EN 60034-28 (VDE 0530-28)
DIN EN 60034-28 (VDE 0530-28)

Kurzschlussschutz .... Beiblatt 5 DIN VDE 0100 (VDE 0100)
DIN VDE 0100-430 (VDE 0100-430)
in elektrischen Anlagen .... VDE-Schriftenreihe Band 143

Kurzschluss-Schutzeinrichtungen (SCPDs) .... E DIN VDE 0100-570 (VDE 0100-570)

Kurzschlusssicheres Verlegen
von Kabeln und Leitungen .... DIN VDE 0100-520 (VDE 0100-520)

Kurzschlussströme
Berechnung .... VDE-Schriftenreihe Band 118
VDE-Schriftenreihe Band 77
DIN EN 60865-1 (VDE 0103)
Berechnung der Wirkung
– Begriffe und Berechnungsverfahren .... Beiblatt 1 DIN EN 60865-1 (VDE 0103)
E DIN IEC 60865-1 (VDE 0103)
in Drehstromnetzen .... Beiblatt 1 DIN EN 60909-0 (VDE 0102)
Beiblatt 4 DIN EN 60909-0 (VDE 0102)
DIN EN 60909-0 (VDE 0102)
DIN EN 60909-3 (VDE 0102-3)
in Gleichstrom-Eigenbedarfsanlagen von Kraftwerken
und Schaltanlagen
– Berechnung der Wirkungen .... DIN EN 61660-2 (VDE 0103-10)
mechanische und thermische Wirkungen .... E DIN IEC 60865-1 (VDE 0103)

Kurzwellen-Therapiegeräte .... E DIN IEC 60601-2-3 (VDE 0750-2-3)

Kurzzeichen
an elektrischen Betriebsmitteln .... VDE-Schriftenreihe Band 15

Kurzzeichen (-Lexikon)
für Kabel und isolierte Leitungen .... VDE-Schriftenreihe Band 29

Kurzzeitunterbrechungen .... DIN EN 60255-11 (VDE 0435-3014)
Störfestigkeitsprüfung .... DIN EN 61000-4-34 (VDE 0847-4-34)

KU-Werte
Anwendung in der Fernmeldetechnik .... VDE-Schriftenreihe Band 54
DIN VDE 0800-8 (VDE 0800-8)
sicherheitsbezogener Bauelemente und Isolierungen .... DIN VDE 0800-9 (VDE 0800-9)

KWEA (kleine Windenergieanlagen)
Sicherheit .... DIN EN 61400-2 (VDE 0127-2)

L

Labor-Experimentierstände
Sicherheitsbestimmungen für Einrichtungen .... DIN 57789-100 (VDE 0789-100)

Laborgeräte
EMV-Anforderungen
– allgemeine Anforderungen .... DIN EN 61326-1 (VDE 0843-20-1)
E DIN IEC 61326-1 (VDE 0843-20-1)
für Analysen .... DIN EN 61010-2-081 (VDE 0411-2-081)
Reinigungs-Desinfektionsgeräte .... DIN EN 61010-2-040 (VDE 0411-2-040)
Sterilisatoren .... DIN EN 61010-2-040 (VDE 0411-2-040)
Störfestigkeitsanforderungen .... DIN EN 61326-3-2 (VDE 0843-20-3-2)
Zentrifugen .... DIN EN 61010-2-020 (VDE 0411-2-020)
zum Erwärmen/Erhitzen von Stoffen .... DIN EN 61010-2-010 (VDE 0411-2-010)
zum Mischen und Rühren .... DIN EN 61010-2-051 (VDE 0411-2-051)

Laborgeräte, elektrische
allgemeine Anforderungen .... DIN EN 61010-1 (VDE 0411-1)
Prüf- und Messstromkreise .... DIN EN 61010-2-030 (VDE 0411-2-030)

Laborzentrifugen .... DIN EN 61010-2-020 (VDE 0411-2-020)

Lackdraht-Substrate .... DIN EN 61033 (VDE 0362-1)

Lacke
als Isolierung
– Tränklacke .... DIN EN 60464-3-2 (VDE 0360-3-2)

Lackgewebe
für die Elektrotechnik .... DIN VDE 0365-2 (VDE 0365-2)

Lackglasgewebe .... DIN VDE 0365-3 (VDE 0365-3)

Lackieranlagen .... DIN EN 50348 (VDE 0147-200)

Lacksprühen
elektrostatisch .... DIN EN 50348 (VDE 0147-200)
DIN VDE 0745-200 (VDE 0745-200)

Laden von Elektrofahrzeugen
bis 250 A Ws und 400 A Gs .... E DIN IEC 62196-1 (VDE 0623-5)

Ladesysteme
konduktive, für Elektrofahrzeuge .... DIN EN 61851-1 (VDE 0122-1)
E DIN EN 61851-22 (VDE 0122-2-2)

Ladung von Elektrofahrzeugen .... Anwendungsregel (VDE-AR-E 2623-2-2)

Ladungen von Kondensatoren
Schutz vor .... VDE-Schriftenreihe Band 58

Lahnlitzen-Leitungen
thermoplastische PVC-Isolierung .... DIN EN 50525-2-71 (VDE 0285-525-2-71)

Laminiergeräte .... DIN EN 60335-2-45 (VDE 0700-45)
E DIN EN 60335-2-45/A2 (VDE 0700-45/A2)

Lampen
Geräte für
– allgemeine und Sicherheitsanforderungen .... DIN EN 61347-1 (VDE 0712-30)
Halogen-Glühlampen
– Sicherheitsanforderungen .... DIN EN 60432-3 (VDE 0715-11)
photobiologische Sicherheit .... DIN EN 62471 (VDE 0837-471)
röhrenförmige .... DIN EN 61049 (VDE 0560-62)
Strahlungssicherheit .... Beiblatt 1 DIN EN 62471 (VDE 0837-471)
zweiseitig gesockelte Leuchtstofflampen .... DIN EN 61195 (VDE 0715-8)

Lampenfassungen
Bajonett- .... DIN EN 61184 (VDE 0616-2)
für röhrenförmige Leuchtstofflampen .... DIN EN 60400 (VDE 0616-3)
mit Edisongewinde .... DIN EN 60238 (VDE 0616-1)
Sonderfassungen .... DIN EN 60838-1 (VDE 0616-5)
Sonderfassungen S 14 .... DIN EN 60838-2-1 (VDE 0616-4)
zum Einbau
– allgemeine Anforderungen und Prüfungen .... DIN EN 60838-1 (VDE 0616-5)

Lampenleistungsniveau .... DIN EN 62386-102 (VDE 0712-0-102)

Lampensysteme
Strahlungssicherheit .... Beiblatt 1 DIN EN 62471 (VDE 0837-471)

Landanschlusssysteme .... E DIN EN 62613-1 (VDE 0623-613-1)
E DIN EN 62613-2 (VDE 0623-613-2)

Landebahnbefeuerung .... DIN EN 61822 (VDE 0161-100)

Landwirtschaftliche Betriebsstätten
elektrische Anlagen .... DIN VDE 0100-705 (VDE 0100-705)
DIN VDE 0105-115 (VDE 0105-115)

Langsamkocher
für den Hausgebrauch .... DIN EN 60335-2-15 (VDE 0700-15)
E DIN EN 60335-2-15/AA (VDE 0700-15/AA)

Langzeiteigenschaften
thermische
– von Elektroisolierstoffen .... DIN EN 60216-1 (VDE 0304-21)

Langzeitkennwerte, thermische
von Elektroisolierstoffen
– Berechnung .... DIN EN 60216-3 (VDE 0304-23)

Langzeitverhalten, thermisches
von Elektroisolierstoffen .... DIN EN 60216-3 (VDE 0304-23)

Laserdiodentreiberschaltungen .... DIN EN 62149-5 (VDE 0886-149-5)

Lasereinrichtungen
Benutzer-Richtlinien .... Beiblatt 14 DIN EN 60825 (VDE 0837)
Klassifizierung von Anlagen .... DIN EN 60825-1 (VDE 0837-1)
Beiblatt 2 DIN EN 60825-1 (VDE 0837-1)
Beiblatt 3 DIN EN 60825-1 (VDE 0837-1)
– Auslegungsblatt 1 .... Beiblatt 2 DIN EN 60825-1 (VDE 0837-1)
– Auslegungsblatt 2 .... Beiblatt 3 DIN EN 60825-1 (VDE 0837-1)
Lichtwellenleiter-Kommunikationssysteme (LWLKS) ...... Beiblatt 17 DIN EN 60825 (VDE 0837)
DIN EN 60825-2 (VDE 0837-2)
Sicherheit .... Beiblatt 17 DIN EN 60825 (VDE 0837)
– Laserschutzwände .... DIN EN 60825-4 (VDE 0837-4)
– Laserstrahlung am Menschen .... Beiblatt 1 DIN EN 60601-2-22 (VDE 0750-2-22)
– Leitfaden für Benutzer .... Beiblatt 14 DIN EN 60825 (VDE 0837)
Sicherheitsaspekte .... Beiblatt 17 DIN EN 60825 (VDE 0837)

Lasergeräte
chirurgische, kosmetische, therapeutische,
diagnostische ..... E DIN EN 60601-2-22/A1 (VDE 0750-2-22/A1)
in medizinischer Anwendung ..... DIN EN 60601-2-22 (VDE 0750-2-22)
– Leistungsmerkmale ..... E DIN EN 60601-2-22 (VDE 0750-2-22)

Laser-Schießgeräte ..... DIN EN 60335-2-82 (VDE 0700-82)

Laserschutzwände ..... DIN EN 60825-4 (VDE 0837-4)

Laserstrahlung
MZB-Werte ..... DIN EN 60825-1 (VDE 0837-1)
nationaler Wortlaut der Hinweisschilder ..... Beiblatt 1 DIN EN 60825-1 (VDE 0837-1)
Schutz vor ..... VDE-Schriftenreihe Band 104
Beiblatt 1 DIN EN 60601-2-22 (VDE 0750-2-22)

Laservorhänge ..... DIN EN 60825-4 (VDE 0837-4)

Lastaufnahmemittel
elektrische Ausrüstung ..... DIN EN 60204-32 (VDE 0113-32)

Lasten, induktive
Schalten ..... DIN EN 62271-110 (VDE 0671-110)
E DIN EN 62271-110 (VDE 0671-110)

Lastenaufzüge
flexible Steuerleitungen ..... DIN EN 50214 (VDE 0283-2)

Lastfälle für Freileitungen ..... DIN EN 50341-1 (VDE 0210-1)

Lastschalter
für Bahnanlagen ..... DIN EN 50152-2 (VDE 0115-320-2)
für Niederspannung ..... DIN EN 60947-3 (VDE 0660-107)
E DIN EN 60947-3/A1 (VDE 0660-107/A1)
Hochspannungs-
– für Bemessungsspannungen über 1 kV bis 52 kV ..... E DIN IEC 62271-103 (VDE 0671-103)

Lastspielarten
von Leistungsantriebssystemen ..... DIN V VDE V 0160-106 (VDE V 0160-106)

Lasttrenner ..... DIN VDE 0660-112 (VDE 0660-112)

Lasttrennschalter
für Niederspannung ..... DIN EN 60947-3 (VDE 0660-107)
E DIN EN 60947-3/A1 (VDE 0660-107/A1)
stationäre Gleichstromanlagen in Bahnnetzen ..... DIN EN 50123-3 (VDE 0115-300-3)

Lastungsbeurteilung ..... DIN EN 61003-2 (VDE 0409-2)

Laubgebläse
handgehalten, netzbetrieben ..... E DIN EN 60335-2-100 (VDE 0700-100)
DIN V VDE V 0700-100 (VDE V 0700-100)

Laubsauger
handgehalten, netzbetrieben ..... E DIN EN 60335-2-100 (VDE 0700-100)
DIN V VDE V 0700-100 (VDE V 0700-100)

Läuferwicklungen
von Wechselstrommaschinen ..... E DIN IEC 60034-18-41 (VDE 0530-18-41)
DIN IEC/TS 60034-18-41 (VDE V 0530-18-41)

Läuferwiderstandsstarter ..... DIN EN 60947-4-1 (VDE 0660-102)

Laufkrane
elektrische Ausrüstung ..... DIN EN 60204-32 (VDE 0113-32)

Laufkräne
flexible Steuerleitungen ..... DIN EN 50214 (VDE 0283-2)

Läutewerktransformatoren .... DIN EN 61558-2-8 (VDE 0570-2-8)

Lebensdauer-Index
thermischer, von Elektroisolierstoffen .... DIN EN 60216-5 (VDE 0304-25)

LED-Lampen
mit eingebautem Vorschaltgerät
– für Allgemeinbeleuchtung .... E DIN EN 62560/AA (VDE 0715-13/AA)
E DIN IEC 62560 (VDE 0715-13)
ohne eingebautes Vorschaltgerät
– Sicherheitsanforderungen .... E DIN EN 62663-1 (VDE 0715-15)

LED-Module
Ausfallrate .... DIN EN 62384 (VDE 0712-26)
Ausgangsspannung .... DIN EN 62384 (VDE 0712-26)
Ausgangsstrom .... DIN EN 62384 (VDE 0712-26)
Dauerhaftigkeit .... DIN EN 62384 (VDE 0712-26)
digital adressierbare Schnittstelle .... DIN EN 62386-207 (VDE 0712-0-207)
elektronische Betriebsgeräte .... DIN EN 61347-2-13 (VDE 0712-43)
E DIN EN 61347-2-13 (VDE 0712-43)
DIN EN 62384 (VDE 0712-26)
für Allgemeinbeleuchtung .... DIN EN 62031 (VDE 0715-5)
E DIN IEC 62031/A1 (VDE 0715-5/A1)
Gesamtleistung .... DIN EN 62384 (VDE 0712-26)
Leistungsfaktor .... DIN EN 62384 (VDE 0712-26)
Produktlebensdauer .... DIN EN 62384 (VDE 0712-26)
Tonfrequenzimpedanz .... DIN EN 62384 (VDE 0712-26)
Verbinder für .... DIN EN 60838-2-2 (VDE 0616-6)
E DIN EN 60838-2-2/A1 (VDE 0616-6/A1)

LED-Signalgeber
für Straßenverkehrs-Signalanlagen .... DIN V VDE V 0832-300 (VDE V 0832-300)

LED-Signalleuchten
für Straßenverkehrs-Signalanlagen .... DIN CLC/TS 50509 (VDE V 0832-310)

Leergehäuse
für Niederspannungs-Schaltgerätekombinationen .... DIN EN 62208 (VDE 0660-511)
E DIN EN 62208 (VDE 0660-511)

Leerlauf-Schutzeinrichtungen
für Leuchtröhrengeräte und -anlagen .... DIN EN 50107-2 (VDE 0128-2)

Leerlaufspannungs-Verfahren .... DIN EN 60904-5 (VDE 0126-4-5)

Lehranstalten
Gebrauch elektrischer Geräte .... E DIN IEC 61010-2-092 (VDE 0411-2-092)

Lehrgeräte
mit Ton und/oder Bild .... DIN 57700-209 (VDE 0700-209)

Leichtionen-Strahlentherapiegeräte .... E DIN EN 60601-2-68 (VDE 0750-2-68)

Leistungsabgabe
von Niederspannungssicherungen .... DIN EN 60269-1 (VDE 0636-1)

Leistungsantriebssysteme
mit einstellbarer Drehzahl
– Anforderungen an die Sicherheit .... DIN EN 61800-5-1 (VDE 0160-105-1)
– funktionale Anforderungen .... DIN EN 61800-5-2 (VDE 0160-105-2)
– Lastspielarten und Strombemessung .... DIN V VDE V 0160-106 (VDE V 0160-106)

Leistungsaufnahme
von Niederspannungssicherungen .... DIN EN 60269-1 (VDE 0636-1)

Leistungselektronik
für Bahnfahrzeuge
– Papier-/Foliekondensatoren .... DIN EN 61881-1 (VDE 0115-430-1)
für Übertragungs- und Verteilungsnetze
– Thyristorventile .... DIN EN 61954 (VDE 0553-100)
Kondensatoren .... DIN EN 50178 (VDE 0160)
DIN EN 61071 (VDE 0560-120)

Leistungsfilterkreise
Kondensatoren .... DIN EN 60871-1 (VDE 0560-410)

Leistungshalbleiter-Umrichtersysteme
Allgemeines .... E DIN EN 62477-1 (VDE 0558-477-1)

Leistungskennwerteprüfverfahren
für Brennstoffzellen-Energiesysteme .... DIN EN 62282-3-2 (VDE 0130-302)
E DIN IEC 62282-3-2 (VDE 0130-302)
für Mikro-Brennstoffzellen-Energiesysteme .... E DIN EN 62282-6-200 (VDE 0130-6-200)
DIN EN 62282-6-200 (VDE 0130-602)

Leistungskondensatoren
für Induktionswärmeanlagen .... DIN EN 60110-1 (VDE 0560-9)
DIN EN 60831-2 (VDE 0560-47)
DIN EN 60931-1 (VDE 0560-48)
DIN EN 60931-2 (VDE 0560-49)
Kondensatorbatterien .... DIN EN 61921 (VDE 0560-700)
ölgefüllte
– Probennahme von Gasen .... E DIN IEC 60567 (VDE 0370-9)
– Probennahme von Öl .... DIN EN 60567 (VDE 0370-9)

Leistungsreaktoren
Messung der Neutronenflussdichte .... DIN IEC 60568 (VDE 0491-6)

Leistungsschalter .... E DIN VDE 0100-570 (VDE 0100-570)
für Bahnfahrzeuge .... DIN EN 60077-4 (VDE 0115-460-4)
für Gleichspannung .... DIN EN 60947-2 (VDE 0660-101)
E DIN EN 60947-2/A2 (VDE 0660-101/A2)
für IT-Systeme .... DIN EN 60947-2 (VDE 0660-101)
E DIN EN 60947-2/A2 (VDE 0660-101/A2)
für Wechselspannung .... DIN EN 60947-2 (VDE 0660-101)
E DIN EN 60947-2/A2 (VDE 0660-101/A2)
Hochspannungs-Wechselstrom
– Spannungsausgleichs-Kondensatoren .... E DIN IEC 62146-1 (VDE 0560-50)
mit elektronischem Überstromschutz .... DIN EN 60947-2 (VDE 0660-101)
E DIN EN 60947-2/A2 (VDE 0660-101/A2)

Leistungsschalter-Sicherungs-Kombinationen
Bemessungsspannung 1 kV bis 52 kV .... DIN EN 62271-107 (VDE 0671-107)
E DIN IEC 62271-107 (VDE 0671-107)

Leistungsschild
von induktiven Spannungswandlern .... Beiblatt 1 DIN EN 60044-2 (VDE 0414-44-2)

Leistungssteckverbinder 4polig
mit Push-pull-Kupplung .... DIN EN 61076-3-118 (VDE 0687-76-3-118)

Leistungsstromkreise .... VDE-Schriftenreihe Band 28

Leistungsstromrichter
für industrielle Anwendungen .... E DIN EN 61378-1 (VDE 0532-41)

Leistungstransformatoren
allgemeine Anforderungen und Prüfungen .... E DIN EN 60076-1 (VDE 0532-76-1)
DIN EN 61558-1 (VDE 0570-1)
DIN EN 61558-1/A1 (VDE 0570-1/A1)

Leistungstransformatoren
Anwendungsrichtlinie .... DIN EN 60076-1 (VDE 0532-76-1)
Frequenzübertragungsverhalten .... E DIN EN 60076-18 (VDE 0532-76-18)
für Windenergieanlagen .... E DIN EN 60076-16 (VDE 0532-76-16)
Isolationspegel .... DIN EN 60076-3 (VDE 0532-3)
Kurzschlussfestigkeit .... DIN EN 60076-5 (VDE 0532-76-5)
ölgefüllte
– Belastung .... DIN IEC 60076-7 (VDE 0532-76-7)
– Probennahme von Gasen .... E DIN IEC 60567 (VDE 0370-9)
– Probennahme von Öl .... DIN EN 60567 (VDE 0370-9)
selbstgeschützte flüssigkeitsgefüllte .... DIN EN 60076-13 (VDE 0532-76-13)
Spannungsprüfungen .... DIN EN 60076-3 (VDE 0532-3)
DIN EN 60076-4 (VDE 0532-76-4)
Trockentransformatoren .... DIN EN 60076-11 (VDE 0532-76-11)

Leistungsumrichter
in photovoltaischen Energiesystemen .... DIN EN 62109-1 (VDE 0126-14-1)
E DIN EN 62109-2 (VDE 0126-14-2)

Leistungsverhalten
von Windenergieanlagen .... DIN EN 61400-12-1 (VDE 0127-12-1)

Leitdokument .... E DIN IEC 62023 (VDE 0040-6)

Leiter
für Blitzschutzsysteme .... E DIN EN 62561-2 (VDE 0185-561-2)
für den Hauptpotentialausgleich .... DIN VDE 0618-1 (VDE 0618-1)
für Kabel und isolierte Leitungen .... DIN EN 60228 (VDE 0295)
von Freileitungen .... DIN EN 62004 (VDE 0212-303)

Leiter für Freileitungen
aus konzentrisch verseilten runden Drähten .... DIN EN 62420 (VDE 0212-354)

Leiteranschlüsse .... DIN VDE 0100-520 (VDE 0100-520)

Leitern
aus isolierendem Material .... DIN EN 50528 (VDE 0682-712)

Leiterplatten
Beschichtungen
– allgemeine Anforderungen .... DIN EN 61086-1 (VDE 0361-1)
– Prüfverfahren .... DIN EN 61086-2 (VDE 0361-2)
Schutz gegen Verschmutzung .... DIN EN 60664-3 (VDE 0110-3)

Leiterplatten, optische
Fachgrundspezifikation .... DIN EN 62496-1 (VDE 0885-101)

Leiterumspinnung .... DIN VDE 0311-35 (VDE 0311-35)

Leiterverbindungen .... DIN VDE 0100-520 (VDE 0100-520)

Leitfaden
Anwendung von Geräteschutzsicherungen .... DIN EN 60127-10 (VDE 0820-10)
für elektrische Anlagen .... Beiblatt 1 DIN VDE 0100-520 (VDE 0100-520)

Leitfähige Bereiche
mit begrenzter Bewegungsfreiheit .... DIN VDE 0100-706 (VDE 0100-706)

Leitfähige Teile .... DIN VDE 0100-410 (VDE 0100-410)

Leitfähigkeit flüssiger Auszüge .... DIN VDE 0303-33 (VDE 0303-33)

Leitschichten
Prüfung des Widerstandes .... DIN VDE 0472-512 (VDE 0472-512)

Leittechnik
ausgewählte Kenngrößen .... VDE-Schriftenreihe Band 101

Leittechnik
für Eisenbahnfahrzeuge
– Bordgeräte für EBuLa .... DIN VDE 0119-207-13 (VDE 0119-207-13)
– Fahrzeugeinrichtung LZB .... DIN VDE 0119-207-7 (VDE 0119-207-7)
– Fahrzeugeinrichtung PZB .... DIN VDE 0119-207-6 (VDE 0119-207-6)
– Sicherheitsfahrschaltung (Sifa) .... DIN VDE 0119-207-5 (VDE 0119-207-5)

Leittechnische Systeme
für Kernkraftwerke
– allgemeine Systemanforderungen .... E DIN IEC 61513 (VDE 0491-2)
– Datenkommunikation .... DIN EN 61500 (VDE 0491-3-4)
– Hardwareauslegung .... DIN EN 60987 (VDE 0491-3-1)
E DIN EN 60987/A1 (VDE 0491-3-1/A1)
– Kategorisierung leittechnischer Funktionen .... DIN EN 61226 (VDE 0491-1)
– physikalische und elektrische Trennung .... DIN EN 60709 (VDE 0491-7)
– Sicherstellung der Funktionsfähigkeit .... DIN EN 60671 (VDE 0491-100)
– Software .... DIN EN 60880 (VDE 0491-3-2)
– Versagen gemeinsamer Ursache .... DIN EN 62340 (VDE 0491-10)

Leitungen
Abrieb der Mäntel und Umflechtungen .... DIN VDE 0472-605 (VDE 0472-605)
Außenmaße .... DIN 57472-401 (VDE 0472-401)
DIN EN 60811-1-1 (VDE 0473-811-1-1)
Beschriftung .... DIN EN 62491 (VDE 0040-4)
Brennen unter definierten Bedingungen
– Messung der Rauchdichte .... DIN EN 61034-1 (VDE 0482-1034-1)
DIN EN 61034-2 (VDE 0482-1034-2)
Dachständer-Einführung .... DIN VDE 0250-213 (VDE 0250-213)
Durchlaufspannungsprüfung .... DIN EN 62230 (VDE 0481-2230)
flexible
– Strombelastbarkeit .... DIN VDE 0298-4 (VDE 0298-4)
für Blitzschutzsysteme .... DIN EN 50164-2 (VDE 0185-202)
für Erdungs- und Kurzschließeinrichtungen .... DIN EN 61138 (VDE 0283-3)
für Fernmeldeanlagen
– erhöhte mechanische Beanspruchung .... DIN VDE 0817 (VDE 0817)
– Spannungsfestigkeit .... DIN VDE 0472-509 (VDE 0472-509)
für Leuchtröhrengeräte und -anlagen
– über 1 kV bis 10 kV .... DIN EN 50143 (VDE 0283-1)
für Lichterketten .... DIN VDE 0281-8 (VDE 0281-8)
für PV-Systeme .... Anwendungsregel (VDE-AR-E 2283-4)
geschirmte, mit Gummi-Isolierung .... DIN VDE 0250-605 (VDE 0250-605)
geschirmte, N3GHSSYCY .... DIN VDE 0250-605 (VDE 0250-605)
Isolationserhalt bei Flammeneinwirkung .... DIN VDE 0472-814 (VDE 0472-814)
isolierte
– Begriffe .... DIN VDE 0289-1 (VDE 0289-1)
– Fertigungsvorgänge .... DIN VDE 0289-3 (VDE 0289-3)
– Halogenfreiheit .... DIN VDE 0472-815 (VDE 0472-815)
– Heizleitungen .... DIN VDE 0253 (VDE 0253)
– Kerbkraft .... DIN 57472-619 (VDE 0472-619)
– Kristallit-Schmelzpunkt .... DIN 57472-621 (VDE 0472-621)
– Längen, Begriffe .... DIN VDE 0289-5 (VDE 0289-5)
– Leiter für .... DIN EN 60228 (VDE 0295)
– Porenfreiheit von metallenen Überzügen .... DIN 57472-812 (VDE 0472-812)
– Prüfen und Messen, Begriffe .... DIN VDE 0289-4 (VDE 0289-4)
– Typkurzzeichen .... DIN VDE 0292 (VDE 0292)
– Verlegung und Montage, Begriffe .... DIN VDE 0289-7 (VDE 0289-7)
– Zubehör, Begriffe .... DIN VDE 0289-6 (VDE 0289-6)

Leitungen
mineralisolierte .... DIN EN 60702-1 (VDE 0284-1)
DIN EN 60702-2 (VDE 0284-2)
mit Litzenleitern für erhöhte Beanspruchung .... DIN 57891-7 (VDE 0891-7)
DIN VDE 0817 (VDE 0817)
mit Nennspannungen bis 450/750 V
– Berechnung der Außenmaße .... DIN EN 60719 (VDE 0299-2)
mit runden Kupferleitern
– Berechnung der Außenmaße .... DIN EN 60719 (VDE 0299-2)
mit vernetzter elastomerer Isolierung
– einadrige Leitungen .... DIN EN 50264-2-1 (VDE 0260-264-2-1)
– mehr- und vieladrige Leitungen .... DIN EN 50264-2-2 (VDE 0260-264-2-2)
mit vernetzter elastomerer Isolierung, reduzierte Abmessung
– einadrige Leitungen .... DIN EN 50264-3-1 (VDE 0260-264-3-1)
– mehr- und vieladrige Leitungen .... DIN EN 50264-3-2 (VDE 0260-264-3-2)
Ozonbeständigkeitsprüfung .... DIN EN 60811-2-1 (VDE 0473-811-2-1)
Prüfungen bei niedriger Temperatur .... DIN EN 60811-1-4 (VDE 0473-811-1-4)
PVC-isolierte und -ummantelte
– Weichmacher-Ausschwitzungen .... DIN EN 50497 (VDE 0473-497)
Reißdehnung .... DIN EN 60811-1-1 (VDE 0473-811-1-1)
Rissbeständigkeit .... DIN EN 60811-3-1 (VDE 0473-811-3-1)
Strombelastbarkeit .... VDE-Schriftenreihe Band 143
Verlegearten .... DIN VDE 0100-520 (VDE 0100-520)
Verlegung in Wohngebäuden .... VDE-Schriftenreihe Band 45
Wärmedruckprüfung .... DIN EN 60811-3-1 (VDE 0473-811-3-1)
Zugfestigkeit .... DIN EN 60811-1-1 (VDE 0473-811-1-1)

Leitungen für Lichterketten
vernetzte Elastomer-Isolierung .... DIN EN 50525-2-82 (VDE 0285-525-2-82)

Leitungsanlagen
in Möbeln .... E DIN IEC 60364-7-713 (VDE 0100-713)

Leitungsaufwickler .... DIN EN 61242 (VDE 0620-300)

Leitungsauslegung .... Beiblatt 2 DIN VDE 0100-520 (VDE 0100-520)

Leitungsfahrzeuge .... DIN EN 50374 (VDE 0682-721)

Leitungsgebundene Übertragungsnetze
Nutzung von Koaxialkabeln .... DIN EN 50529-2 (VDE 0878-529-2)
Nutzung von Telekommunikationsleitungen .... DIN EN 50529-1 (VDE 0878-529-1)

Leitungsgeführte Störaussendung
Einrichtungen zur Messung .... DIN EN 55016-1-2 (VDE 0876-16-1-2)
Verfahren zur Messung .... DIN EN 55016-2-1 (VDE 0877-16-2-1)

Leitungshalter
für Blitzschutzsysteme .... DIN EN 62561-4 (VDE 0185-561-4)

Leitungskupplungen
für industrielle Anwendungen .... DIN EN 60309-1 (VDE 0623-1)
DIN EN 60309-2 (VDE 0623-2)
– allgemeine Anforderungen .... E DIN EN 60309-1/A2 (VDE 0623-1/A2)

Leitungslängen
maximal zulässige .... Beiblatt 5 DIN VDE 0100 (VDE 0100)
Beiblatt 2 DIN VDE 0100-520 (VDE 0100-520)

Leitungsroller
für den Hausgebrauch .... DIN EN 61242 (VDE 0620-300)
für industrielle Anwendung .... DIN EN 61316 (VDE 0623-100)

Leitungsschutz .... Beiblatt 2 DIN VDE 0100-520 (VDE 0100-520)
Leitungsschutzschalter .... DIN EN 60947-2 (VDE 0660-101)
E DIN EN 60947-2/A2 (VDE 0660-101/A2)
E DIN VDE 0100-570 (VDE 0100-570)
automatisch wiedereinschaltende Einrichtungen .... E DIN EN 50557 (VDE 0640-20)
für Hausinstallationen .... DIN EN 50550 (VDE 0640-10)
DIN EN 60898-1/A12 (VDE 0641-11/A12)
E DIN EN 60898-1/AB (VDE 0641-11/AB)
DIN EN 60898-2 (VDE 0641-12)
DIN V VDE V 0641-100 (VDE V 0641-100)
DIN VDE 0641-21 (VDE 0641-21)
für Sicherungssockel DII .... E DIN VDE 0641-100 (VDE 0641-100)
für Wechselstrom .... DIN EN 60898-1 (VDE 0641-11)
DIN EN 60898-1/A12 (VDE 0641-11/A12)
E DIN EN 60898-1/AB (VDE 0641-11/AB)
DIN V VDE V 0641-100 (VDE V 0641-100)
für Wechselstrom und Gleichstrom .... DIN EN 60898-2 (VDE 0641-12)
Hilfsschalter für .... DIN EN 62019 (VDE 0640)
in elektrischen Anlagen .... VDE-Schriftenreihe Band 84
Zusatzeinrichtungen .... DIN V VDE V 0641-100 (VDE V 0641-100)

Leitungsschutzschalter (Haupt-)
selektiv
– für Hausinstallationen .... DIN VDE 0641-21 (VDE 0641-21)

Leitungstrossen .... DIN VDE 0250-813 (VDE 0250-813)

Leitungsverlegung
Beispiele .... DIN VDE 0100-520 (VDE 0100-520)

LEMP-Schutzsysteme
für elektrische und elektronische Systeme
– Planung, Installation, Betrieb .... DIN EN 62305-4 (VDE 0185-305-4)

Leuchten .... VDE-Schriftenreihe Band 12
allgemeine Anforderungen und Prüfungen .... DIN EN 60598-1 (VDE 0711-1)
allgemeine Vorschriften .... DIN VDE 0710-1 (VDE 0710-1)
Betriebsmittel für den Anschluss .... DIN EN 61995-1 (VDE 0620-400-1)
Bodeneinbauleuchten .... DIN EN 60598-2-13 (VDE 0711-2-13)
E DIN EN 60598-2-13/A1 (VDE 0711-2-13/A1)
Einbauleuchten .... E DIN IEC 60598-2-2 (VDE 0711-2-2)
elektronische Module .... DIN EN 61347-2-11 (VDE 0712-41)
Errichtung .... E DIN VDE 0100-559 (VDE 0100-559)
für Bühnen und Studios .... DIN VDE 0711-217 (VDE 0711-217)
für Foto-, Film- und Fernsehaufnahmen .... DIN VDE 0711-209 (VDE 0711-209)
für Gartenteiche .... DIN EN 60598-2-18 (VDE 0711-218)
E DIN IEC 60598-2-18/A1 (VDE 0711-2-18/A1)
für Gesundheitseinrichtungen .... DIN EN 60598-2-25 (VDE 0711-2-25)
für Kaltkathoden-Entladungslampen .... DIN EN 60598-2-14 (VDE 0711-2-14)
für Kinder .... DIN EN 60598-2-10 (VDE 0711-2-10)
für Krankenhäuser .... DIN EN 60598-2-25 (VDE 0711-2-25)
für Notbeleuchtung .... DIN EN 60598-2-22 (VDE 0711-2-22)
E DIN EN 60598-2-22 (VDE 0711-2-22)
für Schwimmbecken .... DIN EN 60598-2-18 (VDE 0711-218)
E DIN IEC 60598-2-18/A1 (VDE 0711-2-18/A1)
für Springbrunnen .... DIN EN 60598-2-18 (VDE 0711-218)
E DIN IEC 60598-2-18/A1 (VDE 0711-2-18/A1)
für Straßen- und Wegebeleuchtung .... DIN EN 60598-2-3 (VDE 0711-2-3)
für Werbezwecke .... DIN VDE 0713-3 (VDE 0713-3)
Handleuchten .... DIN EN 60598-2-8 (VDE 0711-2-8)

Leuchten
mit begrenzter Oberflächentemperatur .... DIN EN 60598-2-24 (VDE 0711-2-24)
E DIN EN 60598-2-24 (VDE 0711-2-24)
mit eingebauten Konvertern .... DIN EN 60598-2-6/A1 (VDE 0711-206/A1)
mit eingebauten Transformatoren .... DIN EN 60598-2-6 (VDE 0711-206)
Netzsteckdosen-Nachtlichter .... DIN EN 60598-2-12 (VDE 0711-2-12)
E DIN EN 60598-2-12 (VDE 0711-2-12)
ortsfeste
– für metallverarbeitende Maschinen .... E DIN VDE 0710-20 (VDE 0710-20)
ortsveränderliche Gartenleuchten .... DIN EN 60598-2-7/A13 (VDE 0711-207/A13)
DIN EN 60598-2-7/A2 (VDE 0711-207/A2)
DIN VDE 0711-207 (VDE 0711-207)
Photo- und Filmaufnahmeleuchten .... DIN EN 60598-2-9/A1 (VDE 0711-209/A1)
Scheinwerfer .... E DIN IEC 60598-2-5/A1 (VDE 0711-2-5/A1)
Stromschienensysteme .... DIN EN 60570 (VDE 0711-300)
E DIN EN 60570 (VDE 0711-300)
zum Anbau an Möbel .... DIN 57710-14 (VDE 0710-14)
zum Einbau in Möbel .... DIN 57100-724 (VDE 0100-724)
DIN 57710-14 (VDE 0710-14)

Leuchtreklame .... E DIN VDE 0100-799 (VDE 0100-799)

Leuchtröhrenanlagen
Funk-Entstörung .... DIN EN 50107-1 (VDE 0128-1)
Leitungen .... DIN EN 50143 (VDE 0283-1)
Zubehör .... DIN VDE 0713-1 (VDE 0713-1)

Leuchtröhrengeräte .... DIN EN 50107-1 (VDE 0128-1)
DIN VDE 0713-3 (VDE 0713-3)
Leitungen .... DIN EN 50143 (VDE 0283-1)

Leuchtschrift .... DIN VDE 0713-1 (VDE 0713-1)
DIN VDE 0713-3 (VDE 0713-3)

Leuchtstoff-Induktionslampen .... DIN EN 62532 (VDE 0715-14)

Leuchtstofflampen
Betriebsgeräte .... E DIN IEC 60929 (VDE 0712-23)
E DIN IEC 61347-2-3 (VDE 0712-33)
einseitig gesockelte .... DIN EN 61199 (VDE 0715-9)
E DIN IEC 61199 (VDE 0715-9)
elektronische Betriebsgeräte .... E DIN IEC 60929/A100 (VDE 0712-23/A100)
elektronische Vorschaltgeräte
– Arbeitsweise .... DIN EN 60929 (VDE 0712-23)
EMV-Störfestigkeitsanforderungen .... DIN EN 60925 (VDE 0712-21)
DIN EN 60968 (VDE 0715-6)
DIN EN 61049 (VDE 0560-62)
Gerätetyp 0
– digital adressierbare Schnittstelle .... DIN EN 62386-201 (VDE 0712-0-201)
Glimmstarter .... DIN EN 60155 (VDE 0712-101)
E DIN VDE 0712-101/A5 (VDE 0712-101/A5)
Lampenfassungen .... DIN EN 60400 (VDE 0616-3)
Startgeräte .... DIN EN 60927 (VDE 0712-15)
E DIN EN 60927/A1 (VDE 0712-15/A1)
DIN EN 61347-2-1 (VDE 0712-31)
E DIN EN 61347-2-1/A2 (VDE 0712-31/A2)
Vorschaltgeräte .... DIN EN 61347-2-8 (VDE 0712-38)
– Arbeitsweise .... DIN EN 60921 (VDE 0712-11)
E DIN IEC 60929 (VDE 0712-23)
– elektronische .... DIN EN 61347-2-3 (VDE 0712-33)
– thermische Schutzeinrichtungen .... DIN EN 60730-2-3 (VDE 0631-2-3)

Leuchtstofflampen
Zündgeräte .... DIN EN 60927 (VDE 0712-15)
E DIN EN 60927/A1 (VDE 0712-15/A1)

Leuchtstofflampen-Anlagen
Kondensatoren bis 2,5 kvar .... DIN EN 61049 (VDE 0560-62)

Leuchtstofflampenkreise
Kondensatoren .... DIN EN 61048 (VDE 0560-61)

Lexikon
der Installationstechnik .... VDE-Schriftenreihe Band 52
der Kurzzeichen
– für Kabel und isolierte Leitungen .... VDE-Schriftenreihe Band 29

Lichtbogen
thermische Gefahren
– Schutzkleidung .... DIN EN 61482-1-2 (VDE 0682-306-1-2)
E DIN IEC 61482-2 (VDE 0682-306-2)

Lichtbögen, sekundäre
auf Freileitungen - Löschung .... E DIN EN 62271-112 (VDE 0671-112)

Lichtbogenfestigkeit
von Isolierstoffen .... DIN VDE 0303-5 (VDE 0303-5)

Lichtbogenkennwerte
von schwer entflammbaren Bekleidungsstoffen .... DIN EN 61482-1-1 (VDE 0682-306-1-1)

Lichtbogenöfen .... DIN EN 60519-11 (VDE 0721-11)

Lichtbogenofenanlagen .... DIN EN 60519-4 (VDE 0721-4)
E DIN EN 60519-4 (VDE 0721-4)

Lichtbogenreduktionsöfen .... DIN EN 60519-4 (VDE 0721-4)
E DIN EN 60519-4 (VDE 0721-4)

Lichtbogen-Reduktionsöfen
Prüfverfahren .... E DIN EN 60683 (VDE 0721-1022)
DIN IEC 60683 (VDE 0721-1022)

Lichtbogen-Schmelzöfen
Prüfverfahren .... E DIN EN 60676 (VDE 0721-1012)

Lichtbogen-Schweißeinrichtungen
Anforderungen an die EMV .... DIN EN 60974-10 (VDE 0544-10)
Brenner .... DIN EN 60974-7 (VDE 0544-7)
E DIN IEC 60974-7 (VDE 0544-7)
Drahtvorschubgeräte .... DIN EN 60974-5 (VDE 0544-5)
Elektrodenhalter .... DIN EN 60974-11 (VDE 0544-11)
Errichten und Betreiben .... DIN EN 60974-9 (VDE 0544-9)
Errichtung .... DIN 57544-101 (VDE 0544-101)
Flüssigkeitskühlsysteme .... E DIN EN 60974-2 (VDE 0544-2)
DIN EN 60974-2 (VDE 0544-2)
Gaskonsolen für Schweiß- und Plasmaschneidsysteme .... DIN EN 60974-8 (VDE 0544-8)
E DIN IEC 60974-8 (VDE 0544-8)
Inspektion und Prüfung .... DIN EN 60974-4 (VDE 0544-4)
Prüfung und Instandhaltung .... DIN EN 60974-4 (VDE 0544-4)
Schweißstromquellen .... DIN EN 60974-1 (VDE 0544-1)
E DIN IEC 60974-1 (VDE 0544-1)
Schweißstromquellen mit begrenzter Einschaltdauer .... DIN EN 60974-6 (VDE 0544-6)
Schweißstromrückleitungsklemmen .... E DIN IEC 60974-13 (VDE 0544-13)
Steckverbindungen für Schweißleitungen .... E DIN EN 60974-12 (VDE 0544-202)
DIN EN 60974-12 (VDE 0544-202)
Validierung .... DIN EN 50504 (VDE 0544-50)
Zünd- und Stabilisierungseinrichtungen .... DIN EN 60974-3 (VDE 0544-3)

Lichtbogenschweißen
elektromagnetische Felder
– Exposition von Personen .... DIN EN 50444 (VDE 0544-20)
Exposition durch elektromagnetische Felder
– Konformitätsprüfung .... DIN EN 50445 (VDE 0545-20)

Lichtbogenschweißleitungen
vernetzte Elastomer-Hülle .... DIN EN 50525-2-81 (VDE 0285-525-2-81)

Lichtbogenspritzen
Zünd- und Stabilisierungseinrichtungen .... DIN EN 60974-3 (VDE 0544-3)

Lichtbogenstrecke .... DIN VDE 0303-5 (VDE 0303-5)

Lichtbogenzündeinrichtungen
elektromagnetische Felder
– Exposition von Personen .... DIN EN 50444 (VDE 0544-20)

Lichtketten .... VDE-Schriftenreihe Band 12
DIN EN 60598-2-20 (VDE 0711-2-20)
DIN EN 61549 (VDE 0715-12)
E DIN EN 61549/A3 (VDE 0715-12/A3)

Lichtsignalanlagen
für den Straßenverkehr .... DIN EN 50556 (VDE 0832-100)
– sicherheitsrelevante Software .... DIN V VDE V 0832-500 (VDE V 0832-500)

Lichtwellenleiter
Absetzbarkeit der Beschichtung
– Prüfverfahren .... DIN EN 60793-1-32 (VDE 0888-232)
Außenkabel .... DIN EN 60794-3-11 (VDE 0888-311)
DIN EN 60794-3-20 (VDE 0888-320)
DIN VDE 0888-3 (VDE 0888-3)
Bandbreite .... DIN EN 60793-1-41 (VDE 0888-241)
Dämpfung .... DIN EN 60793-1-47 (VDE 0888-247)
Einmodenfasern Kategorie B
– Rahmenspezifikation .... DIN EN 60793-2-50 (VDE 0888-325)
E DIN EN 60793-2-50 (VDE 0888-325)
Einmodenfasern Kategorie C
– Rahmenspezifikation .... DIN EN 60793-2-60 (VDE 0888-326)
Fasergeometrie .... DIN EN 60793-1-20 (VDE 0888-220)
Fasern
– Nachweis von Fehlern .... DIN EN 60793-1-30 (VDE 0888-230)
Mehrmodenfasern Kategorie A1
– Rahmenspezifikation .... DIN EN 60793-2-10 (VDE 0888-321)
Mehrmodenfasern Kategorie A2
– Rahmenspezifikation .... DIN EN 60793-2-20 (VDE 0888-322)
Mehrmodenfasern Kategorie A3
– Rahmenspezifikation .... DIN EN 60793-2-30 (VDE 0888-323)
E DIN EN 60793-2-30 (VDE 0888-323)
Mehrmodenfasern Kategorie A4
– Rahmenspezifikation .... DIN EN 60793-2-40 (VDE 0888-324)
Mess- und Prüfverfahren .... DIN EN 60793-1-43 (VDE 0888-243)
– Allgemeines und Leitfaden .... DIN EN 60793-1-1 (VDE 0888-200-1)
– Bandbreite .... DIN EN 60793-1-41 (VDE 0888-241)
– chromatische Dispersion .... DIN EN 60793-1-42 (VDE 0888-242)
– Dämpfung .... DIN EN 60793-1-40 (VDE 0888-240)
– Faserringeln .... DIN EN 60793-1-34 (VDE 0888-234)
– Feuchte Wärme .... DIN EN 60793-1-50 (VDE 0888-250)
– Gruppenlaufzeitdifferenz .... DIN EN 60793-1-49 (VDE 0888-249)
– Längenmessung .... DIN EN 60793-1-22 (VDE 0888-222)
– Makrobiegeverlust .... DIN EN 60793-1-47 (VDE 0888-247)

Lichtwellenleiter
Mess- und Prüfverfahren
– Modenfelddurchmesser .... DIN EN 60793-1-45 (VDE 0888-245)
– optische Übertragungsänderungen .... DIN EN 60793-1-46 (VDE 0888-246)
– Polarisationsmodendispersion .... DIN EN 60793-1-48 (VDE 0888-248)
– radioaktive Strahlung .... DIN EN 60793-1-54 (VDE 0888-254)
E DIN EN 60793-1-54 (VDE 0888-254)
– trockene Wärme .... DIN EN 60793-1-51 (VDE 0888-251)
Messmethoden und Prüfverfahren
– Nachweis von Fehlern in Fasern .... DIN EN 60793-1-30 (VDE 0888-230)
– Zugfestigkeit .... DIN EN 60793-1-31 (VDE 0888-231)
Mikrorohr-LWL-Einheiten
– Familienspezifikation .... E DIN IEC 60794-5-20 (VDE 0888-520)
Polarisation .... DIN EN 60793-1-47 (VDE 0888-247)
Produktspezifikation - Allgemeines .... DIN EN 60793-2 (VDE 0888-300)
E DIN EN 60793-2 (VDE 0888-300)
Prüfung Eintauchen in Wasser .... DIN EN 60793-1-53 (VDE 0888-253)
Single-Mode .... DIN EN 60793-1-47 (VDE 0888-247)
Steckverbinder .... E DIN IEC 60874-1 (VDE 0885-874-1)
Verbindungselemente
– Lichtwellenleiteraufteiler .... E DIN IEC 61314-1 (VDE 0885-314-1)
– Lichtwellenleitergarnituren .... DIN EN 62134-1 (VDE 0888-741)
– Lichtwellenleiter-Isolatoren .... DIN EN 61202-1 (VDE 0885-550)
– Lichtwellenleiterzirkulatoren .... DIN EN 62077 (VDE 0885-500)
– mechanische Spleiße .... DIN EN 61073-1 (VDE 0888-731)
– Muffen .... DIN EN 61758-1 (VDE 0888-601)
– Steckverbinder .... DIN VDE 0888-745 (VDE 0888-745)
Verbindungselemente und passive Bauteile
– Kompensatoren .... DIN EN 61978-1 (VDE 0885-978-1)
– Steckverbinder .... E DIN IEC 60874-1 (VDE 0885-874-1)
– wellenlängenunabhängige Verzweiger .... DIN EN 60875-1 (VDE 0885-875-1)
Verlegung .... DIN EN 60793-1-47 (VDE 0888-247)
Zugfestigkeit .... DIN EN 60793-1-31 (VDE 0888-231)

Lichtwellenleiteranlagen
Blitzschutz .... DIN EN 61663-1 (VDE 0845-4-1)

Lichtwellenleiteraufteiler .... E DIN IEC 61314-1 (VDE 0885-314-1)

Lichtwellenleiterbauelemente
ATM-PON-Sende- und Empfangsmodule .... DIN EN 62149-5 (VDE 0886-149-5)
Betriebsverhaltensnormen
– Laser-Bauteile mit vertikalem Resonator .... E DIN EN 62149-7 (VDE 0886-149-7)

Lichtwellenleiter-Erdseile
auf Starkstromleitungen .... DIN EN 60794-4-10 (VDE 0888-111-4)

Lichtwellenleitergarnituren
Fachgrundspezifikation .... DIN EN 62134-1 (VDE 0888-741)

Lichtwellenleiter-Innenkabel
Simplex- und Duplexkabel .... E DIN IEC 60794-2-10 (VDE 0888-116)
– zur Verwendung in Patchkabeln .... E DIN IEC 60794-2-51 (VDE 0888-123)

Lichtwellenleiter-Isolatoren .... DIN EN 61202-1 (VDE 0885-550)

Lichtwellenleiterkabel
ADSS-Kabel
– Familienspezifikation .... E DIN EN 60794-4-20 (VDE 0888-111-5)
Anwendung in Innenräumen .... DIN EN 187103 (VDE 0888-112)

Lichtwellenleiterkabel
Außenkabel
– Fernmelde-Erd- und Röhrenkabel .... DIN EN 60794-3-10 (VDE 0888-310)
DIN EN 60794-3-12 (VDE 0888-13)
E DIN IEC 60794-3-12 (VDE 0888-13)
– Kabel für Abwasserkanäle .... DIN EN 60794-3-40 (VDE 0888-340)
– Kabel in Gasleitungen und Schächten .... DIN EN 60794-3-50 (VDE 0888-350)
– Kabel in Trinkwasserleitungen .... DIN EN 60794-3-60 (VDE 0888-360)
– selbsttragende Fernmelde-Luftkabel .... DIN EN 60794-3-21 (VDE 0888-14)
E DIN IEC 60794-3-21 (VDE 0888-14)
– Unterwasserkabel .... DIN EN 60794-3-30 (VDE 0888-330)
Erdseile auf Starkstromleitungen .... DIN EN 60794-4-10 (VDE 0888-111-4)
Fachgrundspezifikation .... DIN EN 60794-1-1 (VDE 0888-100-1)
– Allgemeines .... E DIN IEC 60794-1-1 (VDE 0888-100-1)
Fasern der Kategorie A4
– Familienspezifikation .... DIN EN 60794-2-40 (VDE 0888-119)
Innenkabel
– Bandkabel .... DIN EN 60794-2-30 (VDE 0888-118)
DIN EN 60794-2-31 (VDE 0888-12)
E DIN IEC 60794-2-31 (VDE 0888-12)
– Mehrfaserverteilerkabel .... DIN EN 60794-2-20 (VDE 0888-117)
DIN EN 60794-2-21 (VDE 0888-11)
E DIN IEC 60794-2-21 (VDE 0888-11)
– Simplex- und Duplexfasern Kategorie A4 .... DIN EN 60794-2-41 (VDE 0888-121)
– Simplex- und Duplexkabel .... DIN EN 60794-2-11 (VDE 0888-10)
E DIN IEC 60794-2-11 (VDE 0888-10)
Kreuzverweistabelle für Prüfverfahren .... E DIN EN 60794-1-2 (VDE 0888-100-2)
Luftkabel auf Starkstrom-Freileitungen .... DIN EN 60794-4 (VDE 0888-111-1)
Mikrorohr-Lichtwellenleiterkabel
– Installation durch Einblasen .... E DIN IEC 60794-5-10 (VDE 0888-5-10)
Mikrorohr-Verkabelung
– Installation durch Einblasen .... DIN EN 60794-5 (VDE 0888-500)
E DIN IEC 60794-5-10 (VDE 0888-5-10)
Prüfverfahren .... E DIN EN 60794-1-2 (VDE 0888-100-2)
– elektrische Prüfverfahren .... E DIN EN 60794-1-24 (VDE 0888-100-24)
– Grundlegendes und Definitionen .... E DIN EN 60794-1-20 (VDE 0888-100-20)
– Kabelelemente .... E DIN EN 60794-1-23 (VDE 0888-100-23)
– mechanische Prüfverfahren .... E DIN EN 60794-1-21 (VDE 0888-100-21)
– Umweltprüfung .... E DIN EN 60794-1-22 (VDE 0888-100-22)
Rahmenspezifikation - Innenkabel .... DIN EN 60794-2 (VDE 0888-115)
Röhren- und Erdverlegung .... DIN EN 187105 (VDE 0888-114)
Simplex- und Duplexkabel
– Familienspezifikation .... DIN EN 60794-2-10 (VDE 0888-116)
E DIN IEC 60794-2-10 (VDE 0888-116)
– Fasern der Kategorie A4 .... DIN EN 60794-2-42 (VDE 0888-122)
– für den Einsatz als konfektioniertes Kabel .... DIN EN 60794-2-50 (VDE 0888-120)
– zur Verwendung in Patchkabeln .... E DIN IEC 60794-2-51 (VDE 0888-123)
Starkstromleitungen .... DIN EN 60794-3 (VDE 0888-108)
Steckverbinder .... E DIN IEC 60874-1 (VDE 0885-874-1)

Lichtwellenleiter-Kabelanlagen
Mehrmoden-Dämpfungsmessungen .... DIN EN 61280-4-1 (VDE 0888-410)

Lichtwellenleiter-Kommunikationssysteme
digitale Systeme .... E DIN EN 61280-2-2 (VDE 0885-802-2)
installierte Kabelanlagen .... E DIN EN 61280-4-2 (VDE 0885-804-2)

Lichtwellenleiter-Kommunikationssysteme
Sicherheit .... DIN EN 60825-2 (VDE 0837-2)
Beiblatt 1 DIN EN 60825-2 (VDE 0837-2)

Lichtwellenleiter-Kommunikationsuntersysteme
Messung des Lichtstroms einer Strahlungsquelle .... DIN EN 61280-1-4 (VDE 0885-801-4)
Messung von Mittelwellenlänge und Spektralbreite .... DIN EN 61280-1-3 (VDE 0888-410-13)
Prüfverfahren .... DIN EN 61280-1-4 (VDE 0885-801-4)
DIN EN 61280-4-1 (VDE 0888-410)

Lichtwellenleiter-Kompensatoren
mit chromatischer Dispersion .... DIN EN 61978-1 (VDE 0885-978-1)

Lichtwellenleiter-Luftkabel
auf Starkstrom-Freileitungen
– ADSS-Kabel .... E DIN EN 60794-4-20 (VDE 0888-111-5)

Lichtwellenleiternetze
Gebäudeanschluss und Wohnungsanschluss .... Anwendungsregel (VDE-AR-E 2800-901)

Lichtwellenleiter-Steckverbinder
Steckverbinderfamilie EM-RJ .... DIN VDE 0888-745 (VDE 0888-745)

Lichtwellenleiter-Verzweiger
wellenlängenunabhängige .... DIN EN 60875-1 (VDE 0885-875-1)

Lichtwellenleiterzirkulatoren .... DIN EN 62077 (VDE 0885-500)

Lichtwerbeanlagen
mit Leuchtröhren oder LED .... E DIN VDE 0100-799 (VDE 0100-799)

Lineare Netzgeräte .... DIN EN 61558-2-6 (VDE 0570-2-6)

Linearität
photovoltaischer Einrichtungen .... DIN EN 60904-10 (VDE 0126-4-10)

Linearitätsanforderungen .... DIN EN 60904-10 (VDE 0126-4-10)

Linearnetzteile
energiesparende .... E DIN IEC 61558-2-26 (VDE 0570-2-26)

Linienkabel
von 5 MHz - 1 000 MHz
– Rahmenspezifikation .... DIN EN 50117-2-3 (VDE 0887-2-3)

Linsenentfernung (Augen)
Geräte zur .... DIN EN 80601-2-58 (VDE 0750-2-58)

Lithium-Akkumulatoren, große
für industrielle Anwendungen .... E DIN EN 62620 (VDE 0510-35)

Lithiumbatterien
Prüfungen und Anforderungen .... DIN EN 60086-4 (VDE 0509-4)
Sicherheit beim Transport .... DIN EN 62281 (VDE 0509-6)

Lithium-Batterien, große
für industrielle Anwendungen .... E DIN EN 62620 (VDE 0510-35)

Lithium-Ionen-Zellen
für Elektrostraßenfahrzeuge
– Leistungsverhalten .... E DIN IEC 61982-4 (VDE 0510-33)
– Zuverlässigkeit .... E DIN IEC 61982-5 (VDE 0510-34)

Lithium-Sekundärbatterien
für Hybridfahrzeuge und mobile Anwendungen .... DIN V VDE V 0510-11 (VDE V 0510-11)
für Uhren .... E DIN IEC 62466 (VDE 0510-9)

Lithotripsie .... DIN EN 60601-2-36 (VDE 0750-2-36)
E DIN EN 60601-2-36 (VDE 0750-2-36)

Lötbarkeitsprüfung
von Kabeln und Leitungen .... DIN EN 50396 (VDE 0473-396)
E DIN EN 50396/AA (VDE 0473-396/AA)

Lötkolben .... DIN EN 60335-2-45 (VDE 0700-45)
E DIN EN 60335-2-45/A2 (VDE 0700-45/A2)

Lötpistolen .... DIN EN 60335-2-45 (VDE 0700-45)
E DIN EN 60335-2-45/A2 (VDE 0700-45/A2)

LS-Schalter .... DIN EN 60898-1 (VDE 0641-11)
E DIN EN 60898-1/AB (VDE 0641-11/AB)
DIN V VDE V 0641-100 (VDE V 0641-100)

Luftbefeuchter
für den Hausgebrauch .... DIN EN 60335-2-88 (VDE 0700-88)
DIN EN 60335-2-98 (VDE 0700-98)

Luftentfeuchter
für Transformatoren und Drosselspulen .... DIN EN 50216-5 (VDE 0532-216-5)

Lufterfrischungsgeräte .... DIN EN 60335-2-101 (VDE 0700-101)

Luftfahrtbodenbefeuerung .... DIN EN 61822 (VDE 0161-100)

Luftführende Leuchten .... DIN EN 60598-2-19/A2 (VDE 0711-2-19/A2)
DIN VDE 0711-219 (VDE 0711-219)

Luftheizung
Zentralspeicher .... DIN VDE 0700-201 (VDE 0700-201)

Luftkabel
für digitale Breitbandkommunikation .... E DIN IEC 62255-4 (VDE 0819-2004)
selbsttragende Fernmelde- .... DIN 57818 (VDE 0818)
E DIN IEC 60794-3-21 (VDE 0888-14)
Verwendung .... DIN 57891-8 (VDE 0891-8)
vieladrige und vielpaarige .... DIN VDE 0276-627 (VDE 0276-627)

Luftkabel (LWL-) .... DIN EN 60794-1-1 (VDE 0888-100-1)
DIN EN 60794-3 (VDE 0888-108)

Luftreinigungsgeräte
für den Hausgebrauch .... DIN EN 60335-2-65 (VDE 0700-65)
E DIN EN 60335-2-65/AA (VDE 0700-65/AA)

Luftschütze
für den Hausgebrauch .... DIN EN 61095 (VDE 0637-3)

Luftstrecken .... DIN EN 50178 (VDE 0160)
Bemessung .... DIN EN 60664-4 (VDE 0110-4)
DIN EN 60664-5 (VDE 0110-5)
Isolationskoordination
– bei Bahnanwendungen .... DIN EN 50124-1 (VDE 0115-107-1)
Spannungsfestigkeit .... VDE-Schriftenreihe Band 56
von elektrischen Betriebsmitteln .... DIN EN 60664-1 (VDE 0110-1)

LWL-Außenkabel
Fernmelde-Erd- und Röhrenkabel .... DIN EN 60794-3-10 (VDE 0888-310)
DIN EN 60794-3-11 (VDE 0888-311)
DIN EN 60794-3-12 (VDE 0888-13)
E DIN IEC 60794-3-12 (VDE 0888-13)
in Abwasserkanälen .... DIN EN 60794-3-40 (VDE 0888-340)
in Gasleitungen und Schächten .... DIN EN 60794-3-50 (VDE 0888-350)
in Trinkwasserleitungen .... DIN EN 60794-3-60 (VDE 0888-360)
selbsttragende Fernmelde-Luftkabel .... DIN EN 60794-3-20 (VDE 0888-320)

LWL-Bandkabel .... DIN EN 60794-2-30 (VDE 0888-118)

LWL-Erdseile .... DIN EN 60794-4-10 (VDE 0888-111-4)

LWL-Fernmelde-Erd- und Röhrenkabel
Bauartspezifikation .... DIN EN 60794-3-11 (VDE 0888-311)
für Standortverkabelung .... DIN EN 60794-3-12 (VDE 0888-13)

LWL-Fernmeldekabel
zur Durchquerung von Seen und Flüssen .... DIN EN 60794-3-30 (VDE 0888-330)

LWL-Fernmelde-Luftkabel
selbsttragende .... DIN EN 60794-3-20 (VDE 0888-320)
DIN EN 60794-3-21 (VDE 0888-14)

LWL-Innenkabel
Bandkabel .... DIN EN 60794-2-30 (VDE 0888-118)
DIN EN 60794-2-31 (VDE 0888-12)
E DIN IEC 60794-2-31 (VDE 0888-12)
Fasern der Kategorie A4
– Familienspezifikation .... DIN EN 60794-2-40 (VDE 0888-119)
Mehrfaserverteilerkabel .... DIN EN 60794-2-20 (VDE 0888-117)
DIN EN 60794-2-21 (VDE 0888-11)
E DIN IEC 60794-2-21 (VDE 0888-11)
Simplex- und Duplexkabel .... DIN EN 60794-2-10 (VDE 0888-116)
DIN EN 60794-2-11 (VDE 0888-10)
E DIN IEC 60794-2-10 (VDE 0888-116)
E DIN IEC 60794-2-11 (VDE 0888-10)
– als konfektioniertes Kabel .... DIN EN 60794-2-50 (VDE 0888-120)
– Fasern der Kategorie A4 .... DIN EN 60794-2-41 (VDE 0888-121)
DIN EN 60794-2-42 (VDE 0888-122)
– zur Verwendung in Patchkabeln .... E DIN IEC 60794-2-51 (VDE 0888-123)

LWL-Kommunikationssysteme
Spleißkassetten und Muffen .... E DIN EN 50411-6-1 (VDE 0888-500-61)
ungeschützte Mikrorohre .... E DIN EN 50411-6-1 (VDE 0888-500-61)

LWL-Muffen
in LWL-Kommunikationssystemen .... E DIN EN 50411-6-1 (VDE 0888-500-61)

LWL-Sensoren
Fachgrundspezifikation .... E DIN EN 61757-1 (VDE 0885-757-1)

LWL-Spleißkassetten
in LWL-Kommunikationssystemen .... E DIN EN 50411-6-1 (VDE 0888-500-61)

LZB-Zugbeeinflussung .... DIN VDE 0119-207-7 (VDE 0119-207-7)

M

"m"; Vergusskapselung .... DIN EN 60079-18 (VDE 0170-9)

"M"; Zündschutzart .... DIN EN 50303 (VDE 0170-12-2)

Machine Model (MM)
Prüfpulsformen der elektrostatischen Entladung .... DIN EN 61340-3-2 (VDE 0300-3-2)

Magnetische Felder
Exposition der Allgemeinbevölkerung
– Messverfahren .... DIN EN 62110 (VDE 0848-110)
Exposition von Personen
– Messverfahren .... DIN EN 50413 (VDE 0848-1)
in der Bahnumgebung
– Exposition von Personen .... DIN EN 50500 (VDE 0115-500)

Magnetische Felder
induzierte Körperstromdichte
– Berechnungsverfahren ..... DIN EN 62226-1 (VDE 0848-226-1)
– Exposition - 2D-Modelle ..... DIN EN 62226-2-1 (VDE 0848-226-2-1)
Schutz von Personen ..... E DIN VDE 0848-3-1 (VDE 0848-3-1)
von Elektrowärmeanlagen
– Exposition von Arbeitnehmern ..... DIN EN 50519 (VDE 0848-519)
von Wechselstrom-Energieversorgungssystemen
– Exposition der Allgemeinbevölkerung ..... DIN EN 62110 (VDE 0848-110)

Magnetische Koppler ..... DIN V VDE V 0884-10 (VDE V 0884-10)

Magnetkarten-Tokenträger
Protokoll der Bitübertragungsschicht ..... E DIN IEC 62055-51 (VDE 0418-5-51)

Magnetkontakte
für Einbruchmeldeanlagen ..... DIN EN 50131-2-6 (VDE 0830-2-2-6)

Magnetometerverfahren ..... E DIN EN 61788-13 (VDE 0390-13)
DIN EN 61788-8 (VDE 0390-8)

Magnetresonanzgeräte
für die medizinische Diagnostik ..... DIN EN 60601-2-33 (VDE 0750-2-33)

Magnetschwebebahnen
Brandschutz ..... DIN CLC/TS 45545-5 (VDE V 0115-545)
elektrische Sicherheit und Erdung ..... DIN EN 50122-2 (VDE 0115-4)
DIN EN 50122-3 (VDE 0115-5)
Leitungsinstallation ..... DIN EN 50343 (VDE 0115-130)

Makrobiegeverlust ..... DIN EN 60793-1-47 (VDE 0888-247)

Mammographiegeräte ..... DIN EN 60601-2-45 (VDE 0750-2-45)

Mammographiegeräte (Röntgen-) ..... E DIN IEC 60601-2-45 (VDE 0750-2-45)

Mäntel (Kabel-)
Prüfung des Masseverlusts ..... E DIN EN 60811-409 (VDE 0473-811-409)

Mantelleitungen
halogenfreie ..... DIN VDE 0250-214 (VDE 0250-214)

Mantelmischungen
für Kabel und isolierte Leitungen
– besondere Prüfverfahren ..... DIN EN 60811-5-1 (VDE 0473-811-5-1)
– PVC-Mischungen ..... DIN VDE 0207-5 (VDE 0207-5)
– Verzeichnis der Normen ..... Beiblatt 1 DIN VDE 0207 (VDE 0207)
halogenfreie flammwidrige thermoplastische
– für Kommunikationskabel ..... DIN EN 50290-2-27 (VDE 0819-107)
halogenfreie thermoplastische ..... DIN EN 50363-8 (VDE 0207-363-8)
E DIN EN 50363-8/AA (VDE 0207-363-8/AA)
halogenfreie vernetzte ..... DIN EN 50363-6 (VDE 0207-363-6)
E DIN EN 50363-6/AA (VDE 0207-363-6/AA)
thermoplastisches Polyurethan ..... DIN EN 50363-10-2 (VDE 0207-363-10-2)
vernetzte elastomere ..... DIN EN 50363-2-1 (VDE 0207-363-2-1)
vernetztes Polyvinylchlorid (XLPVC) ..... DIN EN 50363-10-1 (VDE 0207-363-10-1)

Mantelmischungen (PVC-)
für Niederspannungskabel und -leitungen ..... DIN EN 50363-4-1 (VDE 0207-363-4-1)

Mantelwerkstoffe
für Niederspannungskabel und -leitungen
– allgemeine Einführung ..... E DIN EN 50363-0 (VDE 0207-363-0)
– halogenfreie thermoplastische Mantelmischungen ..... DIN EN 50363-8 (VDE 0207-363-8)
E DIN EN 50363-8/AA (VDE 0207-363-8/AA)

Mantelwerkstoffe
für Niederspannungskabel und -leitungen
– halogenfreie vernetzte Mantelmischungen .... DIN EN 50363-6 (VDE 0207-363-6)
E DIN EN 50363-6/AA (VDE 0207-363-6/AA)
– Mantelmischungen - thermoplastisches Polyurethan .... DIN EN 50363-10-2 (VDE 0207-363-10-2)
– Mantelmischungen - vernetztes Polyvinylchlorid .... DIN EN 50363-10-1 (VDE 0207-363-10-1)
– PVC-Mantelmischungen .... DIN EN 50363-4-1 (VDE 0207-363-4-1)
– vernetzte elastomere Mantelmischungen .... DIN EN 50363-2-1 (VDE 0207-363-2-1)
E DIN EN 50363-2-1/AA (VDE 0207-363-2-1/AA)
E DIN EN 50363-2-1/AA (VDE 0207-363-2-1/AA)
mechanische Eigenschaften .... E DIN EN 60811-501 (VDE 0473-811-501)

Marinas
elektrische Anlagen .... DIN VDE 0100-709 (VDE 0100-709)
E DIN VDE 0100-709/A1 (VDE 0100-709/A1)

Markisen
für den Hausgebrauch
– elektrischer Antrieb .... DIN EN 60335-2-97 (VDE 0700-97)

Maschinen
elektrische Ausrüstung .... VDE-Schriftenreihe Band 26
DIN EN 60204-1 (VDE 0113-1)
– allgemeine Anforderungen .... E DIN EN 60204-1 (VDE 0113-1)
DIN EN 60204-1/A1 (VDE 0113-1/A1)
– EMV-Anforderungen .... E DIN EN 60204-31 (VDE 0113-31)
– mit Spannungen über 1 kV .... VDE-Schriftenreihe Band 46
– Überprüfung der Sicherheit .... E DIN EN 61557-14 (VDE 0413-14)

Maschinenantriebe .... E DIN EN 60204-1 (VDE 0113-1)
DIN EN 60204-1 (VDE 0113-1)

Maschinensicherheit
Anforderungen an Hebezeuge .... DIN EN 60204-32 (VDE 0113-32)
berührungslos wirkende Schutzeinrichtungen
– allgemeine Anforderungen und Prüfungen .... DIN EN 61496-1 (VDE 0113-201)
E DIN EN 61496-1/A2 (VDE 0113-201/A2)
– bildverarbeitende .... E DIN IEC 61496-4-2 (VDE 0113-204-2)

Maschinensteuerungen .... VDE-Schriftenreihe Band 28

Massagegeräte
für den Hausgebrauch .... DIN EN 60335-2-32 (VDE 0700-32)
E DIN EN 60335-2-32/AB (VDE 0700-32/AB)

Masseaufnahme
von Polyethylen- und Polypropylenverbindungen ..... E DIN EN 60811-407 (VDE 0473-811-407)

Massenspektrometrie .... E DIN EN 62321-4 (VDE 0042-1-4)

Masseverlust
von Isolierhüllen und Mänteln .... E DIN EN 60811-409 (VDE 0473-811-409)

Maste
von Freileitungen .... DIN EN 50341-1 (VDE 0210-1)

Mastsättel
zum Arbeiten unter Spannung .... DIN EN 61236 (VDE 0682-651)

Materialcharakterisierung
von Kabelgarnituren .... DIN VDE 0278-631-1 (VDE 0278-631-1)
DIN VDE 0278-631-2 (VDE 0278-631-2)
DIN VDE 0278-631-3 (VDE 0278-631-3)
DIN VDE 0278-631-4 (VDE 0278-631-4)

Materialdeklaration
für elektrotechnische Produkte .... E DIN EN 62474 (VDE 0042-4)
Matratzen
zur Erwärmung von Patienten .... DIN EN 80601-2-35 (VDE 0750-2-35)
Matrixvolumen
von Verbundsupraleitern .... E DIN EN 61788-5 (VDE 0390-5)
Matten
zur Erwärmung von Patienten .... DIN EN 80601-2-35 (VDE 0750-2-35)
Maximumwerke .... DIN VDE 0418-4 (VDE 0418-4)
Mechanische Bauweisen
für elektronische Einrichtungen .... E DIN EN 61587-1 (VDE 0687-587-1)
E DIN IEC 61587-2 (VDE 0687-587-2)
Mechanische Eigenschaften
von Isolier- und Mantelwerkstoffen .... E DIN EN 60811-501 (VDE 0473-811-501)
Mechanische Schwingungen bei Maschinen .... DIN EN 60034-14 (VDE 0530-14)
Mechanische Spleiße
für optische Fasern und Kabel .... DIN EN 61073-1 (VDE 0888-731)
Median .... DIN VDE 0311-10 (VDE 0311-10)
Medizingeräte
aktive implantierbare
– Cochlear-Implantate .... DIN EN 45502-2-3 (VDE 0750-10-3)
– zur Behandlung von Tachyarrhythmie .... DIN EN 45502-2-2 (VDE 0750-10-2)
Medizingeräte-Software
Software-Lebenszyklus-Prozesse .... DIN EN 62304 (VDE 0750-101)
Medizinisch genutzte Bereiche
batteriegestützte zentrale Stromversorgungssysteme .... DIN VDE 0558-507 (VDE 0558-507)
elektrische Anlagen .... DIN VDE 0100-710 (VDE 0100-710)
Medizinische Anwendung
elektrischer Einrichtungen
– Sicherheit .... (VDE 0752)
Medizinische elektrische Badeeinrichtungen .... DIN VDE 0750-224 (VDE 0750-224)
Medizinische elektrische Einrichtungen
Sicherheit .... (VDE 0752)
Medizinische elektrische Geräte
Afterloading-Geräte für die Brachytherapie .... DIN EN 60601-2-17 (VDE 0750-2-17)
E DIN IEC 60601-2-17 (VDE 0750-2-17)
aktive implantierbare .... DIN EN 45502-1 (VDE 0750-10)
E DIN EN 45502-1 (VDE 0750-10)
DIN EN 45502-2-1 (VDE 0750-10-1)
Alarmsysteme .... DIN EN 60601-1-8 (VDE 0750-1-8)
E DIN EN 60601-1-8/A1 (VDE 0750-1-8/A1)
allgemeine Festlegungen für die Sicherheit .... E DIN IEC 60601-1/A1 (VDE 0750/A1)
ambulante elektrokardiographische Systeme
– Sicherheit und Leistungsmerkmale .... DIN EN 60601-2-47 (VDE 0750-2-47)
E DIN IEC 60601-2-47 (VDE 0750-2-47)
Anästhesie-Arbeitsplätze .... E DIN ISO 80601-2-13 (VDE 0750-2-13)
Anästhesiesysteme .... DIN EN 60601-2-13 (VDE 0750-2-13)
augenchirurgische Geräte .... DIN EN 80601-2-58 (VDE 0750-2-58)
automatisierte Blutdruckmessgeräte .... DIN EN 80601-2-30 (VDE 0750-2-30)
E DIN EN 80601-2-30/A1 (VDE 0750-2-30/A1)
Blutdruckmessgeräte .... DIN EN 80601-2-30 (VDE 0750-2-30)
E DIN EN 80601-2-30/A1 (VDE 0750-2-30/A1)

Medizinische elektrische Geräte
Blutdruck-Überwachungsgeräte .... DIN EN 60601-2-34 (VDE 0750-2-34)
E DIN IEC 60601-2-34 (VDE 0750-2-34)
CE-Kennzeichnung .... VDE-Schriftenreihe Band 76
chirurgische Lasergeräte .... E DIN EN 60601-2-22/A1 (VDE 0750-2-22/A1)
Defibrillatoren .... DIN EN 60601-2-4 (VDE 0750-2-4)
E DIN IEC 60601-2-4 (VDE 0750-2-4)
Dentalgeräte .... E DIN ISO 80601-2-60 (VDE 0750-2-60)
diagnostische Lasergeräte .... E DIN EN 60601-2-22/A1 (VDE 0750-2-22/A1)
Elektroenzephalographen .... DIN EN 60601-2-26 (VDE 0750-2-26)
E DIN IEC 60601-2-26 (VDE 0750-2-26)
Elektrokardiographen .... DIN EN 60601-2-25 (VDE 0750-2-25)
DIN EN 60601-2-27 (VDE 0750-2-27)
DIN EN 60601-2-51 (VDE 0750-2-51)
E DIN IEC 60601-2-25 (VDE 0750-2-25)
Elektrokardiographische Überwachungsgeräte .... DIN EN 60601-2-27 (VDE 0750-2-27)
E DIN IEC 60601-2-27 (VDE 0750-2-27)
elektromagnetische Verträglichkeit .... VDE-Schriftenreihe Band 16
– Anforderungen und Prüfungen .... DIN EN 60601-1-2 (VDE 0750-1-2)
E DIN EN 60601-1-2 (VDE 0750-1-2)
Elektromyographen .... DIN EN 60601-2-40 (VDE 0750-2-40)
Elektronenbeschleuniger .... E DIN EN 60601-2-1 (VDE 0750-2-1)
E DIN EN 60601-2-1/A1 (VDE 0750-2-1/A1)
endoskopische Geräte .... DIN EN 60601-2-18 (VDE 0750-2-18)
E DIN EN 60601-2-18 (VDE 0750-2-18)
externe Herzschrittmacher .... DIN EN 60601-2-31 (VDE 0750-2-31)
E DIN EN 60601-2-31/A1 (VDE 0750-2-31/A1)
fachgerechte Überprüfung .... VDE-Schriftenreihe Band 117
Festlegungen für die Sicherheit .... DIN EN 60601-1-1 (VDE 0750-1-1)
für den Notfalleinsatz .... E DIN EN 60601-1-12 (VDE 0750-1-12)
für die transkutane Partialdrucküberwachung .... DIN EN 60601-2-23 (VDE 0750-2-23)
für die Versorgung in häuslicher Umgebung .... DIN EN 60601-1-11 (VDE 0750-1-11)
für evozierte Potentiale .... DIN EN 60601-2-40 (VDE 0750-2-40)
für transkutane Partialdrucküberwachung .... E DIN IEC 60601-2-23 (VDE 0750-2-23)
Gammabestrahlungseinrichtungen .... E DIN IEC 60601-2-11 (VDE 0750-2-11)
Gebrauchstauglichkeit .... DIN EN 60601-1-6 (VDE 0750-1-6)
grafische Symbole .... Beiblatt 2 DIN EN 60601-1 (VDE 0750-1)
Hämodiafiltrationsgeräte .... DIN EN 60601-2-16 (VDE 0750-2-16)
E DIN EN 60601-2-16/A1 (VDE 0750-2-16/A1)
Hämodialyse-, Hämodiafiltrations- und
Hämofiltrationsgeräte .... E DIN EN 60601-2-16 (VDE 0750-2-16)
Hämodialysegeräte .... DIN EN 60601-2-16 (VDE 0750-2-16)
E DIN EN 60601-2-16/A1 (VDE 0750-2-16/A1)
Hämofiltrationsgeräte .... DIN EN 60601-2-16 (VDE 0750-2-16)
E DIN EN 60601-2-16/A1 (VDE 0750-2-16/A1)
hochempfindliche therapeutische Ultraschallsysteme ... E DIN EN 60601-2-62 (VDE 0750-2-62)
Hochfrequenz-Chirurgiegeräte .... DIN EN 60601-2-2 (VDE 0750-2-2)
Hörgeräte .... E DIN EN 60601-2-66 (VDE 0750-2-66)
Hörgerätesysteme .... E DIN EN 60601-2-66 (VDE 0750-2-66)
Infusionspumpen und Infusionsregler .... DIN EN 60601-2-24 (VDE 0750-2-24)
E DIN EN 60601-2-24 (VDE 0750-2-24)
Instandsetzung .... DIN EN 62353 (VDE 0751-1)
kosmetische Lasergeräte .... E DIN EN 60601-2-22/A1 (VDE 0750-2-22/A1)
Kurbelergometer .... DIN VDE 0750-238 (VDE 0750-238)
Kurzwellen-Therapiegeräte .... E DIN IEC 60601-2-3 (VDE 0750-2-3)
Lasergeräte
– chirurgische .... E DIN EN 60601-2-22 (VDE 0750-2-22)

Medizinische elektrische Geräte
Lasergeräte
– diagnostische .... E DIN EN 60601-2-22 (VDE 0750-2-22)
E DIN EN 60601-2-22/A1 (VDE 0750-2-22/A1)
– kosmetische .... E DIN EN 60601-2-22/A1 (VDE 0750-2-22/A1)
– therapeutische .... DIN EN 60601-2-22 (VDE 0750-2-22)
E DIN EN 60601-2-22 (VDE 0750-2-22)
E DIN EN 60601-2-22/A1 (VDE 0750-2-22/A1)
Leichtionen-Strahlentherapiesysteme .... E DIN EN 60601-2-68 (VDE 0750-2-68)
Leistungsmerkmale .... DIN EN 60601-1 (VDE 0750-1)
E DIN IEC 60601-1/A1 (VDE 0750/A1)
Magnetresonanzgeräte .... DIN EN 60601-2-33 (VDE 0750-2-33)
Mammographiegeräte .... E DIN IEC 60601-2-45 (VDE 0750-2-45)
medizinische Betten .... DIN EN 60601-2-52 (VDE 0750-2-52)
medizinische Thermometer
– zum Messen der Körpertemperatur .... E DIN IEC 80601-2-56 (VDE 0750-256)
Mikrowellen-Therapiegeräte .... E DIN IEC 60601-2-6 (VDE 0750-2-6)
DIN VDE 0750-209 (VDE 0750-209)
mit Elektronenbeschleunigern .... E DIN EN 60601-2-68 (VDE 0750-2-68)
nicht-invasive Blutdruckmessgeräte .... DIN EN 80601-2-30 (VDE 0750-2-30)
E DIN EN 80601-2-30/A1 (VDE 0750-2-30/A1)
Nicht-Laser-Lichtquellen .... DIN EN 60601-2-57 (VDE 0750-2-57)
Operationsleuchten .... DIN EN 60601-2-41 (VDE 0750-2-41)
E DIN EN 60601-2-41/A1 (VDE 0750-2-41/A1)
Operationstische .... DIN EN 60601-2-46 (VDE 0750-2-46)
Patientenüberwachungsgeräte .... DIN EN 60601-2-49 (VDE 0750-2-49)
E DIN IEC 60601-2-49 (VDE 0750-2-49)
Peritoneal-Dialyse-Geräte .... DIN EN 60601-2-39 (VDE 0750-2-39)
physiologische geschlossene Regelkreise .... DIN EN 60601-1-10 (VDE 0750-1-10)
Prüfung nach Instandsetzung .... DIN EN 62353 (VDE 0751-1)
Prüfung vor Inbetriebnahme .... DIN VDE 0404-3 (VDE 0404-3)
Pulsoximetriegeräte .... DIN EN ISO 80601-2-61 (VDE 0750-2-61)
Radionuklid-Strahlentherapiesysteme .... E DIN EN 60601-2-68 (VDE 0750-2-68)
Reduzierung von Umweltauswirkungen .... DIN EN 60601-1-9 (VDE 0750-1-9)
Reizstromgeräte für Nerven und Muskeln .... DIN EN 60601-2-10 (VDE 0750-2-10)
Röntgeneinrichtungen
– für die Computertomographie .... DIN EN 60601-2-44 (VDE 0750-2-44)
E DIN EN 60601-2-44/A1 (VDE 0750-2-44/A1)
– für interventionelle Verfahren .... DIN EN 60601-2-43 (VDE 0750-2-43)
Röntgeneinrichtungen, extraorale zahnärztliche .... E DIN EN 60601-2-63 (VDE 0750-2-63)
Röntgeneinrichtungen, intraorale zahnärztliche .... E DIN EN 60601-2-65 (VDE 0750-2-65)
Röntgengeräte
– für Radiographie und Radioskopie .... DIN EN 60601-2-54 (VDE 0750-2-54)
– Strahlenschutz .... DIN EN 60601-1-3 (VDE 0750-1-3)
Röntgen-Mammographiegeräte .... E DIN IEC 60601-2-45 (VDE 0750-2-45)
Röntgenstrahler für die Diagnostik .... DIN EN 60601-2-28 (VDE 0750-2-28)
Säuglingsinkubatoren .... DIN EN 60601-2-19 (VDE 0750-2-19)
Säuglings-Phototherapiegeräte .... DIN EN 60601-2-50 (VDE 0750-2-50)
Säuglingswärmestrahler .... DIN EN 60601-2-21 (VDE 0750-2-21)
Sicherheit
– allgemeine Festlegungen .... DIN EN 60601-1 (VDE 0750-1)
Sicherheitsaspekte .... Beiblatt 1 DIN EN 60601 (VDE 0750-1)
Sicherheitsnormen
– Erarbeitung .... Beiblatt 1 DIN VDE 0752 (VDE 0752)
Sicherheitsphilosophie .... (VDE 0752)
Stereotaxie-Einrichtungen .... E DIN IEC 60601-2-45 (VDE 0750-2-45)
Sterilisatoren und Desinfektionsgeräte .... DIN EN 61010-2-040 (VDE 0411-2-040)

Medizinische elektrische Geräte
Strahlentherapiesimulatoren .... DIN EN 60601-2-29 (VDE 0750-2-29)
therapeutische Lasergeräte .... E DIN EN 60601-2-22/A1 (VDE 0750-2-22/A1)
Therapie-Röntgeneinrichtungen .... E DIN EN 60601-2-8 (VDE 0750-2-8)
Transportinkubatoren .... DIN EN 60601-2-20 (VDE 0750-2-20)
Überwachungsgeräte für Atemgase .... DIN EN ISO 21647 (VDE 0750-2-55)
E DIN ISO 80601-2-55 (VDE 0750-2-55)
Ultraschallgeräte
– zur Diagnose und Überwachung .... E DIN EN 60601-2-37 (VDE 0750-2-37)
Ultraschall-Physiotherapiegeräte .... E DIN IEC 60601-2-5 (VDE 0750-2-5)
Ultraschall-Therapiegeräte .... DIN EN 60601-2-5 (VDE 0750-2-5)
Untersuchungsleuchten .... DIN EN 60601-2-41 (VDE 0750-2-41)
E DIN EN 60601-2-41/A1 (VDE 0750-2-41/A1)
Wärmebildkameras für Reihenuntersuchungen .... DIN EN 80601-2-59 (VDE 0750-2-59)
Wiederholungsprüfungen .... DIN EN 62353 (VDE 0751-1)
DIN VDE 0404-3 (VDE 0404-3)
zur Erwärmung von Patienten .... DIN EN 80601-2-35 (VDE 0750-2-35)
zur extrakorporal induzierten Lithotripsie .... E DIN EN 60601-2-36 (VDE 0750-2-36)
zur Stimulation von Nerven und Muskeln .... E DIN IEC 60601-2-10 (VDE 0750-2-10)

Medizinische elektrische Systeme
Alarmsysteme .... DIN EN 60601-1-8 (VDE 0750-1-8)
E DIN EN 60601-1-8/A1 (VDE 0750-1-8/A1)
elektromagnetische Verträglichkeit
– Anforderungen und Prüfungen .... DIN EN 60601-1-2 (VDE 0750-1-2)
E DIN EN 60601-1-2 (VDE 0750-1-2)
für den Notfalleinsatz .... E DIN EN 60601-1-12 (VDE 0750-1-12)
für die Versorgung in häuslicher Umgebung .... DIN EN 60601-1-11 (VDE 0750-1-11)
Leistungsmerkmale .... DIN EN 60601-1 (VDE 0750-1)
E DIN IEC 60601-1/A1 (VDE 0750/A1)
programmierbare .... DIN EN 60601-1-4 (VDE 0750-1-4)
Reduzierung von Umweltauswirkungen .... DIN EN 60601-1-9 (VDE 0750-1-9)
Sicherheit
– allgemeine Festlegungen .... DIN EN 60601-1 (VDE 0750-1)
DIN EN 60601-1-1 (VDE 0750-1-1)
E DIN IEC 60601-1/A1 (VDE 0750/A1)

Medizinische Gammabestrahlungsanlagen
Strahlensicherheit .... DIN EN 60601-2-11 (VDE 0750-2-11)

Medizinische Geräte
Funkstörungen
– Grenzwerte und Messverfahren .... DIN EN 55011 (VDE 0875-11)

Medizinische In-vitro-Diagnosegeräte
EMV-Anforderungen .... DIN EN 61326-2-6 (VDE 0843-20-2-6)
E DIN IEC 61326-2-6 (VDE 0843-20-2-6)

Medizinische Versorgungseinheiten .... DIN EN ISO 11197 (VDE 0750-211)

Medizinprodukte
Gebrauchstauglichkeit .... DIN EN 62366 (VDE 0750-241)
in der extrakorporalen Nierenersatztherapie .... DIN VDE 0753-4 (VDE 0753-4)

Medizinproduktegesetz
Anforderungen .... VDE-Schriftenreihe Band 76

Meeresenergie
Gezeitenenergieressource
– Bewertung und Charakterisierung .... E DIN IEC/TS 62600-201 (VDE V 0125-201)
Terminologie .... E DIN IEC/TS 62600-1 (VDE V 0125-1)
Wellenenergieressource
– Bewertung und Charakterisierung .... E DIN IEC/TS 62600-101 (VDE V 0125-101)

Meeresströmungs-Energiewandler
Bewertung und Charakterisierung .... E DIN IEC/TS 62600-101 (VDE V 0125-101)
E DIN IEC/TS 62600-201 (VDE V 0125-201)
Terminologie .... E DIN IEC/TS 62600-1 (VDE V 0125-1)

ME-Geräte
Basissicherheit .... E DIN EN 60601-1-2 (VDE 0750-1-2)

Mehradrige Leitungen
vernetzte Silikon-Isolierung .... DIN EN 50525-2-83 (VDE 0285-525-2-83)

Mehrfachbedienungen
von Kernkraftwerkwarten .... DIN IEC 61227 (VDE 0491-5-3)

Mehrfachsteuerung
zeitmultiplexe
– in Bahnfahrzeugen .... DIN VDE 0119-207-4 (VDE 0119-207-4)

Mehrfachverwendung
von Atemalkohol-Testgeräten .... DIN EN 15964 (VDE 0406-10)

Mehrfaserverteilerkabel
zur Innenverlegung .... DIN EN 60794-2-20 (VDE 0888-117)
DIN EN 60794-2-21 (VDE 0888-11)
E DIN IEC 60794-2-21 (VDE 0888-11)

Mehrfunktionsschaltgeräte
Netzumschalter .... DIN EN 60947-6-1 (VDE 0660-114)
Steuer- und Schutz-Schaltgeräte (CPS) .... DIN EN 60947-6-2 (VDE 0660-115)

Mehrkanalschreiber
für industrielle Prozessleittechnik .... DIN EN 60873-2 (VDE 0410-2)

Mehrmoden-Dämpfungsmessungen .... DIN EN 61280-4-1 (VDE 0888-410)

Mehrmodenfasern
Kategorie A1
– Rahmenspezifikation .... DIN EN 60793-2-10 (VDE 0888-321)
Kategorie A2
– Rahmenspezifikation .... DIN EN 60793-2-20 (VDE 0888-322)
Kategorie A3
– Rahmenspezifikation .... DIN EN 60793-2-30 (VDE 0888-323)
E DIN EN 60793-2-30 (VDE 0888-323)
Kategorie A4
– Rahmenspezifikation .... DIN EN 60793-2-40 (VDE 0888-324)

Mehrmoden-Lichtwellenleiter
allgemeine Festlegungen .... DIN EN 60793-2 (VDE 0888-300)
E DIN EN 60793-2 (VDE 0888-300)

Mehrphasen-Induktionsmaschinen .... VDE-Schriftenreihe Band 10

Mehrphasensysteme
Leistungsbegriffe .... VDE-Schriftenreihe Band 103

Mehrschichtisolierstoffe
flexible
– allgemeine Anforderungen .... DIN EN 60626-1 (VDE 0316-1)
E DIN IEC 60626-1 (VDE 0316-1)
– Bestimmungen für einzelne Materialien .... DIN EN 60626-3 (VDE 0316-3)
E DIN EN 60626-3/A1 (VDE 0316-3/A1)
– Normenverzeichnis .... Beiblatt 1 DIN EN 60626 (VDE 0316)
– Prüfverfahren .... DIN EN 60626-2 (VDE 0316-2)

Mehrzweck-Koch- und Bratpfannen
für den gewerblichen Gebrauch .... DIN EN 60335-2-39 (VDE 0700-39)
E DIN EN 60335-2-39 (VDE 0700-39)
E DIN EN 60335-2-39/AA (VDE 0700-39/A1)

Mehrzweckstangen, isolierende
für Betätigung in Hochspannungsanlagen .... DIN EN 50508 (VDE 0682-213)

Meißelhämmer .... DIN EN 60745-2-6 (VDE 0740-2-6)

Melaminharztafeln .... E DIN IEC 60893-3-3/A1 (VDE 0318-3-3/A1)

Melderzentralen
von Einbruch- und Überfallmeldeanlagen .... DIN EN 50131-3 (VDE 0830-2-3)

Melkmaschinen .... DIN EN 60335-2-70 (VDE 0700-70)

Menschbezogene Gestaltung .... DIN EN 62508 (VDE 0050-2)

Menschen
Wirkungen des elektrischen Stroms .... DIN IEC/TS 60479-1 (VDE V 0140-479-1)
Wirkungen von Blitzschlägen .... DIN V VDE V 0140-479-4 (VDE V 0140-479-4)

Menschenansammlungen
bauliche Anlagen für .... DIN VDE 0100-718 (VDE 0100-718)

Menschliche Zuverlässigkeit .... DIN EN 62508 (VDE 0050-2)

Menschliches Versagen .... DIN EN 62508 (VDE 0050-2)

Mensch-Maschine-Schnittstelle
Anzeigengeräte und Bedienteile .... DIN EN 60073 (VDE 0199)
für speicherprogrammierbare Steuerungen .... DIN EN 61131-2 (VDE 0411-500)
von Kernkraftwerkwarten .... DIN IEC 61227 (VDE 0491-5-3)

Merkblätter
für den ESD-Komplex .... VDE-Schriftenreihe Band 71

Mess-, Steuer- und Schutzeinrichtungen
in Gleichstrom-Bahnanlagen
– Spannungswandler .... DIN EN 50123-7-3 (VDE 0115-300-7-3)

Mess-, Steuer-, Regel- und Laborgeräte
allgemeine Anforderungen .... DIN EN 61010-1 (VDE 0411-1)
EMV-Anforderungen
– allgemeine Anforderungen .... DIN EN 61326-1 (VDE 0843-20-1)
E DIN IEC 61326-1 (VDE 0843-20-1)
– empfindliche Prüf- und Messgeräte ohne EMV-Schutz DIN EN 61326-2-1 (VDE 0843-20-2-1)
E DIN IEC 61326-2-1 (VDE 0843-20-2-1)
– Feldgeräte .... DIN EN 61326-2-5 (VDE 0843-20-2-5)
E DIN IEC 61326-2-5 (VDE 0843-20-2-5)
– Isolationsüberwachungsgeräte .... DIN EN 61326-2-4 (VDE 0843-20-2-4)
E DIN IEC 61326-2-4 (VDE 0843-20-2-4)
– medizinische In-vitro-Diagnosegeräte (IVD) .... DIN EN 61326-2-6 (VDE 0843-20-2-6)
E DIN IEC 61326-2-6 (VDE 0843-20-2-6)
– Messgrößenumformer .... DIN EN 61326-2-3 (VDE 0843-20-2-3)
E DIN IEC 61326-2-3 (VDE 0843-20-2-3)
– ortsveränderliche Prüf-, Mess- und
Überwachungsgeräte .... DIN EN 61326-2-2 (VDE 0843-20-2-2)
E DIN IEC 61326-2-2 (VDE 0843-20-2-2)
handgehaltenes Messzubehör .... E DIN EN 61010-031 (VDE 0411-031)
DIN EN 61010-031 (VDE 0411-031)
Laborzentrifugen .... DIN EN 61010-2-020 (VDE 0411-2-020)
Prüf- und Messstromkreise .... DIN EN 61010-2-030 (VDE 0411-2-030)
Röntgengeräteschränke .... E DIN IEC 61010-2-091 (VDE 0411-2-091)

Mess-, Steuer-, Regel- und Laborgeräte
Störfestigkeitsanforderungen .... DIN EN 61326-3-1 (VDE 0843-20-3-1)
DIN EN 61326-3-2 (VDE 0843-20-3-2)
Stromsonden .... E DIN IEC 61010-2-032 (VDE 0411-2-032)

Messanordnungen, radiometrische
Konstruktionsanforderungen und Klassifikation .... DIN EN 60405 (VDE 0412-1)
E DIN IEC 62598 (VDE 0412-1)

Messeinrichtungen .... Anwendungsregel (VDE-AR-N 4400)
für Wechselstrom-Elektrizitätszähler .... DIN EN 62052-11 (VDE 0418-2-11)
– Genauigkeitsklassen A, B und C .... DIN EN 50470-1 (VDE 0418-0-1)

Messempfänger
zur Gewitterortung .... DIN EN 50536 (VDE 0185-236)

Messen
Schutzleiterstrom .... DIN EN 60990 (VDE 0106-102)

Messgeräte
elektrische, industrielle .... E DIN EN 61010-2-201 (VDE 0411-2-201)
empfindliche, ohne EMV-Schutz
– EMV-Anforderungen .... DIN EN 61326-2-1 (VDE 0843-20-2-1)
E DIN IEC 61326-2-1 (VDE 0843-20-2-1)
für Kohlenmonoxid und Kohlendioxid
– in Innenraumluft .... DIN EN 50543 (VDE 0400-36)
für Laserstrahlung .... DIN EN 61040 (VDE 0835)
für Radonfolgeprodukte .... E DIN IEC 61577-3 (VDE 0493-1-10-3)
für Schutzmaßnahmen in Niederspannungsnetzen
– allgemeine Anforderungen .... DIN EN 61557-1 (VDE 0413-1)
– Drehfeld .... DIN EN 61557-7 (VDE 0413-7)
– Erdungs-, Schutz- und Potentialausgleichsleiter .... DIN EN 61557-4 (VDE 0413-4)
– Erdungswiderstand .... DIN EN 61557-5 (VDE 0413-5)
– Fehlerstrom-Schutzeinrichtungen (RCD) .... DIN EN 61557-6 (VDE 0413-6)
– Isolationswiderstand .... DIN EN 61557-2 (VDE 0413-2)
– Schleifenwiderstand .... DIN EN 61557-3 (VDE 0413-3)
für Stoßspannungs- und Stoßstromprüfungen .... DIN EN 61083-1 (VDE 0432-7)
E DIN IEC 61083-2 (VDE 0432-8)
ortsveränderliche
– EMV-Anforderungen .... DIN EN 61326-2-2 (VDE 0843-20-2-2)
E DIN IEC 61326-2-2 (VDE 0843-20-2-2)
Störfestigkeitsanforderungen .... DIN EN 61326-3-2 (VDE 0843-20-3-2)
zur Ermittlung der Atemalkoholkonzentration
– Anforderungen .... DIN VDE 0405-2 (VDE 0405-2)
– Begriffe .... DIN VDE 0405-1 (VDE 0405-1)
DIN VDE 0405-3 (VDE 0405-3)
– Messverfahren .... DIN VDE 0405-3 (VDE 0405-3)
– Prüfung mit Prüfgas .... DIN VDE 0405-4 (VDE 0405-4)

Messgeräte und -einrichtungen
für hochfrequente Störaussendung
– Zusatz-/Hilfseinrichtungen .... DIN EN 55016-1-3 (VDE 0876-16-1-3)
DIN EN 55016-1-4 (VDE 0876-16-1-4)
E DIN EN 55016-1-4/A1 (VDE 0876-16-1-4/A1)

Messgeräte, elektrische
allgemeine Anforderungen .... DIN EN 61010-1 (VDE 0411-1)
handgehaltenes Messzubehör .... E DIN EN 61010-031 (VDE 0411-031)
DIN EN 61010-031 (VDE 0411-031)
Prüf- und Messstromkreise .... DIN EN 61010-2-030 (VDE 0411-2-030)

Messgeräte, kombinierte
für Schutzmaßnahmen in Niederspannungsnetzen .... E DIN EN 61557-10 (VDE 0413-10)

Messgrößenumformer
mit Signalaufbereitung .... DIN EN 61326-2-3 (VDE 0843-20-2-3)
E DIN IEC 61326-2-3 (VDE 0843-20-2-3)

Messnetze
zur Gewitterortung .... DIN EN 50536 (VDE 0185-236)

Messplätze
für Messung der gestrahlten Störaussendung .... DIN EN 55016-1-4 (VDE 0876-16-1-4)
E DIN EN 55016-1-4/A1 (VDE 0876-16-1-4/A1)
zur Antennenkalibrierung .... DIN EN 55016-1-5 (VDE 0876-16-1-5)
E DIN EN 55016-1-5/A1 (VDE 0876-16-1-5/A1)

Messrelais
allgemeine Anforderungen .... DIN EN 60255-1 (VDE 0435-300)
EMV-Anforderungen .... E DIN EN 60255-26 (VDE 0435-320)
DIN EN 60255-26 (VDE 0435-320)
Funktionsnorm für Über-/Unterspannungsschutz .... E DIN IEC 60255-127 (VDE 0435-3127)
für den Distanzschutz .... E DIN IEC 60255-121 (VDE 0435-3121)
Isolationskoordination .... Beiblatt 1 DIN EN 60255-5 (VDE 0435-130)
DIN EN 60255-5 (VDE 0435-130)
Produktsicherheit .... E DIN EN 60255-27 (VDE 0435-327)
DIN EN 60255-27 (VDE 0435-327)
Prüfung der elektrischen Störfestigkeit .... DIN EN 60255-22-1 (VDE 0435-22-1)
DIN EN 60255-22-5 (VDE 0435-3025)
DIN EN 60255-22-6 (VDE 0435-3026)
DIN EN 60255-22-7 (VDE 0435-3027)
– gegen elektromagnetische Felder .... DIN EN 60255-22-3 (VDE 0435-3023)
– gegen transiente Störgrößen/Burst .... DIN EN 60255-22-4 (VDE 0435-3024)
– Prüfungen mit elektrostatischer Entladung .... DIN EN 60255-22-2 (VDE 0435-3022)
Prüfung der Störaussendung .... DIN EN 60255-25 (VDE 0435-3031)
Über-/Unterstromschutz .... DIN EN 60255-151 (VDE 0435-3151)
Unterbrechungen und Wechselanteil in Hilfseingängen ...... DIN EN 60255-11 (VDE 0435-3014)

Messstellen
für Blitzschutzsysteme .... DIN EN 50164-1 (VDE 0185-201)

Messstellenbetrieb .... Anwendungsregel (VDE-AR-N 4400)

Messsysteme
für Hochspannung .... DIN EN 60060-2 (VDE 0432-2)

Messumformer
für industrielle Prozessleitsysteme .... DIN EN 60770-3 (VDE 0408-3)
für industrielle Prozessleittechnik
– Abnahme und Stückprüfung .... DIN EN 60770-2 (VDE 0408-2)
– Betriebsverhalten .... DIN EN 60770-1 (VDE 0408-1)
in Gleichstrom-Bahnanlagen .... DIN EN 50123-7-2 (VDE 0115-300-7-2)

Messumformer, intelligente
Intelligenzgrad und Leistungsfähigkeit .... DIN EN 60770-3 (VDE 0408-3)

Messung brennbarer Gase
Geräte zur .... E DIN EN 60079-29-1 (VDE 0400-1)
DIN EN 60079-29-1 (VDE 0400-1)
DIN EN 60079-29-2 (VDE 0400-2)
Warngeräte .... DIN EN 50271 (VDE 0400-21)

Messung der Hystereseverluste
von Verbundsupraleitern .... E DIN EN 61788-13 (VDE 0390-13)
DIN EN 61788-13 (VDE 0390-13)

Messunsicherheit
von Strahlenschutz-Messgeräten .... Beiblatt 2 DIN VDE 0493 (VDE 0493)
von Umgebungsbedingungen .... DIN EN 60068-3-11 (VDE 0468-3-11)

Messverfahren
Schutzleiterstrom .... DIN EN 60990 (VDE 0106-102)

Messwandler
allgemeine Bestimmungen .... DIN EN 61869-1 (VDE 0414-9-1)
Auslegung und Konstruktion .... DIN EN 61869-1 (VDE 0414-9-1)
Bemessungswerte .... DIN EN 61869-1 (VDE 0414-9-1)
Betriebsbedingungen .... DIN EN 61869-1 (VDE 0414-9-1)
elektronische Stromwandler .... DIN EN 60044-8 (VDE 0414-44-8)
induktive Spannungswandler
– Kennzeichnung des Leistungsschildes .... Beiblatt 1 DIN EN 60044-2 (VDE 0414-44-2)
kombinierte .... DIN EN 60044-3 (VDE 0414-44-3)
E DIN IEC 61869-4 (VDE 0414-9-4)
ölgefüllte
– Probennahme von Gasen .... E DIN IEC 60567 (VDE 0370-9)
– Probennahme von Öl .... DIN EN 60567 (VDE 0370-9)
Prüfungen .... DIN EN 61869-1 (VDE 0414-9-1)
Spannungswandler, dreiphasige .... DIN EN 50482 (VDE 0414-6)
Spannungswandler, induktive .... DIN EN 60044-2 (VDE 0414-44-2)
E DIN IEC 61869-3 (VDE 0414-9-3)
Spannungswandler, kapazitive .... DIN EN 60044-5 (VDE 0414-44-5)
E DIN EN 61869-5 (VDE 0414-9-5)
Stromwandler .... DIN EN 60044-1 (VDE 0414-44-1)
DIN EN 60044-6 (VDE 0414-7)
E DIN IEC 61869-2 (VDE 0414-9-2)

Messwesen .... Anwendungsregel (VDE-AR-N 4400)

Messzubehör
handgehaltene Strom-Messzangen .... DIN EN 61010-2-032 (VDE 0411-2-032)
handgehaltenes .... E DIN EN 61010-031 (VDE 0411-031)
DIN EN 61010-031 (VDE 0411-031)

ME-Systeme
Basissicherheit .... E DIN EN 60601-1-2 (VDE 0750-1-2)

Metalldächer
in Blitzschutzsystemen .... Beiblatt 4 DIN EN 62305-3 (VDE 0185-305-3)

Metalldächer, beschichtete
als Bestandteil des Blitzschutzsystems
– Prüfung der Eignung .... DIN V VDE V 0185-600 (VDE V 0185-600)

Metalloxidableiter
ohne Funkenstrecken .... DIN EN 60099-4 (VDE 0675-4)

Metalloxid-Überspannungsableiter
mit externer Serienfunkenstrecke .... E DIN EN 60099-5 (VDE 0675-5)
DIN EN 60099-8 (VDE 0675-8)

Metalloxidvaristoren (MOV) .... DIN EN 61643-331 (VDE 0845-5-3)
Metering Code .... Anwendungsregel (VDE-AR-N 4400)
Mikro-Brennstoffzellen-Energiesysteme .... E DIN IEC 62282-6-1 (VDE 0130-601)
E DIN VDE 0130-6-100 (VDE 0130-6-100/A1)
Austauschbarkeit der Kartusche .... E DIN EN 62282-6-300 (VDE 0130-6-300)
DIN EN 62282-6-300 (VDE 0130-6-300)
Leistungskennwerteprüfverfahren .... E DIN EN 62282-6-200 (VDE 0130-6-200)
DIN EN 62282-6-200 (VDE 0130-602)

Mikrorohre, ungeschützte
in LWL-Kommunikationssystemen .... E DIN EN 50411-6-1 (VDE 0888-500-61)

Mikrorohr-Lichtwellenleiterkabel
Installation durch Einblasen .... E DIN IEC 60794-5-10 (VDE 0888-5-10)

Mikrorohr-LWL-Einheiten
Familienspezifikation .... E DIN IEC 60794-5-20 (VDE 0888-520)

Mikrorohr-LWL-Kabel
Installation durch Einblasen .... DIN EN 60794-5 (VDE 0888-500)
E DIN IEC 60794-5-10 (VDE 0888-5-10)

Mikroskop-Projektoren .... DIN EN 60335-2-56 (VDE 0700-56)

Mikrowellen-Erwärmungseinrichtungen
industrielle .... DIN EN 60519-6 (VDE 0721-6)

Mikrowellenfunksysteme .... DIN EN 60215 (VDE 0866)

Mikrowellenkochgeräte
für den gewerblichen Gebrauch .... DIN EN 60335-2-90 (VDE 0700-90)
für den Hausgebrauch .... DIN EN 60335-2-25 (VDE 0700-25)
E DIN EN 60335-2-25/A100 (VDE 0700-25/A100)

Mikrowellenmelder
für Einbruchmeldeanlagen .... DIN EN 50131-2-3 (VDE 0830-2-2-3)

Mikrowellen-Therapiegeräte .... E DIN IEC 60601-2-6 (VDE 0750-2-6)
DIN VDE 0750-209 (VDE 0750-209)

Milchkocher
für den Hausgebrauch .... DIN EN 60335-2-15 (VDE 0700-15)
E DIN EN 60335-2-15/AA (VDE 0700-15/AA)

Militärfahrzeuge .... DIN VDE 0100-717 (VDE 0100-717)

Mindest-Arbeitsabstände
in Wechselspannungsnetzen 72,5 bis 800 kV .... E DIN EN 61472 (VDE 0682-100)

Mindestzündtemperatur
von Staub .... E DIN IEC 60079-20-2 (VDE 0170-20-2)

Mineralisolierte Leitungen
Anwendungsleitfaden .... DIN VDE 0284-3 (VDE 0284-3)
Endverschlüsse .... DIN EN 60702-2 (VDE 0284-2)

Mineralöle
in elektrischen Betriebsmitteln .... DIN EN 60422 (VDE 0370-2)
E DIN IEC 60422 (VDE 0370-2)

Mittelspannungsanlagen
Arbeiten an .... DIN VDE 0105-100 (VDE 0105-100)
Bedienen von .... DIN EN 50110-1 (VDE 0105-1)
DIN VDE 0105-100 (VDE 0105-100)
Betrieb von .... DIN VDE 0105-100 (VDE 0105-100)
Instandhaltung .... DIN EN 50110-1 (VDE 0105-1)

Mittelspannungsformteile
wärmeschrumpfende
– allgemeine Anforderungen .... E DIN EN 62677-1 (VDE 0343-1)
– Prüfverfahren .... E DIN EN 62677-2 (VDE 0343-2)

Mittelspannungsfreileitungen
Vogelschutz .... Anwendungsregel (VDE-AR-N 4210-11)

Mittelspannungskabel .... DIN VDE 0276-620 (VDE 0276-620)

Mittelspannungsnetze
Störgrößen und Signalübertragung
– Verträglichkeitspegel .... DIN EN 61000-2-12 (VDE 0839-2-12)

Mittelspannungsverteilungsnetze
Anschluss von Stromerzeugungsanlagen .... E DIN CLC/TS 50549 (VDE V 0435-902)

Mittelwellenlänge
von Kommunikationsuntersystemen .... DIN EN 61280-1-3 (VDE 0888-410-13)

Möbel
Kabel- und Leitungsanlagen .... E DIN IEC 60364-7-713 (VDE 0100-713)

Mobilfunk-Basisstationen
elektromagnetische Felder .... DIN EN 50400 (VDE 0848-400)
DIN EN 50401 (VDE 0848-401)
– Sicherheit von Personen .... DIN EN 50383 (VDE 0848-383)
E DIN EN 50400/AA (VDE 0848-400/A1)
E DIN EN 50401/AA (VDE 0848-401/A1)

Mobilkrane
elektrische Ausrüstung .... DIN EN 60204-32 (VDE 0113-32)

Mobiltelefone
Grenzwerte elektromagnetischer Felder .... DIN EN 50360 (VDE 0848-360)

Modenfelddurchmesser
Mess- und Prüfverfahren .... DIN EN 60793-1-45 (VDE 0888-245)

Modenverwirbelungskammern
Prüfung in .... DIN EN 61000-4-21 (VDE 0847-4-21)

Modul-Betriebstemperatur
photovoltaischer Module .... E DIN EN 61853-2 (VDE 0126-34-2)

Monitore
für Beta-, Röntgen- und Gammastrahlung .... E DIN IEC 60846-1 (VDE 0492-2-1)
für radioaktive Edelgase .... DIN EN 60761-3 (VDE 0493-1-3)
für radioaktives Iod .... DIN EN 60761-4 (VDE 0493-1-4)
für Überwachung und Nachweis von
Gammastrahlen-Emittern .... DIN EN 62022 (VDE 0493-3-1)

Motoranlaufkondensatoren .... DIN EN 60252-2 (VDE 0560-82)

Motorcaravans
elektrische Anlage .... DIN VDE 0100-721 (VDE 0100-721)

Motorenheizung
Steckvorrichtungen .... DIN EN 50066 (VDE 0625-10)

Motorfahrzeuge
elektrische Fahrzeugheizgeräte .... DIN EN 50408 (VDE 0700-230)
E DIN EN 50408/AA (VDE 0700-230/AA)

Motorkondensatoren
allgemeine Anforderungen .... DIN EN 60252-1 (VDE 0560-8)
Installation und Betrieb .... DIN EN 60252-1 (VDE 0560-8)

Motorschutzeinrichtungen
für den Hausgebrauch ... DIN EN 60730-2-2 (VDE 0631-2-2)
thermisch wirkende ... DIN EN 60730-2-2 (VDE 0631-2-2)
thermische ... DIN EN 60730-2-4 (VDE 0631-2-4)

Motorstarter
elektromechanische ... DIN EN 60947-4-1 (VDE 0660-102)
für Wechselspannung ... DIN EN 60947-4-2 (VDE 0660-117)
E DIN EN 60947-4-2 (VDE 0660-117)

Motorstarter (Hochspannungs-)
mit Schützen ... E DIN IEC 62271-106 (VDE 0671-106)

Motorstartrelais ... DIN EN 60730-2-10 (VDE 0631-2-10)

Motor-Steuergeräte
für Wechselspannung ... DIN EN 60947-4-2 (VDE 0660-117)
E DIN EN 60947-4-2 (VDE 0660-117)

Motorsteuerung ... DIN VDE 0100-460 (VDE 0100-460)

Motorstromkreise
Hochspannungs-Sicherungseinsätze ... DIN EN 60644 (VDE 0670-401)

Motorverdichter
für elektrische Haushaltsgeräte ... DIN EN 60335-2-34 (VDE 0700-34)
E DIN EN 60335-2-34 (VDE 0700-34)
gekapselt ... DIN EN 60730-2-4 (VDE 0631-2-4)

Muffelöfen ... DIN EN 60519-2 (VDE 0721-2)

Muffen
für Lichtwellenleiter ... DIN EN 61758-1 (VDE 0888-601)
für Starkstrom-Verteilerkabel ... DIN EN 50393 (VDE 0278-393)
in LWL-Kommunikationssystemen ... E DIN EN 50411-6-1 (VDE 0888-500-61)

Multimedia-Einrichtungen
allgemeine Anforderungen ... DIN EN 60950-1 (VDE 0805-1)
DIN EN 60950-1/A12 (VDE 0805-1/A12)
E DIN EN 60950-1/A2 (VDE 0805-1/A2)

Multimediasignale
Kabelnetze für
– Störstrahlungscharakteristik ... DIN EN 50083-2 (VDE 0855-200)
E DIN EN 50083-2 (VDE 0855-200)

Multimediasysteme
bordinterne für Bahnanwendungen ... E DIN IEC 62580-1 (VDE 0115-580)

Multimeter, handgehaltene
zur Messung von Netzspannungen ... E DIN EN 61010-2-033 (VDE 0411-2-033)

Multitraktionsbetrieb
von Güterbahnen ... Beiblatt 1 DIN EN 50239 (VDE 0831-239)

Mundduschen, elektrische ... DIN EN 60335-2-52 (VDE 0700-52)

Munitionslager
Blitzschutz ... Beiblatt 2 DIN EN 62305-3 (VDE 0185-305-3)

MZB-Werte
für Laserstrahlung ... DIN EN 60825-1 (VDE 0837-1)

N

"n"; Zündschutzart ... DIN EN 60079-15 (VDE 0170-16)

N3GHSSYCY
geschirmte Leitungen ... DIN VDE 0250-605 (VDE 0250-605)

Nachrichtenübertragung
Mikrowellenfunksysteme .... DIN EN 60215 (VDE 0866)

Nacktchips
Beschaffung und Anwendung .... DIN EN 62258-1 (VDE 0884-101)

Nähanlagen
Sicherheits- und EMV-Anforderungen .... E DIN EN 60204-31 (VDE 0113-31)
DIN EN 60204-31 (VDE 0113-31)

Näherungen .... DIN VDE 0100-520 (VDE 0100-520)

Näherungsschalter .... DIN EN 60947-5-2 (VDE 0660-208)
E DIN EN 60947-5-2/A1 (VDE 0660-208/A1)

Nähmaschinen
für den Hausgebrauch .... DIN EN 60335-2-28 (VDE 0700-28)
für Spielzwecke .... DIN 57700-209 (VDE 0700-209)
Industrienähmaschinen .... DIN EN 60204-31 (VDE 0113-31)
Sicherheits- und EMV-Anforderungen .... E DIN EN 60204-31 (VDE 0113-31)
Steckvorrichtungen .... DIN EN 60320-2-1 (VDE 0625-2-1)

Nahnebensprechen .... E DIN EN 60512-28-100 (VDE 0687-512-28-100)

Nahrungsmittelabfälle
Zerkleinerer .... DIN EN 60335-2-16 (VDE 0700-16)
E DIN EN 60335-2-16/A2 (VDE 0700-16/A2)

Nassschrubbmaschinen
für den Hausgebrauch .... DIN EN 60335-2-10 (VDE 0700-10)

Nationale Normative Festlegungen (NNA)
für Freileitungen über AC 1 kV bis AC 45 kV .... Beiblatt 1 DIN EN 50423 (VDE 0210-10)
DIN EN 50423-2 (VDE 0210-11)
DIN EN 50423-3-4 (VDE 0210-12)
für Freileitungen über AC 45 kV .... DIN EN 50341-3-4 (VDE 0210-3)

Natriumdampf-Hochdrucklampen
Vorschaltgeräte .... DIN EN 60923 (VDE 0712-13)
DIN EN 61347-2-9 (VDE 0712-39)
E DIN EN 61347-2-9 (VDE 0712-39)

Natriumdampf-Niederdrucklampen
Vorschaltgeräte .... DIN EN 60923 (VDE 0712-13)
DIN EN 61347-2-9 (VDE 0712-39)
E DIN EN 61347-2-9 (VDE 0712-39)

Navigationsinstrumente .... DIN EN 60215 (VDE 0866)

Nb_3Sn-Verbundsupraleiter
kritischer Strom .... DIN EN 61788-2 (VDE 0390-2)
Restwiderstandsverhälttnis .... E DIN EN 61788-11 (VDE 0390-11)

Nb_3Sn-Verbundsupraleiterdrähte
Volumenverhältnisse .... E DIN EN 61788-12 (VDE 0390-12)

Nb-Ti-Verbundsupraleiter
kritischer Strom .... DIN EN 61788-1 (VDE 0390-1)
Restwiderstandsverhältnis .... E DIN EN 61788-4 (VDE 0390-4)
DIN EN 61788-4 (VDE 0390-4)

Nebelgeräte und -systeme
für Sicherheitsanwendungen .... DIN EN 50131-8 (VDE 0830-2-8)

Neonröhren
Wechselrichter und Konverter .... DIN EN 61347-2-10 (VDE 0712-40)

Neontransformatoren .... DIN EN 61050 (VDE 0713-6)

Netz-Datenübertragungsgeräte
im Industriebereich
– Störfestigkeit .... DIN EN 50065-2-2 (VDE 0808-2-2)
im Wohn- und Gewerbebereich
– Störfestigkeit .... DIN EN 50065-2-1 (VDE 0808-2-1)
von Stromversorgungsunternehmen
– Störfestigkeit .... DIN EN 50065-2-3 (VDE 0808-2-3)

Netzdokumentation .... Anwendungsregel (VDE-AR-N 4201)

Netze
Verträglichkeitspegel .... DIN EN 61000-2-4 (VDE 0839-2-4)

Netzfrequenzschwankungen
Störfestigkeit von Geräten .... DIN EN 61000-4-28 (VDE 0847-4-28)

Netzgekoppelte PV-Systeme
Systemdokumentation .... DIN EN 62446 (VDE 0126-23)

Netzgeräte
allgemeine Anforderungen und Prüfungen .... DIN EN 61558-1 (VDE 0570-1)
DIN EN 61558-1/A1 (VDE 0570-1/A1)
energiesparende .... E DIN IEC 61558-2-26 (VDE 0570-2-26)
für Baustellen .... DIN EN 61558-2-23 (VDE 0570-2-23)
für Spielzeuge .... DIN EN 61558-2-7 (VDE 0570-2-7)
für Versorgungsspannungen bis 1 100 V
– Betriebsverhalten .... DIN EN 62041 (VDE 0570-10)
lineare .... DIN EN 61558-2-6 (VDE 0570-2-6)
mit magnetischen Spannungskonstanthaltern .... DIN EN 61558-2-12 (VDE 0570-2-12)
mit Netztransformatoren .... DIN EN 61558-2-1 (VDE 0570-2-1)
mit Sicherheitstransformatoren .... DIN EN 61558-2-6 (VDE 0570-2-6)
mit Spartransformatoren .... DIN EN 61558-2-13 (VDE 0570-2-13)
mit Stelltransformatoren .... E DIN IEC 61558-2-14 (VDE 0570-2-14)
mit Steuertransformatoren .... DIN EN 61558-2-2 (VDE 0570-2-2)
mit Trenntransformatoren .... DIN EN 61558-2-4 (VDE 0570-2-4)

Netzgeräte für Handleuchten .... DIN EN 61558-2-9 (VDE 0570-2-9)

Netzintegration
von Erzeugungsanlagen .... E DIN V VDE V 0124-100 (VDE V 0124-100)

Netzkodizes .... Anwendungsregel (VDE-AR-N 4105)

Netzqualitätskenngrößen
in Versorgungsnetzen
– Überwachung .... E DIN EN 62586 (VDE 0415)

Netzrückwirkungen .... VDE-Schriftenreihe Band 115
von Niederspannungsgeräten .... VDE-Schriftenreihe Band 111

Netzschutz .... DIN EN 60255-1 (VDE 0435-300)
DIN EN 60255-11 (VDE 0435-3014)

Netzsteckdosen-Nachtlichter .... DIN EN 60598-2-12 (VDE 0711-2-12)
E DIN EN 60598-2-12 (VDE 0711-2-12)

Netztransformatoren
mit Ausgangsspannungen über 1 000 V
– Anforderungen und Prüfungen .... E DIN EN 61558-2-10 (VDE 0570-2-10)
mit hohem Isolationspegel
– Anforderungen und Prüfungen .... E DIN EN 61558-2-10 (VDE 0570-2-10)
Prüfungen .... DIN EN 61558-2-1 (VDE 0570-2-1)

Netzumschalter .... DIN EN 60947-6-1 (VDE 0660-114)

Netzverträglichkeit
von Windenergieanlagen .... DIN EN 61400-21 (VDE 0127-21)

Netzweiterverbindungen .... DIN EN 60320-2-2 (VDE 0625-2-2)

Neurostimulatoren
implantierbare .... E DIN ISO 14708-3 (VDE 0750-10-4)

Neutronenstrahlung
Handgeräte zur Detektion .... E DIN IEC 62534 (VDE 0493-3-7)
mobile Messinstrumente .... E DIN IEC 62438 (VDE 0493-4-1)
Umgebungs-Äquivalentdosis(leistungs)-Messgeräte .... DIN EN 61005 (VDE 0492-2-2)

NH-Sicherungssystem .... DIN VDE 0636-2011 (VDE 0636-2011)

Nibbler
handgeführt, motorbetrieben .... DIN EN 60745-2-8 (VDE 0740-2-8)

Nicht-Laser-Lichtquellen
für Therapie, Diagnose, Überwachung .... DIN EN 60601-2-57 (VDE 0750-2-57)

Nichtmetallene Werkstoffe
von Kabeln und Leitungen
– Alterung in der Druckkammer .... E DIN EN 60811-412 (VDE 0473-811-412)
– Bestimmung der Dichte .... E DIN EN 60811-606 (VDE 0473-811-606)
– Biegeprüfung für Isolierhüllen und Mäntel .... E DIN EN 60811-504 (VDE 0473-811-504)
– Dehnungsprüfung für Isolierhüllen und Mäntel .... E DIN EN 60811-505 (VDE 0473-811-505)
– Dielektrizitätskonstanten von Füllmassen .... E DIN EN 60811-301 (VDE 0473-811-301)
– Gleichstromwiderstand von Füllmassen .... E DIN EN 60811-302 (VDE 0473-811-302)
– Kälterissbeständigkeit von Füllmassen .... E DIN EN 60811-411 (VDE 0473-811-411)
– Langzeit-Prüfung für Polyethylen- und Polypropylenmischungen .... E DIN EN 60811-408 (VDE 0473-811-408)
– Masseaufnahme von Polyethylen- und Polypropylenmischungen .... E DIN EN 60811-407 (VDE 0473-811-407)
– Masseverlust von Isolierhüllen und Mänteln .... E DIN EN 60811-409 (VDE 0473-811-409)
– mechanische Prüfungen .... E DIN EN 60811-501 (VDE 0473-811-501)
E DIN EN 60811-502 (VDE 0473-811-502)
E DIN EN 60811-503 (VDE 0473-811-503)
E DIN EN 60811-504 (VDE 0473-811-504)
E DIN EN 60811-505 (VDE 0473-811-505)
E DIN EN 60811-506 (VDE 0473-811-506)
E DIN EN 60811-507 (VDE 0473-811-507)
E DIN EN 60811-508 (VDE 0473-811-508)
E DIN EN 60811-509 (VDE 0473-811-509)
E DIN EN 60811-510 (VDE 0473-811-510)
E DIN EN 60811-511 (VDE 0473-811-511)
E DIN EN 60811-512 (VDE 0473-811-512)
E DIN EN 60811-513 (VDE 0473-811-513)
– Messung der Außenmaße .... E DIN EN 60811-203 (VDE 0473-811-203)
– Ölbeständigkeitsprüfungen .... E DIN EN 60811-404 (VDE 0473-811-404)
– physikalische Prüfungen .... E DIN EN 60811-601 (VDE 0473-811-601)
E DIN EN 60811-602 (VDE 0473-811-602)
E DIN EN 60811-603 (VDE 0473-811-603)
E DIN EN 60811-604 (VDE 0473-811-604)
E DIN EN 60811-605 (VDE 0473-811-605)
E DIN EN 60811-606 (VDE 0473-811-606)
E DIN EN 60811-607 (VDE 0473-811-607)
– Prüfung der Ozonbeständigkeit .... E DIN EN 60811-403 (VDE 0473-811-403)
– Prüfung der Spannungsrissbeständigkeit .... E DIN EN 60811-406 (VDE 0473-811-406)
– Prüfung der thermischen Stabilität .... E DIN EN 60811-405 (VDE 0473-811-405)
– Prüfverfahren .... E DIN EN 60811-100 (VDE 0473-811-100)

Nichtmetallene Werkstoffe
von Kabeln und Leitungen
– Prüfverfahren .... E DIN EN 60811-401 (VDE 0473-811-401)
E DIN EN 60811-402 (VDE 0473-811-402)
E DIN EN 60811-403 (VDE 0473-811-403)
E DIN EN 60811-404 (VDE 0473-811-404)
E DIN EN 60811-405 (VDE 0473-811-405)
E DIN EN 60811-406 (VDE 0473-811-406)
E DIN EN 60811-407 (VDE 0473-811-407)
E DIN EN 60811-408 (VDE 0473-811-408)
E DIN EN 60811-409 (VDE 0473-811-409)
E DIN EN 60811-410 (VDE 0473-811-410)
E DIN EN 60811-411 (VDE 0473-811-411)
E DIN EN 60811-412 (VDE 0473-811-412)
– Rissbeständigkeit von Isolierhüllen und Mänteln ... E DIN EN 60811-509 (VDE 0473-811-509)
– Sauerstoffalterung unter Kupfereinfluss .... E DIN EN 60811-410 (VDE 0473-811-410)
– Schlagprüfung für Isolierhüllen und Mäntel .... E DIN EN 60811-506 (VDE 0473-811-506)
– Schrumpfungsprüfung für Isolierhüllen .... E DIN EN 60811-502 (VDE 0473-811-502)
– Schrumpfungsprüfung für Mäntel .... E DIN EN 60811-503 (VDE 0473-811-503)
– thermische Alterungsverfahren .... E DIN EN 60811-401 (VDE 0473-811-401)
– Wanddicke von Isolierhüllen .... E DIN EN 60811-201 (VDE 0473-811-201)
– Wanddicke von Mänteln .... E DIN EN 60811-202 (VDE 0473-811-202)
– Wärmedehnungsprüfung für vernetzte Werkstoffe E DIN EN 60811-507 (VDE 0473-811-507)
– Wärmedruckprüfung für Isolierhüllen und Mäntel .. E DIN EN 60811-508 (VDE 0473-811-508)
– Wasseraufnahmeprüfungen .... E DIN EN 60811-402 (VDE 0473-811-402)

Nickel-Metallhydrid-Einzelzellen
prismatische wiederaufladbare gasdichte
– für industrielle Anwendungen .... E DIN EN 62675 (VDE 0510-36)
tragbare wiederaufladbare gasdichte .... E DIN IEC 61951-2 (VDE 0510-31)

Niederspannungsaggregate .... DIN VDE 0100-551 (VDE 0100-551)

Niederspannungsanlagen
Arbeiten an
– elektrisch isolierende Helme .... DIN EN 50365 (VDE 0682-321)
Auswahl und Errichtung elektrischer Betriebsmittel
– allgemeine Bestimmungen .... DIN VDE 0100-510 (VDE 0100-510)
– Einrichtungen für Sicherheitszwecke .... DIN VDE 0100-560 (VDE 0100-560)
– Erdungsanlagen, Schutzleiter und Potentialausgleich ..... DIN VDE 0100-540 (VDE 0100-540)
– Hilfsstromkreise .... E DIN IEC 60364-5-55/A3f2 (VDE 0100-557)
DIN VDE 0100-557 (VDE 0100-557)
– Leuchten und Beleuchtungsanlagen .... E DIN VDE 0100-559 (VDE 0100-559)
DIN VDE 0100-559 (VDE 0100-559)
– Niederspannungsstromerzeugungsanlagen .... DIN VDE 0100-551 (VDE 0100-551)
– Schalt- und Steuergeräte .... DIN VDE 0100-530 (VDE 0100-530)
elektrische Betriebsmittel
– Isolationskoordination .... DIN EN 60664-4 (VDE 0110-4)
DIN VDE 0110-20 (VDE 0110-20)
Errichtung
– allgemeine Grundsätze .... DIN VDE 0100-100 (VDE 0100-100)
– Anforderungen an Baustellen .... DIN VDE 0100-704 (VDE 0100-704)
– auf Campingplätzen .... DIN VDE 0100-708 (VDE 0100-708)
– Begriffe .... DIN VDE 0100-100 (VDE 0100-100)
DIN VDE 0100-200 (VDE 0100-200)
– Beleuchtungsanlagen im Freien .... E DIN VDE 0100-714 (VDE 0100-714)
– Campingplätze und Marinas .... DIN VDE 0100-709 (VDE 0100-709)
E DIN VDE 0100-709/A1 (VDE 0100-709/A1)
– Einrichtungen für Sicherheitszwecke .... DIN VDE 0100-560 (VDE 0100-560)

Niederspannungsanlagen
Errichtung
– einschlägige Normen .... Beiblatt 2 DIN VDE 0100 (VDE 0100)
– Erdungsanlagen, Schutzleiter und Potentialausgleichsleiter .... E DIN IEC 60364-5-54 (VDE 0100-540)
– Erstprüfungen .... VDE-Schriftenreihe Band 63
DIN VDE 0100-600 (VDE 0100-600)
– Hilfsstromkreise .... E DIN IEC 60364-5-55/A3f2 (VDE 0100-557)
DIN VDE 0100-557 (VDE 0100-557)
– in Landwirtschaft und Gartenbau .... DIN VDE 0100-705 (VDE 0100-705)
– Kabel- und Leitungsanlagen .... E DIN IEC 60364-5-52 (VDE 0100-520)
– Kleinspannungsbeleuchtungsanlagen .... E DIN VDE 0100-715 (VDE 0100-715)
DIN VDE 0100-715 (VDE 0100-715)
– Koordinierung elektrischer Einrichtungen .... E DIN VDE 0100-570 (VDE 0100-570)
– Lichtwerbeanlagen .... E DIN VDE 0100-799 (VDE 0100-799)
– Möbel .... E DIN IEC 60364-7-713 (VDE 0100-713)
– öffentliche Einrichtungen und Arbeitsstätten .... E DIN IEC 60364-7-718 (VDE 0100-718)
– ortsveränderliche oder transportable Baueinheiten .... DIN VDE 0100-717 (VDE 0100-717)
– Photovoltaik-Stromversorgungssysteme .... E DIN IEC 60364-7-712 (VDE 0100-712)
– Räume und Kabinen mit Saunaheizungen .... DIN VDE 0100-703 (VDE 0100-703)
– Schalt- und Steuergeräte .... DIN VDE 0100-530 (VDE 0100-530)
– Schutz bei Überspannungen .... DIN VDE 0100-443 (VDE 0100-443)
– Schutz gegen elektrischen Schlag .... VDE-Schriftenreihe Band 140
DIN VDE 0100-410 (VDE 0100-410)
– Schutzmaßnahmen .... E DIN IEC 60364-4-12 (VDE 0100-420)
E DIN IEC 60364-4-44/A3 (VDE 0100-442)
– Schwimmbecken und Springbrunnen .... E DIN IEC 60364-7-702 (VDE 0100-702)
– Stromversorgung von Elektrofahrzeugen .... E DIN VDE 0100-722 (VDE 0100-722)
– Übergangsfestlegungen .... Beiblatt 2 DIN VDE 0100 (VDE 0100)
– Übersicht .... VDE-Schriftenreihe Band 106
– Überspannungsschutzeinrichtungen .... DIN VDE 0100-534 (VDE 0100-534)
– wiederkehrende Prüfung .... DIN VDE 0100-600 (VDE 0100-600)
Isolationskoordination .... VDE-Schriftenreihe Band 56
– für elektrische Betriebsmittel .... DIN EN 60664-1 (VDE 0110-1)
Schutz bei Erdschlüssen .... DIN VDE 0100-442 (VDE 0100-442)
Schutz gegen elektromagnetische Störgrößen .... DIN VDE 0100-444 (VDE 0100-444)
Schutz gegen Störspannungen .... E DIN IEC 60364-4-44/A3 (VDE 0100-442)
DIN VDE 0100-444 (VDE 0100-444)
Schutz gegen Überspannungen .... E DIN IEC 60364-4-44/A3 (VDE 0100-442)
DIN VDE 0100-442 (VDE 0100-442)
Solar-Photovoltaik-(PV)-Stromversorgungssysteme .... DIN VDE 0100-712 (VDE 0100-712)
Überspannungsschutzgeräte .... DIN EN 61643-11 (VDE 0675-6-11)
– Anforderungen und Prüfungen .... E DIN EN 61643-11 (VDE 0675-6-11)
– Auswahl und Anwendungsgrundsätze .... DIN CLC/TS 61643-12 (VDE V 0675-6-12)
Verzeichnis der einschlägigen Normen .... Beiblatt 2 DIN VDE 0100 (VDE 0100)
von Gebäuden .... VDE-Schriftenreihe Band 39

Niederspannungsbegrenzer
in Gleichstrombahnnetzen .... DIN EN 50123-5 (VDE 0115-300-5)

Niederspannungs-Entkopplungsfilter
bewegliche .... DIN EN 50065-4-7 (VDE 0808-4-7)
Fachgrundspezifikation .... DIN EN 50065-4-1 (VDE 0808-4-1)
Impedanzfilter .... DIN EN 50065-4-4 (VDE 0808-4-4)
Phasenkoppler .... DIN EN 50065-4-6 (VDE 0808-4-6)
Segmentierungsfilter .... DIN EN 50065-4-5 (VDE 0808-4-5)
Sicherheitsanforderungen .... DIN EN 50065-4-2 (VDE 0808-4-2)

Niederspannungsformteile
wärmeschrumpfende
– allgemeine Anforderungen .... E DIN EN 62677-1 (VDE 0343-1)
– Prüfverfahren .... E DIN EN 62677-2 (VDE 0343-2)

Niederspannungsfreileitungen, isolierte
Abspann- und Tragklemmen
– für selbsttragende isolierte Freileitungsseile .... DIN EN 50483-2 (VDE 0278-483-2)
– für Systeme mit Nullleiter-Tragseil .... DIN EN 50483-3 (VDE 0278-483-3)
Prüfanforderungen für Bauteile
– Allgemeines .... DIN EN 50483-1 (VDE 0278-483-1)
– elektrische Alterungsprüfungen .... DIN EN 50483-5 (VDE 0278-483-5)
– Umweltprüfungen .... DIN EN 50483-6 (VDE 0278-483-6)
– Verbinder .... DIN EN 50483-4 (VDE 0278-483-4)

Niederspannungsgeräte
Netzrückwirkungen .... VDE-Schriftenreihe Band 111
Prüfbedingungen .... DIN EN 61180-1 (VDE 0432-10)
Prüfgeräte .... DIN EN 61180-2 (VDE 0432-11)

Niederspannungs-Gleichstrom-Antriebssysteme
Bemessung .... DIN EN 61800-1 (VDE 0160-101)

Niederspannungs-Induktionsmotoren
mit Käfigläufer .... E DIN EN 60034-28 (VDE 0530-28)

Niederspannungskabel
elektrische Prüfverfahren .... DIN EN 50395 (VDE 0481-395)
E DIN EN 50395/AA (VDE 0481-395/AA)
Isolierstoffe
– allgemeine Einführung .... E DIN EN 50363-0 (VDE 0207-363-0)
– halogenfreie vernetzte Isoliermischungen .... E DIN EN 50363-5/AA (VDE 0207-363-5/AA)
– PVC-Isoliermischungen .... E DIN EN 50363-3/AA (VDE 0207-363-3/AA)
Mantelwerkstoffe
– halogenfreie vernetzte Mantelmischungen .... E DIN EN 50363-6/AA (VDE 0207-363-6/AA)
– vernetzte elastomere Mantelmischungen .... E DIN EN 50363-2-1/AA (VDE 0207-363-2-1/AA)
nichtelektrische Prüfverfahren .... DIN EN 50396 (VDE 0473-396)
E DIN EN 50396/AA (VDE 0473-396/AA)

Niederspannungskabel und -leitungen
Isolierstoffe
– allgemeine Einführung .... DIN EN 50363-0 (VDE 0207-363-0)
– halogenfreie thermoplastische Isoliermischungen .... DIN EN 50363-7 (VDE 0207-363-7)
– halogenfreie vernetzte Isoliermischungen .... DIN EN 50363-5 (VDE 0207-363-5)
– Isoliermischungen - vernetztes Polyvinylchlorid .... DIN EN 50363-9-1 (VDE 0207-363-9-1)
– PVC-Isoliermischungen .... DIN EN 50363-3 (VDE 0207-363-3)
– vernetzte elastomere Isoliermischungen .... DIN EN 50363-1 (VDE 0207-363-1)
– vernetzte elastomere Umhüllungsmischungen .... DIN EN 50363-2-2 (VDE 0207-363-2-2)
Mantelwerkstoffe
– halogenfreie thermoplastische Mantelmischungen .... DIN EN 50363-8 (VDE 0207-363-8)
E DIN EN 50363-8/AA (VDE 0207-363-8/AA)
– halogenfreie vernetzte Mantelmischungen .... DIN EN 50363-6 (VDE 0207-363-6)
– Mantelmischungen - thermoplastisches
Polyurethan .... DIN EN 50363-10-2 (VDE 0207-363-10-2)
– Mantelmischungen - vernetztes Polyvinylchlorid .... DIN EN 50363-10-1 (VDE 0207-363-10-1)
– PVC-Mantelmischungen .... DIN EN 50363-4-1 (VDE 0207-363-4-1)
– vernetzte elastomere Mantelmischungen .... DIN EN 50363-2-1 (VDE 0207-363-2-1)
Umhüllungswerkstoffe
– PVC-Umhüllungsmischungen .... DIN EN 50363-4-2 (VDE 0207-363-4-2)

Niederspannungs-Kurzschlussläufer-Induktionsmotoren
Bestimmung der Größen in Ersatzschaltbildern .... E DIN EN 60034-28 (VDE 0530-28)
DIN EN 60034-28 (VDE 0530-28)

Niederspannungsleitungen
elektrische Prüfverfahren .... DIN EN 50395 (VDE 0481-395)
E DIN EN 50395/AA (VDE 0481-395/AA)
Isolierstoffe
– allgemeine Einführung .... E DIN EN 50363-0 (VDE 0207-363-0)
– halogenfreie vernetzte Isoliermischungen .... E DIN EN 50363-5/AA (VDE 0207-363-5/AA)
– PVC-Isoliermischungen .... E DIN EN 50363-3/AA (VDE 0207-363-3/AA)
Mantelwerkstoffe
– halogenfreie thermoplastische Mantelmischungen .... E DIN EN 50363-8/AA (VDE 0207-363-8/AA)
– halogenfreie vernetzte Mantelmischungen .... E DIN EN 50363-6/AA (VDE 0207-363-6/AA)
– vernetzte elastomere Mantelmischungen .... E DIN EN 50363-2-1/AA (VDE 0207-363-2-1/AA)
nichtelektrische Prüfverfahren .... DIN EN 50396 (VDE 0473-396)
E DIN EN 50396/AA (VDE 0473-396/AA)

Niederspannungs-Messzubehör
handgehaltenes .... E DIN EN 61010-031 (VDE 0411-031)
DIN EN 61010-031 (VDE 0411-031)

Niederspannungsnetz
Erzeugungsanlagen .... Anwendungsregel (VDE-AR-N 4105)
öffentliches
– Anschluss von Kleingeneratoren .... DIN EN 50438 (VDE 0435-901)
E DIN VDE 0435-901 (VDE 0435-901)
– selbsttätige Schaltstelle .... DIN V VDE V 0126-1-1 (VDE V 0126-1-1)

Niederspannungsnetze
Betriebsverhalten
– Geräte zur Messung und Überwachung .... DIN EN 61557-12 (VDE 0413-12)
elektrische Sicherheit
– Geräte zum Prüfen, Messen, Überwachen .... DIN EN 61557-1 (VDE 0413-1)
DIN EN 61557-11 (VDE 0413-11)
DIN EN 61557-12 (VDE 0413-12)
DIN EN 61557-4 (VDE 0413-4)
DIN EN 61557-5 (VDE 0413-5)
DIN EN 61557-8 (VDE 0413-8)
DIN EN 61557-9 (VDE 0413-9)
Kommunikationsgeräte und -Systeme
– 1,6 MHz bis 30 MHz .... DIN EN 50412-2-1 (VDE 0808-121)
Schutzmaßnahmen
– Geräte zur Messung und Überwachung .... E DIN EN 61557-10 (VDE 0413-10)
Signalübertragung
– Netz-Datenübertragungsgeräte .... DIN EN 50065-2-1 (VDE 0808-2-1)
DIN EN 50065-2-2 (VDE 0808-2-2)
DIN EN 50065-2-3 (VDE 0808-2-3)
– Niederspannungs-Entkopplungsfilter .... DIN EN 50065-4-1 (VDE 0808-4-1)
DIN EN 50065-4-2 (VDE 0808-4-2)
DIN EN 50065-4-7 (VDE 0808-4-7)

Niederspannungsprüfer .... DIN EN 61243-3 (VDE 0682-401)

Niederspannungsschaltgeräte
allgemeine Festlegungen .... DIN EN 60947-1 (VDE 0660-100)
Auslösegeräte für thermischen Schutz .... DIN EN 60947-8 (VDE 0660-302)
E DIN EN 60947-8/A2 (VDE 0660-302/A2)
elektromechanische Steuergeräte .... DIN EN 60947-5-1 (VDE 0660-200)

Niederspannungsschaltgeräte

Hilfseinrichtungen
– Reihenklemmen für Kupferleiter .... DIN EN 60947-7-1 (VDE 0611-1)
– Schutzleiter-Reihenklemmen .... DIN EN 60947-7-2 (VDE 0611-3)
– Sicherungs-Reihenklemmen .... DIN EN 60947-7-3 (VDE 0611-6)
Lastschalter .... DIN EN 60947-3 (VDE 0660-107)
E DIN EN 60947-3/A1 (VDE 0660-107/A1)
Lasttrennschalter .... DIN EN 60947-3 (VDE 0660-107)
E DIN EN 60947-3/A1 (VDE 0660-107/A1)
Leistungsschalter .... DIN EN 60947-2 (VDE 0660-101)
E DIN EN 60947-2/A2 (VDE 0660-101/A2)
Mehrfunktionsschaltgeräte
– Netzumschalter .... DIN EN 60947-6-1 (VDE 0660-114)
– Steuer- und Schutz-Schaltgeräte (CPS) .... DIN EN 60947-6-2 (VDE 0660-115)
Näherungsschalter .... DIN EN 60947-5-2 (VDE 0660-208)
E DIN EN 60947-5-2/A1 (VDE 0660-208/A1)
Näherungssensoren .... DIN EN 60947-5-7 (VDE 0660-213)
NOT-AUS-Gerät .... DIN EN 60947-5-5 (VDE 0660-210)
Schalter-Sicherungs-Einheiten .... DIN EN 60947-3 (VDE 0660-107)
E DIN EN 60947-3/A1 (VDE 0660-107/A1)
– D0-System .... DIN 57638 (VDE 0638)
E DIN VDE 0638/A1 (VDE 0638/A1)
Schütze und Motorstarter .... DIN EN 60947-4-1 (VDE 0660-102)
DIN EN 60947-4-2 (VDE 0660-117)
E DIN EN 60947-4-2 (VDE 0660-117)
DIN EN 60947-4-3 (VDE 0660-109)
E DIN EN 60947-4-3/A2 (VDE 0660-109/A2)
Steuergeräte und Schaltelemente
– Drei-Stellungs-Zustimmschalter .... DIN EN 60947-5-8 (VDE 0660-215)
– Durchflussmengenschalter .... DIN EN 60947-5-9 (VDE 0660-216)
– elektromechanische Steuergeräte .... DIN EN 60947-5-1 (VDE 0660-200)
– Leistungsfähigkeit von Schwachstromkontakten .... DIN EN 60947-5-4 (VDE 0660-211)
– Näherungsschalter .... DIN EN 60947-5-3 (VDE 0660-214)
– NOT-AUS-Gerät .... DIN EN 60947-5-5 (VDE 0660-210)
Steuerung-Geräte-Netzwerke (CDIs)
– Aktuator Sensor Interface (AS-i) .... E DIN EN 62026-2 (VDE 0660-2026-2)
– allgemeine Festlegungen .... DIN EN 62026-1 (VDE 0660-2026-1)
– CompoNet .... E DIN EN 62026-7 (VDE 0660-2026-7)
– DeviceNet .... DIN EN 62026-3 (VDE 0660-2026-3)
Trennschalter .... DIN EN 60947-3 (VDE 0660-107)
E DIN EN 60947-3/A1 (VDE 0660-107/A1)
Überstrom-Schutzeinrichtungen
– Kurzschlussbemessungswerte .... Beiblatt 1 DIN EN 60947-1 (VDE 0660-100)

Niederspannungs-Schaltgerätekombinationen

allgemeine Festlegungen .... DIN EN 61439-1 (VDE 0660-600-1)
E DIN EN 61439-1 (VDE 0660-600-1)
Baustromverteiler .... DIN EN 60439-4 (VDE 0660-501)
E DIN EN 61439-4 (VDE 0660-600-4)
Energie-Schaltgerätekombinationen .... DIN EN 61439-2 (VDE 0660-600-2)
E DIN EN 61439-2 (VDE 0660-600-2)
Ermittlung der Kurzschlussfestigkeit .... DIN IEC 61117 (VDE 0660-509)
Installationsverteiler .... E DIN EN 61439-3 (VDE 0660-600-3)
Leergehäuse .... DIN EN 62208 (VDE 0660-511)
E DIN EN 62208 (VDE 0660-511)
DIN VDE 0660-507 (VDE 0660-507)
Schienenverteiler .... DIN EN 60439-2 (VDE 0660-502)

Niederspannungs-Schaltgerätekombinationen
Schienenverteilersysteme (busways) .... E DIN EN 61439-6 (VDE 0660-600-6)
Schutz gegen elektrischen Schlag .... DIN EN 50274 (VDE 0660-514)
typgeprüfte und partiell typgeprüfte
– Prüfung unter Störlichtbogenbedingungen .... Beiblatt 2 DIN EN 60439-1 (VDE 0660-500)
zu deren Bedienung Laien Zutritt haben .... DIN EN 60439-3 (VDE 0660-504)

Niederspannungssicherungen
allgemeine Anforderungen .... DIN 57635 (VDE 0635)
DIN EN 60269-1 (VDE 0636-1)
DIN VDE 0636-2011 (VDE 0636-2011)
DIN VDE 0636-3011 (VDE 0636-3011)
für den industriellen Gebrauch
– Sicherungssysteme A bis I .... DIN VDE 0636-2 (VDE 0636-2)
für Hausinstallationen
– Sicherungssysteme A bis F .... DIN VDE 0636-3 (VDE 0636-3)
E DIN VDE 0636-31 (VDE 0636-31)
in elektrischen Anlagen .... VDE-Schriftenreihe Band 84
Leitfaden für die Anwendung .... E DIN IEC 60269-5 (VDE 0636-5)
zum Gebrauch durch Elektrofachkräfte
– Sicherungssysteme A bis I .... DIN VDE 0636-2 (VDE 0636-2)
zum Gebrauch durch Laien
– Sicherungssysteme A bis F .... DIN VDE 0636-3 (VDE 0636-3)
E DIN VDE 0636-31 (VDE 0636-31)
zum Schutz von Halbleiter-Bauelementen .... DIN EN 60269-4 (VDE 0636-4)
E DIN EN 60269-4/A1 (VDE 0636-4/A1)

Niederspannungs-Starkstromleitungen
harmonisierte
– Leitfaden für die Verwendung .... DIN VDE 0298-300 (VDE 0298-300)

Niederspannungsstromerzeugungseinrichtungen .... DIN VDE 0100-551 (VDE 0100-551)

Niederspannungs-Stromerzeugungssanlagen .... DIN VDE 0100-551 (VDE 0100-551)

Niederspannungs-Stromkreise
in Hochspannungsschaltfeldern .... DIN 57100-736 (VDE 0100-736)
Verbindungsmaterial
– allgemeine Anforderungen .... DIN EN 60998-1 (VDE 0613-1)
– Drehklemmen .... DIN EN 60998-2-4 (VDE 0613-2-4)
– mit Schneidklemmstellen .... DIN EN 60998-2-3 (VDE 0613-2-3)
– mit schraubenlosen Klemmstellen .... DIN EN 60998-2-2 (VDE 0613-2-2)
– mit Schraubklemmen .... DIN EN 60998-2-1 (VDE 0613-2-1)

Niederspannungs-Stromversorgungsgeräte
elektromagnetische Verträglichkeit
– Produktnorm .... E DIN EN 61204-3 (VDE 0557-3)

Niederspannungs-Versorgungsnetze
Spannungsänderungen, Spannungsschwankungen, Flicker .... VDE-Schriftenreihe Band 111
DIN EN 61000-3-3 (VDE 0838-3)

Niederspannungsverteilungen
in öffentlichen Netzen .... DIN EN 61439-5 (VDE 0660-600-5)

Niederspannungsverteilungsnetze
Anschluss von Stromerzeugungsanlagen .... E DIN CLC/TS 50549 (VDE V 0435-902)

Niedervolt-Glühlampen .... DIN EN 60598-2-23 (VDE 0711-2-23)

Niedervolt-Halogenlampen
digital adressierbare Schnittstelle .... DIN EN 62386-204 (VDE 0712-0-204)

Nierenersatztherapie
extrakorporale .... DIN VDE 0753-4 (VDE 0753-4)

Nitratbadöfen .... DIN EN 60519-2 (VDE 0721-2)

Normblätter
für Betriebsmittel zum Anschluss von Leuchten .... DIN EN 61995-2 (VDE 0620-400-2)

Normenreihe VDE 0100
Struktur .... Beiblatt 3 DIN VDE 0100 (VDE 0100)

Normfrequenzen (IEC-) .... DIN EN 60196 (VDE 0175-3)

Normspannungen (IEC-) .... E DIN IEC 60038 (VDE 0175-1)
DIN IEC 60038 (VDE 0175)

Normung
Einführung .... VDE-Schriftenreihe Band 107

Normung (ESD-) .... VDE-Schriftenreihe Band 71

NOT-AUS-Gerät
mit mechanischer Verrastfunktion .... DIN EN 60947-5-5 (VDE 0660-210)

Not-Ausschaltung .... DIN VDE 0100-537 (VDE 0100-537)

Notbeleuchtung
batterieversorgte elektronische Betriebsgeräte .... E DIN IEC 61347-2-7 (VDE 0712-37)
digital adressierbare Schnittstelle .... DIN EN 62386-202 (VDE 0712-0-202)
für Eisenbahnfahrzeuge .... DIN VDE 0119-206-6 (VDE 0119-206-6)
Leuchten für .... VDE-Schriftenreihe Band 12
DIN EN 60598-2-22 (VDE 0711-2-22)
E DIN EN 60598-2-22 (VDE 0711-2-22)
Vorschaltgeräte .... DIN EN 61347-2-7 (VDE 0712-37)
E DIN IEC 61347-2-7 (VDE 0712-37)

Notfall
Handlung im .... DIN VDE 0100-537 (VDE 0100-537)

Notfalltüren
elektrische Antriebe .... DIN EN 60335-2-103 (VDE 0700-103)

Notrufanlagen .... DIN EN 50272-2 (VDE 0510-2)

Notrufleitstellen
Anforderungen an den Betrieb .... DIN EN 50518-3 (VDE 0830-5-6-3)
örtliche und bauliche Anforderungen .... DIN EN 50518-1 (VDE 0830-5-6-1)
technische Anforderungen .... DIN EN 50518-2 (VDE 0830-5-6-2)

Notrufzentralen
örtliche und bauliche Anforderungen .... DIN EN 50518-1 (VDE 0830-5-6-1)

Notsignalanlagen .... DIN V VDE V 0825-1 (VDE V 0825-1)

Notsteuerstellen
für das Abfahren des Reaktors .... DIN EN 60965 (VDE 0491-5-5)

Notstromkreise
Isolationserhalt im Brandfall .... DIN EN 50200 (VDE 0482-200)

Nukleare Messgeräte
Röntgenfluoreszenz-Analysegeräte .... DIN IEC 62495 (VDE 0412-20)

Nullleiter-Tragseile
Abspann- und Tragklemmen .... DIN EN 50483-3 (VDE 0278-483-3)

Nutzkraftwagen-Batterien
Maße .... DIN EN 50342-4 (VDE 0510-23)

Nutztiere
Wirkungen des elektrischen Stroms .... DIN IEC/TS 60479-1 (VDE V 0140-479-1)
Wirkungen von Blitzschlägen .... DIN V VDE V 0140-479-4 (VDE V 0140-479-4)

NYM-Installationsleitung .... DIN VDE 0250-204 (VDE 0250-204)

O

"o"; Ölkapselung .... DIN EN 60079-6 (VDE 0170-2)

Oberflächenimpedanz
von Supraleiterfilmen
– bei Mikrowellenfrequenzen .... E DIN IEC 61788-15 (VDE 0390-15)

Oberflächen-Reinigungsgeräte
für den Hausgebrauch .... DIN EN 60335-2-54 (VDE 0700-54)

Oberflächenteilentladungen .... DIN EN 60343 (VDE 0303-70)

Oberflächentemperatur .... DIN VDE 0100-420 (VDE 0100-420)

Oberflächenwiderstand
von Isolierstoffen .... DIN IEC 60093 (VDE 0303-30)
von Supraleitern
– bei Frequenzen im Mikrowellenbereich .... E DIN EN 61788-16 (VDE 0390-16)
DIN EN 61788-7 (VDE 0390-7)

Oberfräsen
handgeführt, motorbetrieben .... DIN EN 60745-2-17 (VDE 0740-2-17)

Oberleitungen
für Bahnanwendungen
– Zusammenwirken mit Stromabnehmer .... E DIN EN 50317 (VDE 0115-503)
für Bahnfahrzeuge .... DIN EN 50119 (VDE 0115-601)
DIN EN 50317/A1 (VDE 0115-503/A1)
DIN EN 50317/A2 (VDE 0115-503/A2)
– Verbundisolatoren .... DIN EN 50151 (VDE 0115-603)

Oberleitungsanlagen .... DIN EN 50345 (VDE 0115-604)

Oberleitungsbusse
Brandschutz .... DIN CLC/TS 45545-5 (VDE V 0115-545)

Oberleitungsfahrzeuge
Schutz gegen elektrischen Schlag .... DIN EN 50122-1 (VDE 0115-3)
Stromabnehmer
– Kohleschleifstücke .... DIN EN 50405 (VDE 0115-501)

Oberschwingungen
in Niederspannungsnetzen .... DIN EN 61000-4-13 (VDE 0847-4-13)
Messung in Stromversorgungsnetzen .... DIN EN 61000-4-7 (VDE 0847-4-7)

Oberschwingungsströme
Grenzwerte
– Geräte-Eingangsstrom bis 16 A .... DIN EN 61000-3-2 (VDE 0838-2)
– Geräte-Eingangsstrom über 16 A .... DIN EN 61000-3-12 (VDE 0838-12)
– Geräte-Eingangsstrom über 16 A bis 75 A .... E DIN EN 61000-3-12 (VDE 0838-12)

Objektlisten .... E DIN IEC 62027 (VDE 0040-7)

Obusablagen
Sicherheit in der Bahnstromversorgung .... DIN CLC/TS 50562 (VDE V 0115-562)

Obusanlagen .... DIN EN 50119 (VDE 0115-601)
elektrische Sicherheit und Erdung .... DIN EN 50122-2 (VDE 0115-4)
DIN EN 50122-3 (VDE 0115-5)
Schutz gegen elektrischen Schlag .... DIN EN 50122-1 (VDE 0115-3)

O-Busse
elektrische Ausrüstung .... DIN CLC/TS 50502 (VDE V 0115-502)
Oberleitungen .... DIN EN 50345 (VDE 0115-604)

Off-line Teilentladungsmessungen
an der Statorwicklungsisolation .... DIN CLC/TS 60034-27 (VDE V 0530-27)

Öffnungsmelder
für Einbruchmeldeanlagen .... DIN EN 50131-2-6 (VDE 0830-2-2-6)

Offsetspannung
von Ionisatoren .... E DIN EN 61340-4-7 (VDE 0300-4-7)

Offshore-Windturbinen
Auslegungsanforderungen .... DIN EN 61400-3 (VDE 0127-3)

Ölabscheidung
von Füllmassen .... E DIN EN 60811-602 (VDE 0473-811-602)

Ölbeständigkeitsprüfungen
bei Kabeln und isolierten Leitungen .... DIN EN 60811-2-1 (VDE 0473-811-2-1)
E DIN EN 60811-404 (VDE 0473-811-404)

Ölbrenner
Zündtransformatoren .... DIN EN 61558-2-3 (VDE 0570-2-3)

Ölfeuerungen
Zündtransformatoren .... DIN VDE 0550-1 (VDE 0550-1)

Ölgefüllte elektrische Betriebsmittel
Probennahme von Gasen und Öl .... DIN EN 60567 (VDE 0370-9)
E DIN IEC 60567 (VDE 0370-9)

Ölgeräte
mit elektrischem Anschluss .... DIN EN 60335-2-102 (VDE 0700-102)

Ölkabel .... DIN VDE 0276-633 (VDE 0276-633)

Ölkapselung "o" .... DIN EN 60079-6 (VDE 0170-2)

Öl-Luft-Kühler
für Transformatoren und Drosselspulen .... DIN EN 50216-10 (VDE 0532-216-10)

Ölradiatoren
für den Hausgebrauch .... DIN EN 60335-2-30 (VDE 0700-30)

Öltemperaturanzeiger
für Transformatoren und Drosselspulen .... DIN EN 50216-11 (VDE 0532-216-11)

Ölventile
elektrische
– für den Hausgebrauch .... DIN EN 60730-2-19 (VDE 0631-2-19)

Öl-Wasser-Kühler
für Transformatoren und Drosselspulen .... DIN EN 50216-9 (VDE 0532-216-9)

Online-Kernneutronendetektoren .... DIN IEC 60568 (VDE 0491-6)

Ontologien
Übertragung und Registrierung .... E DIN IEC 62656-1 (VDE 0040-8-1)

Operationsleuchten .... DIN EN 60601-2-41 (VDE 0750-2-41)
E DIN EN 60601-2-41/A1 (VDE 0750-2-41/A1)

Operationstische .... DIN EN 60601-2-46 (VDE 0750-2-46)

Optische Emissionsspektrometrie .... E DIN EN 62321-4 (VDE 0042-1-4)
E DIN EN 62321-5 (VDE 0042-1-5)

Optische Fasern
Mess- und Prüfverfahren .... E DIN EN 60793-1-42 (VDE 0888-242)

Optische Kabel
UV-Beständigkeit der Mäntel .... DIN EN 50289-4-17 (VDE 0819-289-4-17)

Optische Leiterplatten
Fachgrundspezifikation .... DIN EN 62496-1 (VDE 0885-101)

Optische Strahlung
von Einrichtungen und Übertragungssystemen ... DIN EN 60079-28 (VDE 0170-28)
von Lampen und Lampensysteme ... Beiblatt 1 DIN EN 62471 (VDE 0837-471)

Optoelektronik
Bauelemente ... DIN EN 60747-5-1 (VDE 0884-1)
DIN EN 60747-5-2 (VDE 0884-2)
DIN EN 60747-5-3 (VDE 0884-3)

Opto-elektronisches Prinzip
berührungslos wirkender Schutzeinrichtungen ... DIN CLC/TS 61496-2 (VDE V 0113-202)
E DIN EN 61496-2 (VDE 0113-202)

Optokoppler ... DIN EN 60747-5-5 (VDE 0884-5)
E DIN EN 60747-5-5/A1 (VDE 0884-5/A1)

Ortungsgeräte
für unter Erde verlegte Rohre und Kabel ... DIN EN 50249 (VDE 0403-10)

Overhead-Projektoren ... DIN EN 60335-2-56 (VDE 0700-56)

Oxidationsbeständigkeit
von Isolierflüssigkeiten ... DIN EN 61125 (VDE 0380-4)

Ozonbeständigkeit
Prüfung von Isolierhüllen und Mänteln ... E DIN EN 60811-403 (VDE 0473-811-403)
DIN VDE 0472-805 (VDE 0472-805)

P

"p"; Überdruckkapselung ... DIN EN 60079-13 (VDE 0170-313)
E DIN EN 60079-2 (VDE 0170-3)
DIN EN 60079-2 (VDE 0170-3)

"pD"; Zündschutzart ... DIN EN 61241-4 (VDE 0170-15-4)

Packstücke, lose
Prüfung Ee ... E DIN EN 60068-2-55 (VDE 0468-2-55)

Paketstruktur ... E DIN IEC 62656-1 (VDE 0040-8-1)

Paketvermittelndes Netzwerk
(Packet Switches Network PSN)
– zur Alarmübertragung ... DIN EN 50136-1-5 (VDE 0830-5-1-5)
E DIN EN 50136-1-7 (VDE 0830-5-1-7)

Papier-/Foliekondensatoren
für Bahnfahrzeuge ... DIN EN 61881-1 (VDE 0115-430-1)

Papierbearbeitungsmaschinen
allgemeine Anforderungen ... DIN EN 60950-1 (VDE 0805-1)
DIN EN 60950-1/A12 (VDE 0805-1/A12)
E DIN EN 60950-1/A2 (VDE 0805-1/A2)

Papiere
fettdichte ... DIN VDE 0311-10 (VDE 0311-10)
für elektrotechnische Zwecke ... E DIN IEC 60819-1 (VDE 0309-1)
DIN VDE 0311-31 (VDE 0311-31)
für Kabel ... DIN VDE 0311-35 (VDE 0311-35)
für Leiterumspinnung ... DIN VDE 0311-35 (VDE 0311-35)
für Transformatoren ... DIN VDE 0311-35 (VDE 0311-35)
Krepp- ... DIN VDE 0311-33 (VDE 0311-33)
Lack- ... DIN VDE 0365-1 (VDE 0365-1)
nicht zellulosehaltige
– für elektrotechnische Zwecke ... E DIN IEC 60819-1 (VDE 0309-1)

Papiere, zellulosefreie
für elektrotechnische Zwecke
– Papier aus Aramidfaser .... E DIN EN 60819-3-4 (VDE 0309-3-4)

Papierisolierung
massegetränkte .... DIN VDE 0278-629-2 (VDE 0278-629-2)

Parallelkondensatoren
Allgemeines .... DIN EN 60831-2 (VDE 0560-47)
DIN EN 60871-1 (VDE 0560-410)
eingebaute Sicherungen .... DIN EN 60931-3 (VDE 0560-45)
für Wechselspannungs-Starkstromanlagen .... DIN EN 60871-4 (VDE 0560-440)
in industriellen Wechselstromnetzen .... DIN EN 61642 (VDE 0560-430)
Lebensdauerprüfung .... DIN IEC 871-2 (VDE 0560-420)
nichtselbstheilende .... DIN EN 60931-1 (VDE 0560-48)
DIN EN 60931-2 (VDE 0560-49)
DIN EN 60931-3 (VDE 0560-45)

Parkhäuser
elektrische Anlagen .... E DIN IEC 60364-7-718 (VDE 0100-718)

Parks
Beleuchtungsanlagen .... E DIN VDE 0100-714 (VDE 0100-714)

Partialdrucküberwachung
transkutane .... DIN EN 60601-2-23 (VDE 0750-2-23)
E DIN IEC 60601-2-23 (VDE 0750-2-23)

Partikelkonzentration
von Isolierflüssigkeiten .... DIN EN 60970 (VDE 0370-14)

Passeinsätze
Farben .... DIN 57635 (VDE 0635)

Passeinsatzschlüssel .... DIN 57680-7 (VDE 0680-7)

Passive EMV-Filter
Entstöreigenschaften .... E DIN EN 55017 (VDE 0565-17)

Passive Filter
zur Unterdrückung elektromagnetischer Störungen
– Bewertungsstufe D/DZ .... DIN EN 60939-2-1 (VDE 0565-3-2)
– Fachgrundspezifikation .... DIN EN 60939-1 (VDE 0565-3)
– Rahmenspezifikation .... DIN EN 60939-2 (VDE 0565-3-1)

Passive Glasbruchmelder .... DIN CLC/TS 50131-2-7-2 (VDE V 0830-2-2-72)

Passiv-Infrarot- und Mikrowellenmelder
kombinierte .... DIN EN 50131-2-4 (VDE 0830-2-2-4)

Passiv-Infrarot- und Ultraschallmelder
kombinierte .... DIN EN 50131-2-5 (VDE 0830-2-2-5)

Passiv-Infrarotmelder .... DIN EN 50131-2-2 (VDE 0830-2-2-2)

Patchkabel
LWL-Simplex- und Duplexkabel .... E DIN IEC 60794-2-51 (VDE 0888-123)

Patchpanel .... DIN EN 62134-1 (VDE 0888-741)

Patientenerwärmung .... DIN EN 80601-2-35 (VDE 0750-2-35)

Patientenüberwachungsgeräte
multifunktionale .... DIN EN 60601-2-49 (VDE 0750-2-49)
E DIN IEC 60601-2-49 (VDE 0750-2-49)

PEFC-Einzelzellen
Prüfverfahren .... E DIN IEC/TS 62282-7-1 (VDE V 0130-701)

PEFC-Energiesysteme
Prüfverfahren .... E DIN EN 62282-3-201 (VDE 0130-3-201)

PELV .... DIN VDE 0100-410 (VDE 0100-410)

PE-Mantelmischungen
für Kommunikationskabel .... DIN EN 50290-2-24 (VDE 0819-104)

Peripheralpumpen
für Kühlflüssigkeiten .... DIN CLC/TS 50537-3 (VDE V 0115-537-3)

Peritoneal-Dialyse-Geräte .... DIN EN 60601-2-39 (VDE 0750-2-39)

Permittivitätszahl
von Isolierflüssigkeiten .... DIN EN 60247 (VDE 0380-2)

Personalorientierte Dienste
für Bahnanwendungen .... E DIN IEC 62580-1 (VDE 0115-580)

Personen- und Umweltüberwachung
Dosimetriesysteme .... DIN IEC 61066 (VDE 0492-3-2)

Personenaufzüge
flexible Steuerleitungen .... DIN EN 50214 (VDE 0283-2)
Starkstromanlagen in .... VDE-Schriftenreihe Band 61

Personendosimeter
für Röntgen-, Gamma-, Neutronen- und Betastrahlung .... DIN EN 61526 (VDE 0492-1)
E DIN IEC 61526 (VDE 0492-1)
spektroskopische alarmgebende .... E DIN IEC 62618 (VDE 0493-3-8)

Personendosimetrie
Unsicherheit beim Messen .... Beiblatt 2 DIN VDE 0493 (VDE 0493)

Personen-Hilferufanlagen
Anwendungsregeln .... DIN CLC/TS 50134-7 (VDE V 0830-4-7)
Auslösegeräte .... DIN EN 50134-2 (VDE 0830-4-2)
Begriffe .... Beiblatt 1 DIN EN 50131-1 (VDE 0830-2-1)
Steuereinrichtungen .... DIN EN 50134-3 (VDE 0830-4-3)
E DIN EN 50134-3 (VDE 0830-4-3)
Systemanforderungen .... DIN EN 50134-1 (VDE 0830-4-1)
Verbindungen und Kommunikation .... DIN EN 50134-5 (VDE 0830-4-5)

Personenkontaminationsmonitore
fest installierte .... DIN EN 61098 (VDE 0493-2-2)
– wiederkehrende Prüfung .... DIN VDE 0493-110 (VDE 0493-110)

Personenmonitore
für Röntgen-, Gamma-, Neutronen- und Betastrahlung .... DIN EN 61526 (VDE 0492-1)

Personennahverkehr
automatischer städtischer schienengebundener .... DIN EN 62267 (VDE 0831-267)
– Gefährdungsanalyse .... Beiblatt 1 DIN EN 62267 (VDE 0831-267)

Personen-Notsignal-Anlagen (PNA)
drahtlose, für Alleinarbeiten .... DIN V VDE V 0825-11 (VDE V 0825-11)

Personenüberwachung
Dosimetriesysteme .... DIN IEC 62387-1 (VDE 0492-3-1)

Petrinetz-Modellierung .... E DIN IEC 62551 (VDE 0050-4)

PET-Textilschläuche
mit Acryl-Beschichtung .... DIN EN 60684-3-420 bis 422 (VDE 0341-3-420 bis 422)

Pflegebetten .... DIN EN 60601-2-52 (VDE 0750-2-52)

Pflegeheime
elektrische Anlagen .... E DIN IEC 60364-7-718 (VDE 0100-718)

Phasenschlüsse
an drehenden elektrischen Maschinen .... DIN CLC/TS 60034-24 (VDE V 0530-240)

Phasenvergleicher
für Wechselspannungen über 1 kV .... DIN EN 61481 (VDE 0682-431)
E DIN EN 61481 (VDE 0682-431)
DIN EN 61481/A1 (VDE 0682-431/A1)
DIN EN 61481/A2 (VDE 0682-431/A2)

Phenolharztafeln .... E DIN IEC 60893-3-4/A1 (VDE 0318-3-4/A1)

Photobiologische Sicherheit
von Lampen und Lampensystemen .... DIN EN 62471 (VDE 0837-471)
Beiblatt 1 DIN EN 62471 (VDE 0837-471)

Photoleuchten .... DIN EN 60598-2-9/A1 (VDE 0711-209/A1)

Photonenspektrometriesystem (in-situ-)
mit Germaniumdetektor .... E DIN IEC 61275 (VDE 0493-4-3)

Photonenstrahlung
Dosimetriesysteme
– zur Umwelt- und Personenüberwachung .... DIN IEC 61066 (VDE 0492-3-2)
DIN IEC 62387-1 (VDE 0492-3-1)
Handgeräte zur Detektion .... E DIN IEC 62533 (VDE 0493-3-6)
mobile Messinstrumente .... E DIN IEC 62438 (VDE 0493-4-1)

Photovoltaik
im Bauwesen .... E DIN VDE 0126-21 (VDE 0126-21)

Photovoltaik-Batterieladeregler .... E DIN IEC 82/445/NP (VDE 0126-15)

Photovoltaik-Installationen
Überspannungsschutzgeräte .... DIN CLC/TS 50539-12 (VDE V 0675-39-12)
E DIN EN 50539-11 (VDE 0675-39-11)

Photovoltaik-Module
Aufbau .... DIN EN 61730-1 (VDE 0126-30-1)
E DIN EN 61730-1/A1 (VDE 0126-30-1/A1)
Energiebemessungsprüfung .... E DIN VDE 0126-34 (VDE 0126-34)
Leistungsverhalten und Energiebemessung
– Bestrahlungsstärke und Temperatur .... DIN EN 61853-1 (VDE 0126-34-1)
Prüfung .... DIN EN 61730-2 (VDE 0126-30-2)
E DIN EN 61730-2/A1 (VDE 0126-30-2/A1)
Silizium-, terrestrische kristalline
– Bauarteignung und Bauartzulassung .... DIN EN 61215 (VDE 0126-31)
terrestrische Dünnschicht-
– Bauarteignung und Bauartzulassung .... DIN EN 61646 (VDE 0126-32)

Photovoltaik-Module (Konzentrator-)
Leistungsbemessung
– Strahlungsintensität und Temperatur .... E DIN EN 62670 (VDE 0126-35-1)

Photovoltaik-Stromversorgungssysteme .... E DIN IEC 60364-7-712 (VDE 0100-712)

Photovoltaik-Systeme
Leitungen .... Anwendungsregel (VDE-AR-E 2283-4)
netzgekoppelte
– Systemdokumentation, Inbetriebnahme, Prüfung .... DIN EN 62446 (VDE 0126-23)
Steckverbinder .... DIN EN 50521 (VDE 0126-3)

Photovoltaik-Versorgungssysteme .... DIN VDE 0100-712 (VDE 0100-712)

Photovoltaik-Wechselrichter
Datenblatt- und Typschildangaben .... DIN EN 50524 (VDE 0126-13)
Gesamtwirkungsgrad .... DIN EN 50530 (VDE 0126-12)
Inselbildung .... DIN EN 62116 (VDE 0126-2)

Photovoltaische Anlagen
Leistungsumrichter .... DIN EN 62109-1 (VDE 0126-14-1)

Photovoltaische Bauelemente
Strom-Spannungs-Kennlinien .... DIN EN 60891 (VDE 0126-6)

Photovoltaische Betriebsmittel
Bestimmung der Zellentemperatur .... DIN EN 60904-5 (VDE 0126-4-5)

Photovoltaische Einrichtungen
Fehlanpassungskorrektur von Messungen .... DIN EN 60904-7 (VDE 0126-4-7)
Messgrundsätze .... DIN EN 60904-3 (VDE 0126-4-3)
Messverfahren für die Linearität .... DIN EN 60904-10 (VDE 0126-4-10)
Referenz-Solarelemente .... DIN EN 60904-2 (VDE 0126-4-2)
– Kalibrierung .... DIN EN 60904-4 (VDE 0126-4-4)
Sonnensimulatoren .... DIN EN 60904-9 (VDE 0126-4-9)
Strom-/Spannungskennlinien .... DIN EN 60904-1 (VDE 0126-4-1)
terrestrische photovoltaische (PV) .... DIN EN 60904-3 (VDE 0126-4-3)
Zellentemperatur von Betriebsmitteln
– Leerlaufspannungs-Verfahren .... DIN EN 60904-5 (VDE 0126-4-5)

Photovoltaische Energiesysteme
Leistungsumrichter
– Wechselrichter .... DIN EN 62109-1 (VDE 0126-14-1)
E DIN EN 62109-2 (VDE 0126-14-2)

Photovoltaische Generatoren
Installation und Sicherheitsanforderungen .... E DIN IEC 62548 (VDE 0126-42)

Photovoltaische Inselsysteme
Bauarteignung und Typprüfung .... DIN EN 62124 (VDE 0126-20-1)

Photovoltaische Module
Ammoniak-Korrosionsprüfung .... E DIN EN 62716 (VDE 0126-39)
Betriebstemperatur .... E DIN EN 61853-2 (VDE 0126-34-2)
Einfallswinkel .... E DIN EN 61853-2 (VDE 0126-34-2)
Prüfung des Leistungsverhaltens .... E DIN EN 61853-2 (VDE 0126-34-2)
Salznebel-Korrosionsprüfung .... E DIN IEC 61701 (VDE 0126-8)
spektrale Empfindlichkeit .... E DIN EN 61853-2 (VDE 0126-34-2)

Photovoltaische Pumpensysteme
Bauarteignung und Betriebsverhalten .... E DIN IEC 62253 (VDE 0126-50)

Photovoltaische Solarenergiesysteme
Begriffe, Definitionen, Symbole .... DIN CLC/TS 61836 (VDE V 0126-7)

Photovoltaische Systeme
BOS-Bauteile
– Bauarteignung natürliche Umgebung .... DIN EN 62093 (VDE 0126-20)

Physikalisches Brandmodell .... DIN EN 60695-7-1 (VDE 0471-7-1)

Physiotherapiegeräte
Ultraschall-
– Feldspezifikation und Messverfahren .... DIN EN 61689 (VDE 0754-3)
E DIN EN 61689 (VDE 0754-3)

Pickupspulen-Messverfahren
Gesamtwechselstromverluste
– in Verbundsupraleiterdrähten .... DIN EN 61788-8 (VDE 0390-8)

Pickupspulenverfahren .... DIN EN 61788-8 (VDE 0390-8)

Piezoelektrische Eigenschaften .... DIN EN 50324-1 (VDE 0336-1)
DIN EN 50324-2 (VDE 0336-2)
DIN EN 50324-3 (VDE 0336-3)

PIR-Melder .... DIN EN 50131-2-2 (VDE 0830-2-2-2)

Planschbecken
elektrische Anlagen .... E DIN IEC 60364-7-702 (VDE 0100-702)

Planung elektrischer Anlagen
in Wohngebäuden .... VDE-Schriftenreihe Band 45

Plasmaanlagen
Elektrowärmeanlagen .... DIN EN 60519-1 (VDE 0721-1)

Plasmabildschirm-Anzeigefelder (PDP) .... DIN EN 62087 (VDE 0868-100)

Plasmaheizungseinrichtungen .... DIN EN 60519-1 (VDE 0721-1)

Plasmaschneiden
Zünd- und Stabilisierungseinrichtungen .... DIN EN 60974-3 (VDE 0544-3)

Plasmaschneidsysteme
Gaskonsolen .... DIN EN 60974-8 (VDE 0544-8)
E DIN IEC 60974-8 (VDE 0544-8)
Stromquellen .... DIN EN 60974-1 (VDE 0544-1)
E DIN IEC 60974-1 (VDE 0544-1)

Plattenspieler
Störfestigkeit .... Beiblatt 1 DIN EN 55020 (VDE 0872-20)

Plätze
Beleuchtungsanlagen .... E DIN VDE 0100-714 (VDE 0100-714)

Pneumatische Messumformer
Abnahme und Stückprüfung .... DIN EN 60770-2 (VDE 0408-2)

Polarisationsmodendispersion .... DIN EN 60793-1-48 (VDE 0888-248)

Polierer
handgeführt, motorbetrieben .... E DIN EN 60745-2-3/A2 (VDE 0740-2-3/A2)
E DIN EN 60745-2-3/AA (VDE 0740-2-3/AA)
E DIN EN 60745-2-3/AC (VDE 0740-2-3/AC)
DIN EN 60745-2-4 (VDE 0740-2-4)
E DIN EN 60745-2-4/AA (VDE 0740-2-4/AA)

Polyamid-Papiere
aromatische, für elektrotechnische Zwecke .... DIN EN 60819-3-3 (VDE 0309-3-3)
E DIN IEC 60819-3-3 (VDE 0309-3-3)

Polychloroprenschläuche
extrudierte .... DIN EN 60684-3-116 bis 117 (VDE 0341-3-116 bis 117)
E DIN IEC 60684-3-116 bis 117 (VDE 0341-3-116 bis 117)

Polyester
Filamente für gewebte Bänder .... DIN EN 61067-1 (VDE 0338-1)
DIN EN 61067-2 (VDE 0338-2)
DIN EN 61067-3-1 (VDE 0338-3-1)
DIN EN 61068-1 (VDE 0337-1)
DIN EN 61068-2 (VDE 0337-2)
DIN EN 61068-3-1 (VDE 0337-3-1)
Folie für selbstklebende Bänder .... DIN EN 60454-3-11 (VDE 0340-3-11)

Polyesterfolie
mit Epoxit .... DIN EN 60454-3-11 (VDE 0340-3-11)
mit gekrepptem Zellulosepapier .... DIN EN 60454-3-11 (VDE 0340-3-11)
mit Glasfilament .... DIN EN 60454-3-11 (VDE 0340-3-11)
mit Polyestervliesstoff .... DIN EN 60454-3-11 (VDE 0340-3-11)
mit warmhärtendem Klebstoff .... DIN EN 60454-3-11 (VDE 0340-3-11)

Polyesterharztafeln .... DIN EN 60893-3-5 (VDE 0318-3-5)

Polyestervliesstoff
für selbstklebende Bänder .... DIN EN 60454-3-11 (VDE 0340-3-11)

Polyethylenmischungen
für Isolier- und Mantelmischungen
– Bewertung der Rußverteilung .... E DIN EN 60811-607 (VDE 0473-811-607)
– Messung des Ruß- und Füllstoffgehalts .... E DIN EN 60811-605 (VDE 0473-811-605)
– Messung des Schmelzindex .... E DIN EN 60811-511 (VDE 0473-811-511)
– Prüfverfahren .... E DIN EN 60811-407 (VDE 0473-811-407)
E DIN EN 60811-408 (VDE 0473-811-408)
– Wickelprüfung nach thermischer Alterung .... E DIN EN 60811-510 (VDE 0473-811-510)
– Wickelprüfung nach Vorbehandlung .... E DIN EN 60811-513 (VDE 0473-811-513)
– Zugfestigkeit und Reißdehnung .... E DIN EN 60811-512 (VDE 0473-811-512)

Polyethylenterephthalat-
Textilschläuche .... DIN EN 60684-3-340 bis 342 (VDE 0341-3-340 bis 342)

Polyimid
Folie für selbstklebende Bänder .... DIN EN 60454-3-7 (VDE 0340-3-7)

Polyimidharztafeln .... DIN EN 60893-3-7 (VDE 0318-3-7)

Polymerelektrolyt-Brennstoffzellen (PEFC)
Prüfverfahren für Einzelzellen .... E DIN IEC/TS 62282-7-1 (VDE V 0130-701)

Polymerelektrolyt-Brennstoffzellen-Energiesysteme
Leistungskennwerteprüfverfahren .... E DIN EN 62282-3-201 (VDE 0130-3-201)

Polymerisationsgrad, viskosimetrischer
von Elektroisolierstoffen
– Messung .... DIN EN 60450 (VDE 0311-21)

Polymerisolatoren
Begriffe, Prüfverfahren, Annahmekriterien .... DIN EN 62217 (VDE 0441-1000)
für Innenraum- und Freiluftanwendung .... E DIN EN 62217 (VDE 0441-1000)
DIN EN 62217 (VDE 0441-1000)
für Wechselspannungssysteme .... E DIN IEC 60815-3 (VDE 0446-203)

Polyolefinisolierte Leiter
Sauerstoffalterung unter Kupfereinfluss .... E DIN EN 60811-410 (VDE 0473-811-410)

Polyolefinschläuche
extrudiert, flammwidrig .... DIN EN 60684-3-165 (VDE 0341-3-165)
mit Innenbeschichtung
– wärmeschrumpfend,nicht flammwidrig .... E DIN IEC 60684-3-247 (VDE 0341-3-247)
wärmeschrumpfend .... DIN EN 60684-3-212 (VDE 0341-3-212)
wärmeschrumpfend, flammwidrig .... DIN EN 60684-3-209 (VDE 0341-3-209)
wärmeschrumpfend, nicht flammwidrig .... E DIN EN 60684-3-214 (VDE 0341-3-214)
DIN EN 60684-3-214 (VDE 0341-3-214)
DIN EN 60684-3-246 (VDE 0341-3-246)
E DIN IEC 60684-3-247 (VDE 0341-3-247)

Polyolefin-Wärmeschrumpfschläuche .... DIN EN 60684-3-211 (VDE 0341-3-211)
DIN EN 60684-3-212 (VDE 0341-3-212)
flammwidrig .... DIN EN 60684-3-248 (VDE 0341-3-248)
für die Isolierung von Sammelschienen .... DIN EN 60684-3-283 (VDE 0341-3-283)
halbleitend .... DIN EN 60684-3-281 (VDE 0341-3-281)
kriechstromfest .... DIN EN 60684-3-280 (VDE 0341-3-280)
mit Feldsteuerung .... DIN EN 60684-3-282 (VDE 0341-3-282)
nicht flammwidrig .... E DIN EN 60684-3-214 (VDE 0341-3-214)
DIN EN 60684-3-214 (VDE 0341-3-214)

Polypropylenfolien
biaxial orientierte für Kondensatoren .... E DIN IEC 60674-3-1/A1 (VDE 0345-3-1/A1)

Polypropylenmischungen
für Isolier- und Mantelmischungen
– Bewertung der Rußverteilung .... E DIN EN 60811-607 (VDE 0473-811-607)
– Messung des Schmelzindex .... E DIN EN 60811-511 (VDE 0473-811-511)
– Prüfverfahren .... E DIN EN 60811-407 (VDE 0473-811-407)
E DIN EN 60811-408 (VDE 0473-811-408)
– Wickelprüfung nach thermischer Alterung .... E DIN EN 60811-510 (VDE 0473-811-510)
– Wickelprüfung nach Vorbehandlung .... E DIN EN 60811-513 (VDE 0473-811-513)
– Zugfestigkeit und Reißdehnung .... E DIN EN 60811-512 (VDE 0473-811-512)

Polyurethanharzmassen
ungefüllt .... DIN EN 60455-3-3 (VDE 0355-3-3)

Polyvinylidenfluoridschläuche
wärmeschrumpfend, flammwidrig .... DIN EN 60684-3-228 (VDE 0341-3-228)
DIN EN 60684-3-229 (VDE 0341-3-229)

Porenfreiheit
von metallenen Überzügen .... DIN 57472-812 (VDE 0472-812)

Portalkrane
elektrische Ausrüstung .... DIN EN 60204-32 (VDE 0113-32)

Portalmonitore
für radioaktive Stoffe .... E DIN IEC 62484 (VDE 0493-3-5)

Positionsschalter
berührungslos wirkende .... DIN VDE 0660-209 (VDE 0660-209)

Potentialausgleich .... VDE-Schriftenreihe Band 35
DIN VDE 0100-540 (VDE 0100-540)
Erläuterungen .... DIN VDE 0618-1 (VDE 0618-1)
in Gebäuden mit Informationstechnik-Einrichtungen .... DIN EN 50310 (VDE 0800-2-310)
in vernetzten Systemen .... Beiblatt 1 DIN EN 50083 (VDE 0855)
in Wohngebäuden .... VDE-Schriftenreihe Band 45
von Informationstechnik .... DIN V VDE V 0800-2 (VDE V 0800-2)

Potentialausgleichsleiter
in Niederspannungsanlagen .... VDE-Schriftenreihe Band 106
E DIN IEC 60364-5-54 (VDE 0100-540)
DIN VDE 0100-540 (VDE 0100-540)
in Niederspannungsnetzen
– Messen des Widerstandes .... DIN EN 61557-4 (VDE 0413-4)

PRCDs .... DIN VDE 0661-10 (VDE 0661-10)
DIN VDE 0661-10/A2 (VDE 0661-10/A2)

Prellen
Prüfung Ee .... E DIN EN 60068-2-55 (VDE 0468-2-55)

Pressspan
Aramid-Tafel
– allgemeine Anforderungen .... DIN EN 61629-1 (VDE 0317-1)
für elektrotechnische Anwendungen
– Begriffe und allgemeine Anforderungen .... DIN EN 60641-1 (VDE 0315-1)
– Prüfverfahren .... DIN EN 60641-2 (VDE 0315-2)
– Rollenpressspan Typen P .... DIN EN 60641-3-2 (VDE 0315-3-2)
– Tafelpressspan Typen B .... DIN EN 60641-3-1 (VDE 0315-3-1)

Pressverbinder
für Starkstromkabel .... DIN EN 61238-1 (VDE 0220-100)

Primärbatterien
Lithiumbatterien
– Prüfungen und Anforderungen .... DIN EN 60086-4 (VDE 0509-4)
mit wässrigem Elektrolyt .... DIN EN 60086-5 (VDE 0509-5)
– Sicherheit .... DIN EN 60086-5 (VDE 0509-5)

Probennahme
von Gasen und Öl
– in elektrischen Betriebsmitteln .... DIN EN 60567 (VDE 0370-9)
E DIN IEC 60567 (VDE 0370-9)
von Isolierflüssigkeiten .... E DIN IEC 60475 (VDE 0370-3)

Produkte
der Elektrotechnik
– Bestimmung von Bestandteilen .... DIN EN 62321 (VDE 0042-1)
E DIN EN 62321-5 (VDE 0042-1-5)
– Bestimmung von Substanzen .... E DIN EN 62321-1 (VDE 0042-1-1)
E DIN EN 62321-2 (VDE 0042-1-2)
E DIN EN 62321-3-1 (VDE 0042-1-3-1)
E DIN EN 62321-3-2 (VDE 0042-1-3-2)
E DIN EN 62321-4 (VDE 0042-1-4)
E DIN EN 62321-6 (VDE 0042-1-6)
E DIN EN 62321-7-1 (VDE 0042-1-7-1)
elektrische und elektronische
– umweltbewusstes Gestalten .... DIN EN 62430 (VDE 0042-2)
– Umweltschutznormung .... E DIN EN 62542 (VDE 0042-3)
Inverkehrbringung .... VDE-Schriftenreihe Band 116
Kennzeichnung .... VDE-Schriftenreihe Band 116
mit wieder verwendeten Teilen .... DIN EN 62309 (VDE 0050)
sicherheitsgerechtes Gestalten .... DIN 31000 (VDE 1000)

Produkte der Elektrotechnik
Bestimmung von Substanzen .... E DIN EN 62321-5 (VDE 0042-1-5)
– Demontage, Zerlegung, Probenvorbereitung .... E DIN EN 62321-2 (VDE 0042-1-2)
– Einleitung und Übersicht .... E DIN EN 62321-1 (VDE 0042-1-1)
– Ermittlung des Gesamtbromgehalts .... E DIN EN 62321-3-2 (VDE 0042-1-3-2)
– Quecksilber .... E DIN EN 62321-4 (VDE 0042-1-4)
– Röntgenfluoreszenz-Spektrometrie .... E DIN EN 62321-3-1 (VDE 0042-1-3-1)

Produktgestaltung
umweltbewusste .... DIN EN 62430 (VDE 0042-2)

Produktontologien .... E DIN IEC 62656-1 (VDE 0040-8-1)

Produktsicherheit .... VDE-Schriftenreihe Band 116
von Messrelais und Schutzeinrichtungen .... E DIN EN 60255-27 (VDE 0435-327)
DIN EN 60255-27 (VDE 0435-327)
von Wechselstrom-Elektrizitätszählern .... E DIN IEC 62052-31 (VDE 0418-2-31)

Produktsicherheitsnorm .... DIN EN 50293 (VDE 0832-200)

Programmierbare elektronische Systeme
allgemeine Anforderungen .... DIN EN 61508-1 (VDE 0803-1)
Anforderungen an sicherheitsbezogene Systeme .... DIN EN 61508-2 (VDE 0803-2)
Anforderungen an Software .... DIN EN 61508-3 (VDE 0803-3)
Anwendungsrichtlinie für IEC 61508-2 und IEC 61508-3 .... DIN EN 61508-6 (VDE 0803-6)
Begriffe und Abkürzungen .... DIN EN 61508-4 (VDE 0803-4)
Bestimmung von Sicherheits-Integritätsleveln .... DIN EN 61508-5 (VDE 0803-5)
Verfahren und Maßnahmen .... DIN EN 61508-7 (VDE 0803-7)

Programmiersprachen (SPS-) .... VDE-Schriftenreihe Band 102

Programmierwerkzeuge
für speicherprogrammierbare Steuerungen .... DIN EN 61131-2 (VDE 0411-500)

Protokollschichten
der Feldbustechnologie .... DIN EN 61784-3 (VDE 0803-500)

Prozessautomatisierung
Sicherheit von Analysengeräteräumen .... DIN EN 61285 (VDE 0400-100)

Prozessindustrie
sicherheitstechnische Systeme
– Allgemeines, Begriffe, Anforderungen .... DIN EN 61511-1 (VDE 0810-1)
– Planung, Errichtung, Betrieb .... DIN EN 61511-2 (VDE 0810-2)
– Sicherheits-Integritätslevel .... DIN EN 61511-3 (VDE 0810-3)

Prozessleitsysteme
Messumformer
– Methoden zur Bewertung .... DIN EN 60770-3 (VDE 0408-3)

Prozessleittechnik
analoge Streifenschreiber .... DIN EN 60873-1 (VDE 0410-1)
DIN EN 60873-2 (VDE 0410-2)
Fließbilder .... DIN EN 62424 (VDE 0810-24)
Geräte mit analogen Eingängen
– Funktionskontrolle und Serienprüfung .... DIN EN 61003-2 (VDE 0409-2)
industrielle Systeme
– Bewertung des Betriebsverhaltens .... DIN EN 61003-1 (VDE 0409)

Prozessregelung
Stellgeräte .... DIN EN 1349 (VDE 0409-1349)

Prozessschnittstelleneinrichtung .... DIN EN 60255-1 (VDE 0435-300)
DIN EN 60255-11 (VDE 0435-3014)

Prüf- und Zertifizierungswesen des VDE .... (VDE 0024)

Prüfanlagen, elektrische
Errichten und Betreiben .... DIN EN 50191 (VDE 0104)

Prüfart A
Flammenausbreitung .... DIN EN 60332-3-22 (VDE 0482-332-3-22)

Prüfart A F/R
Flammenausbreitung .... DIN EN 60332-3-21 (VDE 0482-332-3-21)

Prüfart B
Flammenausbreitung .... DIN EN 60332-3-23 (VDE 0482-332-3-23)

Prüfart C
Flammenausbreitung .... DIN EN 60332-3-24 (VDE 0482-332-3-24)

Prüfart D
Flammenausbreitung .... DIN EN 60332-3-25 (VDE 0482-332-3-25)

Prüfbereich .... DIN EN 50191 (VDE 0104)

Prüffelder, elektrische .... DIN EN 50191 (VDE 0104)

Prüfflamme 1 kW
zur Beurteilung der Brandgefahr .... E DIN EN 60695-11-2 (VDE 0471-11-2)
DIN EN 60695-11-2 (VDE 0471-11-2)

Prüfflamme 50 W .... DIN EN 60695-11-10 (VDE 0471-11-10)
E DIN IEC 60695-11-10 (VDE 0471-11-10)

Prüfflamme 500 W .... DIN EN 60695-11-20 (VDE 0471-11-20)
E DIN IEC 60695-11-20 (VDE 0471-11-20)

Prüfflammen
Nadelflamme .... DIN EN 60695-11-5 (VDE 0471-11-5)

Prüffristen
für elektrische Geräte .... VDE-Schriftenreihe Band 62

Prüffristenermittlung .... VDE-Schriftenreihe Band 121
Prüfgeräte
empfindliche, ohne EMV-Schutz
– EMV-Anforderungen .... DIN EN 61326-2-1 (VDE 0843-20-2-1)
E DIN IEC 61326-2-1 (VDE 0843-20-2-1)
für Flammenausbreitung
– an kleinen isolierten Leitern und Kabeln .... DIN EN 60332-2-1 (VDE 0482-332-2-1)
für Schutzmaßnahmen in Niederspannungsnetzen
– allgemeine Anforderungen .... DIN EN 61557-1 (VDE 0413-1)
– Drehfeld .... DIN EN 61557-7 (VDE 0413-7)
– Fehlerstrom-Schutzeinrichtungen (RCD) .... DIN EN 61557-6 (VDE 0413-6)
– Isolationswiderstand .... DIN EN 61557-2 (VDE 0413-2)
– Schleifenwiderstand .... DIN EN 61557-3 (VDE 0413-3)
ortsveränderliche
– EMV-Anforderungen .... DIN EN 61326-2-2 (VDE 0843-20-2-2)
E DIN IEC 61326-2-2 (VDE 0843-20-2-2)
Prüfkammern
für Umgebungsbedingungen
– Berechnung der Messunsicherheit .... DIN EN 60068-3-11 (VDE 0468-3-11)
Prüfkostenrechner .... VDE-Schriftenreihe Band 121
Prüfmethoden
für elektrische Geräte .... VDE-Schriftenreihe Band 62
Prüfpulsformen
für das Human Body Model (HBM) .... DIN EN 61340-3-1 (VDE 0300-3-1)
Prüfsysteme, radiografische
für Frachtgut und Fahrzeuge .... DIN IEC 62523 (VDE 0412-10)
Prüftechnik
Niederspannungsgeräte .... DIN EN 61180-1 (VDE 0432-10)
DIN EN 61180-2 (VDE 0432-11)
Prüftiegel .... DIN EN 61144 (VDE 0380-3)
Prüfung
Alterung .... DIN EN 60811-1-2 (VDE 0473-811-1-2)
an Kabeln und isolierten Leitungen
– Verzeichnis der Normen .... Beiblatt 1 DIN VDE 0472 (VDE 0472)
der Störfestigkeit
– gegen leitungsgeführte HEMP-Störgrößen .... DIN EN 61000-4-24 (VDE 0847-4-24)
Dichtebestimmung .... DIN EN 60811-1-3 (VDE 0473-811-1-3)
elektrischer Geräte .... VDE-Schriftenreihe Band 62
DIN VDE 0701-0702 (VDE 0701-0702)
Elektroisolierstoffe .... DIN EN 60544-1 (VDE 0306-1)
DIN IEC 60544-2 (VDE 0306-2)
elektromagnetische Störaussendung .... DIN EN 60255-25 (VDE 0435-3031)
Rissbeständigkeit .... DIN EN 60811-3-1 (VDE 0473-811-3-1)
von Arbeitsmitteln .... VDE-Schriftenreihe Band 120
von elektrischen Anlagen .... VDE-Schriftenreihe Band 39
von Isolierstoffen
– dielektrische Eigenschaften .... DIN VDE 0303-13 (VDE 0303-13)
von Kabeln und Leitungen .... DIN VDE 0472-1 (VDE 0472-1)
vor Inbetriebnahme
– medizinische elektrische Geräte .... DIN VDE 0404-3 (VDE 0404-3)
Wärmedruck .... DIN EN 60811-3-1 (VDE 0473-811-3-1)
wiederkehrende
– Messgeräte .... DIN VDE 0404-1 (VDE 0404-1)
DIN VDE 0404-2 (VDE 0404-2)

Prüfung
wiederkehrende
– von Niederspannungsanlagen .... DIN VDE 0100-600 (VDE 0100-600)
Zugfestigkeit bei Kabeln .... DIN EN 60811-1-1 (VDE 0473-811-1-1)

Prüfung 7a (Steckverbinder)
freier Fall .... DIN EN 60512-7-1 (VDE 0687-512-7-1)

Prüfung 8a (Steckverbinder)
Statische Querlast .... DIN EN 60512-8-1 (VDE 0687-512-8-1)

Prüfung 9a (Steckverbinder)
mechanische Lebensdauer .... DIN EN 60512-9-1 (VDE 0687-512-9-1)

Prüfung 9e (Steckverbinder)
Strombelastung, zyklisch .... DIN EN 60512-9-5 (VDE 0687-512-9-5)

Prüfung 17a (Steckverbinder)
Widerstandsfähigkeit der Kabelabfangung
– gegen seitlichen Kabelzug .... DIN EN 60512-17-1 (VDE 0687-512-17-1)

Prüfung 17c (Steckverbinder)
Widerstandsfähigkeit der Kabelabfangung
– gegen axialen Zug .... DIN EN 60512-17-3 (VDE 0687-512-17-3)

Prüfung 17d (Steckverbinder)
Widerstandsfähigkeit der Kabelabfangung
– gegen Kabeltorsion .... DIN EN 60512-17-4 (VDE 0687-512-17-4)

Prüfung 19a (Steckverbinder)
Widerstandsfähigkeit gegen Flüssigkeiten .... DIN EN 60512-19-1 (VDE 0687-512-19-1)

Prüfung 20a (Steckverbinder)
Brennbarkeit, Nadelflamme .... DIN EN 60512-20-1 (VDE 0687-512-20-1)

Prüfung 20c (Steckverbinder)
Brennbarkeit, Glühdraht .... DIN EN 60512-20-3 (VDE 0687-512-20-3)

Prüfung 21a (Steckverbinder)
HF-Dämpfungswiderstand .... DIN EN 60512-21-1 (VDE 0687-512-21-1)

Prüfung 22a (Steckverbinder)
Kapazität .... DIN EN 60512-22-1 (VDE 0687-512-22-1)

Prüfung 23b (Steckverbinder)
Einfügungsdämpfung integrierter Filter .... DIN EN 60512-23-2 (VDE 0687-512-23-2)

Prüfung B
trockene Wärme .... DIN EN 60068-2-2 (VDE 0468-2-2)

Prüfung Cab
feuchte Wärme .... E DIN EN 60068-2-78 (VDE 0468-2-78)

Prüfung Ea
Leitfaden: Schocken .... DIN EN 60068-2-27 (VDE 0468-2-27)

Prüfung Ee
lose Packstücke und Prellen .... E DIN EN 60068-2-55 (VDE 0468-2-55)

Prüfung Fc
Schwingen, sinusförmig .... DIN EN 60068-2-6 (VDE 0468-2-6)

Prüfung Fg
Schwingen, akustisch angeregt .... E DIN IEC 60068-2-65 (VDE 0468-2-65)

Prüfung Fh
Schwingen, Breitbandrauschen .... DIN EN 60068-2-64 (VDE 0468-2-64)

Prüfung Ft
Schwingen, Zeitlaufverfahren .... E DIN EN 60068-2-57 (VDE 0468-2-57)

Prüfung N
Temperaturwechsel .... DIN EN 60068-2-14 (VDE 0468-2-14)
Prüfung Sa
nachgebildete Sonnenbestrahlung .... DIN EN 60068-2-5 (VDE 0468-2-5)
Prüfung Z/AD
Temperatur/Feuchte, zyklisch .... DIN EN 60068-2-38 (VDE 0468-2-38)
Prüfungen auf Feuersicherheit
von Steckverbindern .... DIN EN 60512-20-1 (VDE 0687-512-20-1)
DIN EN 60512-20-3 (VDE 0687-512-20-3)
Prüfungen der HF-Güte
von Steckverbindern .... DIN EN 60512-21-1 (VDE 0687-512-21-1)
Prüfungen der Kapazität
von Steckverbindern .... DIN EN 60512-22-1 (VDE 0687-512-22-1)
Prüfungen der Widerstandsfähigkeit
von Steckverbindern .... DIN EN 60512-19-1 (VDE 0687-512-19-1)
Prüfverfahren
Durchschlagfestigkeit von isolierenden Werkstoffen .... DIN EN 60243-2 (VDE 0303-22)
für Flammenausbreitung
– an isolierten Leitern und Kabeln .... DIN EN 60332-1-2 (VDE 0482-332-1-2)
DIN EN 60332-1-3 (VDE 0482-332-1-3)
– an kleinen isolierten Leitern und Kabeln .... DIN EN 60332-2-2 (VDE 0482-332-2-2)
für Gasspürgeräte .... DIN EN 45544-1 (VDE 0400-22-1)
DIN EN 45544-2 (VDE 0400-22-2)
DIN EN 45544-3 (VDE 0400-22-3)
DIN EN 45544-4 (VDE 0400-22-4)
für Isolierschläuche .... DIN EN 60684-2 (VDE 0341-2)
E DIN IEC 60684-2 (VDE 0341-2)
für Lichtwellenleiterkabel .... DIN EN 60794-1-2 (VDE 0888-100-2)
für Maßnahmen zur Verhinderung der Inselbildung .... DIN EN 62116 (VDE 0126-2)
für Starkstromkabel
– Teilentladungsmessung .... DIN EN 60885-3 (VDE 0481-885-3)
– Teilentladungsprüfung .... DIN EN 60885-2 (VDE 0481-885-2)
Prüfverfahren, elektrische
für Niederspannungskabel und -leitungen .... E DIN EN 50395/AA (VDE 0481-395/AA)
Prüfzahl
der Kriechwegbildung .... DIN EN 60112 (VDE 0303-11)
PT-Systeme
für Wand und Decke .... E DIN EN 61534-21 (VDE 0604-121)
DIN EN 61534-21 (VDE 0604-121)
Pulsoximetriegeräte .... DIN EN ISO 80601-2-61 (VDE 0750-2-61)
Pumpen, elektrische
für den Hausgebrauch .... DIN EN 60335-2-41 (VDE 0700-41)
für Isolierflüssigkeiten von Transformatoren .... DIN CLC/TS 50537-2 (VDE V 0115-537-2)
Pumpensysteme, photovoltaische
Bauarteignung und Betriebsverhalten .... E DIN IEC 62253 (VDE 0126-50)
Punktschreiber
für industrielle Prozessleittechnik .... DIN EN 60873-2 (VDE 0410-2)
Punkt-zu-Punkt-Methode
Prüfung von Schutzbekleidung .... E DIN EN 61340-4-9 (VDE 0300-4-9)
Putzlappen
für Isolieröl .... DIN EN 50375 (VDE 0370-18)

PV-Anlagen
DC-Bereich
– Brandbekämpfung .... Anwendungsregel E (VDE-AR-E 2100-712)
Leistungsumrichter .... DIN EN 62109-1 (VDE 0126-14-1)

PV-Array .... DIN EN 62446 (VDE 0126-23)

PVC
extrudierte Nitrilschläuche .... DIN EN 60684-3-151 (VDE 0341-3-151)
Folie für selbstklebende Bänder .... DIN EN 60454-3-1 (VDE 0340-3-1)
geschirmte Leitungen .... DIN 57250-212 (VDE 0250-212)
Isoliermischungen .... DIN VDE 0207-4 (VDE 0207-4)
isolierte Schlauchleitungen .... E DIN VDE 0250-407 (VDE 0250-407)
isolierte Starkstromleitungen
– Prüfverfahren .... DIN VDE 0281-9 (VDE 0281-9)
Mischungen
– Rissbeständigkeit .... DIN EN 60811-3-1 (VDE 0473-811-3-1)
– Wärmedruckprüfung .... DIN EN 60811-3-1 (VDE 0473-811-3-1)

PVC-Installationsleitung NYM .... DIN VDE 0250-204 (VDE 0250-204)

PVC-Isoliermischungen
für Kommunikationskabel .... DIN EN 50290-2-21 (VDE 0819-101)
für Niederspannungskabel und -leitungen .... DIN EN 50363-3 (VDE 0207-363-3)
E DIN EN 50363-3/AA (VDE 0207-363-3/AA)

PVC-Mantelmischungen
für Kabel und isolierte Leitungen .... DIN EN 60811-3-2 (VDE 0473-811-3-2)
DIN VDE 0207-5 (VDE 0207-5)
für Kommunikationskabel .... DIN EN 50290-2-22 (VDE 0819-102)
für Niederspannungskabel und -leitungen .... DIN EN 50363-4-1 (VDE 0207-363-4-1)

PVC-Umhüllungsmischungen
für Niederspannungskabel und -leitungen .... DIN EN 50363-4-2 (VDE 0207-363-4-2)

PV-Energieerzeugungssysteme
Sicherungseinsätze .... DIN EN 60269-6 (VDE 0636-6)

PV-Felder
Sicherungseinsätze .... DIN EN 60269-6 (VDE 0636-6)

PV-Generatoren .... DIN EN 50524 (VDE 0126-13)
E DIN IEC 62548 (VDE 0126-42)

PV-Leistungsumrichter .... DIN EN 62109-1 (VDE 0126-14-1)

PV-Module .... DIN CLC/TS 61836 (VDE V 0126-7)
Ammoniak-Korrosionsprüfung .... E DIN EN 62716 (VDE 0126-39)
Leistungsverhalten und Energiebemessung
– Bestrahlungsstärke und Temperatur .... DIN EN 61853-1 (VDE 0126-34-1)
Prüfung des Leistungsverhaltens .... E DIN EN 61853-2 (VDE 0126-34-2)
Salznebel-Korrosionsprüfung .... E DIN IEC 61701 (VDE 0126-8)

PV-Pumpensysteme
Bauarteignung und Betriebsverhalten .... E DIN IEC 62253 (VDE 0126-50)

PV-Referenz-Solarelemente .... DIN EN 60904-4 (VDE 0126-4-4)

PV-Stränge
Sicherungseinsätze .... DIN EN 60269-6 (VDE 0636-6)

PV-Stromversorgungssysteme
Blitzschutz, Überspannungsschutz .... Beiblatt 5 DIN EN 62305-3 (VDE 0185-305-3)

PV-Systeme
Leitungen .... Anwendungsregel (VDE-AR-E 2283-4)

Pyranometer .... DIN EN 60904-4 (VDE 0126-4-4)
PZB-Zugbeeinflussung .... DIN VDE 0119-207-6 (VDE 0119-207-6)

Q

"q"; Sandkapselung .... DIN EN 60079-5 (VDE 0170-4)
Qualifizierung
zur Schaltberechtigung .... VDE-Schriftenreihe Band 79
Qualitätsmanagement
für Telemonitoring in medizinischen Anwendungen .... Anwendungsregel (VDE-AR-M 3756-1)
Quecksilber
in Elektronik .... E DIN EN 62321-4 (VDE 0042-1-4)
in Metallen .... E DIN EN 62321-4 (VDE 0042-1-4)
in Polymeren .... E DIN EN 62321-4 (VDE 0042-1-4)
in Produkten der Elektrotechnik .... DIN EN 62321 (VDE 0042-1)
E DIN EN 62321-3-1 (VDE 0042-1-3-1)
E DIN EN 62321-4 (VDE 0042-1-4)
Quecksilberdampf-Hochdrucklampen
Vorschaltgeräte .... DIN EN 60923 (VDE 0712-13)
E DIN EN 61347-2-9 (VDE 0712-39)
Quecksilberdampflampen .... DIN EN 62035 (VDE 0715-10)
E DIN EN 62035/A2 (VDE 0715-10/A2)

R

Radioaktive Kontamination .... DIN VDE 0493-100 (VDE 0493-100)
Radioaktive Quellen
illegal transportierte
– Aufspüren .... DIN IEC 62401 (VDE 0493-3-4)
Radioaktivität in gasförmigen Ableitungen
Einrichtungen zur Überwachung
– allgemeine Anforderungen .... DIN EN 60761-1 (VDE 0493-1-1)
– Monitore für radioaktive Edelgase .... DIN EN 60761-3 (VDE 0493-1-3)
– Monitore für radioaktives Iod .... DIN EN 60761-4 (VDE 0493-1-4)
– Tritiummonitore .... DIN EN 60761-5 (VDE 0493-1-5)
Radioaktivitätsniveau
zentrale Überwachungssysteme .... DIN IEC 61559-1 (VDE 0493-5-1)
Radiografische Prüfsysteme
für Frachtgut und Fahrzeuge .... DIN IEC 62523 (VDE 0412-10)
Radiographie
Geräte für .... DIN EN 60601-2-54 (VDE 0750-2-54)
Radiometrische Einrichtungen
Konstruktionsanforderungen und Klassifikation .... DIN EN 60405 (VDE 0412-1)
Radiometrische Messanordnungen
Konstruktionsanforderungen und Klassifikation .... E DIN IEC 62598 (VDE 0412-1)
Radionuklide
in flüssigen Ableitungen .... DIN EN 60861 (VDE 0493-4-2)
Radionuklid-Strahlentherapiegeräte .... E DIN EN 60601-2-68 (VDE 0750-2-68)
Radioskopie
Geräte für .... DIN EN 60601-2-54 (VDE 0750-2-54)

Radon und Radonfolgeprodukte
Messgeräte für
– allgemeine Anforderungen .... DIN IEC 61577-1 (VDE 0493-1-10-1)
– Herstellung von Referenzatmosphären .... DIN IEC 61577-4 (VDE 0493-1-10-4)

Radonfolgeprodukte
Messgeräte für .... E DIN IEC 61577-3 (VDE 0493-1-10-3)

Radonkammern .... DIN IEC 61577-4 (VDE 0493-1-10-4)

Radsatz-Wälzlager
Schutz gegen Schäden infolge Stromdurchgang .... DIN VDE 0123 (VDE 0123)

Rahmenspezifikation
Einmodenfasern Kategorie B .... DIN EN 60793-2-50 (VDE 0888-325)
Festkondensatoren zur Funkentstörung .... DIN EN 60384-14 (VDE 0565-1-1)
Mehrmodenfasern Kategorie A1 .... DIN EN 60793-2-10 (VDE 0888-321)
Mehrmodenfasern Kategorie A2 .... DIN EN 60793-2-20 (VDE 0888-322)
Mehrmodenfasern Kategorie A3 .... DIN EN 60793-2-30 (VDE 0888-323)
E DIN EN 60793-2-30 (VDE 0888-323)
passive Filter
– Sicherheitsprüfungen .... DIN EN 60939-2 (VDE 0565-3-1)

RAMS .... DIN EN 50126 (VDE 0115-103)

Rangierdrähte
Fernmeldeanlagen .... DIN VDE 0812 (VDE 0812)

Rangierschnüre .... DIN EN 61935-2-20 (VDE 0819-935-2-20)

Rasenkantenschneider .... DIN EN 60335-2-91 (VDE 0700-91)
E DIN EN 60335-2-91 (VDE 0700-91)

Rasenlüfter
für den Hausgebrauch .... DIN EN 60335-2-92 (VDE 0700-92)
E DIN EN 60335-2-92 (VDE 0700-92)

Rasenmäher
handgeführte elektrisch betriebene .... DIN EN 60335-2-77 (VDE 0700-77)

Rasenmäher (Roboter-)
batteriebetriebene .... E DIN EN 60335-2-107 (VDE 0700-107)

Rasentrimmer .... DIN EN 60335-2-91 (VDE 0700-91)
E DIN EN 60335-2-91 (VDE 0700-91)

Rasen-Vertikutierer
für den Hausgebrauch .... DIN EN 60335-2-92 (VDE 0700-92)
E DIN EN 60335-2-92 (VDE 0700-92)

Rasiergeräte .... DIN EN 60335-2-8 (VDE 0700-8)

Rasiersteckdosen-Einheiten .... DIN EN 61558-2-5 (VDE 0570-2-5)

Rasiersteckdosen-Transformatoren .... DIN EN 61558-2-5 (VDE 0570-2-5)

Ratsch-Band .... DIN EN 62275 (VDE 0604-201)

Rauch
Sichtminderung durch .... DIN EN 60695-6-1 (VDE 0471-6-1)
E DIN EN 60695-6-2 (VDE 0471-6-2)
Toxizität .... DIN EN 60695-7-1 (VDE 0471-7-1)
E DIN IEC 60695-7-2 (VDE 0471-7-2)
E DIN IEC 60695-7-3 (VDE 0471-7-3)

Rauchdichte
von Kabeln und isolierten Leitungen
– Prüfeinrichtung .... DIN EN 61034-1 (VDE 0482-1034-1)
– Prüfverfahren .... DIN EN 61034-2 (VDE 0482-1034-2)

Raue Handhabung
Prüfverfahren für Geräte .... DIN EN 60068-2-31 (VDE 0468-2-31)
Räume
mit Saunaheizungen .... DIN VDE 0100-703 (VDE 0100-703)
transportable ventilierte .... DIN EN 50381 (VDE 0170-17)
Räume besonderer Art
Räume mit Badewanne oder Dusche .... DIN VDE 0100-701 (VDE 0100-701)
Raumheizgeräte
für den Hausgebrauch .... DIN EN 60335-2-30 (VDE 0700-30)
Raumheizung
Fußboden- und Decken-Flächenheizungen .... DIN VDE 0100-753 (VDE 0100-753)
Heizleitungen .... E DIN IEC 60800 (VDE 0253-800)
Raumluft-Entfeuchter
Anforderungen an Motorverdichter .... DIN EN 60335-2-34 (VDE 0700-34)
E DIN EN 60335-2-34 (VDE 0700-34)
für den Hausgebrauch .... DIN EN 60335-2-40 (VDE 0700-40)
E DIN EN 60335-2-40/AD (VDE 0700-40/A1)
E DIN IEC 60335-2-40/A101 (VDE 0700-40/A101)
E DIN IEC 60335-2-40/A102 (VDE 0700-40/A102)
E DIN IEC 60335-2-40/A103 (VDE 0700-40/A103)
E DIN IEC 60335-2-40/A104 (VDE 0700-40/A104)
E DIN IEC 60335-2-40/A105 (VDE 0700-40/A105)
E DIN IEC 60335-2-40/A106 (VDE 0700-40/A106)
RCBO Typ B+ .... E DIN VDE 0664-210 (VDE 0664-210)
RCBOs
für Hausinstallationen .... DIN EN 61009-1 (VDE 0664-20)
E DIN EN 61009-1/AD (VDE 0664-20/AD)
E DIN IEC 61009-1 (VDE 0664-20)
E DIN IEC 61009-1-100 (VDE 0664-20-100)
– Zusatzeinrichtungen .... DIN V VDE V 0664-220 (VDE V 0664-220)
DIN V VDE V 0664-420 (VDE V 0664-420)
RCCB Typ B+ .... E DIN VDE 0664-110 (VDE 0664-110)
RCCBs
für Hausinstallationen .... DIN EN 61008-1 (VDE 0664-10)
E DIN EN 61008-1/AC (VDE 0664-10/AC)
E DIN IEC 61008-1-100 (VDE 0664-10-100)
– Zusatzeinrichtungen .... DIN V VDE V 0664-120 (VDE V 0664-120)
DIN V VDE V 0664-420 (VDE V 0664-420)
RCDs
für Hausinstallationen .... DIN EN 61543 (VDE 0664-30)
RCM-Analyse .... DIN EN 60300-3-11 (VDE 0050-5)
Reaktionsharzmassen
Fingerprintprüfungen .... DIN VDE 0278-631-1 (VDE 0278-631-1)
für die Elektroisolierung
– Begriffe, allgemeine Anforderungen .... DIN EN 60455-1 (VDE 0355-1)
– gefüllte Polyurethanharzmassen .... DIN EN 60455-3-4 (VDE 0355-3-4)
– Imprägnierharzwerkstoffe .... DIN EN 60455-3-5 (VDE 0355-3-5)
– Prüfverfahren .... DIN EN 60455-2 (VDE 0355-2)
DIN VDE 0278-631-1 (VDE 0278-631-1)
– quarzmehlgefüllte Epoxidharzmassen .... DIN EN 60455-3-2 (VDE 0355-3-2)
– Reaktionsharzmassen für Kabelgarnituren .... E DIN IEC 60455-3-8 (VDE 0355-3-8)
– ungefüllte Epoxidharzmassen .... DIN EN 60455-3-1 (VDE 0355-3-1)
– ungefüllte Polyurethanharzmassen .... DIN EN 60455-3-3 (VDE 0355-3-3)

Reaktionsharzmassen
für Kabelgarnituren .... E DIN IEC 60455-3-8 (VDE 0355-3-8)
Typprüfungen .... DIN VDE 0278-631-1 (VDE 0278-631-1)

Reaktoren
Notsteuerstellen .... DIN EN 60965 (VDE 0491-5-5)

Rechnerhardware
in Kernkraftwerken .... DIN EN 60987 (VDE 0491-3-1)
E DIN EN 60987/A1 (VDE 0491-3-1/A1)

Recloser
für Wechselspannungsnetze bis 38 kV .... E DIN IEC 62271-111 (VDE 0671-111)

Referenz-Solarelemente .... DIN EN 60904-2 (VDE 0126-4-2)
Kalibrierung .... DIN EN 60904-4 (VDE 0126-4-4)

Reflexion
aktive optoelektronische diffuse .... DIN CLC/TS 61496-3 (VDE V 0113-203)

Regalbediengeräte
elektrische Ausrüstung .... DIN EN 60204-32 (VDE 0113-32)

Regel- und Steuergeräte
für den Hausgebrauch
– allgemeine Anforderungen .... DIN EN 60730-1 (VDE 0631-1)
– besondere Anforderungen .... DIN EN 60730-2-1 (VDE 0631-2-1)
– Brenner-Steuerungs- und Überwachungssysteme .... DIN EN 60730-2-5 (VDE 0631-2-5)
– elektrische Ölventile .... DIN EN 60730-2-19 (VDE 0631-2-19)
– elektrische Stellantriebe .... DIN EN 60730-2-14 (VDE 0631-2-14)
– elektrische Türverriegelungen .... DIN EN 60730-2-12 (VDE 0631-2-12)
DIN EN 60730-2-12/A11 (VDE 0631-2-12/A11)
– Energieregler .... DIN EN 60730-2-11 (VDE 0631-2-11)
– feuchtigkeitsempfindliche .... DIN EN 60730-2-13 (VDE 0631-2-13)
– luftstrom-, wasserstrom- und wasserstandsabhängige .. DIN EN 60730-2-15 (VDE 0631-2-15)
– Motorschutzeinrichtungen .... DIN EN 60730-2-2 (VDE 0631-2-2)
DIN EN 60730-2-4 (VDE 0631-2-4)
– Motorstartrelais .... DIN EN 60730-2-10 (VDE 0631-2-10)
– Schaltuhren .... DIN EN 60730-2-7 (VDE 0631-2-7)
– temperaturabhängige .... DIN EN 60730-2-9 (VDE 0631-2-9)
E DIN IEC 60730-2-9/A1 (VDE 0631-2-9/A1)
– Vorschaltgeräte für Leuchtstofflampen .... DIN EN 60730-2-3 (VDE 0631-2-3)
– Wasserventile .... DIN EN 60730-2-8 (VDE 0631-2-8)
– Zeitsteuergeräte .... DIN EN 60730-2-7 (VDE 0631-2-7)

Regelgeräte
EMV-Anforderungen
– allgemeine Anforderungen .... DIN EN 61326-1 (VDE 0843-20-1)
E DIN IEC 61326-1 (VDE 0843-20-1)
feuchtigkeitsempfindliche .... DIN EN 60730-2-13 (VDE 0631-2-13)
für den Hausgebrauch
– elektrische Türverriegelungen .... DIN EN 60730-2-12/A11 (VDE 0631-2-12/A11)
– Energieregler .... DIN EN 60730-2-11 (VDE 0631-2-11)
– temperaturabhängige .... DIN EN 60730-2-9 (VDE 0631-2-9)

Regelgeräte, elektrische
allgemeine Anforderungen .... DIN EN 61010-1 (VDE 0411-1)
Prüf- und Messstromkreise .... DIN EN 61010-2-030 (VDE 0411-2-030)
temperaturabhängige .... E DIN IEC 60730-2-9/A1 (VDE 0631-2-9/A1)

Regelkreise
physiologische geschlossene
– für medizinische elektrische Geräte .... DIN EN 60601-1-10 (VDE 0750-1-10)

Regenprüfung (künstlicher Regen) .... DIN EN 60168 (VDE 0674-1)

Registriergeräte
für Eisenbahnfahrzeuge .... DIN VDE 0119-207-11 (VDE 0119-207-11)

Reihendrosselspulen .... DIN EN 60076-6 (VDE 0532-76-6)

Reihenklemmen
für Kupferleiter .... DIN EN 60947-7-1 (VDE 0611-1)
mehrstöckige .... DIN VDE 0611-4 (VDE 0611-4)

Reihenkondensatorbatterien .... DIN EN 60143-2 (VDE 0560-43)

Reihenkondensatoren
für Starkstromanlagen .... DIN EN 60143-1 (VDE 0560-42)
Sicherungen .... DIN EN 60143-3 (VDE 0560-44)
thyristorgesteuerte
– für Starkstromanlagen .... DIN EN 60143-4 (VDE 0560-41)

Reihenuntersuchungen
auf Fieber .... DIN EN 80601-2-59 (VDE 0750-2-59)

Reinigungs-Desinfektionsgeräte
zur Anwendung in Medizin und Pharmazie .... DIN EN 61010-2-040 (VDE 0411-2-040)

Reinigungsgeräte
für medizinisches Material .... DIN EN 61010-2-040 (VDE 0411-2-040)
zur Oberflächenreinigung
– für den Hausgebrauch .... DIN EN 60335-2-54 (VDE 0700-54)

Reinigungs-Vorrichtungen
Absaugen unter Spannung .... DIN VDE 0682-621 (VDE 0682-621)

Reißdehnung
von Polyethylen- und Polypropylenmischungen .... DIN EN 60811-4-2 (VDE 0473-811-4-2)
E DIN EN 60811-512 (VDE 0473-811-512)

Reißlänge
von Kabeln und Leitungen .... DIN 57472-626 (VDE 0472-626)

Reizstromgeräte
für Nerven und Muskeln .... DIN EN 60601-2-10 (VDE 0750-2-10)
E DIN IEC 60601-2-10 (VDE 0750-2-10)

Relais
elektromechanische Elementarrelais
– allgemeine Anforderungen .... DIN EN 61810-1 (VDE 0435-201)
– Funktionsfähigkeit (Zuverlässigkeit) .... DIN EN 61810-2 (VDE 0435-120)
DIN EN 61810-2-1 (VDE 0435-120-1)
Messrelais und Schutzeinrichtungen
– EMV-Anforderungen .... E DIN EN 60255-26 (VDE 0435-320)
DIN EN 60255-26 (VDE 0435-320)
mit zwangsgeführten Kontakten .... DIN EN 50205 (VDE 0435-2022)
zum Schutz vor thermischer Überlastung
– von Motoren .... DIN EN 60255-8 (VDE 0435-3011)

Restwiderstandsverhältnis
von Nb_3Sn-Verbundsupraleitern .... E DIN EN 61788-11 (VDE 0390-11)
von Nb-Ti-Verbundsupraleitern .... E DIN EN 61788-4 (VDE 0390-4)
DIN EN 61788-4 (VDE 0390-4)

Rettungsfahrzeuge .... DIN VDE 0100-717 (VDE 0100-717)

Rettungsweg .... DIN VDE 0100-729 (VDE 0100-729)

Rettungswege
Kennzeichnung .... DIN V VDE V 0108-100 (VDE V 0108-100)
Sicherheitsbeleuchtung .... DIN EN 50172 (VDE 0108-100)
DIN V VDE V 0108-100 (VDE V 0108-100)
– automatische Prüfsysteme .... DIN EN 62034 (VDE 0711-400)
E DIN IEC 62034 (VDE 0711-400)

Revisionskästen
für Blitzschutzsysteme .... DIN EN 62561-5 (VDE 0185-561-5)

Richtungs-Äquivalentdosis(leistungs)-Messgeräte
für Beta-, Röntgen- und Gammastrahlung .... DIN EN 60846 (VDE 0492-2-1)
E DIN IEC 60846-1 (VDE 0492-2-1)

Rillenfahrdrähte
aus Kupfer und Kupferlegierung .... E DIN EN 50149 (VDE 0115-602)

Ringgitter .... Anwendungsregel (VDE-AR-N 4210-11)

Ringstelltransformatoren .... DIN VDE 0552 (VDE 0552)

Risikoabschätzung
für bauliche Anlagen
– durch Wolke-Erde-Blitze .... E DIN EN 62305-2 (VDE 0185-305-2)
Beiblatt 1 DIN EN 62305-2 (VDE 0185-305-2)
DIN EN 62305-2 (VDE 0185-305-2)

Risikobeurteilung
Verfahren .... DIN EN 31010 (VDE 0050-1)

Risikobeurteilungsverfahren .... DIN EN 31010 (VDE 0050-1)

Risikomanagement
für IT-Netzwerke mit Medizinprodukten .... DIN EN 80001-1 (VDE 0756-1)
Verfahren zur Risikobeurteilung .... DIN EN 31010 (VDE 0050-1)

Rissbeständigkeit .... DIN EN 60811-3-1 (VDE 0473-811-3-1)
von Isolierhüllen und Mänteln .... E DIN EN 60811-509 (VDE 0473-811-509)

Roboter-Rasenmäher
batteriebetriebene .... E DIN EN 60335-2-107 (VDE 0700-107)

Rohre und Stäbe
aus Schichtpressstoffen
– auf Basis warmhärtender Harze .... DIN EN 61212-3-2 (VDE 0319-3-2)
E DIN IEC 61212-3-1 (VDE 0319-3-1)
E DIN IEC 61212-3-2 (VDE 0319-3-2)
– Bestimmungen für einzelne Werkstoffe .... DIN EN 61212-3-1 (VDE 0319-3-1)
– Typvergleich .... DIN EN 61212-1 (VDE 0319-1)
isolierende schaumgefüllte
– mit kreisförmigem Querschnitt .... E DIN EN 60855-1 (VDE 0682-214-1)

Röhrenkabel (LWL-) .... DIN EN 60794-3-10 (VDE 0888-310)
E DIN IEC 60794-3-12 (VDE 0888-13)

Rohrhalter
für Elektroinstallationsrohrsysteme .... E DIN IEC 61386-25 (VDE 0605-25)

Rohrleitungskreise
Drosselklappen .... DIN EN 50216-8 (VDE 0532-216-8)

Rohrreinigungsgeräte
handgeführt, motorbetrieben .... DIN EN 60745-2-21 (VDE 0740-2-21)

Rollenherdöfen .... DIN EN 60519-2 (VDE 0721-2)

Rollenpressspan
für elektrotechnische Anwendungen
– Begriffe und allgemeine Anforderungen .... DIN EN 60641-1 (VDE 0315-1)
– Prüfverfahren .... DIN EN 60641-2 (VDE 0315-2)
– Typen P.2.1, P.4.1, P.4.2, P.4.3 und P.4.6 .... DIN EN 60641-3-2 (VDE 0315-3-2)
– Typen P.2.1, P.4.1, P.4.2, P.4.3 und P.6.1 .... Beiblatt 1 DIN EN 60641-3-2 (VDE 0315-3-2)
Typenvergleich .... Beiblatt 1 DIN EN 60641-3-2 (VDE 0315-3-2)

Rollläden
für den Hausgebrauch
– elektrischer Antrieb .... DIN EN 60335-2-97 (VDE 0700-97)

Rolltore
elektrische Antriebe .... DIN EN 60335-2-103 (VDE 0700-103)

Röntgeneinrichtungen
extraorale zahnärztliche .... E DIN EN 60601-2-63 (VDE 0750-2-63)
für die Computertomographie .... DIN EN 60601-2-44 (VDE 0750-2-44)
E DIN EN 60601-2-44/A1 (VDE 0750-2-44/A1)
für interventionelle Verfahren .... DIN EN 60601-2-43 (VDE 0750-2-43)
intraorale zahnärztliche .... E DIN EN 60601-2-65 (VDE 0750-2-65)

Röntgenfluoreszenz-Analysegeräte
tragbare, mit Kleinströntgenröhre .... DIN IEC 62495 (VDE 0412-20)

Röntgenfluoreszenz-Spektrometrie .... E DIN EN 62321-3-1 (VDE 0042-1-3-1)

Röntgengeräte
für Radiographie und Radioskopie .... DIN EN 60601-2-54 (VDE 0750-2-54)

Röntgengeräte, diagnostische
Strahlenschutz .... DIN EN 60601-1-3 (VDE 0750-1-3)

Röntgengeräteschränke
für industrielle und kommerzielle Anwendung .... E DIN IEC 61010-2-091 (VDE 0411-2-091)

Röntgen-Mammographiegeräte .... E DIN IEC 60601-2-45 (VDE 0750-2-45)

Röntgenstrahlenerzeuger
therapeutische .... DIN EN 60601-2-8 (VDE 0750-2-8)

Röntgenstrahler
für die medizinische Diagnostik .... DIN EN 60601-2-28 (VDE 0750-2-28)

Röntgenstrahlung
Äquivalentdosisleistung .... E DIN IEC 60846-1 (VDE 0492-2-1)

Rotorblätter
von Windenergieanlagen .... E DIN EN 61400-23 (VDE 0127-23)

Rückenstaubsauger
für den gewerblichen Gebrauch .... DIN EN 60335-2-69 (VDE 0700-69)
E DIN IEC 60335-2-69/A101 (VDE 0700-69/A1)
E DIN IEC 60335-2-69/A102 (VDE 0700-69/A2)
E DIN IEC 60335-2-69/A103 (VDE 0700-69/A3)
E DIN IEC 60335-2-69/A104 (VDE 0700-69/A4)
E DIN IEC 60335-2-69/A105 (VDE 0700-69/A5)

Rückflussdämpfung .... E DIN EN 60512-28-100 (VDE 0687-512-28-100)

Rückkanäle
in Kabelnetzen .... Beiblatt 1 DIN EN 50083-10 (VDE 0855-10)

Rucksackstaubsauger
für den gewerblichen Gebrauch .... DIN EN 60335-2-69 (VDE 0700-69)
E DIN IEC 60335-2-69/A101 (VDE 0700-69/A1)
E DIN IEC 60335-2-69/A102 (VDE 0700-69/A2)
E DIN IEC 60335-2-69/A103 (VDE 0700-69/A3)

Rucksackstaubsauger
für den gewerblichen Gebrauch .... E DIN IEC 60335-2-69/A104 (VDE 0700-69/A4)
E DIN IEC 60335-2-69/A105 (VDE 0700-69/A5)

Rücksaugung von Nichttrinkwasser
Verhinderung .... DIN EN 61770 (VDE 0700-600)

Rückwärtskanalübertragung .... DIN EN 62386-101 (VDE 0712-0-101)

Rückwärtstelegramm .... DIN EN 62386-102 (VDE 0712-0-102)

Rückweg-Systemanforderungen
an Kommunikationsnetze .... E DIN EN 60728-10 (VDE 0855-10)

Rufanlagen .... DIN VDE 0834-1 (VDE 0834-1)
DIN VDE 0834-2 (VDE 0834-2)

Rufgeneratoren .... DIN EN 61204-7 (VDE 0557-7)
DIN EN 61204-7/A11 (VDE 0557-7/A11)

RuK-Verkabelung
nach EN 50173
– Hausinstallationskabel 5 MHz - 3 000 MHz .... DIN EN 50117-4-1 (VDE 0887-4-1)

Runddrahtwicklungen .... DIN EN 60034-18-21 (VDE 0530-18-21)
DIN EN 60034-18-21/A1 (VDE 0530-18-21/A1)
DIN EN 60034-18-21/A2 (VDE 0530-18-21/A2)
thermische Bewertung und Klassifizierung .... E DIN IEC 60034-18-21 (VDE 0530-18-21)

Rundfunkempfänger
Störfestigkeitseigenschaften
– Grenzwerte und Prüfverfahren .... DIN EN 55020 (VDE 0872-20)
E DIN EN 55020/AA (VDE 0872-20/A1)

Rundfunksender
elektromagnetische Felder
– Exposition der Allgemeinbevölkerung .... DIN EN 50554 (VDE 0848-554)
– Exposition der Allgemeinbevölkerung und Arbeitnehmern ...... DIN EN 50421 (VDE 0848-421)
– Exposition von Personen .... DIN EN 50420 (VDE 0848-420)
DIN EN 50475 (VDE 0848-475)
DIN EN 50496 (VDE 0848-496)
– Grundnorm .... DIN EN 50420 (VDE 0848-420)
– Produktnorm .... DIN EN 50421 (VDE 0848-421)
DIN EN 50476 (VDE 0848-476)

Rundfunksignale
Übertragung .... DIN EN 60728-13 (VDE 0855-13)

Rundfunksignale in FTTH-Systemen
Bandbreitenerweiterung .... E DIN IEC 60728-13-1 (VDE 0855-13-1)

Rundfunkstandorte
Vorort-Bewertung
– bezüglich hochfrequenter elektromagnetischer Felder .... DIN EN 50554 (VDE 0848-554)

Rundfunkübertragungswagen .... DIN VDE 0100-717 (VDE 0100-717)

Rundsteckverbinder
Bauartspezifikation
– Steckverbinder M12 mit Schraubverriegelung ...... DIN EN 61076-2-107 (VDE 0687-76-2-107)
E DIN IEC 61076-2-101 (VDE 0687-76-2-101)
M12 x 1 mit Schraubverriegelung
– für Datenübertragung bis 500 MHz .... E DIN EN 61076-2-109 (VDE 0687-76-2-109)

Rußbestimmung .... DIN VDE 0472-705 (VDE 0472-705)

Rußgehalt
in Polyethylenmischungen .... E DIN EN 60811-605 (VDE 0473-811-605)

Rußverteilung
in Polyethylen und Polypropylen .... E DIN EN 60811-607 (VDE 0473-811-607)
Rutscher .... E DIN EN 60745-2-3/A2 (VDE 0740-2-3/A2)

S

"s"; Sonderschutz .... E DIN IEC 60079-33 (VDE 0170-33)
Säbelsägen
handgeführt, motorbetrieben .... DIN EN 60745-2-11 (VDE 0740-2-11)
Sägetische .... DIN EN 61029-2-1 (VDE 0740-501)
Salznebel-Korrosionsprüfung
von photovoltaischen (PV-)Modulen .... E DIN IEC 61701 (VDE 0126-8)
Sammelschienen
Isolierung mit Isolierschläuchen .... DIN EN 60684-3-283 (VDE 0341-3-283)
Sandkapselung "q" .... DIN EN 60079-5 (VDE 0170-4)
SARS
Wärmebildkameras .... DIN EN 80601-2-59 (VDE 0750-2-59)
Satellitenantenne .... DIN EN 60728-1-2 (VDE 0855-7-2)
SAT-GA-Netze .... DIN EN 50083-9 (VDE 0855-9)
Sattelisolatoren .... DIN VDE 0446-2 (VDE 0446-2)
Satzung
für das Vorschriftenwerk des VDE .... (VDE 0022)
Sauerstoff
Geräte zur Detektion und Messung .... DIN EN 50104 (VDE 0400-20)
Sauerstoffalterung
von Polyethylen- und Polypropylenverbindungen .... DIN EN 60811-4-2 (VDE 0473-811-4-2)
von polyolefinisolierten Leitern .... E DIN EN 60811-410 (VDE 0473-811-410)
Sauerstoff-Kennwert .... DIN EN 61144 (VDE 0380-3)
Sauerstoffsensoren .... DIN EN 50104 (VDE 0400-20)
Säuglingsinkubatoren .... DIN EN 60601-2-19 (VDE 0750-2-19)
DIN EN 60601-2-20 (VDE 0750-2-20)
Säuglings-Phototherapiegeräte .... DIN EN 60601-2-50 (VDE 0750-2-50)
Säuglingswärmestrahler .... DIN EN 60601-2-21 (VDE 0750-2-21)
Säulenstelltransformatoren .... DIN VDE 0552 (VDE 0552)
Saunaheizgeräte
für den Hausgebrauch .... DIN EN 60335-2-53 (VDE 0700-53)
E DIN EN 60335-2-53 (VDE 0700-53)
Saunaheizungen
Räume und Kabinen mit .... DIN VDE 0100-703 (VDE 0100-703)
Saunen .... DIN VDE 0100-703 (VDE 0100-703)
Säuregehalt
von Isolierflüssigkeiten .... DIN EN 62021-1 (VDE 0370-31)
DIN EN 62021-2 (VDE 0370-32)
Schachtförderanlagen .... DIN VDE 0118-1 (VDE 0118-1)
DIN VDE 0118-2 (VDE 0118-2)
Schachtöfen .... DIN EN 60519-2 (VDE 0721-2)

Schadensrisiko
für bauliche Anlagen
– Berechnungshilfe .... E DIN EN 62305-2 (VDE 0185-305-2)
Beiblatt 2 DIN EN 62305-2 (VDE 0185-305-2)
– durch Wolke-Erde-Blitze .... E DIN EN 62305-2 (VDE 0185-305-2)
Beiblatt 1 DIN EN 62305-2 (VDE 0185-305-2)
DIN EN 62305-2 (VDE 0185-305-2)

Schadenverhütung
in elektrischen Anlagen .... VDE-Schriftenreihe Band 85

Schalenkreuzanemometer .... DIN EN 61400-12-1 (VDE 0127-12-1)

Schalldruckpegel
von Freiluft-Leistungsschaltern .... E DIN IEC 62271-37-082 (VDE 0671-37-082)

Schallleistungspegel
drehender elektrischer Maschinen .... DIN EN 60034-9 (VDE 0530-9)

Schallmessverfahren
an Windenergieanlagen .... DIN EN 61400-11 (VDE 0127-11)
E DIN IEC 61400-11 (VDE 0127-11)

Schaltanlagen .... DIN EN 61439-1 (VDE 0660-600-1)
E DIN EN 61439-1 (VDE 0660-600-1)
DIN EN 61439-2 (VDE 0660-600-2)
E DIN EN 61439-2 (VDE 0660-600-2)
gasisolierte metallgekapselte
– Bemessungsspannung über 52 kV .... DIN EN 62271-203 (VDE 0671-203)
DIN EN 62271-209 (VDE 0671-209)
– fluidgefüllte und feststoffisolierte Kabelendverschlüsse ... DIN EN 62271-209 (VDE 0671-209)
isolierstoffgekapselt
– für Wechselspannungen über 1 kV bis 52 kV .... DIN EN 62271-201 (VDE 0671-201)
mit Nennwechselspannungen über 1 kV
– Erdung .... DIN EN 50522 (VDE 0101-2)
Schwingungsschutzarmaturen .... DIN VDE 0212-51 (VDE 0212-51)

Schaltanlagen, fabrikfertige
für Hochspannung/Niederspannung .... DIN EN 62271-202 (VDE 0671-202)

Schaltberechtigung
für Elektrofachkräfte .... VDE-Schriftenreihe Band 79

Schaltdrähte
erweiterter Temperaturbereich .... DIN VDE 0881 (VDE 0881)
DIN VDE 0891-9 (VDE 0891-9)
Fernmeldeanlagen .... DIN VDE 0891-2 (VDE 0891-2)
PVC-isolierte .... DIN VDE 0812 (VDE 0812)
E DIN VDE 0812/A1 (VDE 0812/A1)

Schaltelemente
Drei-Stellungs-Zustimmschalter .... DIN EN 60947-5-8 (VDE 0660-215)
Durchflussmengenschalter .... DIN EN 60947-5-9 (VDE 0660-216)
Gleichstrom-Schnittstelle für Schaltverstärker .... DIN EN 60947-5-6 (VDE 0660-212)
Näherungsschalter .... DIN EN 60947-5-2 (VDE 0660-208)
E DIN EN 60947-5-2/A1 (VDE 0660-208/A1)

Schalten
Geräte zum .... DIN VDE 0100-530 (VDE 0100-530)
DIN VDE 0100-537 (VDE 0100-537)
induktiver Lasten .... DIN EN 62271-110 (VDE 0671-110)
E DIN EN 62271-110 (VDE 0671-110)

Schalter ... DIN VDE 0100-550 (VDE 0100-550)
E DIN VDE 0100-570 (VDE 0100-570)
für Haushalt u.ä. Installationen
– allgemeine Anforderungen ... DIN EN 60669-1 (VDE 0632-1)
Beiblatt 1 DIN EN 60669-1 (VDE 0632-1)
E DIN IEC 60669-1/A101 (VDE 0632-1/A101)
E DIN IEC 60669-1/A102 (VDE 0632-1/A102)
– elektronische Schalter ... DIN EN 60669-2-1 (VDE 0632-2-1)
DIN EN 60669-2-1/A12 (VDE 0632-2-1/A12)
– Fernschalter ... DIN EN 60669-2-2 (VDE 0632-2-2)
– Trennschalter ... DIN EN 60669-2-4 (VDE 0632-2-4)
– Zeitschalter ... DIN EN 60669-2-3 (VDE 0632-2-3)
unabhängig montierte ... DIN EN 61058-2-4 (VDE 0630-2-4)

Schalter (ESHG-) ... DIN EN 50428 (VDE 0632-400)
E DIN IEC 60669-2-5 (VDE 0632-2-5)

Schalter, elektronische
für Haushalt u.ä. Installationen ... DIN EN 60669-2-1 (VDE 0632-2-1)
DIN EN 60669-2-1/A12 (VDE 0632-2-1/A12)

Schalter-Sicherungs-Einheiten
für Niederspannung ... DIN EN 60947-3 (VDE 0660-107)
E DIN EN 60947-3/A1 (VDE 0660-107/A1)

Schaltgeräte
Errichtung ... DIN VDE 0100-530 (VDE 0100-530)
Isolieröle ... E DIN IEC 60296 (VDE 0370-1)
zum Trennen und Schalten ... DIN VDE 0100-537 (VDE 0100-537)

Schaltgerätekombinationen
allgemeine Festlegungen ... E DIN EN 61439-1 (VDE 0660-600-1)
Baustromverteiler ... DIN EN 60439-4 (VDE 0660-501)
E DIN EN 61439-4 (VDE 0660-600-4)
Erdbebenqualifikation ... DIN EN 62271-207 (VDE 0671-207)
für erschwerte klimatische Bedingungen ... E DIN IEC 62271-304 (VDE 0671-304)
in Energieverteilungsnetzen ... DIN EN 61439-5 (VDE 0660-600-5)
partiell typgeprüfte
– Kurzschlussfestigkeit ... DIN IEC 61117 (VDE 0660-509)

Schaltgerätekombinationen, gasisolierte
Bemessungsspannungen über 52 kV
– Erdbebenqualifikation ... E DIN EN 62271-207 (VDE 0671-207)

Schaltgerätekombinationen, kompakte
für Bemessungsspannungen über 52 kV ... DIN EN 62271-205 (VDE 0671-205)

Schaltgespräch ... VDE-Schriftenreihe Band 79

Schaltkabel
bis 100 MHz, geschirmt ... DIN EN 50288-2-2 (VDE 0819-2-2)
E DIN EN 50288-2-2 (VDE 0819-2-2)
bis 100 MHz, ungeschirmt ... DIN EN 50288-3-2 (VDE 0819-3-2)
E DIN EN 50288-3-2 (VDE 0819-3-2)
bis 250 MHz, geschirmt ... DIN EN 50288-5-2 (VDE 0819-5-2)
E DIN EN 50288-5-2 (VDE 0819-5-2)
bis 250 MHz, ungeschirmt ... DIN EN 50288-6-2 (VDE 0819-6-2)
E DIN EN 50288-6-2 (VDE 0819-6-2)
bis 600 MHz, geschirmt ... DIN EN 50288-4-2 (VDE 0819-4-2)
E DIN EN 50288-4-2 (VDE 0819-4-2)
Informationsverarbeitungsanlagen ... DIN VDE 0813 (VDE 0813)
Lichtwellenleiterkabel ... DIN EN 60794-1-1 (VDE 0888-100-1)

Schaltlitzen
mit erweitertem Temperaturbereich .... DIN VDE 0881 (VDE 0881)
DIN VDE 0891-9 (VDE 0891-9)
PVC-isolierte .... E DIN VDE 0812/A1 (VDE 0812/A1)

Schaltnetzteile
Anforderungen und Prüfungen .... DIN EN 61558-1 (VDE 0570-1)
DIN EN 61558-1/A1 (VDE 0570-1/A1)
DIN EN 61558-2-16 (VDE 0570-2-16)
energiesparende .... E DIN IEC 61558-2-26 (VDE 0570-2-26)
Transformatoren in .... DIN EN 61558-2-16 (VDE 0570-2-16)

Schaltpläne
in der Elektrotechnik .... DIN EN 61082-1 (VDE 0040-1)

Schaltrelais
ohne festgelegtes Zeitverhalten .... DIN EN 61810-1 (VDE 0435-201)

Schaltschränke .... DIN EN 61439-1 (VDE 0660-600-1)
E DIN EN 61439-1 (VDE 0660-600-1)
DIN EN 61439-2 (VDE 0660-600-2)
E DIN EN 61439-2 (VDE 0660-600-2)
Verdrahtungskanäle .... DIN EN 50085-2-3 (VDE 0604-2-3)

Schaltschrankkanäle .... DIN EN 50085-2-3 (VDE 0604-2-3)

Schaltstelle, selbsttätige
zwischen Eigenerzeugungsanlage und
Niederspannungsnetz .... DIN V VDE V 0126-1-1 (VDE V 0126-1-1)

Schaltüberspannungen .... DIN VDE 0100-534 (VDE 0100-534)

Schaltuhren
für den Hausgebrauch .... DIN EN 60730-2-7 (VDE 0631-2-7)
für Tarif- und Laststeuerung .... DIN EN 62054-21 (VDE 0419-4-21)

Schaukästen, beheizte .... DIN EN 60335-2-49 (VDE 0700-49)
für den gewerblichen Gebrauch .... E DIN EN 60335-2-49/AB (VDE 0700-49/A1)

Schaustellereinrichtungen .... DIN VDE 0100-711 (VDE 0100-711)

Scheibenfräser .... DIN EN 60745-2-19 (VDE 0740-2-19)

Scheinwerfer
besondere Anforderungen .... VDE-Schriftenreihe Band 12
ortsfeste, mit Entladungslampen .... DIN EN 60598-2-5 (VDE 0711-2-5)
DIN VDE 0711-217 (VDE 0711-217)

Schichtpressstoffe
Prüfverfahren .... DIN VDE 0312 (VDE 0312)
Rohre und Stäbe
– allgemeine Anforderungen .... DIN EN 61212-1 (VDE 0319-1)
DIN EN 61212-3-1 (VDE 0319-3-1)
– auf Basis warmhärtender Harze .... DIN EN 61212-2 (VDE 0319-2)
DIN EN 61212-3-2 (VDE 0319-3-2)
DIN EN 61212-3-3 (VDE 0319-3-3)
– mit recht- und sechseckigem Querschnitt .... DIN EN 62011-1 (VDE 0320-1)
– runde, formgepresste Rohre .... E DIN IEC 61212-3-2 (VDE 0319-3-2)
– runde, gewickelte Rohre .... E DIN IEC 61212-3-1 (VDE 0319-3-1)
– Typvergleich .... DIN EN 61212-1 (VDE 0319-1)
Tafeln
– auf Basis warmhärtender Harze .... DIN EN 60893-2 (VDE 0318-2)
DIN EN 60893-3-5 (VDE 0318-3-5)
DIN EN 60893-3-6 (VDE 0318-3-6)
DIN EN 60893-3-7 (VDE 0318-3-7)
E DIN IEC 60893-3-1 (VDE 0318-3-1)

Schichtpressstoffe
Tafeln
– auf Basis warmhärtender Harze .... E DIN IEC 60893-3-2/A1 (VDE 0318-3-2/A1)
E DIN IEC 60893-3-2/A2 (VDE 0318-3-2/A2)
E DIN IEC 60893-3-3/A1 (VDE 0318-3-3/A1)
E DIN IEC 60893-3-4/A1 (VDE 0318-3-4/A1)
E DIN IEC 60893-4 (VDE 0318-4)
Typvergleich .... Beiblatt 1 DIN EN 60893-3-1 (VDE 0318-3-1)
Vulkanfiber .... DIN VDE 0312 (VDE 0312)

Schiebetore
elektrische Antriebe .... DIN EN 60335-2-103 (VDE 0700-103)

Schienenfahrzeuge
Brandschutz .... DIN CLC/TS 45545-5 (VDE V 0115-545)
drehende elektrische Maschinen
– außer umrichtergespeiste Wechselstrommotoren .... DIN EN 60349-1 (VDE 0115-400-1)
– umrichtergespeiste Wechselstrommotoren .... DIN EN 60349-2 (VDE 0115-400-2)
elektronische Einrichtungen .... DIN EN 50155 (VDE 0115-200)
Hochtemperaturkabel und -leitungen
– allgemeine Anforderungen .... DIN EN 50382-1 (VDE 0260-382-1)
– einadrige silikonisolierte Leitungen .... DIN EN 50382-2 (VDE 0260-382-2)
Kabel und Leitungen
– Isolierwanddicken .... DIN EN 50306-1 (VDE 0260-306-1)
DIN EN 50306-2 (VDE 0260-306-2)
DIN EN 50306-3 (VDE 0260-306-3)
DIN EN 50306-4 (VDE 0260-306-4)
DIN EN 50355 (VDE 0260-355)
– Prüfverfahren .... DIN EN 50305 (VDE 0260-305)
Prüfung von Stromabnehmern .... DIN EN 50206-1 (VDE 0115-500-1)
Starkstrom- und Steuerleitungen
– mit verbessertem Brandverhalten .... DIN EN 50264-1 (VDE 0260-264-1)
DIN EN 50264-2-1 (VDE 0260-264-2-1)
DIN EN 50264-2-2 (VDE 0260-264-2-2)
DIN EN 50264-3-1 (VDE 0260-264-3-1)
DIN EN 50264-3-2 (VDE 0260-264-3-2)

Schienenverkehr
europäisches Leitsystem
– akustische Informationen .... DIN CLC/TS 50459-6 (VDE V 0831-459-6)
– Symbole .... DIN CLC/TS 50459-5 (VDE V 0831-459-5)

Schienenverteilersysteme (busways) .... DIN EN 60439-2 (VDE 0660-502)
E DIN EN 61439-6 (VDE 0660-600-6)

Schiffsanlegeplatz .... DIN VDE 0100-709 (VDE 0100-709)
E DIN VDE 0100-709/A1 (VDE 0100-709/A1)

Schiffsanleger .... DIN VDE 0100-709 (VDE 0100-709)
E DIN VDE 0100-709/A1 (VDE 0100-709/A1)

Schiffsanlegestelle .... DIN VDE 0100-709 (VDE 0100-709)
E DIN VDE 0100-709/A1 (VDE 0100-709/A1)

Schiffskupplungen
für Hochspannungs-Landanschlusssysteme .... E DIN EN 62613-1 (VDE 0623-613-1)
E DIN EN 62613-2 (VDE 0623-613-2)

Schiffsstecker
für Hochspannungs-Landanschlusssysteme .... E DIN EN 62613-1 (VDE 0623-613-1)
E DIN EN 62613-2 (VDE 0623-613-2)

Schirmwirkung
elektromagnetische Messungen .... E DIN IEC 62153-4-1 (VDE 0819-153-4-1)

Schlagbohrmaschinen
handgeführt, motorbetrieben .... DIN EN 60745-2-1 (VDE 0740-2-1)
Schlaghämmer .... DIN EN 60745-2-6 (VDE 0740-2-6)
Schlagprüfungen
für Isolierhüllen und Mäntel .... E DIN EN 60811-506 (VDE 0473-811-506)
Schlagschrauber
handgeführt, motorbetrieben .... DIN EN 60745-2-2 (VDE 0740-2-2)
Schlammabsauger
für Gartenteiche .... DIN EN 60335-2-55 (VDE 0700-55)
Schlammpumpen .... DIN EN 60335-2-41 (VDE 0700-41)
Schlauchleitungen
PVC-isolierte
– mit Polyurethanmantel .... E DIN VDE 0250-407/A1 (VDE 0250-407/A1)
Schlauchsätze
für den Wasseranschluss elektrischer Geräte .... DIN EN 61770 (VDE 0700-600)
Schleifenwiderstand
Geräte zum Prüfen, Messen, Überwachen .... DIN EN 61557-3 (VDE 0413-3)
in Niederspannungsnetzen
– Messung .... DIN EN 61557-3 (VDE 0413-3)
Schleifer
handgeführt, motorbetrieben .... E DIN EN 60745-2-3/A2 (VDE 0740-2-3/A2)
E DIN EN 60745-2-3/AA (VDE 0740-2-3/AA)
E DIN EN 60745-2-3/AC (VDE 0740-2-3/AC)
DIN EN 60745-2-4 (VDE 0740-2-4)
E DIN EN 60745-2-4/AA (VDE 0740-2-4/AA)
Schlitzfräsen .... DIN EN 60745-2-17 (VDE 0740-2-17)
Schmelzen von Glas
Einrichtungen .... DIN EN 60519-21 (VDE 0721-21)
Schmelzindex
von Polyethylen- und Polypropylenmischungen .... E DIN EN 60811-511 (VDE 0473-811-511)
Schmelzöfen
Lichtbogen-
– Prüfverfahren .... DIN EN 60676 (VDE 0721-1012)
Schneidgeräte (Kabel-)
hydraulische .... DIN EN 50340 (VDE 0682-661)
Schnelle Transiente .... DIN EN 61000-4-4 (VDE 0847-4-4)
E DIN EN 61000-4-4 (VDE 0847-4-4)
Schnittstellen
Anschluss von Geräten
– an Informations- und Kommunikationsnetze .... Beiblatt 1 DIN EN 41003 (VDE 0804-100)
digital adressierbare für Beleuchtung
– allgemeine Anforderungen .... DIN EN 62386-101 (VDE 0712-0-101)
DIN EN 62386-102 (VDE 0712-0-102)
E DIN EN 62386-103 (VDE 0712-0-103)
– Anforderungen an Betriebsgeräte .... E DIN EN 62386-209 (VDE 0712-0-209)
E DIN IEC 62386-210 (VDE 0712-0-210)
– Betriebsgeräte .... DIN EN 62386-102 (VDE 0712-0-102)
DIN EN 62386-201 (VDE 0712-0-201)
DIN EN 62386-202 (VDE 0712-0-202)
DIN EN 62386-203 (VDE 0712-0-203)
DIN EN 62386-204 (VDE 0712-0-204)
– Entladungslampen .... DIN EN 62386-203 (VDE 0712-0-203)

Schnittstellen
digital adressierbare für Beleuchtung
– Farbsteuerung ... E DIN EN 62386-209 (VDE 0712-0-209)
– LED-Module (Gerätetyp 6) ... DIN EN 62386-207 (VDE 0712-0-207)
– Leuchtstofflampen (Gerätetyp 0) ... DIN EN 62386-201 (VDE 0712-0-201)
– Niedervolt-Halogenlampen ... DIN EN 62386-204 (VDE 0712-0-204)
– Notbeleuchtung mit Einzelbatterie ... DIN EN 62386-202 (VDE 0712-0-202)
– Schaltfunktion (Gerätetyp 7) ... DIN EN 62386-208 (VDE 0712-0-208)
– System ... DIN EN 62386-101 (VDE 0712-0-101)
– Umwandlung digitales Signal in Gleichspannung ... DIN EN 62386-206 (VDE 0712-0-206)
– Versorgungsspannungsregler für Glühlampen ... DIN EN 62386-205 (VDE 0712-0-205)
digitale, nach IEC 61850 ... DIN EN 62271-3 (VDE 0671-3)

Schnittstellenanschlüsse
Begrenzung des Temperaturanstiegs ... Beiblatt 1 DIN VDE 0100-520 (VDE 0100-520)

Schnüre
für Fernmelde- und Informationsverarbeitungsanlagen ... DIN 57814 (VDE 0814)
DIN 57891-4 (VDE 0891-4)
DIN VDE 0472-509 (VDE 0472-509)
für informationstechnische Verkabelung ... DIN EN 61935-2 (VDE 0819-935-2)

Schnurschalter ... DIN EN 61058-2-1 (VDE 0630-2-1)

Schocken
Prüfung Ea Leitfaden ... DIN EN 60068-2-27 (VDE 0468-2-27)

Schockprüfung
für Betriebsmittel von Bahnfahrzeugen ... DIN EN 61373 (VDE 0115-106)

Schornsteine
Blitzschutz ... Beiblatt 2 DIN EN 62305-3 (VDE 0185-305-3)

Schränke
seismische Prüfungen ... E DIN IEC 61587-2 (VDE 0687-587-2)
Umweltanforderungen und Sicherheitsaspekte ... E DIN EN 61587-1 (VDE 0687-587-1)

Schrauber
handgeführt, motorbetrieben ... DIN EN 60745-2-2 (VDE 0740-2-2)

Schraubklemmstellen ... DIN EN 60998-2-1 (VDE 0613-2-1)
DIN EN 60999-1 (VDE 0609-1)
DIN EN 60999-2 (VDE 0609-101)

Schredder
für den Hausgebrauch ... E DIN EN 50435 (VDE 0700-93)

Schrumpfungsprüfung
für Isolierhüllen ... E DIN EN 60811-502 (VDE 0473-811-502)
für Kabelmäntel ... E DIN EN 60811-503 (VDE 0473-811-503)

Schulen
elektrische Anlagen ... E DIN IEC 60364-7-718 (VDE 0100-718)
Gebrauch elektrischer Geräte
– durch Kinder und Jugendliche ... E DIN IEC 61010-2-092 (VDE 0411-2-092)

Schüttgutbehälter, flexible (FIBC)
Zündgefahren durch elektrostatische Entladungen ... DIN EN 61340-4-4 (VDE 0300-4-4)
E DIN IEC 61340-4-4 (VDE 0300-4-4)

Schutz
bei indirektem Berühren ... VDE-Schriftenreihe Band 105
VDE-Schriftenreihe Band 140
Beiblatt 5 DIN VDE 0100 (VDE 0100)
DIN VDE 0100-410 (VDE 0100-410)
bei Überlast ... VDE-Schriftenreihe Band 143

Schutz
bei Überspannung .... VDE-Schriftenreihe Band 106
VDE-Schriftenreihe Band 105
durch Abdeckung .... DIN VDE 0100-410 (VDE 0100-410)
durch Abstand .... DIN VDE 0100-731 (VDE 0100-731)
durch automatische Abschaltung .... DIN VDE 0100-410 (VDE 0100-410)
durch Kleinspannung .... DIN VDE 0100-410 (VDE 0100-410)
durch nicht leitende Räume .... DIN VDE 0100-410 (VDE 0100-410)
durch Trennen und Schalten .... DIN VDE 0100-537 (VDE 0100-537)
durch Umhüllung .... DIN VDE 0100-410 (VDE 0100-410)
gegen direktes Berühren .... DIN VDE 0100-410 (VDE 0100-410)
gegen elektrischen Schlag .... VDE-Schriftenreihe Band 140
DIN EN 61140 (VDE 0140-1)
DIN V VDE V 0140-479-3 (VDE V 0140-479-3)
DIN VDE 0100-410 (VDE 0100-410)
gegen thermische Einflüsse .... DIN VDE 0100-420 (VDE 0100-420)
gegen Überhitzung .... DIN VDE 0100-420 (VDE 0100-420)
gegen Überspannungen .... DIN VDE 0100-443 (VDE 0100-443)
– durch elektromagnetische Störungen (EMI) .... DIN EN 60099-1 (VDE 0675-1)
gegen Verbrennungen .... DIN VDE 0100-420 (VDE 0100-420)
in elektrischen Anlagen
– Gefahren durch elektrischen Strom .... VDE-Schriftenreihe Band 80
– gefährliche Körperströme .... VDE-Schriftenreihe Band 82
– Schutzeinrichtungen .... VDE-Schriftenreihe Band 84
– Überströme und Überspannungen .... VDE-Schriftenreihe Band 83
von elektronischen Bauelementen
– gegen elektrostatische Entladungen .... E DIN EN 61340-4-10 (VDE 0300-4-10)
DIN EN 61340-5-3 (VDE 0300-5-3)
von Kabeln und Leitungen
– bei Überstrom .... VDE-Schriftenreihe Band 143
vor optischer Strahlung .... VDE-Schriftenreihe Band 104

Schutz von baulichen Anlagen
Blitzschutz
– allgemeine Grundsätze .... DIN EN 62305-1 (VDE 0185-305-1)
– Schutz gegen physikalische Schäden .... DIN EN 62305-3 (VDE 0185-305-3)

Schutz von Empfängern
in Fahrzeugen, Booten und Geräten
– Funkentstörung .... DIN EN 55025 (VDE 0879-2)

Schutz von Personen
Blitzschutz .... Beiblatt 3 DIN EN 62305-3 (VDE 0185-305-3)
– allgemeine Grundsätze .... DIN EN 62305-1 (VDE 0185-305-1)
– Schutz gegen Verletzungen .... DIN EN 62305-3 (VDE 0185-305-3)

Schutzabdeckung .... DIN VDE 0100-410 (VDE 0100-410)

Schutzabdeckungen
zum Arbeiten unter Spannung .... DIN EN 61229/A1 (VDE 0682-551/A1)

Schutzart IPX9
Hochdruckwasserprüfung .... E DIN IEC 60529/A1 (VDE 0470-1/A1)

Schutzarten
Bildzeichen .... DIN EN 50102 (VDE 0470-100)
DIN EN 50102/A1 (VDE 0470-100/A1)
DIN VDE 0713-1 (VDE 0713-1)
durch Gehäuse
– gegen elektromagnetische Störgrößen .... DIN EN 61000-5-7 (VDE 0847-5-7)
– gegen mechanische Beanspruchung .... DIN EN 50102 (VDE 0470-100)
DIN EN 50102/A1 (VDE 0470-100/A1)

Schutzarten
durch Gehäuse
– IP-Code .... DIN EN 60529 (VDE 0470-1)
E DIN IEC 60529/A1 (VDE 0470-1/A1)
Einteilung für drehende elektrische Maschinen .... DIN EN 60034-5 (VDE 0530-5)

Schutzarten (IP-Code)
Vorschlag für IPX9 Hochdruckwasserprüfung .... E DIN IEC 60529/A1 (VDE 0470-1/A1)

Schutzausrüstungen
isolierende persönliche .... E DIN VDE 0680-1 (VDE 0680-1)

Schutzbekleidung
elektrostatische
– Prüfmethoden .... E DIN EN 61340-4-9 (VDE 0300-4-9)
isolierende .... DIN 57680-1 (VDE 0680-1)
DIN EN 50286 (VDE 0682-301)
isolierende Ärmel .... DIN EN 60984 (VDE 0682-312)
DIN EN 60984/A1 (VDE 0682-312/A1)
DIN EN 60984/A11 (VDE 0682-312/A11)
isolierende Schuhe .... DIN EN 50321 (VDE 0682-331)

Schütze .... E DIN VDE 0100-570 (VDE 0100-570)
elektromechanische .... DIN EN 60947-4-1 (VDE 0660-102)
– für Hausinstallationen .... DIN EN 61095 (VDE 0637-3)

Schutzeinrichtungen
allgemeine Anforderungen .... DIN EN 60255-1 (VDE 0435-300)
berührungslos wirkende .... DIN CLC/TS 61496-3 (VDE V 0113-203)
– allgemeine Anforderungen und Prüfungen .... DIN EN 61496-1 (VDE 0113-201)
E DIN EN 61496-1/A2 (VDE 0113-201/A2)
– opto-elektronisches Prinzip .... DIN CLC/TS 61496-2 (VDE V 0113-202)
E DIN EN 61496-2 (VDE 0113-202)
Funktionsnorm für Über-/Unterspannungsschutz .... E DIN IEC 60255-127 (VDE 0435-3127)
für den Distanzschutz .... E DIN IEC 60255-121 (VDE 0435-3121)
gegen netzfrequente Überspannungen .... DIN EN 50550 (VDE 0640-10)
in Gleichstrom-Bahnanlagen
– Spannungswandler .... DIN EN 50123-7-3 (VDE 0115-300-7-3)
leitungsgeführte HEMP-Störgrößen .... DIN EN 61000-5-5 (VDE 0847-5-5)
Produktsicherheit .... E DIN EN 60255-27 (VDE 0435-327)
DIN EN 60255-27 (VDE 0435-327)
Prüfung der elektrischen Störfestigkeit .... DIN EN 60255-22-1 (VDE 0435-22-1)
DIN EN 60255-22-5 (VDE 0435-3025)
– gegen transiente Störgrößen/Burst .... DIN EN 60255-22-4 (VDE 0435-3024)
– Prüfungen mit elektrostatischer Entladung .... DIN EN 60255-22-2 (VDE 0435-3022)
Schutzpegelerhöhung .... DIN VDE 0661 (VDE 0661)
E DIN VDE 0661-2 (VDE 0661-2)
E DIN VDE 0662 (VDE 0662)
thermische
– für Vorschaltgeräte für Leuchtstofflampen .... DIN EN 60730-2-3 (VDE 0631-2-3)
Über-/Unterstromschutz .... DIN EN 60255-151 (VDE 0435-3151)
Unterbrechungen und Wechselanteil in Hilfseingängen .... DIN EN 60255-11 (VDE 0435-3014)
zum Erkennen von Personen .... DIN CLC/TS 62046 (VDE V 0113-211)

Schutzerdung .... DIN VDE 0100-410 (VDE 0100-410)

Schutzklassen
elektrischer Betriebsmittel .... DIN EN 61140 (VDE 0140-1)

Schutzkleidung
gegen thermische Gefahren eines Lichtbogens .... DIN EN 61482-1-2 (VDE 0682-306-1-2)
E DIN IEC 61482-2 (VDE 0682-306-2)

Schutzkleinspannung .... VDE-Schriftenreihe Band 140
VDE-Schriftenreihe Band 106

Schutzleiter
als Schutzmaßnahme .... VDE-Schriftenreihe Band 39
VDE-Schriftenreihe Band 9
in Niederspannungsanlagen .... VDE-Schriftenreihe Band 106
E DIN IEC 60364-5-54 (VDE 0100-540)
DIN VDE 0100-540 (VDE 0100-540)
in Niederspannungsnetzen
– Messen des Widerstandes .... DIN EN 61557-4 (VDE 0413-4)
Strommessverfahren .... DIN EN 60990 (VDE 0106-102)

Schutzleiter-Reihenklemmen
für Kupferleiter .... DIN EN 60947-7-2 (VDE 0611-3)

Schutzleiter-Schutzmaßnahmen .... DIN VDE 0100-410 (VDE 0100-410)

Schutzleiterströme
Messung .... DIN VDE 0404-4 (VDE 0404-4)

Schutzmaßnahmen .... DIN VDE 0100-410 (VDE 0100-410)
Betrieb von elektronischen Lampensystemen .... DIN VDE V 0161-11 (VDE V 0161-11)
gegen thermische Auswirkungen .... E DIN IEC 60364-4-12 (VDE 0100-420)
Geräte zum Prüfen, Messen und Überwachen
– Kombinierte Messgeräte .... E DIN EN 61557-10 (VDE 0413-10)
DIN EN 61557-10 (VDE 0413-10)
Trennen und Schalten .... DIN VDE 0100-460 (VDE 0100-460)
Überstromschutz .... DIN VDE 0100-430 (VDE 0100-430)

Schutzmaßnahmen in Niederspannungsnetzen
Prüf-, Mess- und Überwachungsgeräte
– allgemeine Anforderungen .... DIN EN 61557-1 (VDE 0413-1)
– Drehfeld .... DIN EN 61557-7 (VDE 0413-7)
– Erdungs-, Schutz- und Potentialausgleichsleiter .... DIN EN 61557-4 (VDE 0413-4)
– Erdungswiderstand .... DIN EN 61557-5 (VDE 0413-5)
– Fehlerstrom-Schutzeinrichtungen (RCD) .... DIN EN 61557-6 (VDE 0413-6)
– Isolationsüberwachungsgeräte für IT-Systeme .... DIN EN 61557-8 (VDE 0413-8)
– Isolationswiderstand .... DIN EN 61557-2 (VDE 0413-2)
– Schleifenwiderstand .... DIN EN 61557-3 (VDE 0413-3)

Schutzpotentialausgleichsleiter
in Niederspannungsanlagen .... E DIN IEC 60364-5-54 (VDE 0100-540)
DIN VDE 0100-410 (VDE 0100-410)
DIN VDE 0100-540 (VDE 0100-540)

Schutzrelais
für Transformatoren und Drosselspulen .... DIN EN 50216-3 (VDE 0532-216-3)

Schutzrohre .... DIN VDE 0100-520 (VDE 0100-520)

Schutzschalter .... DIN VDE 0100-530 (VDE 0100-530)
für Hausinstallationen
– Hilfsschalter .... DIN EN 62019 (VDE 0640)
– RCBOs .... DIN EN 61009-2-1 (VDE 0664-21)
RCBOs Typ B .... E DIN VDE 0664-200 (VDE 0664-200)

Schutzsignale .... DIN VDE 0852-1 (VDE 0852-1)
DIN VDE 0852-2 (VDE 0852-2)

Schutztechnik
mit Isolationsüberwachung .... VDE-Schriftenreihe Band 114

Schutztrennung .... VDE-Schriftenreihe Band 140
DIN VDE 0100-410 (VDE 0100-410)

Schutzvorrichtungen
isolierende .... E DIN VDE 0680-1 (VDE 0680-1)

Schwachstromkontakte
Leistungsfähigkeit .... DIN EN 60947-5-4 (VDE 0660-211)

Schwefel, korrosiver
Nachweis in Isolieröl .... DIN EN 62535 (VDE 0370-33)
E DIN EN 62697-1 (VDE 0370-4)

Schwefelhexafluorid
Gebrauch in Hochspannungs-Schaltanlagen .... E DIN IEC 62271-4 (VDE 0671-4)
DIN V 62271-303 (VDE V 0671-303)
Prüfung von gebrauchtem .... DIN EN 60480 (VDE 0373-2)
von technischem Reinheitsgrad
– für elektrische Betriebsmittel .... DIN EN 60376 (VDE 0373-1)

Schweißeinrichtungen
Gaskonsolen .... DIN EN 60974-8 (VDE 0544-8)
Gaskonsolen für Schweiß- und Plasmaschneidsysteme .... E DIN IEC 60974-8 (VDE 0544-8)
Lichtbogenschweißen
– Drahtvorschubgeräte .... DIN EN 60974-5 (VDE 0544-5)
– Flüssigkeitskühlsysteme .... E DIN EN 60974-2 (VDE 0544-2)
DIN EN 60974-2 (VDE 0544-2)
– Schweißstromquellen .... DIN EN 60974-1 (VDE 0544-1)
Validierung .... DIN EN 50504 (VDE 0544-50)

Schweißleitungen
Steckverbindungen .... E DIN EN 60974-12 (VDE 0544-202)
DIN EN 60974-12 (VDE 0544-202)

Schweißstromquellen
elektromagnetische Felder
– Exposition von Personen .... DIN EN 50444 (VDE 0544-20)
zum Lichtbogenschweißen .... DIN EN 60974-1 (VDE 0544-1)
E DIN IEC 60974-1 (VDE 0544-1)
– mit begrenzter Einschaltdauer .... DIN EN 60974-6 (VDE 0544-6)

Schweißstromrückleitungsklemmen .... E DIN IEC 60974-13 (VDE 0544-13)

Schwimmbäder
Blitzschutz .... Beiblatt 2 DIN EN 62305-3 (VDE 0185-305-3)
elektrische Anlagen .... DIN VDE 0100-702 (VDE 0100-702)

Schwimmbäder/-becken
elektrische Anlagen .... VDE-Schriftenreihe Band 67B
E DIN IEC 60364-7-718 (VDE 0100-718)

Schwimmbecken
elektrische Anlagen .... E DIN IEC 60364-7-702 (VDE 0100-702)
DIN VDE 0100-702 (VDE 0100-702)
Leuchten .... E DIN IEC 60598-2-18/A1 (VDE 0711-2-18/A1)

Schwimmkrane
elektrische Ausrüstung .... DIN EN 60204-32 (VDE 0113-32)

Schwingen, Breitbandrauschen
Prüfung Fh .... DIN EN 60068-2-64 (VDE 0468-2-64)

Schwingen, sinusförmig
Prüfung Fc .... DIN EN 60068-2-6 (VDE 0468-2-6)

Schwingprüfung
für Betriebsmittel von Bahnfahrzeugen .... DIN EN 61373 (VDE 0115-106)

Schwingstärke
mechanischer Schwingungen von Maschinen .... DIN EN 60034-14 (VDE 0530-14)

Schwingungen bei Maschinen .... DIN EN 60034-14 (VDE 0530-14)

Screening
Wärmebildkameras .... DIN EN 80601-2-59 (VDE 0750-2-59)

Segmentierungsfilter .... DIN EN 50065-4-5 (VDE 0808-4-5)

Seilbahnen
Blitzschutz .... Beiblatt 2 DIN EN 62305-3 (VDE 0185-305-3)

Seile, isolierende
für Arbeiten unter Spannung .... DIN EN 62192 (VDE 0682-652)

Seileigendämpfung
von Freileitungen .... E DIN EN 62567 (VDE 0212-356)

Seilhaltestange .... DIN EN 60832-1 (VDE 0682-211)

Seismische Prüfungen
für Schränke und Gestelle .... E DIN IEC 61587-2 (VDE 0687-587-2)

Sekundärbatterien
Antrieb von Elektrostraßenfahrzeugen
– Kapazitäts- und Lebensdauerprüfungen .... E DIN EN 61982 (VDE 0510-32)
– Leistungsverhalten .... E DIN IEC 61982-4 (VDE 0510-33)
– Zuverlässigkeit .... E DIN IEC 61982-5 (VDE 0510-34)
für Elektrostraßenfahrzeuge
– Messgrößen .... DIN EN 61982-1 (VDE 0510-32)

Selbstklebende Bänder
aus Glasgewebe .... DIN EN 60454-3-8 (VDE 0340-3-8)
aus Polyesterfolie .... DIN EN 60454-3-2 (VDE 0340-3-2)
aus Polyesterfolie mit Epoxid .... DIN EN 60454-3-11 (VDE 0340-3-11)
aus Polyesterfolie mit Glasfilament .... DIN EN 60454-3-11 (VDE 0340-3-11)
aus Polyesterfolie mit Polyestervliesstoff .... DIN EN 60454-3-11 (VDE 0340-3-11)
aus Polyesterfolie mit warmhärtendem Klebstoff .... DIN EN 60454-3-11 (VDE 0340-3-11)
aus Polyesterfolie mit Zellulosepapier .... DIN EN 60454-3-11 (VDE 0340-3-11)
aus Polyethylen- und Polypropylen-Folie .... DIN EN 60454-3-12 (VDE 0340-3-12)
aus verschiedenen Trägermaterialien .... DIN EN 60454-3-19 (VDE 0340-3-19)
aus Zelluloseacetat-Gewebe .... DIN EN 60454-3-8 (VDE 0340-3-8)
aus Zellulosepapier .... DIN EN 60454-3-4 (VDE 0340-3-4)
für elektrotechnische Anwendungen
– allgemeine Anforderungen .... DIN EN 60454-1 (VDE 0340-1)
– Prüfverfahren .... DIN EN 60454-2 (VDE 0340-2)
– Verzeichnis einschlägiger Normen .... Beiblatt 1 DIN EN 60454 (VDE 0340)

Selbsttätige Schaltstelle .... DIN V VDE V 0126-1-1 (VDE V 0126-1-1)

SELV .... DIN VDE 0100-410 (VDE 0100-410)

SELV-Betriebsgeräte .... DIN EN 61347-2-13 (VDE 0712-43)
E DIN EN 61347-2-13 (VDE 0712-43)

Sender
Funk- .... DIN EN 60215 (VDE 0866)

Sendesysteme (Funk-)
Senderausgangsleistungen bis 1 kW .... DIN VDE 0855-300 (VDE 0855-300)

Senkrechtschleifer .... E DIN EN 60745-2-3/A2 (VDE 0740-2-3/A2)

Sensoren (ESHG-) .... DIN EN 50428 (VDE 0632-400)
E DIN IEC 60669-2-5 (VDE 0632-2-5)

Serienkreistransformatoren
für Flugplatzbefeuerung .... DIN EN 61823 (VDE 0161-104)

Serviceleitstellen
Anforderungen an den Betrieb .... DIN EN 50518-3 (VDE 0830-5-6-3)
örtliche und bauliche Anforderungen .... DIN EN 50518-1 (VDE 0830-5-6-1)
technische Anforderungen .... DIN EN 50518-2 (VDE 0830-5-6-2)

Servomotoren
bürstenlos, mit Dauermagneten .... E DIN IEC 60034-20-2 (VDE 0530-20-2)

Shows
elektrische Anlagen für .... DIN VDE 0100-711 (VDE 0100-711)

Sichere Trennung .... DIN VDE 0100-410 (VDE 0100-410)

Sicherheit
elektrischer Geräte für den Hausgebrauch
– allgemeine Anforderungen .... DIN EN 60335-1 (VDE 0700-1)
E DIN EN 60335-1/A101 (VDE 0700-1/A76)
E DIN EN 60335-1/A102 (VDE 0700-1/A77)
E DIN EN 60335-1/A103 (VDE 0700-1/A78)
E DIN EN 60335-1/A104 (VDE 0700-1/A79)
E DIN EN 60335-1/AG (VDE 0700-1/A81)
in der Fernmelde- und Informationstechnik .... VDE-Schriftenreihe Band 54
photobiologische
– von Lampen .... DIN EN 62471 (VDE 0837-471)
von Einrichtungen der Informationstechnik .... DIN EN 60950-1 (VDE 0805-1)
DIN EN 60950-1/A12 (VDE 0805-1/A12)
E DIN EN 60950-1/A2 (VDE 0805-1/A2)
von Lasereinrichtungen .... DIN EN 60825-1 (VDE 0837-1)

Sicherheit von Maschinen
Anforderungen an Bedienteile .... DIN EN 61310-3 (VDE 0113-103)
Anforderungen an die Kennzeichnung .... DIN EN 61310-2 (VDE 0113-102)
Anforderungen an Hebezeuge .... DIN EN 60204-32 (VDE 0113-32)
Anforderungen an Hochspannungsausrüstung .... DIN EN 60204-11 (VDE 0113-11)
berührungslos wirkende Schutzeinrichtungen
– allgemeine Anforderungen und Prüfungen .... DIN EN 61496-1 (VDE 0113-201)
E DIN EN 61496-1/A2 (VDE 0113-201/A2)
– bildverarbeitende .... E DIN IEC 61496-4-2 (VDE 0113-204-2)
– opto-elektronische .... DIN CLC/TS 61496-2 (VDE V 0113-202)
DIN CLC/TS 61496-3 (VDE V 0113-203)
E DIN EN 61496-2 (VDE 0113-202)
elektrische Ausrüstung
– allgemeine Anforderungen .... E DIN EN 60204-1 (VDE 0113-1)
DIN EN 60204-1 (VDE 0113-1)
DIN EN 60204-1/A1 (VDE 0113-1/A1)
– EMV-Anforderungen .... E DIN EN 60204-31 (VDE 0113-31)
– Fertigungsausrüstungen für Halbleiter .... DIN EN 60204-33 (VDE 0113-33)
– Geräte zum Prüfen der Sicherheit .... E DIN EN 61557-14 (VDE 0413-14)
elektronische Steuerungssysteme .... DIN EN 62061 (VDE 0113-50)
Schutzeinrichtungen
– zum Erkennen von Personen .... DIN CLC/TS 62046 (VDE V 0113-211)
sichtbare, hörbare und tastbare Signale .... DIN EN 61310-1 (VDE 0113-101)

Sicherheit von Personen
in elektromagnetischen Feldern
– von Geräten kleiner Leistung .... DIN EN 62479 (VDE 0848-479)
in hochfrequenten Feldern
– Körpermodelle, Messgeräte, Messverfahren .... DIN EN 62209-1 (VDE 0848-209-1)

Sicherheitsbeleuchtung
batteriebetriebene
– automatische Prüfsysteme ..... DIN EN 62034 (VDE 0711-400)
E DIN IEC 62034 (VDE 0711-400)
für Rettungswege
– automatische Prüfsysteme ..... DIN EN 62034 (VDE 0711-400)
E DIN IEC 62034 (VDE 0711-400)

Sicherheitsbeleuchtungsanlagen ..... DIN V VDE V 0108-100 (VDE V 0108-100)

Sicherheitsbezogene Systeme
Störfestigkeitsanforderungen ..... DIN EN 61326-3-1 (VDE 0843-20-3-1)

Sicherheitseinrichtungen
für Geräte in explosionsgefährdeten Bereichen ..... DIN EN 50495 (VDE 0170-18)

Sicherheitseinrichtungen, elektrische ..... DIN VDE 0100-560 (VDE 0100-560)

Sicherheitsfahrschaltung (Sifa)
für Eisenbahnfahrzeuge ..... DIN VDE 0119-207-5 (VDE 0119-207-5)

Sicherheitsgerechtes Gestalten
von Produkten ..... DIN 31000 (VDE 1000)

Sicherheitskabel
flammwidrige ..... DIN EN 60371-3-8 (VDE 0332-3-8)

Sicherheitskennzeichnung
am Arbeitsplatz ..... VDE-Schriftenreihe Band 79
von Maschinen ..... DIN EN 61310-1 (VDE 0113-101)

Sicherheitsleittechnik
für Kernkraftwerke
– allgemeine Anforderungen ..... DIN IEC 61513/A100 (VDE 0491-2/A100)
– allgemeine Systemanforderungen ..... E DIN IEC 61513 (VDE 0491-2)
– Datenkommunikation ..... DIN EN 61500 (VDE 0491-3-4)
– Funktionen der Kategorie A ..... DIN EN 60880 (VDE 0491-3-2)
E DIN IEC 62566 (VDE 0491-3-5)
– Funktionen der Kategorien B oder C ..... DIN EN 62138 (VDE 0491-3-3)
– Hardwareauslegung ..... DIN EN 60987 (VDE 0491-3-1)
E DIN EN 60987/A1 (VDE 0491-3-1/A1)
– komplexe elektronische Komponenten ..... E DIN IEC 62566 (VDE 0491-3-5)
– physikalische und elektrische Trennung ..... DIN EN 60709 (VDE 0491-7)
– Sicherstellung der Funktionsfähigkeit ..... DIN EN 60671 (VDE 0491-100)
– Software ..... DIN EN 62138 (VDE 0491-3-3)
– Softwareauslegung ..... DIN EN 60880 (VDE 0491-3-2)
DIN EN 62138 (VDE 0491-3-3)
– Versagen gemeinsamer Ursache ..... DIN EN 62340 (VDE 0491-10)

Sicherheitsprüfungen
elektrische
– Messmethoden ..... VDE-Schriftenreihe Band 78

Sicherheitsqualifikation
von Konzentrator-Photovoltaik-Modulen ..... E DIN EN 62688 (VDE 0126-36)

Sicherheitsstromquellen ..... VDE-Schriftenreihe Band 122

Sicherheitstechnische Prüfung
von gebrauchten elektrischen Betriebsmitteln ..... DIN VDE 0404-1 (VDE 0404-1)
DIN VDE 0404-2 (VDE 0404-2)

Sicherheitstechnische Systeme
für die Prozessindustrie
– Planung, Errichtung, Betrieb ..... DIN EN 61511-2 (VDE 0810-2)
– Sicherheits-Integritätslevel ..... DIN EN 61511-3 (VDE 0810-3)

Sicherheitstransformatoren .... DIN EN 61558-2-6 (VDE 0570-2-6)
Sicherheitstrennstelltransformatoren .... E DIN IEC 61558-2-14 (VDE 0570-2-14)
Sicherheitszeichen
für Rettungswege .... DIN V VDE V 0108-100 (VDE V 0108-100)
Sicherheitszwecke
elektrische Anlagen für .... DIN VDE 0100-560 (VDE 0100-560)
Sicherungen .... E DIN VDE 0100-570 (VDE 0100-570)
Aufsteckgriffe .... DIN 57680-4 (VDE 0680-4)
DIN EN 60127-10 (VDE 0820-10)
bei Parallelkondensatoren .... DIN EN 60871-4 (VDE 0560-440)
für Hausinstallationen .... DIN VDE 0636-3011 (VDE 0636-3011)
– genormte Sicherungssysteme A bis F .... DIN VDE 0636-3 (VDE 0636-3)
E DIN VDE 0636-31 (VDE 0636-31)
für industriellen Gebrauch
– genormte Sicherungssysteme A bis I .... DIN VDE 0636-2 (VDE 0636-2)
Kleinstsicherungseinsätze .... DIN EN 60127-3 (VDE 0820-3)
strombegrenzende .... DIN EN 60282-1 (VDE 0670-4)
zum Gebrauch durch Elektrofachkräfte .... DIN VDE 0636-2011 (VDE 0636-2011)
– genormte Sicherungssysteme A bis I .... DIN VDE 0636-2 (VDE 0636-2)
zum Gebrauch durch Laien
– genormte Sicherungssysteme A bis F .... DIN VDE 0636-3 (VDE 0636-3)
E DIN VDE 0636-31 (VDE 0636-31)
Sicherungsauswahl .... Beiblatt 2 DIN VDE 0100-520 (VDE 0100-520)
Sicherungseinsätze
Bauarten für Steck- und Oberflächenmontage .... DIN EN 60127-4 (VDE 0820-4)
Farben .... DIN 57635 (VDE 0635)
für Motorstromkreise .... DIN EN 60644 (VDE 0670-401)
für photovoltaische Energieerzeugungssysteme .... DIN EN 60269-6 (VDE 0636-6)
welteinheitliche modulare .... DIN EN 60127-1 (VDE 0820-1)
DIN EN 60127-4 (VDE 0820-4)
zum Schutz von Halbleiter-Bauelementen .... DIN EN 60269-4 (VDE 0636-4)
E DIN EN 60269-4/A1 (VDE 0636-4/A1)
Sicherungseinsätze (G-)
für besondere Anwendungen .... E DIN EN 60127-7 (VDE 0820-11)
DIN V VDE V 0820-11 (VDE V 0820-11)
Sicherungshalter .... DIN EN 60947-7-3 (VDE 0611-6)
für G-Sicherungen .... DIN EN 60127-10 (VDE 0820-10)
DIN EN 60127-6 (VDE 0820-6)
Sicherungs-Reihenklemmen .... DIN EN 60947-7-3 (VDE 0611-6)
Sicherungssysteme
genormte, für Hausinstallationen .... DIN VDE 0636-3 (VDE 0636-3)
E DIN VDE 0636-31 (VDE 0636-31)
genormte, für industriellen Gebrauch .... DIN VDE 0636-2 (VDE 0636-2)
Sicherungszangen .... DIN 57681-3 (VDE 0681-3)
DIN VDE 0681-1 (VDE 0681-1)
Sichtgeräte
in Hauptwarten von Kernkraftwerken .... DIN IEC 61772 (VDE 0491-5-4)
Sichtminderung
durch Rauch .... DIN EN 60695-6-1 (VDE 0471-6-1)
– Prüfverfahren .... E DIN EN 60695-6-2 (VDE 0471-6-2)
Signalanlagen
Baustellen- .... DIN EN 50293 (VDE 0832-200)
Straßenverkehrs-(SVA) .... DIN EN 50293 (VDE 0832-200)

Signalbeschriftung .... DIN EN 62491 (VDE 0040-4)

Signaleinrichtungen
für Eisenbahnfahrzeuge .... DIN VDE 0119-207-12 (VDE 0119-207-12)
in der Bahnumgebung
– Störaussendung und Störfestigkeit .... DIN EN 50121-4 (VDE 0115-121-4)

Signalgeber
für Einbruch- und Überfallmeldeanlagen .... DIN EN 50131-4 (VDE 0830-2-4)

Signalgeber, akustische
für den Hausgebrauch .... DIN EN 62080 (VDE 0632-600)

Signalintegritätsprüfungen
an Steckverbindern .... E DIN EN 60512-28-100 (VDE 0687-512-28-100)
E DIN EN 60512-29-100 (VDE 0687-512-29-100)

Signalkabel .... DIN VDE 0816-2 (VDE 0816-2)
DIN VDE 0891-6 (VDE 0891-6)

Signalleuchten .... DIN VDE 0834-1 (VDE 0834-1)
DIN VDE 0834-2 (VDE 0834-2)

Signalqualität .... DIN EN 60728-1-2 (VDE 0855-7-2)

Signalspannung .... DIN EN 62386-101 (VDE 0712-0-101)

Signaltechnik
für Bahnanwendungen .... DIN EN 50159 (VDE 0831-159)
ortsfeste Batterieanlagen .... DIN EN 50272-2 (VDE 0510-2)

Signalträger
für Kommunikationsnetzwerke .... DIN EN 61918 (VDE 0800-500)
E DIN IEC 61918 (VDE 0800-500)

Signalübertragung
in elektrischen Niederspannungsnetzen .... DIN EN 50065-4-1 (VDE 0808-4-1)
DIN EN 50065-4-3 (VDE 0808-4-3)
DIN EN 50065-4-4 (VDE 0808-4-4)
DIN EN 50065-4-5 (VDE 0808-4-5)
DIN EN 50065-7 (VDE 0808-7)
DIN EN 61000-2-12 (VDE 0839-2-12)
– allgemeine Anforderungen .... DIN EN 50065-1 (VDE 0808-1)
– bewegliche Niederspannungs-Entkopplungsfilter .... DIN EN 50065-4-7 (VDE 0808-4-7)
– elektromagnetische Störungen .... DIN EN 50065-1 (VDE 0808-1)
– Frequenzbänder .... DIN EN 50065-1 (VDE 0808-1)
– Netz-Datenübertragungsgeräte .... DIN EN 50065-2-1 (VDE 0808-2-1)
DIN EN 50065-2-2 (VDE 0808-2-2)
DIN EN 50065-2-3 (VDE 0808-2-3)
– Niederspannungs-Entkopplungsfilter .... DIN EN 50065-4-2 (VDE 0808-4-2)

Signierwerkzeuge .... DIN EN 60335-2-45 (VDE 0700-45)
E DIN EN 60335-2-45/A2 (VDE 0700-45/A2)

Siliciumscheiben
zur Solarzellenherstellung .... DIN EN 50513 (VDE 0126-18)

Silicium-Solarscheiben
kristalline
– Datenblattangaben .... DIN EN 50513 (VDE 0126-18)

Silikon
Schläuche, extrudierte .... DIN EN 60684-3-121 bis 124 (VDE 0341-3-121 bis 124)

Silikon-Fassungsader
wärmebeständige .... DIN VDE 0250-502 (VDE 0250-502)

Silikonharztafeln .... DIN EN 60893-3-6 (VDE 0318-3-6)

Silikon-Isolierflüssigkeiten
ungebrauchte
– Anforderungen .... DIN EN 60836 (VDE 0374-10)

Silizium-Photovoltaik-(PV-)Module
terrestrische kristalline
– Bauarteignung und Bauartzulassung .... DIN EN 61215 (VDE 0126-31)

Silizium-Solarzellen
kristalline
– Datenblattangaben .... DIN EN 50461 (VDE 0126-17-1)

Silos
Blitzschutz .... Beiblatt 2 DIN EN 62305-3 (VDE 0185-305-3)

Simplex- und Duplexkabel
Fasern der Kategorie A4
– LWL-Innenkabel .... DIN EN 60794-2-41 (VDE 0888-121)
LWL-Innenkabel .... DIN EN 60794-2-10 (VDE 0888-116)
DIN EN 60794-2-11 (VDE 0888-10)
E DIN IEC 60794-2-11 (VDE 0888-10)
– für den Einsatz als konfektioniertes Kabel .... DIN EN 60794-2-50 (VDE 0888-120)

Simplexkabel
Fasern der Kategorie A4
– LWL-Innenkabel .... DIN EN 60794-2-42 (VDE 0888-122)
LWL-Innenkabel .... E DIN IEC 60794-2-10 (VDE 0888-116)

Sinusschwingungen, gedämpfte
Störfestigkeit gegen .... DIN EN 61000-4-12 (VDE 0847-4-12)

Smart Grid .... Anwendungsregel (VDE-AR-N 4101)

Smart Metering .... Anwendungsregel (VDE-AR-N 4101)

Software
für Sicherheitsleittechnik
– in Kernkraftwerken .... DIN EN 60880 (VDE 0491-3-2)
DIN EN 62138 (VDE 0491-3-3)
für Stoßspannungs- und Stoßstromprüfungen .... E DIN IEC 61083-2 (VDE 0432-8)

Softwareänderung
Eisenbahn-Leittechnik .... DIN VDE 0119-207-14 (VDE 0119-207-14)

Softwareauslegung
sicherheitsleittechnischer Systeme .... DIN EN 60880 (VDE 0491-3-2)
DIN EN 62138 (VDE 0491-3-3)

Software-Lebenszyklus-Prozesse
bei Medizingeräten .... DIN EN 62304 (VDE 0750-101)

Solarelemente (Referenz-) .... DIN EN 60904-2 (VDE 0126-4-2)
Kalibrierung .... DIN EN 60904-4 (VDE 0126-4-4)

Solarenergiesysteme
Begriffe, Definitionen, Symbole .... DIN CLC/TS 61836 (VDE V 0126-7)

Solar-Photovoltaik-(PV)-Stromversorgungssysteme .... DIN VDE 0100-712 (VDE 0100-712)

Solarscheiben
Datenblattangaben und Produktinformation .... DIN EN 50513 (VDE 0126-18)

Solarzellen .... DIN CLC/TS 61836 (VDE V 0126-7)
Strom-/Spannungskennlinien .... DIN EN 60904-1 (VDE 0126-4-1)

Solarzellen (Silizium-)
kristalline
– Datenblattangaben .... DIN EN 50461 (VDE 0126-17-1)

Solarzellenherstellung .... DIN EN 50513 (VDE 0126-18)

Sonderfassungen
allgemeine Anforderungen und Prüfungen .... DIN EN 60838-1 (VDE 0616-5)
Lampenfassungen S14 .... DIN EN 60838-2-1 (VDE 0616-4)
Verbinder für LED-Module .... DIN EN 60838-2-2 (VDE 0616-6)
E DIN EN 60838-2-2/A1 (VDE 0616-6/A1)

Sonderlampen .... DIN EN 61549 (VDE 0715-12)
E DIN EN 61549/A3 (VDE 0715-12/A3)

Sonderschutz "s" .... E DIN IEC 60079-33 (VDE 0170-33)

Sonnenbestrahlung, nachgebildete
zur Prüfung von Geräten und Bauteilen .... DIN EN 60068-2-5 (VDE 0468-2-5)

Sonnensimulatoren
Leistungsanforderungen .... DIN EN 60904-9 (VDE 0126-4-9)

Sonnenstrahlung
Schutz vor .... VDE-Schriftenreihe Band 104

Spaltkammern .... DIN IEC 60568 (VDE 0491-6)

Spannungsabfall
Schutz bei .... Beiblatt 5 DIN VDE 0100 (VDE 0100)

Spannungsänderungen
in Niederspannungs-Versorgungsnetzen .... VDE-Schriftenreihe Band 111
DIN EN 61000-3-3 (VDE 0838-3)

Spannungsanzeigesysteme
für Hochspannungs-Schaltanlagen .... DIN EN 62271-206 (VDE 0671-206)

Spannungsausgleichs-Kondensatoren
für HS-Leistungsschalter .... E DIN IEC 62146-1 (VDE 0560-50)

Spannungsbegrenzung
durch Überspannung-Schutzeinrichtungen .... DIN VDE 0100-534 (VDE 0100-534)

Spannungseinbrüche .... DIN EN 60255-11 (VDE 0435-3014)
Störfestigkeitsprüfung .... DIN EN 61000-4-11 (VDE 0847-4-11)
DIN EN 61000-4-34 (VDE 0847-4-34)
DIN EN 61547 (VDE 0875-15-2)

Spannungsfall
in Verbraucheranlagen .... DIN VDE 0100-520 (VDE 0100-520)

Spannungskonstanthalter
magnetische .... DIN EN 61558-2-12 (VDE 0570-2-12)

Spannungskurzzeitunterbrechung .... DIN EN 61547 (VDE 0875-15-2)

Spannungslinearität .... DIN EN 60904-10 (VDE 0126-4-10)

Spannungsprüfer
Abstandsspannungsprüfer .... E DIN VDE 0682-417 (VDE 0682-417)
für Oberleitungsanlagen .... DIN VDE 0681-6 (VDE 0681-6)
für Wechselspannung .... DIN VDE 0681-1 (VDE 0681-1)
kapazitive, für Wechselspannung über 1 kV .... DIN EN 61243-1 (VDE 0682-411)
E DIN VDE 0682-421 (VDE 0682-421)
resistive (ohmsche) .... DIN EN 61243-2 (VDE 0682-412)
DIN EN 61243-2/A2 (VDE 0682-412/A1)
zweipolige, für Niederspannungsnetze .... DIN EN 61243-3 (VDE 0682-401)

Spannungsprüfer, einpolige .... DIN 57680-6 (VDE 0680-6)
DIN EN 61243-1 (VDE 0682-411)

Spannungsprüfung
an Kabeln und Leitungen .... DIN EN 50395 (VDE 0481-395)
von Leistungstransformatoren und Drosselspulen .... DIN EN 60076-4 (VDE 0532-76-4)

Spannungsqualität
in Versorgungssystemen
– Geräte zur Überwachung .... E DIN EN 62586 (VDE 0415)
in Wechselstromversorgungsnetzen
– Messverfahren .... DIN EN 61000-4-30 (VDE 0847-4-30)

Spannungsrissbeständigkeit
von Polyethylen- und Polypropylenverbindungen .... E DIN EN 60811-406 (VDE 0473-811-406)
DIN EN 60811-4-1 (VDE 0473-811-4-1)

Spannungsschwankungen .... DIN EN 60255-11 (VDE 0435-3014)
DIN EN 61547 (VDE 0875-15-2)
in Niederspannungs-Versorgungsnetzen .... VDE-Schriftenreihe Band 111
DIN EN 61000-3-11 (VDE 0838-11)
DIN EN 61000-3-3 (VDE 0838-3)
Messung mit dem IEC-Flickermeter .... VDE-Schriftenreihe Band 109
Störfestigkeitsprüfung .... DIN EN 61000-4-11 (VDE 0847-4-11)
DIN EN 61000-4-14 (VDE 0847-4-14)
DIN EN 61000-4-34 (VDE 0847-4-34)

Spannungswandler
dreiphasige .... DIN EN 50482 (VDE 0414-6)
Einphasen-
– für Bahnanlagen .... DIN EN 50152-3-3 (VDE 0115-320-3-3)
elektronische .... DIN EN 60044-7 (VDE 0414-44-7)
Gleichstrom-Bahnanlagen .... DIN EN 50123-7-3 (VDE 0115-300-7-3)
induktive
– für elektrische Messgeräte .... DIN EN 60044-2 (VDE 0414-44-2)
E DIN IEC 61869-3 (VDE 0414-9-3)
– Kennzeichnung des Leistungsschildes .... Beiblatt 1 DIN EN 60044-2 (VDE 0414-44-2)
kapazitive
– Produktnorm .... E DIN EN 61869-5 (VDE 0414-9-5)

Sparstelltransformatoren .... E DIN IEC 61558-2-14 (VDE 0570-2-14)

Spartransformatoren
Prüfungen .... DIN EN 61558-2-13 (VDE 0570-2-13)

Spatenhämmer .... DIN EN 60745-2-6 (VDE 0740-2-6)

Speicherheizgeräte
für den Hausgebrauch .... DIN EN 60335-2-61 (VDE 0700-61)

Speicherprogrammierbare Steuerungen
Betriebsmittelanforderungen, Prüfungen .... DIN EN 61131-2 (VDE 0411-500)
funktionale Sicherheit .... E DIN EN 61131-6 (VDE 0411-506)

Speiseeisbereiter
für den Hausgebrauch .... DIN EN 60335-2-24 (VDE 0700-24)
E DIN EN 60335-2-24/A1 (VDE 0700-24/A1)
E DIN EN 60335-2-24/AC (VDE 0700-24/A2)

Speisegeräte (FISCO-) .... DIN EN 60079-27 (VDE 0170-27)

Speiseleitungen
von Bahnen .... DIN VDE 0228-3 (VDE 0228-3)

Speisespannungen
von Bahnnetzen .... DIN EN 50163/A1 (VDE 0115-102/A1)

Spektralbreite
von Kommunikationsuntersystemen .... DIN EN 61280-1-3 (VDE 0888-410-13)

Spektrale Empfindlichkeit
photovoltaischer Module .... E DIN EN 61853-2 (VDE 0126-34-2)

Spektroradiometer .... DIN EN 60904-4 (VDE 0126-4-4)

Spektrumanalysatoren .... DIN EN 55016-1-1 (VDE 0876-16-1-1)

Spielautomaten .... DIN EN 60335-2-82 (VDE 0700-82)

Spielzeug
elektrisches .... DIN EN 62115 (VDE 0700-210)
E DIN EN 62115/A2 (VDE 0700-210/A1)
E DIN EN 62115/AA (VDE 0700-210/A2)
E DIN EN 62115/AB (VDE 0700-210/A3)
Netzgeräte .... DIN EN 61558-2-7 (VDE 0570-2-7)
Transformatoren .... DIN EN 61558-2-7 (VDE 0570-2-7)

Spielzeugleuchten .... VDE-Schriftenreihe Band 12

Spleißkassetten
in LWL-Kommunikationssystemen .... E DIN EN 50411-6-1 (VDE 0888-500-61)

Sportplätze
Beleuchtungsanlagen .... E DIN VDE 0100-714 (VDE 0100-714)

Sportstätten
elektrische Anlagen .... E DIN IEC 60364-7-718 (VDE 0100-718)
DIN VDE 0100-718 (VDE 0100-718)

Sprachalarmierung
im Brandfall .... DIN VDE 0833-4 (VDE 0833-4)
E DIN VDE 0833-4 (VDE 0833-4)

Springbrunnen
elektrische Anlagen .... VDE-Schriftenreihe Band 67B
E DIN IEC 60364-7-702 (VDE 0100-702)
DIN VDE 0100-702 (VDE 0100-702)
Leuchten .... E DIN IEC 60598-2-18/A1 (VDE 0711-2-18/A1)

Spritzpistolen
handgeführt, motorbetrieben .... DIN EN 50144-2-7 (VDE 0740-2-7)
E DIN EN 50144-2-7 (VDE 0740-2-7)

Sprudelbadgeräte
für den Hausgebrauch .... DIN EN 60335-2-60 (VDE 0700-60)

Sprühanlagen
ortsfeste, elektrostatische
– für brennbare Beschichtungspulver .... DIN EN 50177 (VDE 0147-102)
– für brennbare flüssige Beschichtungsstoffe .... DIN EN 50176 (VDE 0147-101)
– für nichtbrennbare flüssige Beschichtungsstoffe .... DIN EN 50348 (VDE 0147-200)

Sprühextraktionsmaschinen
für den gewerblichen Gebrauch .... DIN EN 60335-2-68 (VDE 0700-68)
– allgemeine Anforderungen .... E DIN IEC 60335-2-68/A103 (VDE 0700-68/A3)
– Aufschriften und Anweisungen .... E DIN IEC 60335-2-68/A101 (VDE 0700-68/A1)
– mechanische Festigkeit, Aufbau .... E DIN IEC 60335-2-68/A102 (VDE 0700-68/A2)
– normative Verweisungen, Begriffe .... E DIN IEC 60335-2-68/A104 (VDE 0700-68/A4)

Sprühpistolen
elektrostatische .... DIN EN 50050 (VDE 0745-100)
von Hand geführte .... DIN VDE 0745-200 (VDE 0745-200)

Sprungschalter .... DIN EN 60947-5-1 (VDE 0660-200)

SPS
mit funktionaler Sicherheit .... E DIN EN 61131-6 (VDE 0411-506)

SPS-Systeme
Betriebsmittelanforderungen, Prüfungen .... DIN EN 61131-2 (VDE 0411-500)

Spülbecken, elektrische
für den gewerblichen Gebrauch .... DIN EN 60335-2-62 (VDE 0700-62)

Spülmaschinen
für den gewerblichen Gebrauch .... DIN EN 60335-2-58 (VDE 0700-58)

Stabelektrodenhalter .... DIN EN 60974-11 (VDE 0544-11)

Stabilisierungseinrichtungen
zum Lichtbogenschweißen .... DIN EN 60974-3 (VDE 0544-3)

Stabilität, thermische
bei Kabeln und isolierten Leitungen .... E DIN EN 60811-405 (VDE 0473-811-405)

Stabschleifer
handgeführt, motorbetrieben .... E DIN EN 60745-2-23 (VDE 0740-2-23)

Stackleistungsverhalten
von Festoxid-Brennstoffzellen (SOFC) .... E DIN IEC/TS 62282-7-2 (VDE V 0130-7-2)

Stadtbahnen
Dachstromabnehmer .... DIN EN 50206-2 (VDE 0115-500-2)
Drehstrom-Bordnetz .... E DIN EN 50533 (VDE 0115-533)
Oberleitungen .... DIN EN 50345 (VDE 0115-604)

Stahlgitter-Freileitungsmasten
Bauteile aus Thomasstahl
– Tragfähigkeit .... Anwendungsregel (VDE-AR-N 4210-3)

Stände
elektrische Anlagen für .... DIN VDE 0100-711 (VDE 0100-711)

Ständerwicklungen
von Wechselstrommaschinen .... E DIN IEC 60034-18-41 (VDE 0530-18-41)
DIN IEC/TS 60034-18-41 (VDE V 0530-18-41)

Standortverkabelung
LWL-Fernmelde-Erd- und Röhrenkabel .... DIN EN 60794-3-12 (VDE 0888-13)
selbsttragende LWL-Fernmelde-Luftkabel .... DIN EN 60794-3-21 (VDE 0888-14)

Stangen, isolierende
zum Arbeiten unter Spannung .... DIN EN 60832-1 (VDE 0682-211)

Stangenschellen
zum Arbeiten unter Spannung .... DIN EN 61236 (VDE 0682-651)

Stapelkrane
elektrische Ausrüstung .... DIN EN 60204-32 (VDE 0113-32)

Starkstromanlagen
Abspritzeinrichtungen .... DIN EN 50186-1 (VDE 0143-1)
DIN EN 50186-2 (VDE 0143-2)
ausgewählte Kenngrößen .... VDE-Schriftenreihe Band 59
Beeinflussung von Telekommunikationsanlagen
– Grundlagen, Berechnung, Messung .... E DIN VDE 0845-6-1 (VDE 0845-6-1)
Elektrofischereianlagen .... DIN VDE 0105-5 (VDE 0105-5)
in baulichen Anlagen für Menschenansammlungen .... VDE-Schriftenreihe Band 61
Kabel .... DIN VDE 0265 (VDE 0265)
mit Nennspannungen bis 1 000 V
– Entwicklungsgang der Errichtungsbestimmungen .... Beiblatt 1 DIN VDE 0100 (VDE 0100)
– Schutz bei direktem Berühren in Wohnungen .... DIN VDE 0100-739 (VDE 0100-739)
– Schutzeinrichtungen in TN- und TT-Netzen .... DIN VDE 0100-739 (VDE 0100-739)
mit Nennspannungen über 1 kV
– allgemeine Bestimmungen .... DIN EN 61936-1 (VDE 0101-1)
– Erdung .... DIN EN 50522 (VDE 0101-2)
– Projektierung und Errichtung .... VDE-Schriftenreihe Band 11
Schutzmaßnahmen .... DIN VDE 0100-450 (VDE 0100-450)

Starkstromanlagen
Struktur der Normenreihe .... Beiblatt 3 DIN VDE 0100 (VDE 0100)
thyristorgesteuerte Reihenkondensatoren .... DIN EN 60143-4 (VDE 0560-41)
Verwendung von Kabeln und isolierten Leitungen .... DIN VDE 0298-3 (VDE 0298-3)

Starkstrom-Freileitungen
über AC 1 kV bis AC 45 kV .... DIN EN 50423-1 (VDE 0210-10)

Starkstromkabel
ab 0,6/1 kV für besondere Anforderungen .... DIN VDE 0271 (VDE 0271)
Aderkennzeichnung .... DIN VDE 0293-1 (VDE 0293-1)
Energieverteilungskabel
– mit extrudierter Isolierung .... DIN VDE 0276-620 (VDE 0276-620)
– mit getränkter Papierisolierung für Mittelspannung .... DIN VDE 0276-621 (VDE 0276-621)
– Nennspannungen 3,6 kV bis 20,8/36 kV .... DIN VDE 0276-620 (VDE 0276-620)
– Nennspannungen U0/U 0,6/1 kV .... DIN VDE 0276-603 (VDE 0276-603)
ergänzende Prüfverfahren .... DIN VDE 0276-605 (VDE 0276-605)
extrudierte Isolierung .... DIN VDE 0276-632 (VDE 0276-632)
für besondere Anforderungen .... DIN VDE 0271 (VDE 0271)
für Verlegung in Luft und in Erde .... DIN VDE 0276-627 (VDE 0276-627)
Installationsleitung NHMH
– mit speziellen Eigenschaften im Brandfall .... DIN VDE 0250-215 (VDE 0250-215)
isolierte Freileitungsseile .... DIN VDE 0276-626 (VDE 0276-626)
DIN VDE 0276-626/A1 (VDE 0276-626/A1)
mit extrudierter Kunststoffisolierung
– Kabelgarnituren .... DIN VDE 0278-629-1 (VDE 0278-629-1)
mit massegetränkter Papierisolierung
– Kabelgarnituren .... DIN VDE 0278-629-2 (VDE 0278-629-2)
polymerisolierte
– ergänzende Prüfverfahren .... DIN VDE 0276-605 (VDE 0276-605)
Prüfanforderungen für Kabelgarnituren .... DIN VDE 0278-629-1 (VDE 0278-629-1)
DIN VDE 0278-629-2 (VDE 0278-629-2)
Prüfungen an extrudierten Außenmänteln .... DIN EN 60229 (VDE 0473-229)
Schraubverbinder .... DIN EN 61238-1 (VDE 0220-100)
Strombelastbarkeit .... DIN VDE 0289-8 (VDE 0289-8)
Teilentladungsmessung
– an extrudierten Kabellängen .... DIN EN 60885-3 (VDE 0481-885-3)
Teilentladungsprüfungen .... DIN EN 60885-2 (VDE 0481-885-2)
verbessertes Verhalten im Brandfall .... DIN VDE 0250-214 (VDE 0250-214)
DIN VDE 0266 (VDE 0266)
verbessertes Verhalten im Brandfall für Kraftwerke .... DIN VDE 0276-604 (VDE 0276-604)
DIN VDE 0276-622 (VDE 0276-622)

Starkstromkabelgarnituren
Prüfverfahren .... DIN EN 61442 (VDE 0278-442)

Starkstromleitungen
Abrieb der Mäntel und Umflechtungen .... DIN VDE 0472-605 (VDE 0472-605)
Aderkennzeichnung .... DIN EN 50334 (VDE 0293-334)
DIN VDE 0293-1 (VDE 0293-1)
Fertigungsvorgänge .... DIN VDE 0289-3 (VDE 0289-3)
Garnituren .... DIN VDE 0289-6 (VDE 0289-6)
isolierte .... DIN VDE 0250-215 (VDE 0250-215)
DIN VDE 0250-602 (VDE 0250-602)
DIN VDE 0289-1 (VDE 0289-1)
– allgemeine Festlegungen .... DIN 57250-1 (VDE 0250-1)
– ETFE-Aderleitung .... DIN 57250-106 (VDE 0250-106)
– Gummischlauchleitung NSHCÖU .... DIN VDE 0250-811 (VDE 0250-811)
– Gummischlauchleitung NSHTÖU .... DIN VDE 0250-814 (VDE 0250-814)
– Gummischlauchleitung NSSHÖU .... DIN VDE 0250-812 (VDE 0250-812)

Starkstromleitungen
isolierte
– mit Gummiisolierung .... DIN VDE 0250-605 (VDE 0250-605)
– PVC-Installationsleitung NYM .... DIN VDE 0250-204 (VDE 0250-204)
– Stegleitung .... DIN VDE 0250-201 (VDE 0250-201)
– Theaterleitung .... DIN VDE 0250-802 (VDE 0250-802)
– wärmebeständige Silikon-Fassungsader .... DIN VDE 0250-502 (VDE 0250-502)
mineralisolierte .... DIN EN 60702-1 (VDE 0284-1)
DIN EN 60702-2 (VDE 0284-2)
mit Nennspannungen bis 450/750 V
– Aderleitungen mit EVA-Isolierung .... DIN EN 50525-2-42 (VDE 0285-525-2-42)
– Aderleitungen mit PVC-Isolierung .... DIN EN 50525-2-31 (VDE 0285-525-2-31)
– allgemeine Anforderungen .... DIN EN 50525-1 (VDE 0285-525-1)
– Berechnung der Außenmaße .... DIN EN 60719 (VDE 0299-2)
– einadrige Leitungen mit vernetzter Silikon-Isolierung .... DIN EN 50525-2-41 (VDE 0285-525-2-41)
– flexible Leitungen mit Elastomer-Isolierung .... DIN EN 50525-2-21 (VDE 0285-525-2-21)
– flexible Leitungen mit PVC-Isolierung .... DIN EN 50525-2-11 (VDE 0285-525-2-11)
– halogenfreie Leitungen mit thermoplastischer Isolierung .... DIN EN 50525-3-11 (VDE 0285-525-3-11)
– halogenfreie Leitungen mit vernetzter Isolierung .... DIN EN 50525-3-21 (VDE 0285-525-3-21)
– hochflexible Leitungen mit Elastomer-Isolierung .... DIN EN 50525-2-22 (VDE 0285-525-2-22)
– Lahnlitzen-Leitungen mit PVC-Isolierung .... DIN EN 50525-2-71 (VDE 0285-525-2-71)
– Leitungen für Lichterketten mit Elastomer-Isolierung .... DIN EN 50525-2-82 (VDE 0285-525-2-82)
– Lichtbogenschweißleitungen mit Elastomer-Hülle .... DIN EN 50525-2-81 (VDE 0285-525-2-81)
– mehradrige Leitungen mit Silikon-Isolierung .... DIN EN 50525-2-83 (VDE 0285-525-2-83)
– Steuerleitungen mit PVC-Isolierung .... DIN EN 50525-2-51 (VDE 0285-525-2-51)
– Verdrahtungsleitungen mit EVA-Isolierung .... DIN EN 50525-2-42 (VDE 0285-525-2-42)
– Verdrahtungsleitungen mit PVC-Isolierung .... DIN EN 50525-2-31 (VDE 0285-525-2-31)
– Wendelleitungen mit PVC-Isolierung .... DIN EN 50525-2-12 (VDE 0285-525-2-12)
– Zwillingsleitungen mit PVC-Isolierung .... DIN EN 50525-2-72 (VDE 0285-525-2-72)
mit runden Kupferleitern
– Berechnung der Außenmaße .... DIN EN 60719 (VDE 0299-2)
mit verbessertem Brandverhalten
– für Schienenfahrzeuge .... DIN EN 50264-1 (VDE 0260-264-1)
DIN EN 50264-2-1 (VDE 0260-264-2-1)
DIN EN 50264-2-2 (VDE 0260-264-2-2)
DIN EN 50264-3-1 (VDE 0260-264-3-1)
DIN EN 50264-3-2 (VDE 0260-264-3-2)
nicht harmonisierte .... DIN VDE 0298-3 (VDE 0298-3)
PVC-isolierte Schlauchleitung
– mit Polyurethanmantel .... E DIN VDE 0250-407/A1 (VDE 0250-407/A1)
Strombelastbarkeit .... DIN VDE 0289-8 (VDE 0289-8)
Verlegung und Montage .... DIN VDE 0289-7 (VDE 0289-7)
Zubehör .... DIN VDE 0289-6 (VDE 0289-6)

Starter
für Leuchtstofflampen .... DIN EN 60155 (VDE 0712-101)

Starterbatterien (Blei-) .... DIN EN 50342-4 (VDE 0510-23)
Anschlusssystem für Batterien 36 V .... DIN EN 50342-3 (VDE 0510-22)
Eigenschaften von Gehäusen und Griffen .... DIN EN 50342-5 (VDE 0510-24)
Maße und Kennzeichnung von Anschlüssen .... DIN EN 50342-2 (VDE 0510-21)

Starterfassungen
für Leuchtstofflampen .... DIN EN 60400 (VDE 0616-3)

Startgeräte
für Entladungslampen .... DIN EN 60927 (VDE 0712-15)
E DIN EN 60927/A1 (VDE 0712-15/A1)
DIN EN 61347-2-1 (VDE 0712-31)
E DIN EN 61347-2-1/A2 (VDE 0712-31/A2)
für Lampen .... DIN EN 61347-2-1 (VDE 0712-31)
E DIN EN 61347-2-1/A2 (VDE 0712-31/A2)
für Leuchtstofflampen .... DIN EN 60927 (VDE 0712-15)
E DIN EN 60927/A1 (VDE 0712-15/A1)
DIN EN 61347-2-1 (VDE 0712-31)
E DIN EN 61347-2-1/A2 (VDE 0712-31/A2)

Statische Elektrizität
Entladung .... DIN EN 61000-4-2 (VDE 0847-4-2)

Statische Querlast
von Steckverbindern .... DIN EN 60512-8-1 (VDE 0687-512-8-1)

Statische Transferschalter (STS)
allgemeine Anforderungen .... DIN EN 62310-1 (VDE 0558-310-1)

Statische Transfersysteme (STS)
elektromagnetische Verträglichkeit .... DIN EN 62310-2 (VDE 0558-310-2)

Statorwicklungsisolation
Off-line Teilentladungsmessungen .... DIN CLC/TS 60034-27 (VDE V 0530-27)

Staub, brennbarer .... DIN EN 50281-2-1 (VDE 0170-15-2-1)
DIN EN 61241-2-2 (VDE 0170-15-2-2)
Mindestzündtemperatur .... E DIN IEC 60079-20-2 (VDE 0170-20-2)

Staubatmosphären
explosionsfähige .... DIN EN 60079-10-2 (VDE 0165-102)

Staubexplosionsgefährdete Bereiche
Einteilung .... DIN EN 60079-10-2 (VDE 0165-102)

Staubexplosionsschutz
durch Gehäuse "t" .... E DIN EN 60079-31 (VDE 0170-15-1)
DIN EN 60079-31 (VDE 0170-15-1)

Staubsauger
für den gewerblichen Gebrauch .... DIN EN 60335-2-69 (VDE 0700-69)
– allgemeine Anforderungen .... E DIN IEC 60335-2-69/A103 (VDE 0700-69/A3)
– Anhänge .... E DIN IEC 60335-2-69/A105 (VDE 0700-69/A5)
– Aufschriften und Anweisungen .... E DIN IEC 60335-2-69/A101 (VDE 0700-69/A1)
– mechanische Festigkeit, Aufbau .... E DIN IEC 60335-2-69/A102 (VDE 0700-69/A2)
– normative Verweisungen, Begriffe .... E DIN IEC 60335-2-69/A104 (VDE 0700-69/A4)
für den Hausgebrauch .... DIN EN 60335-2-2 (VDE 0700-2)
DIN EN 60335-2-2/A11 (VDE 0700-2/A11)

Steckdosen
abschaltbare .... DIN EN 60309-4 (VDE 0623-3)
für das Laden von Elektrofahrzeugen .... E DIN IEC 62196-1 (VDE 0623-5)
E DIN IEC 62196-2 (VDE 0632-5-2)
für den Hausgebrauch .... DIN VDE 0620-1 (VDE 0620-1)
für industrielle Anwendungen .... DIN EN 60309-1 (VDE 0623-1)
DIN EN 60309-2 (VDE 0623-2)
DIN EN 60309-4 (VDE 0623-3)
– allgemeine Anforderungen .... E DIN EN 60309-1/A2 (VDE 0623-1/A2)

Steckdosen (ESHG-)
geschaltete .... DIN EN 50428 (VDE 0632-400)
E DIN IEC 60669-2-5 (VDE 0632-2-5)

Steckdosen, abschaltbare
für industrielle Anwendungen .... E DIN EN 60309-4/A1 (VDE 0623-4/A1)

Stecker
für das Laden von Elektrofahrzeugen .... E DIN IEC 62196-1 (VDE 0623-5)
E DIN IEC 62196-2 (VDE 0632-5-2)
für den Hausgebrauch .... DIN VDE 0620-1 (VDE 0620-1)
für industrielle Anwendungen .... DIN EN 60309-1 (VDE 0623-1)
DIN EN 60309-2 (VDE 0623-2)
– allgemeine Anforderungen .... E DIN EN 60309-1/A2 (VDE 0623-1/A2)
nichtwiederanschließbare .... DIN VDE 0620-101 (VDE 0620-101)

Steckgesichter
von Lichtwellenleiter-Steckverbindern .... DIN VDE 0888-745 (VDE 0888-745)

Steckverbinder
Aufprallprüfungen
– Prüfung 7a: Freier Fall .... DIN EN 60512-7-1 (VDE 0687-512-7-1)
Dauerprüfungen
– Prüfung 9a: Mechanische Lebensdauer .... DIN EN 60512-9-1 (VDE 0687-512-9-1)
– Prüfung 9e: Strombelastung, zyklisch .... DIN EN 60512-9-5 (VDE 0687-512-9-5)
für Bahnfahrzeuge .... DIN CLC/TS 50467 (VDE V 0115-490)
für Datenübertragungen bis 1 000 MHz .... E DIN IEC 61076-3-110 (VDE 0687-76-3-110)
für elektronische Einrichtungen
– Datenübertragungen bis 1 000 MHz .... DIN EN 60603-7-71 (VDE 0687-603-7-71)
E DIN IEC 61076-3-110 (VDE 0687-76-3-110)
– Datenübertragungen bis 500 MHz .... DIN EN 60603-7-41 (VDE 0687-603-7-41)
DIN EN 60603-7-51 (VDE 0687-603-7-51)
– Datenübertragungen bis 600 MHz .... DIN EN 60603-7-7 (VDE 0687-603-7-7)
– geschirmte freie und feste Steckverbinder .... DIN EN 60603-7-1 (VDE 0687-603-7-1)
DIN EN 60603-7-3 (VDE 0687-603-7-3)
DIN EN 60603-7-5 (VDE 0687-603-7-5)
– Mess- und Prüfverfahren .... DIN EN 60512-19-1 (VDE 0687-512-19-1)
DIN EN 60512-20-1 (VDE 0687-512-20-1)
DIN EN 60512-20-3 (VDE 0687-512-20-3)
DIN EN 60512-21-1 (VDE 0687-512-21-1)
DIN EN 60512-22-1 (VDE 0687-512-22-1)
DIN EN 60512-26-100 (VDE 0687-512-26-100)
E DIN EN 60512-28-100 (VDE 0687-512-28-100)
DIN EN 60512-7-1 (VDE 0687-512-7-1)
DIN EN 60512-9-1 (VDE 0687-512-9-1)
DIN EN 60512-9-5 (VDE 0687-512-9-5)
E DIN IEC 60512-1-100 (VDE 0687-512-1-100)
– Produktanforderungen .... E DIN EN 61076-2-109 (VDE 0687-76-2-109)
E DIN EN 61076-4-116 (VDE 0687-76-4-116)
– Prüfung 16u: Whiskerprüfung .... E DIN IEC 60512-16-21 (VDE 0687-512-16-21)
– Prüfungen der Kabelabfangung .... DIN EN 60512-17-1 (VDE 0687-512-17-1)
DIN EN 60512-17-3 (VDE 0687-512-17-3)
DIN EN 60512-17-4 (VDE 0687-512-17-4)
– Prüfungen der Schirmung und Dämpfung .... DIN EN 60512-23-2 (VDE 0687-512-23-2)
– Prüfungen mit statischer Last .... DIN EN 60512-8-1 (VDE 0687-512-8-1)
– rechteckige Steckverbinder .... DIN EN 61076-3-115 (VDE 0687-76-3-115)
DIN EN 61076-3-118 (VDE 0687-76-3-118)
– Rundsteckverbinder M12 .... DIN EN 61076-2-107 (VDE 0687-76-2-107)
E DIN EN 61076-2-109 (VDE 0687-76-2-109)
E DIN IEC 61076-2-101 (VDE 0687-76-2-101)
– Signalintegritätsprüfungen .... E DIN EN 60512-29-100 (VDE 0687-512-29-100)
– ungeschirmte freie und feste Steckverbinder .... DIN EN 60603-7 (VDE 0687-603-7)
E DIN EN 60603-7/A1 (VDE 0687-603-7/A1)

Steckverbinder
für elektronische Einrichtungen
– ungeschirmte freie und feste Steckverbinder .... DIN EN 60603-7-2 (VDE 0687-603-7-2)
DIN EN 60603-7-4 (VDE 0687-603-7-4)
– zutreffende Publikationen .... E DIN IEC 60512-1-100 (VDE 0687-512-1-100)
für Fertigbauteile .... E DIN VDE 0606-201 (VDE 0606-201)
für Leiterplatten
– High-Speed-Steckverbinder .... E DIN EN 61076-4-116 (VDE 0687-76-4-116)
für Lichtwellenleiter .... E DIN IEC 60874-1 (VDE 0885-874-1)
für Photovoltaik-Systeme .... DIN EN 50521 (VDE 0126-3)
Mess- und Prüfverfahren
– Prüfung 17a: Widerstandsfähigkeit der Kabelabfangung .... DIN EN 60512-17-1 (VDE 0687-512-17-1)
– Prüfung 17c: Widerstandsfähigkeit der Kabelabfangung .... DIN EN 60512-17-3 (VDE 0687-512-17-3)
– Prüfung 17d: Widerstandsfähigkeit der Kabelabfangung .... DIN EN 60512-17-4 (VDE 0687-512-17-4)
– Prüfung 23b: Einfügungsdämpfung integrierter Filter .... DIN EN 60512-23-2 (VDE 0687-512-23-2)
– Prüfung 8a: Statische Querlast .... DIN EN 60512-8-1 (VDE 0687-512-8-1)
Prüfungen auf Feuersicherheit
– Prüfung 20a: Brennbarkeit, Nadelflamme .... DIN EN 60512-20-1 (VDE 0687-512-20-1)
– Prüfung 20c: Brennbarkeit, Glühdraht .... DIN EN 60512-20-3 (VDE 0687-512-20-3)
Prüfungen der HF-Güte
– Prüfung 21a: HF-Dämpfungswiderstand .... DIN EN 60512-21-1 (VDE 0687-512-21-1)
Prüfungen der Kapazität
– Prüfung 22a: Kapazität .... DIN EN 60512-22-1 (VDE 0687-512-22-1)
Prüfungen der Widerstandsfähigkeit
– Prüfung 19a: Widerstandsfähigkeit gegen Flüssigkeiten .... DIN EN 60512-19-1 (VDE 0687-512-19-1)
Sicherheitsanforderungen und Prüfungen .... DIN EN 61984 (VDE 0627)
Signalintegritätsprüfungen .... E DIN EN 60512-28-100 (VDE 0687-512-28-100)
E DIN EN 60512-29-100 (VDE 0687-512-29-100)

Steckverbinder M12
mit Schraubverriegelung .... E DIN IEC 61076-2-101 (VDE 0687-76-2-101)

Steckverbinder nach IEC 60603-7
Prüfungen 26a bis 26g .... DIN EN 60512-26-100 (VDE 0687-512-26-100)

Steckverbinder, 8polig
für Frequenzen bis 600 MHz
– Push-pull-Ausführung .... DIN EN 61076-3-115 (VDE 0687-76-3-115)
geschirmte freie und feste
– Bauartspezifikation .... DIN EN 60603-7-1 (VDE 0687-603-7-1)
– für Datenübertragung bis 1 000 MHz .... DIN EN 60603-7-71 (VDE 0687-603-7-71)
– für Datenübertragung bis 100 MHz .... DIN EN 60603-7-3 (VDE 0687-603-7-3)
– für Datenübertragung bis 250 MHz .... DIN EN 60603-7-5 (VDE 0687-603-7-5)
– für Datenübertragung bis 500 MHz .... DIN EN 60603-7-51 (VDE 0687-603-7-51)
– für Datenübertragung bis 600 MHz .... DIN EN 60603-7-7 (VDE 0687-603-7-7)
ungeschirmte freie und feste
– Bauartspezifikation .... E DIN EN 60603-7/A1 (VDE 0687-603-7/A1)
– für Datenübertragung bis 100 MHz .... DIN EN 60603-7-2 (VDE 0687-603-7-2)
– für Datenübertragung bis 250 MHz .... DIN EN 60603-7-4 (VDE 0687-603-7-4)
– für Datenübertragung bis 500 MHz .... DIN EN 60603-7-41 (VDE 0687-603-7-41)

Steckverbinderfamilie EM-RJ
Steckgesichter .... DIN VDE 0888-745 (VDE 0888-745)

Steckverbindersystem
für implantierbare medizinische Geräte .... E DIN ISO 27186 (VDE 0750-20-1)
Steckverbindungen
für Schweißleitungen .... E DIN EN 60974-12 (VDE 0544-202)
DIN EN 60974-12 (VDE 0544-202)
Steckvorrichtungen
Kraftfahrzeuge usw. .... DIN EN 50066 (VDE 0625-10)
Nähmaschinen .... DIN EN 60320-2-1 (VDE 0625-2-1)
zum Laden von Elektrofahrzeugbatterien .... DIN EN 62196-1 (VDE 0623-5)
Stegleitung .... DIN VDE 0250-201 (VDE 0250-201)
Stegleitungen
Verlegen .... DIN VDE 0100-520 (VDE 0100-520)
Steh-Stoßspannungspegel
drehender Wechselstrommaschinen .... DIN EN 60034-15 (VDE 0530-15)
Steigekabel
für digitale Kommunikation .... E DIN IEC 61156-4 (VDE 0819-1004)
Stellantriebe
elektrische
– für den Hausgebrauch .... DIN EN 60730-2-14 (VDE 0631-2-14)
Stellantriebe (ESHG-) .... DIN EN 50428 (VDE 0632-400)
E DIN IEC 60669-2-5 (VDE 0632-2-5)
Stellgeräte
für die Prozessregelung .... DIN EN 1349 (VDE 0409-1349)
Stellplatz .... DIN VDE 0100-708 (VDE 0100-708)
Stellteile
von Maschinen .... DIN EN 61310-1 (VDE 0113-101)
– Anordnung und Betrieb .... DIN EN 61310-3 (VDE 0113-103)
Stelltransformatoren .... E DIN IEC 61558-2-14 (VDE 0570-2-14)
Stereotaxie-Einrichtungen .... E DIN IEC 60601-2-45 (VDE 0750-2-45)
Sterilisatoren
für medizinisches Material .... DIN EN 61010-2-040 (VDE 0411-2-040)
Sterndreieckstarter .... DIN EN 60947-4-1 (VDE 0660-102)
Steuer- und Regelgeräte
Störfestigkeitsanforderungen .... DIN EN 61326-3-2 (VDE 0843-20-3-2)
Steuer- und Schutz-Schaltgeräte (CPS) .... DIN EN 60947-6-2 (VDE 0660-115)
Steuereinrichtungen
in Gleichstrom-Bahnanlagen .... DIN EN 50123-1 (VDE 0115-300-1)
– Messumformer .... DIN EN 50123-7-1 (VDE 0115-300-7-1)
DIN EN 50123-7-2 (VDE 0115-300-7-2)
DIN EN 50123-7-3 (VDE 0115-300-7-3)
– Spannungswandler .... DIN EN 50123-7-3 (VDE 0115-300-7-3)
Steuergeräte
Drei-Stellungs-Zustimmschalter .... DIN EN 60947-5-8 (VDE 0660-215)
Durchflussmengenschalter .... DIN EN 60947-5-9 (VDE 0660-216)
elektrische, industrielle .... E DIN EN 61010-2-201 (VDE 0411-2-201)
elektromechanische .... DIN EN 60947-5-1 (VDE 0660-200)
EMV-Anforderungen
– allgemeine Anforderungen .... DIN EN 61326-1 (VDE 0843-20-1)
E DIN IEC 61326-1 (VDE 0843-20-1)
Errichtung .... DIN VDE 0100-530 (VDE 0100-530)

Steuergeräte
für den Hausgebrauch
– allgemeine Anforderungen .... DIN EN 60730-1 (VDE 0631-1)
– besondere Anforderungen .... DIN EN 60730-2-1 (VDE 0631-2-1)
– Druckregelgeräte .... DIN EN 60730-2-1 (VDE 0631-2-1)
DIN EN 60730-2-6 (VDE 0631-2-6)
– elektrische Ölventile .... DIN EN 60730-2-19 (VDE 0631-2-19)
– elektrische Stellantriebe .... DIN EN 60730-2-14 (VDE 0631-2-14)
– elektrische Türverriegelungen .... DIN EN 60730-2-12 (VDE 0631-2-12)
DIN EN 60730-2-12/A11 (VDE 0631-2-12/A11)
– Energieregler .... DIN EN 60730-2-11 (VDE 0631-2-11)
– feuchtigkeitsempfindliche .... DIN EN 60730-2-13 (VDE 0631-2-13)
– Motorschutzeinrichtungen .... DIN EN 60730-2-2 (VDE 0631-2-2)
DIN EN 60730-2-4 (VDE 0631-2-4)
– Motorstartrelais .... DIN EN 60730-2-10 (VDE 0631-2-10)
– Schaltuhren .... DIN EN 60730-2-7 (VDE 0631-2-7)
– temperaturabhängige .... DIN EN 60730-2-9 (VDE 0631-2-9)
E DIN IEC 60730-2-9/A1 (VDE 0631-2-9/A1)
– Zeitsteuergeräte .... DIN EN 60730-2-7 (VDE 0631-2-7)
Näherungsschalter .... DIN EN 60947-5-2 (VDE 0660-208)
E DIN EN 60947-5-2/A1 (VDE 0660-208/A1)
DIN EN 60947-5-3 (VDE 0660-214)
von Flugplatzbefeuerungsanlagen .... DIN EN 50490 (VDE 0161-106)
zum Trennen und Schalten .... DIN VDE 0100-537 (VDE 0100-537)

Steuergeräte, elektrische
allgemeine Anforderungen .... DIN EN 61010-1 (VDE 0411-1)
Prüf- und Messstromkreise .... DIN EN 61010-2-030 (VDE 0411-2-030)
temperaturabhängige .... E DIN IEC 60730-2-9/A1 (VDE 0631-2-9/A1)

Steuerleitungen
flache PVC-ummantelte .... DIN EN 50214 (VDE 0283-2)
für Aufzüge und Laufkräne .... DIN EN 50214 (VDE 0283-2)
mit verbessertem Brandverhalten
– für Schienenfahrzeuge .... DIN EN 50264-1 (VDE 0260-264-1)
DIN EN 50264-2-1 (VDE 0260-264-2-1)
DIN EN 50264-2-2 (VDE 0260-264-2-2)
DIN EN 50264-3-1 (VDE 0260-264-3-1)
DIN EN 50264-3-2 (VDE 0260-264-3-2)

Steuerleitungen, ölbeständige
thermoplastische PVC-Isolierung .... DIN EN 50525-2-51 (VDE 0285-525-2-51)

Steuern
Geräte zum .... DIN VDE 0100-530 (VDE 0100-530)

Steuerschalter .... DIN EN 60947-5-1 (VDE 0660-200)

Steuerstromkreise .... DIN VDE 0100-460 (VDE 0100-460)

Steuertransformatoren
Prüfungen .... DIN EN 61558-2-2 (VDE 0570-2-2)

Steuerungen
Batterieanlagen .... DIN EN 50272-2 (VDE 0510-2)
Niederspannungs- .... VDE-Schriftenreihe Band 28
speicherprogrammierbare
– Betriebsmittelanforderungen, Prüfungen .... DIN EN 61131-2 (VDE 0411-500)

Steuerung-Geräte-Netzwerke (CDIs)
Aktuator Sensor Interface (AS-i) .... E DIN EN 62026-2 (VDE 0660-2026-2)
allgemeine Festlegungen .... DIN EN 62026-1 (VDE 0660-2026-1)
CompuNet .... E DIN EN 62026-7 (VDE 0660-2026-7)
DeviceNet .... DIN EN 62026-3 (VDE 0660-2026-3)

Steuerungsfunktionen
für Kernkraftwerke
– Kategorisierung .... DIN EN 61226 (VDE 0491-1)

Stichsägen
handgeführt, motorbetrieben .... DIN EN 60745-2-11 (VDE 0740-2-11)

Stichwortsammlung zur VDE 0100 .... VDE-Schriftenreihe Band 100

Stickoxide
in Tiefgaragen und Tunneln
– Geräte zur Detektion und Messung .... E DIN EN 50545-1 (VDE 0400-80)

Stiftsteckvorrichtungen
für industrielle Anwendungen
– Austauschbarkeit .... E DIN EN 60309-2/A2 (VDE 0623-2/A2)

Stimulationsgeräte
für Nerven und Muskeln .... DIN EN 60601-2-10 (VDE 0750-2-10)
E DIN IEC 60601-2-10 (VDE 0750-2-10)

Störaussendung
der Bahnenergieversorgung .... DIN EN 50121-5 (VDE 0115-121-5)
EMV-Fachgrundnorm
– Industriebereich .... DIN EN 61000-6-4 (VDE 0839-6-4)
– Wohn-, Geschäfts- und Gewerbebereich, Kleinbetriebe .... DIN EN 61000-6-3 (VDE 0839-6-3)
gestrahlte hochfrequente
– Einrichtungen zur Messung .... DIN EN 55016-1-2 (VDE 0876-16-1-2)
– Verfahren zur Messung .... DIN EN 55016-1-4 (VDE 0876-16-1-4)
E DIN EN 55016-1-4/A1 (VDE 0876-16-1-4/A1)
DIN EN 55016-2-3 (VDE 0877-16-2-3)
hochfrequente
– Messgeräte .... DIN EN 55016-1-1 (VDE 0876-16-1-1)
– Messgeräte-Unsicherheit .... E DIN EN 55016-4-2 (VDE 0876-16-4-2)
Messgeräte und -einrichtungen
– Zusatz-/Hilfseinrichtungen .... DIN EN 55016-1-3 (VDE 0876-16-1-3)
DIN EN 55016-1-4 (VDE 0876-16-1-4)
E DIN EN 55016-1-4/A1 (VDE 0876-16-1-4/A1)
Prüfung .... DIN EN 60255-25 (VDE 0435-3031)
TEM-Wellenleiter .... DIN EN 61000-4-20 (VDE 0847-4-20)
Verfahren zur Messung
– leitungsgeführte Störaussendung .... DIN EN 55016-2-1 (VDE 0877-16-2-1)
– Störfestigkeit .... DIN EN 55016-2-4 (VDE 0877-16-2-4)
– Störleistung .... DIN EN 55016-2-2 (VDE 0877-16-2-2)
von Bahnfahrzeugen .... DIN EN 50121-3-1 (VDE 0115-121-3-1)
von Geräten für Bahnfahrzeuge .... DIN EN 50121-3-2 (VDE 0115-121-3-2)
von Haushaltsgeräten und Elektrowerkzeugen .... DIN EN 55014-1 (VDE 0875-14-1)
E DIN EN 55014-1/A2 (VDE 0875-14-1/A2)
von Signal- und Telekommunikationseinrichtungen
– in der Bahnumgebung .... DIN EN 50121-4 (VDE 0115-121-4)
von Werkzeugmaschinen
– Produktfamiliennorm .... DIN EN 50370-1 (VDE 0875-370-1)

Störaussendungen
des Bahnsystems in die Außenwelt .... DIN EN 50121-2 (VDE 0115-121-2)

Störfestigkeit
der Bahnenergieversorgung .... DIN EN 50121-5 (VDE 0115-121-5)
EMV-Fachgrundnorm
– Industriebereich .... DIN EN 61000-6-2 (VDE 0839-6-2)
– Wohn-, Geschäfts- und Gewerbebereich .... DIN EN 61000-6-1 (VDE 0839-6-1)
Fernseh- und Rundfunkempfänger .... Beiblatt 1 DIN EN 55020 (VDE 0872-20)
gegen Entladung statischer Elektrizität .... DIN EN 61000-4-2 (VDE 0847-4-2)
gegen gedämpft schwingende Wellen .... DIN EN 61000-4-18 (VDE 0847-4-18)
gegen gestrahlte Störgrößen
– in Vollabsorberräumen .... DIN EN 61000-4-22 (VDE 0847-4-22)
gegen HEMP-Störgrößen .... E DIN EN 61000-4-25/A1 (VDE 0847-4-25/A1)
gegen hochfrequente elektromagnetische Felder .... DIN EN 61000-4-3 (VDE 0847-4-3)
gegen Kurzzeitunterbrechungen .... DIN EN 61000-4-11 (VDE 0847-4-11)
DIN EN 61000-4-29 (VDE 0847-4-29)
– Prüfung .... DIN EN 61000-4-34 (VDE 0847-4-34)
gegen leitungsgeführte Störgrößen .... DIN EN 61000-4-16 (VDE 0847-4-16)
DIN EN 61000-4-24 (VDE 0847-4-24)
– Prüf- und Messverfahren .... DIN EN 61000-4-6 (VDE 0847-4-6)
gegen Magnetfelder .... DIN EN 61000-4-8 (VDE 0847-4-8)
gegen Netzfrequenzschwankungen
– Prüfung .... DIN EN 61000-4-28 (VDE 0847-4-28)
gegen Oberschwingungen und Zwischenharmonische ..... DIN EN 61000-4-13 (VDE 0847-4-13)
gegen schnelle transiente Störgrößen/Burst .... DIN EN 61000-4-4 (VDE 0847-4-4)
E DIN EN 61000-4-4 (VDE 0847-4-4)
gegen schwingende Wellen .... DIN EN 61000-4-18/A1 (VDE 0847-4-18/A1)
gegen Spannungseinbrüche .... DIN EN 61000-4-11 (VDE 0847-4-11)
– Prüfung .... DIN EN 61000-4-34 (VDE 0847-4-34)
gegen Spannungsschwankungen .... DIN EN 61000-4-11 (VDE 0847-4-11)
– Prüfung .... DIN EN 61000-4-14 (VDE 0847-4-14)
DIN EN 61000-4-34 (VDE 0847-4-34)
gegen Stoßspannungen .... DIN EN 61000-4-5 (VDE 0847-4-5)
gegen Unsymmetrie der Versorgungsspannung .... DIN EN 61000-4-27 (VDE 0847-4-27)
gegen Wechselanteile an Gleichstrom-Netzanschlüssen .... DIN EN 61000-4-17/A2 (VDE 0847-4-17/A2)
gegen Wechselspannungsanteile
– Prüfung .... DIN EN 61000-4-17 (VDE 0847-4-17)
Messgeräte und -einrichtungen
– FFT-basierte Messgeräte .... DIN EN 55016-1-1 (VDE 0876-16-1-1)
– Messplätze für Antennenkalibrierung .... DIN EN 55016-1-5 (VDE 0876-16-1-5)
E DIN EN 55016-1-5/A1 (VDE 0876-16-1-5/A1)
– Zusatz-/Hilfseinrichtungen .... DIN EN 55016-1-3 (VDE 0876-16-1-3)
DIN EN 55016-1-4 (VDE 0876-16-1-4)
E DIN EN 55016-1-4/A1 (VDE 0876-16-1-4/A1)
Messgeräte-Unsicherheit .... E DIN EN 55016-4-2 (VDE 0876-16-4-2)
Messung
– Stromversorgungsanlagen .... DIN EN 61000-4-9 (VDE 0847-4-9)
Prüf- und Messverfahren .... DIN EN 61000-4-11 (VDE 0847-4-11)
DIN EN 61000-4-4 (VDE 0847-4-4)
E DIN EN 61000-4-4 (VDE 0847-4-4)
Prüfung in Modenverwirbelungskammern .... DIN EN 61000-4-21 (VDE 0847-4-21)
Prüfung von Messrelais .... DIN EN 60255-22-1 (VDE 0435-22-1)
DIN EN 60255-22-6 (VDE 0435-3026)
Prüfung von Schutzeinrichtungen .... DIN EN 60255-22-1 (VDE 0435-22-1)
Stromversorgungsanlagen .... DIN EN 61000-4-9 (VDE 0847-4-9)
TEM-Wellenleiter .... DIN EN 61000-4-20 (VDE 0847-4-20)
Verfahren zur Messung .... DIN EN 55016-2-2 (VDE 0877-16-2-2)
DIN EN 55016-2-4 (VDE 0877-16-2-4)

Störfestigkeit
Verfahren zur Messung
– leitungsgeführte Störaussendung .... DIN EN 55016-2-1 (VDE 0877-16-2-1)
von Bahnfahrzeugen .... DIN EN 50121-3-1 (VDE 0115-121-3-1)
von Beleuchtungseinrichtungen .... DIN EN 61547 (VDE 0875-15-2)
von Elektrowerkzeugen .... DIN EN 55014-2 (VDE 0875-14-2)
von Geräten für Bahnfahrzeuge .... DIN EN 50121-3-2 (VDE 0115-121-3-2)
von Haushaltsgeräten .... DIN EN 55014-2 (VDE 0875-14-2)
von Leuchtstofflampen .... DIN EN 60925 (VDE 0712-21)
von Messrelais und Schutzeinrichtungen .... DIN EN 60255-22-5 (VDE 0435-3025)
DIN EN 60255-22-7 (VDE 0435-3027)
– gegen 1-MHz-Störgrößen .... DIN EN 60255-22-1 (VDE 0435-22-1)
– gegen elektromagnetische Felder .... DIN EN 60255-22-3 (VDE 0435-3023)
– gegen transiente Störgrößen/Burst .... DIN EN 60255-22-4 (VDE 0435-3024)
– Prüfungen mit elektrostatischer Entladung .... DIN EN 60255-22-2 (VDE 0435-3022)
von Netz-Datenübertragungsgeräten
– im Industriebereich .... DIN EN 50065-2-2 (VDE 0808-2-2)
– im Wohn- und Gewerbebereich .... DIN EN 50065-2-1 (VDE 0808-2-1)
– von Stromversorgungsunternehmen .... DIN EN 50065-2-3 (VDE 0808-2-3)
von Signal- und Telekommunikationseinrichtungen
– in der Bahnumgebung .... DIN EN 50121-4 (VDE 0115-121-4)

Störfestigkeitsanforderungen
an Beleuchtungseinrichtungen .... DIN EN 61547 (VDE 0875-15-2)
an Geräte in sicherheitsbezogenen Systemen .... DIN EN 61326-3-2 (VDE 0843-20-3-2)

Störfestigkeitseigenschaften
von Einrichtungen der Informationstechnik .... DIN EN 55024 (VDE 0878-24)
von Ton- und Fernseh-Rundfunkempfängern .... DIN EN 55020 (VDE 0872-20)
E DIN EN 55020/AA (VDE 0872-20/A1)

Störfestigkeitsprüfung .... DIN EN 61000-4-4 (VDE 0847-4-4)
E DIN EN 61000-4-4 (VDE 0847-4-4)
DIN EN 61000-4-8 (VDE 0847-4-8)

Störgrößen
Messung .... DIN EN 61000-4-23 (VDE 0847-4-23)
niederfrequente leitungsgeführte .... DIN EN 61000-2-12 (VDE 0839-2-12)

Störgrößen, elektromagnetische
Schutz in Niederspannungsanlagen .... DIN VDE 0100-444 (VDE 0100-444)

Störgrößen, leitungsgeführte
induziert durch hochfrequente Felder .... DIN EN 61000-4-6 (VDE 0847-4-6)

Störleistung
Verfahren zur Messung .... DIN EN 55016-1-3 (VDE 0876-16-1-3)
DIN EN 55016-2-2 (VDE 0877-16-2-2)

Störleistungsmessung .... DIN EN 55016-1-3 (VDE 0876-16-1-3)

Störminderung
Transformatoren zur .... DIN EN 61558-2-19 (VDE 0570-2-19)

Störschutz-Drosselspulen
für Bahnfahrzeuge .... DIN EN 60310 (VDE 0115-420)

Störspannungen
Schutz in Niederspannungsanlagen .... DIN VDE 0100-444 (VDE 0100-444)

Störstrahlungscharakteristik
von Multimediakabelnetzen .... DIN EN 50083-2 (VDE 0855-200)
E DIN EN 50083-2 (VDE 0855-200)

Störungen, elektromagnetische
Drosseln zur Unterdrückung .... DIN EN 60938-1 (VDE 0565-2)
DIN EN 60938-2 (VDE 0565-2-1)
Störungsmeldung und -anzeige
in Kernkraftwerken .... DIN IEC 62241 (VDE 0491-5-2)
Stoßspannungen
Prüfungen
– Messgeräte .... DIN EN 61083-1 (VDE 0432-7)
Störfestigkeit gegen .... DIN EN 61000-4-5 (VDE 0847-4-5)
DIN EN 61547 (VDE 0875-15-2)
Stoßspannungsprüfungen
an Kabeln und Garnituren .... DIN EN 60230 (VDE 0481-230)
Software .... E DIN IEC 61083-2 (VDE 0432-8)
Stoßstrom .... DIN EN 61547 (VDE 0875-15-2)
Stoßstromprüfungen
Software .... E DIN IEC 61083-2 (VDE 0432-8)
Strahlenmesssysteme
für Photonen- und Neutronenstrahlen .... E DIN IEC 62438 (VDE 0493-4-1)
Strahlenschutz
von diagnostischen Röntgengeräten .... DIN EN 60601-1-3 (VDE 0750-1-3)
Strahlenschutzdosimeter
zur Personen- und Umweltüberwachung .... DIN IEC 61066 (VDE 0492-3-2)
Strahlenschutzinstrumentierung
in kerntechnischen Anlagen .... DIN IEC 61559-1 (VDE 0493-5-1)
Strahlenschutz-Messgeräte
direkt ablesbare Personendosimeter
– für Röntgen-, Gamma-, Neutronen- und Betastrahlung .... E DIN IEC 61526 (VDE 0492-1)
für Neutronenstrahlung .... E DIN IEC 62534 (VDE 0493-3-7)
für Photonenstrahlung .... E DIN IEC 62533 (VDE 0493-3-6)
für Radon und Radonfolgeprodukte .... DIN IEC 61577-1 (VDE 0493-1-10-1)
E DIN IEC 61577-3 (VDE 0493-1-10-3)
DIN IEC 61577-3 (VDE 0493-1-10-3)
DIN IEC 61577-4 (VDE 0493-1-10-4)
Ganz- und Teilkörperzähler
– Prüfung .... DIN VDE 0493-200 (VDE 0493-200)
in-situ-Photonenspektrometriesystem
– mit Germaniumdetektor .... E DIN IEC 61275 (VDE 0493-4-3)
in-vivo-Überwachung
– Ganz- und Teilkörperzähler .... DIN EN 61582 (VDE 0493-2-3)
Kontaminationsmessgeräte und -monitore .... DIN EN 60325 (VDE 0493-2-1)
Kontaminationsmonitore .... DIN VDE 0493-100 (VDE 0493-100)
mobile Instrumentierung
– Gamma- und Neutronenstrahlung .... E DIN IEC 62438 (VDE 0493-4-1)
passive integrierende Dosimetriesysteme .... DIN IEC 62387-1 (VDE 0492-3-1)
Personendosimeter und -monitore .... DIN EN 61526 (VDE 0492-1)
Personenkontaminationsmonitore .... DIN EN 61098 (VDE 0493-2-2)
– wiederkehrende Prüfung .... DIN VDE 0493-110 (VDE 0493-110)
Portalmonitore .... E DIN IEC 62484 (VDE 0493-3-5)
Prüfsysteme für Frachtgut und Fahrzeuge .... DIN IEC 62523 (VDE 0412-10)
Richtungs-Äquivalentdosis(leistungs)-Messgeräte
– für Beta-, Röntgen- und Gammastrahlung .... DIN EN 60846 (VDE 0492-2-1)
E DIN IEC 60846-1 (VDE 0492-2-1)

Strahlenschutz-Messgeräte
spektroskopie-basierte alarmgebende persönliche Strahlungsdetektoren
– Nachweis von unerlaubt transportiertem radioaktiven Materail .... E DIN IEC 62618 (VDE 0493-3-8)
Strahlungsmessgeräte im Taschenformat .... DIN IEC 62401 (VDE 0493-3-4)
Umgebungs-Äquivalentdosis(leistungs)-Messgeräte
– für Beta-, Röntgen- und Gammastrahlung .... DIN EN 60846 (VDE 0492-2-1)
E DIN IEC 60846-1 (VDE 0492-2-1)
– für Neutronenstrahlung .... DIN EN 61005 (VDE 0492-2-2)
Unsicherheit beim Messen .... Beiblatt 2 DIN VDE 0493 (VDE 0493)
zur Probenahme und Überwachung von Edelgasen .... DIN IEC 62302 (VDE 0493-1-30)
zur Probenahme und Überwachung von Tritium .... DIN IEC 62303 (VDE 0493-1-50)

Strahlentherapie
Elektronenbeschleuniger .... DIN EN 60601-2-1 (VDE 0750-2-1)

Strahlentherapiesimulatoren .... DIN EN 60601-2-29 (VDE 0750-2-29)

Strahlungsdetektoren
im Taschenformat .... DIN IEC 62401 (VDE 0493-3-4)

Strahlungsgrillgeräte
für den gewerblichen Gebrauch .... DIN EN 60335-2-48 (VDE 0700-48)
E DIN EN 60335-2-48/AA (VDE 0700-48/A1)

Strahlungsheizgeräte .... DIN EN 60335-2-30 (VDE 0700-30)

Strahlungsintensität
von Konzentrator-Photovoltaik-Modulen .... E DIN EN 62670 (VDE 0126-35-1)

Strahlungsmessgeräte
radiometrische Einrichtungen
– Konstruktionsanforderungen und Klassifikation .... DIN EN 60405 (VDE 0412-1)
E DIN IEC 62598 (VDE 0412-1)
Röntgenfluoreszenz-Analysegeräte .... DIN IEC 62495 (VDE 0412-20)

Strahlungspegel .... DIN IEC 61559-1 (VDE 0493-5-1)

Strahlungssicherheit
von optischen Quellen .... Beiblatt 1 DIN EN 62471 (VDE 0837-471)

Strahlungsüberwachung .... DIN IEC 61559-1 (VDE 0493-5-1)

Strahlungsverteilung, spektrale
von photovoltaischen Einrichtungen .... DIN EN 60904-3 (VDE 0126-4-3)

Stranggießanlagen .... DIN EN 60519-11 (VDE 0721-11)

Straßen
Beleuchtungsanlagen .... E DIN VDE 0100-714 (VDE 0100-714)

Straßenbahnen
Dachstromabnehmer .... DIN EN 50206-2 (VDE 0115-500-2)
Drehstrom-Bordnetz .... E DIN EN 50533 (VDE 0115-533)
elektrische Sicherheit und Erdung .... DIN EN 50122-2 (VDE 0115-4)
DIN EN 50122-3 (VDE 0115-5)
Oberleitungen .... DIN EN 50345 (VDE 0115-604)
Schutz gegen elektrischen Schlag .... DIN EN 50122-1 (VDE 0115-3)

Straßenbeleuchtung
Anforderungen an Leuchten .... DIN EN 60598-2-3 (VDE 0711-2-3)

Straßenfahrzeuge
drehende elektrische Maschinen
– außer umrichtergespeiste Wechselstrommotoren .... DIN EN 60349-1 (VDE 0115-400-1)
– umrichtergespeiste Wechselstrommotoren .... DIN EN 60349-2 (VDE 0115-400-2)

Straßenfahrzeuge (Elektro-)
induktive Ladesysteme .... Anwendungsregel (VDE-AR-E 2122-4-2)

Straßenleuchten .... VDE-Schriftenreihe Band 12

Straßenverkehrs-Signalanlagen .... DIN EN 50293 (VDE 0832-200)
DIN EN 50556 (VDE 0832-100)
LED-Signalgeber .... DIN V VDE V 0832-300 (VDE V 0832-300)
LED-Signalleuchten .... DIN CLC/TS 50509 (VDE V 0832-310)
sicherheitsrelevante Software .... DIN V VDE V 0832-500 (VDE V 0832-500)
Verkehrsbeeinflussungsanlagen .... DIN V VDE V 0832-400 (VDE V 0832-400)

Streotaxie-Einrichtungen
mammographische .... DIN EN 60601-2-45 (VDE 0750-2-45)

Streustromwirkungen
durch Gleichstrombahnen .... DIN EN 50122-2 (VDE 0115-4)

Stroboskopischer Effekt .... DIN VDE 0100-559 (VDE 0100-559)

Stromabnahmesysteme
für Bahnanwendungen .... DIN EN 50317/A2 (VDE 0115-503/A2)
– Zusammenwirken zwischen Stromabnehmer und
Oberleitung .... E DIN EN 50317 (VDE 0115-503)
für Bahnfahrzeuge .... E DIN EN 50367 (VDE 0115-605)
DIN EN 50367 (VDE 0115-605)

Stromabnehmer
für Bahnanwendungen
– Zusammenwirken mit Oberleitung .... E DIN EN 50317 (VDE 0115-503)
für Eisenbahnfahrzeuge .... DIN VDE 0119-206-1 (VDE 0119-206-1)
für Oberleitungsfahrzeuge .... DIN EN 50317/A2 (VDE 0115-503/A2)
DIN EN 50405 (VDE 0115-501)
für Schienenfahrzeuge
– Schnittstelle Stromabnehmer - Fahrzeug .... DIN CLC/TS 50206-3 (VDE V 0115-500-3)
für Stadtbahnen und Straßenbahnen .... DIN EN 50317 (VDE 0115-503)
DIN EN 50318 (VDE 0115-504)
für Vollbahnfahrzeuge .... DIN EN 50206-1 (VDE 0115-500-1)

Strombelastbarkeit
von Kabeln und Leitungen .... VDE-Schriftenreihe Band 143
DIN VDE 0289-8 (VDE 0289-8)
von Niederspannungsanlagen .... Beiblatt 2 DIN VDE 0100-520 (VDE 0100-520)

Strombemessung
von Leistungsantriebssystemen .... DIN V VDE V 0160-106 (VDE V 0160-106)

Stromdichte, lokale kritische
in supraleitenden Schichten .... E DIN EN 61788-17 (VDE 0390-17)

Stromerzeugungsaggregate
Errichten und Betreiben .... VDE-Schriftenreihe Band 122

Stromerzeugungsanlagen
mit Nennwechselspannungen über 1 kV
– allgemeine Bestimmungen .... DIN EN 61936-1 (VDE 0101-1)
– Erdung .... DIN EN 50522 (VDE 0101-2)
über 16 A je Phase
– Anschluss ans Niederspannungsverteilungsnetz ...... E DIN CLC/TS 50549 (VDE V 0435-902)

Stromfühler
für elektrische Prüfungen und Messungen .... E DIN IEC 61010-2-032 (VDE 0411-2-032)

Stromlinearität .... DIN EN 60904-10 (VDE 0126-4-10)

Strommesszangen
handgehaltene/handbediente .... DIN VDE 0404-4 (VDE 0404-4)
– zur Messung von Ableitströmen .... E DIN IEC 61557-13 (VDE 0413-13)

Stromquellen
für Sicherheitszwecke .... DIN VDE 0100-560 (VDE 0100-560)

Stromrichter
auf Bahnfahrzeugen .... DIN EN 61287-1 (VDE 0115-410)
für Bahnanwendungen .... DIN EN 50328 (VDE 0115-328)
netzgeführte .... DIN EN 60146-1-1 (VDE 0558-11)

Stromrichtergruppen
für Bahnanwendungen
– Bemessungswerte und Prüfungen .... DIN EN 50327 (VDE 0115-327)

Stromrichtertransformatoren
für HGÜ-Anwendungen .... DIN EN 61378-2 (VDE 0532-42)
für industrielle Anwendungen .... E DIN EN 61378-1 (VDE 0532-41)
DIN EN 61378-1 (VDE 0532-41)

Stromrichterventile
elektrische Prüfung .... DIN EN 62501 (VDE 0553-501)

Stromschienensysteme
allgemeine Anforderungen .... DIN EN 61534-1 (VDE 0604-100)
E DIN IEC 61534-1 (VDE 0604-100)
für Fußbodeninstallation .... DIN EN 61534-22 (VDE 0604-122)
für Leuchten .... DIN EN 60570 (VDE 0711-300)
E DIN EN 60570 (VDE 0711-300)
für Wand und Decke .... E DIN EN 61534-21 (VDE 0604-121)
DIN EN 61534-21 (VDE 0604-121)

Stromsonden
handgehaltene, handbediente .... DIN EN 61010-2-032 (VDE 0411-2-032)
DIN VDE 0404-4 (VDE 0404-4)
– für elektrische Prüfungen und Messungen .... E DIN IEC 61010-2-032 (VDE 0411-2-032)
– zur Messung von Ableitströmen .... E DIN IEC 61557-13 (VDE 0413-13)

Strom-Spannungs-Kennlinien
photovoltaischer Bauelemente .... DIN EN 60891 (VDE 0126-6)
photovoltaischer Einrichtungen .... DIN EN 60904-1 (VDE 0126-4-1)

Stromversorgung
von Einbruch- und Überfallmeldeanlagen .... DIN EN 50131-6 (VDE 0830-2-6)
E DIN EN 50131-6/AA (VDE 0830-2-6/AA)

Stromversorgungsanlagen
für Sicherheitszwecke .... DIN VDE 0100-560 (VDE 0100-560)

Stromversorgungsgeräte
für Niederspannung .... DIN EN 61204 (VDE 0557-1)
DIN EN 61204-3 (VDE 0557-3)
DIN EN 61204-6 (VDE 0557-6)
– mit Gleichstromausgang .... E DIN EN 61204-3 (VDE 0557-3)
DIN EN 61204-7 (VDE 0557-7)
DIN EN 61204-7/A11 (VDE 0557-7/A11)

Stromversorgungsnetze
Rückwirkungen durch Haushaltsgeräte .... DIN VDE 0838-1 (VDE 0838-1)

Stromversorgungssysteme
(Photovoltaik-) .... E DIN IEC 60364-7-712 (VDE 0100-712)

Stromversorgungssysteme
unterbrechungsfreie
– EMV-Anforderungen .... DIN EN 62040-2 (VDE 0558-520)
– Leistungs- und Prüfungsanforderungen .... DIN EN 62040-3 (VDE 0558-530)
zentrale .... DIN EN 50171 (VDE 0558-508)
zentrale batteriegestützte (BSV)
– für medizinisch genutzte Bereiche .... DIN VDE 0558-507 (VDE 0558-507)

Stromwandler
Anforderungen .... E DIN IEC 61869-2 (VDE 0414-9-2)
Einphasen-Bahnanlagen .... DIN EN 50152-3-2 (VDE 0115-320-3-2)
elektronische .... DIN EN 60044-8 (VDE 0414-44-8)
für Schutzzwecke .... DIN EN 60044-6 (VDE 0414-7)
Gleichstrom-Bahnanlagen .... DIN EN 50123-7-2 (VDE 0115-300-7-2)

Stromwirkungen
auf Menschen und Nutztiere .... DIN IEC/TS 60479-1 (VDE V 0140-479-1)

Strukturierung
technischer Information und Dokumentation .... E DIN IEC 62023 (VDE 0040-6)

Stückprüfungen .... DIN EN 50344-1 (VDE 0631-1000)
von elektrischen Haushaltsgeräten .... DIN EN 50106 (VDE 0700-500)
von Geräten im Anwendungsbereich der EN 60335-1 .... DIN EN 50106 (VDE 0700-500)

Studio-Lichtsteuereinrichtungen
Störaussendungen .... DIN EN 55103-1 (VDE 0875-103-1)
Störfestigkeit .... DIN EN 55103-2 (VDE 0875-103-2)

Stufenschalter
für Transformatoren .... DIN EN 60214-1 (VDE 0532-214-1)

Stulpe .... DIN 57680-4 (VDE 0680-4)

Stützisolatorenelemente .... DIN IEC 0273 (VDE 0674-4)

Stützpunkte
von Freileitungen .... DIN EN 60652 (VDE 0210-15)

Summationseffekt .... VDE-Schriftenreihe Band 110

Summer
für den Haushalt .... DIN EN 62080 (VDE 0632-600)

Suppressordioden .... DIN EN 61643-341 (VDE 0845-5-4)

Supraleitende Betriebsmittel
charakteristische Prüfverfahren
– für Stromzuführungen .... DIN EN 61788-14 (VDE 0390-14)

Supraleiter
grobkörnige oxidische .... DIN EN 61788-9 (VDE 0390-9)
Oberflächenwiderstand .... DIN EN 61788-7 (VDE 0390-7)

Supraleiterfilme
Oberflächenimpedanz .... E DIN IEC 61788-15 (VDE 0390-15)

Supraleitfähigkeit
Cu/Nb-Ti-Verbundsupraleiter
– Messung der Zugfestigkeit .... DIN EN 61788-6 (VDE 0390-6)
E DIN IEC 61788-6 (VDE 0390-6)
elektronische Messungen
– Oberflächenwiderstand von Supraleitern .... DIN EN 61788-7 (VDE 0390-7)
Hochtemperatursupraleiter .... DIN EN 61788-9 (VDE 0390-9)
Hystereseverluste von Verbundleitern .... E DIN EN 61788-13 (VDE 0390-13)
kritischer Strom
– von Bi-2212 und Bi-2223-Supraleitern .... DIN EN 61788-3 (VDE 0390-3)
– von Nb_3Sn-Verbundsupraleitern .... DIN EN 61788-2 (VDE 0390-2)

Supraleitfähigkeit
kritischer Strom
– von Nb-Ti-Verbundsupraleitern .... DIN EN 61788-1 (VDE 0390-1)
Kupfervolumen .... E DIN EN 61788-12 (VDE 0390-12)
E DIN EN 61788-5 (VDE 0390-5)
Matrixvolumen .... E DIN EN 61788-12 (VDE 0390-12)
E DIN EN 61788-5 (VDE 0390-5)
Messung der elektronischen Eigenschaften .... E DIN EN 61788-17 (VDE 0390-17)
E DIN IEC 61788-15 (VDE 0390-15)
– Oberflächenwiderstand bei Mikrowellenfrequenzen .... E DIN EN 61788-16 (VDE 0390-16)
Messung der kritischen Temperatur .... DIN EN 61788-10 (VDE 0390-10)
Messung der mechanischen Eigenschaften .... E DIN EN 61788-18 (VDE 0390-18)
Restwiderstandsverhältnis
– von Nb_3Sn-Verbundsupraleitern .... E DIN EN 61788-11 (VDE 0390-11)
– von Nb-Ti-Verbundsupraleitern .... E DIN EN 61788-4 (VDE 0390-4)
DIN EN 61788-4 (VDE 0390-4)
Stromzuführungen supraleitender Geräte .... DIN EN 61788-14 (VDE 0390-14)
Supraleitervolumen .... E DIN EN 61788-5 (VDE 0390-5)
Volumenverhältnisse .... E DIN EN 61788-12 (VDE 0390-12)
DIN EN 61788-12 (VDE 0390-12)
E DIN EN 61788-5 (VDE 0390-5)
DIN EN 61788-5 (VDE 0390-5)
Wechselstromverluste .... DIN EN 61788-13 (VDE 0390-13)
Widerstandsverhältnisse .... DIN EN 61788-11 (VDE 0390-11)

Symmetrische Verkabelung .... DIN EN 61935-1 (VDE 0819-935-1)
DIN EN 61935-2-20 (VDE 0819-935-2-20)
DIN EN 61935-3 (VDE 0819-935-3)

Synchrongeneratoren
angetrieben durch Dampfturbinen oder Gasturbinen .... DIN EN 60034-3 (VDE 0530-3)

Synchronmaschinen
Erregersysteme .... DIN EN 60034-16-1 (VDE 0530-16)
– Modelle für Netzstudien .... Beiblatt 1 DIN EN 60034-16-1 (VDE 0530-16)
Kenngrößen .... DIN EN 60034-4 (VDE 0530-4)

Synchronmaschinen, umrichtergespeiste
mit Permanentmagneterregung .... E DIN EN 60349-4 (VDE 0115-400-4)

Synchron-Wechselstrommaschinen
Prüfungen
– Verluste und Wirkungsgrad .... DIN EN 60034-2-1 (VDE 0530-2-1)

Synthetische Prüfung
von Hochspannungs-Schaltanlagen und Schaltgeräten ...... DIN EN 62271-101 (VDE 0671-101)
E DIN EN 62271-101 (VDE 0671-101)
DIN EN 62271-101/A1 (VDE 0671-101/A1)

Systemanforderungen
an Zutrittskontrollanlagen .... DIN EN 50133-1 (VDE 0830-8-1)

Systeme
elektrische und elektronische
– Umweltschutznormung .... E DIN EN 62542 (VDE 0042-3)
Zuverlässigkeit
– menschliche Aspekte .... DIN EN 62508 (VDE 0050-2)

Systeme der Gebäudeautomation
Anforderungen an die elektrische Sicherheit .... DIN EN 50491-3 (VDE 0849-3)
EMV-Anforderungen für Industriebereiche .... DIN EN 50491-5-3 (VDE 0849-5-3)
EMV-Anforderungen für Wohn- und Gewerbebereiche .... DIN EN 50491-5-2 (VDE 0849-5-2)
EMV-Anforderungen, Bedingungen und Prüfungen .... DIN EN 50491-5-1 (VDE 0849-5-1)

Systemlebenszyklus .... DIN EN 62508 (VDE 0050-2)

T

"t"; Gehäuseschutz .... E DIN EN 60079-31 (VDE 0170-15-1)
DIN EN 60079-31 (VDE 0170-15-1)

Tabellen
in der Elektrotechnik .... DIN EN 61082-1 (VDE 0040-1)

Tabellenblätter
als Datenpakete .... E DIN IEC 62656-1 (VDE 0040-8-1)

Tachyarrhythmie
medizinische Produkte zur Behandlung .... DIN EN 45502-2-2 (VDE 0750-10-2)

Tafeln
aus Schichtpressstoffen
– allgemeine Anforderungen .... DIN EN 60893-1 (VDE 0318-1)
DIN EN 60893-3-1 (VDE 0318-3-1)
– auf Basis warmhärtender Harze .... DIN EN 60893-2 (VDE 0318-2)
E DIN IEC 60893-3-1 (VDE 0318-3-1)
E DIN IEC 60893-4 (VDE 0318-4)
– auf Epoxidharzbasis .... DIN EN 60893-3-2 (VDE 0318-3-2)
E DIN IEC 60893-3-2/A1 (VDE 0318-3-2/A1)
E DIN IEC 60893-3-2/A2 (VDE 0318-3-2/A2)
– auf Melaminharzbasis .... DIN EN 60893-3-3 (VDE 0318-3-3)
E DIN IEC 60893-3-3/A1 (VDE 0318-3-3/A1)
– auf Phenolharzbasis .... DIN EN 60893-3-4 (VDE 0318-3-4)
E DIN IEC 60893-3-4/A1 (VDE 0318-3-4/A1)
– auf Polyesterharzbasis .... DIN EN 60893-3-5 (VDE 0318-3-5)
– auf Polyimidharzbasis .... DIN EN 60893-3-7 (VDE 0318-3-7)
– auf Silikonharzbasis .... DIN EN 60893-3-6 (VDE 0318-3-6)
– Typen von Tafeln .... E DIN IEC 60893-3-1 (VDE 0318-3-1)

Tafelpressspan
für elektrotechnische Anwendungen
– Anforderungen .... Beiblatt 1 DIN EN 60641-3-1 (VDE 0315-3-1)
– Aramid .... DIN EN 61629-1 (VDE 0317-1)
DIN EN 61629-2 (VDE 0317-2)
– Begriffe und allgemeine Anforderungen .... DIN EN 60641-1 (VDE 0315-1)
– Prüfverfahren .... DIN EN 60641-2 (VDE 0315-2)
– Typen B .... DIN EN 60641-3-1 (VDE 0315-3-1)
Beiblatt 1 DIN EN 60641-3-1 (VDE 0315-3-1)

Tarif- und Laststeuerung
Einrichtungen für
– allgemeine Anforderungen und Prüfungen .... DIN EN 62052-21 (VDE 0418-2-21)
Nutzung örtlicher Bereichsnetze .... E DIN EN 62056-31 (VDE 0418-6-31)

Tauchheizgeräte
für den Hausgebrauch .... DIN EN 60335-2-74 (VDE 0700-74)

Tauchheizkörper-Metallbäder .... DIN EN 60519-2 (VDE 0721-2)

Tauchmotorpumpen .... DIN EN 60335-2-41 (VDE 0700-41)

Tauchsieder .... DIN EN 60335-2-74 (VDE 0700-74)

Technische Dokumentation
Strukturierung .... E DIN IEC 62023 (VDE 0040-6)

Technische Information
Strukturierung .... E DIN IEC 62023 (VDE 0040-6)

Technische Merkblätter
für den ESD-Komplex .... VDE-Schriftenreihe Band 71
Technische Systeme
Unterstützung des selbstbestimmten Lebens .... Anwendungsregel (VDE-AR-E 2757-3)
Anwendungsregel (VDE-AR-E 2757-4)
Technisches Sicherheitsmanagement .... Anwendungsregel (VDE-AR-N 4001)
Teilelisten .... E DIN IEC 62027 (VDE 0040-7)
Teilentladungsmesssysteme .... E DIN VDE 0530-27-2 (VDE 0530-27-2)
Teilentladungsmessung
an der Statorwicklungsisolation .... DIN CLC/TS 60034-27 (VDE V 0530-27)
E DIN VDE 0530-27-2 (VDE 0530-27-2)
Teilentladungsmessungen .... E DIN EN 60270/A1 (VDE 0434/A1)
Teilentladungsmessverfahren .... E DIN VDE 0530-27-2 (VDE 0530-27-2)
Teilentladungsprüfung
für Starkstromkabel .... DIN EN 60885-2 (VDE 0481-885-2)
Teilentladungssignale .... E DIN VDE 0530-27-2 (VDE 0530-27-2)
Teilkörperzähler
für die in-vivo-Überwachung .... DIN EN 61582 (VDE 0493-2-3)
– wiederkehrende Prüfung .... DIN VDE 0493-200 (VDE 0493-200)
Teilkurzschlussströme
über Erde .... DIN EN 60909-0 (VDE 0102)
DIN EN 60909-3 (VDE 0102-3)
Telekommunikationsanlagen
Beeinflussung durch Drehstromanlagen .... E DIN VDE 0845-6-2 (VDE 0845-6-2)
Beeinflussung durch Starkstromanlagen
– Grundlagen, Berechnung, Messung .... E DIN VDE 0845-6-1 (VDE 0845-6-1)
Telekommunikationsanlagen, schnurlose
elektromagnetische Felder von Endgeräten
– Sicherheit von Personen .... DIN EN 50383 (VDE 0848-383)
Telekommunikationseinrichtungen
geschimte Innenkabel
– Klasse 2 .... DIN EN 50441-2 (VDE 0815-2)
E DIN EN 50441-2 (VDE 0815-2)
– Klasse 3 .... DIN EN 50441-3 (VDE 0815-3)
in der Bahnumgebung
– Störaussendung und Störfestigkeit .... DIN EN 50121-4 (VDE 0115-121-4)
Innenkabel bis 1 200 MHz
– Klasse 4 .... E DIN EN 50441-4 (VDE 0815-4)
Lichtwellenleiterkabel .... DIN EN 60794-1-1 (VDE 0888-100-1)
ungeschirmte Innenkabel
– Klasse 1 .... DIN EN 50441-1 (VDE 0815-1)
E DIN EN 50441-1 (VDE 0815-1)
Telekommunikationsleitungen
Blitzschutz .... DIN EN 61663-1 (VDE 0845-4-1)
DIN EN 61663-2 (VDE 0845-4-2)
Telekommunikationsnetze
Anschluss von Geräten .... DIN EN 41003 (VDE 0804-100)
Überspannungsschutzgeräte .... DIN CLC/TS 61643-22 (VDE V 0845-3-2)
DIN EN 61643-21 (VDE 0845-3-1)
E DIN EN 61643-21/A2 (VDE 0845-3-1/A2)
xDSL-Signale in Anschlussstromkreisen .... Beiblatt 1 DIN EN 60950-1 (VDE 0805-1)

Telekommunikationsnetzwerke .... DIN EN 50491-3 (VDE 0849-3)

Telekommunikationstechnik
für Bahnanwendungen .... DIN EN 50159 (VDE 0831-159)

Telemedizinische Dienstleistung .... Anwendungsregel (VDE-AR-E 2757-2)

Telemedizinisches Zentrum .... Anwendungsregel (VDE-AR-E 2757-2)

Telemonitoring .... Anwendungsregel (VDE-AR-E 2757-2)
in medizinischen Anwendungen
– Qualitätsmanagement .... Anwendungsregel (VDE-AR-M 3756-1)

Teleskopstangen .... DIN EN 62193 (VDE 0682-603)

Temperaturanstieg
Schnittstellenanschlüsse .... Beiblatt 1 DIN VDE 0100-520 (VDE 0100-520)

Temperaturbedingte Effizienz .... DIN EN 60068-2-14 (VDE 0468-2-14)

Temperaturbeständigkeit .... DIN EN 60068-2-14 (VDE 0468-2-14)

Temperatur-Feuchte-Prüfung, zyklische .... DIN EN 60068-2-38 (VDE 0468-2-38)

Temperatursicherungen
Anforderungen und Anwendungshinweise .... DIN EN 60691 (VDE 0821)

Temperaturwechsel .... DIN EN 60068-2-38 (VDE 0468-2-38)
Prüfung N .... DIN EN 60068-2-14 (VDE 0468-2-14)

TEM-Wellenleiter
Störaussendung und Störfestigkeit .... DIN EN 61000-4-20 (VDE 0847-4-20)

TEM-Zellenverfahren .... DIN EN 62132-2 (VDE 0847-22-2)

Teppiche, beheizte .... DIN EN 60335-2-106 (VDE 0700-106)

Textilglasgewebe .... DIN VDE 0334-1 (VDE 0334-1)

Textilien
elektrostatische Eigenschaften .... E DIN IEC 61340-4-2 (VDE 0300-4-2)

Textilschläuche
Glasfilament
– mit Acrylbeschichtung .... DIN EN 60684-3-300 (VDE 0341-3-300)
DIN EN 60684-3-403 bis 405 (VDE 0341-3-403 bis 405)
DIN EN 60684-3-409 (VDE 0341-3-409)

TFH-Übertragung .... E DIN IEC 60358-2 (VDE 0560-4)

Theater
elektrische Anlagen .... E DIN IEC 60364-7-718 (VDE 0100-718)

Theaterleitung
isolierte Starkstrom- .... DIN VDE 0250-802 (VDE 0250-802)

Therapiegeräte
Kurzwellen .... DIN EN 60601-2-3 (VDE 0750-2-3)
Mikrowellen .... DIN VDE 0750-209 (VDE 0750-209)
Röntgenstrahlenerzeuger .... DIN EN 60601-2-8 (VDE 0750-2-8)
Ultraschall .... DIN EN 60601-2-5 (VDE 0750-2-5)

Therapie-Röntgeneinrichtungen
im Bereich 10 kV bis 1MV .... E DIN EN 60601-2-8 (VDE 0750-2-8)

Thermische Alterungsverfahren
bei Kabeln und isolierten Leitungen .... E DIN EN 60811-401 (VDE 0473-811-401)
– Alterung in der Druckkammer .... E DIN EN 60811-412 (VDE 0473-811-412)

Thermische Bewertung
elektrischer Isoliersysteme
– allgemeine Anforderungen - Niederspannung .... DIN EN 61857-1 (VDE 0302-11)
– drahtgewickelte EIS .... DIN EN 61857-22 (VDE 0302-22)

Thermische Bewertung
elektrischer Isoliersysteme
– Mehrzweckmodelle bei Drahtwicklungen .... DIN EN 61857-21 (VDE 0302-21)
– Veränderungen an drahtgewickelten EIS .... DIN EN 61858 (VDE 0302-30)
– von drehenden Maschinen .... E DIN IEC 60034-18-31 (VDE 0530-18-31)
elektrischer Isolierung .... DIN EN 60085 (VDE 0301-1)

Thermische Einflüsse
Schutzmaßnahmen .... DIN VDE 0100-420 (VDE 0100-420)

Thermische Langzeiteigenschaften
von Elektroisolierstoffen
– Berechnung charakteristischer Werte .... E DIN EN 60216-8 (VDE 0304-8)
– Prüfmerkmale .... DIN EN 60216-2 (VDE 0304-22)
– Wärmeschränke .... DIN EN 60216-4-1 (VDE 0304-4-1)

Thermische Schutzeinrichtungen
für Vorschaltgeräte für Leuchtstofflampen .... DIN EN 60730-2-3 (VDE 0631-2-3)

Thermische Stabilität
bei Kabeln und isolierten Leitungen .... E DIN EN 60811-405 (VDE 0473-811-405)

Thermischer Schutz
drehender elektrischer Maschinen
– Auslösegeräte .... DIN EN 60947-8 (VDE 0660-302)
E DIN EN 60947-8/A2 (VDE 0660-302/A2)

Thermischer Überlastschutz .... E DIN EN 60255-149 (VDE 0435-3149)

Thermisches Langzeitverhalten
von Elektroisolierstoffen
– Berechnung thermischer Langzeitkennwerte .... DIN EN 60216-3 (VDE 0304-23)
– Lebensdauer-Index .... DIN EN 60216-5 (VDE 0304-25)

Thermisches Verhalten
drehender elektrischer Maschinen .... DIN EN 60034-1 (VDE 0530-1)

Thermistoren
aus Polymerwerkstoffen
– Fachgrundspezifikation .... DIN EN 62319-1 (VDE 0898-1)
– Vordruck Bauartspezifikation .... DIN EN 62319-1-1 (VDE 0898-1-1)

Thermolumineszenz-Dosimetriesysteme
zur Personen- und Umweltüberwachung .... DIN IEC 61066 (VDE 0492-3-2)

Thermometer, medizinische
zum Messen der Körpertemperatur .... E DIN IEC 80601-2-56 (VDE 0750-256)

Thomasstahl
Bauteile aus .... Anwendungsregel (VDE-AR-N 4210-3)

Thyristorventile
elektrische Prüfung .... DIN EN 60700-1 (VDE 0553-1)
DIN EN 61954 (VDE 0553-100)
E DIN EN 61954-100 (VDE 0553-100-100)
für Hochspannungsgleichstrom-Energieübertragung .... DIN EN 60700-1 (VDE 0553-1)
für statische Blindleistungskompensatoren .... DIN EN 61954 (VDE 0553-100)
mit Metalloxid-Überspannungsableitern .... DIN EN 60700-1 (VDE 0553-1)

Tiefgaragen
elektrische Anlagen .... E DIN IEC 60364-7-718 (VDE 0100-718)
Kohlenmonoxid und Stickoxide
– Geräte zur Detektion und Messung .... E DIN EN 50545-1 (VDE 0400-80)

Tiegelöfen .... DIN EN 60519-2 (VDE 0721-2)

Tieraufzucht und Tierhaltung
Elektrowärmegeräte .... DIN 57131 (VDE 0131)
DIN EN 60335-2-71 (VDE 0700-71)
Tierbetäubungsgeräte
elektrische .... DIN EN 60335-2-87 (VDE 0700-87)
Tisch- und Gehrungssägen
kombinierte .... DIN EN 61029-2-11 (VDE 0740-511)
E DIN EN 61029-2-11 (VDE 0740-511)
Tischfräsen .... DIN EN 61029-2-8 (VDE 0740-508)
Tischfräsmaschinen
transportabel, motorbetrieben .... DIN EN 61029-2-8 (VDE 0740-508)
E DIN EN 61029-2-8 (VDE 0740-508)
Tischkreissägen
transportabel, motorbetrieben .... DIN EN 61029-2-1 (VDE 0740-501)
E DIN EN 61029-2-1 (VDE 0740-501)
Tischsägen .... DIN EN 61029-2-1 (VDE 0740-501)
Tischschleifmaschinen
transportabel, motorbetrieben .... DIN EN 61029-2-4 (VDE 0740-504)
Tischventilatoren .... DIN VDE 0700-220 (VDE 0700-220)
Titration
kolorimetrische .... DIN EN 62021-2 (VDE 0370-32)
TK-Netze
Überspannungsschutzgeräte .... DIN CLC/TS 61643-22 (VDE V 0845-3-2)
TN-Netze
Schutzeinrichtungen .... DIN VDE 0100-739 (VDE 0100-739)
TN-Systeme
Differenzstrom-Überwachungsgeräte (RCMs) .... DIN EN 61557-11 (VDE 0413-11)
Toaster
für den gewerblichen Gebrauch .... DIN EN 60335-2-48 (VDE 0700-48)
E DIN EN 60335-2-48/AA (VDE 0700-48/A1)
für den Hausgebrauch .... E DIN EN 60335-2-9 (VDE 0700-9)
Toiletten, elektrische .... DIN EN 60335-2-84 (VDE 0700-84)
Ton- und Fernsehrundfunk
Empfangsanlagen in Wohngebäuden .... VDE-Schriftenreihe Band 45
Kabelverteilsysteme .... VDE-Schriftenreihe Band 6
Ton- und Fernseh-Rundfunkempfänger
Funkstöreigenschaften
– Grenzwerte und Prüfverfahren .... DIN EN 55013 (VDE 0872-13)
E DIN EN 55013/A3 (VDE 0872-13/A3)
Störfestigkeitseigenschaften
– Grenzwerte und Prüfverfahren .... DIN EN 55020 (VDE 0872-20)
E DIN EN 55020/AA (VDE 0872-20/A1)
Tonsignale
Kabelnetze für
– Sicherheitsanforderungen .... DIN EN 60728-11 (VDE 0855-1)
– Störstrahlungscharakteristik .... DIN EN 50083-2 (VDE 0855-200)
E DIN EN 50083-2 (VDE 0855-200)
Torantriebe
elektrische .... DIN EN 60335-2-103 (VDE 0700-103)
E DIN IEC 60335-2-103/A1 (VDE 0700-103/A3)

Toxische Gase und Dämpfe
Detektion und Messung
– ortsfeste Gaswarnsysteme .... DIN EN 50402 (VDE 0400-70)
– Warngeräte .... DIN EN 50271 (VDE 0400-21)

Toxisches Potential .... DIN EN 60695-7-1 (VDE 0471-7-1)

Toxizität
von Rauch und Brandgasen .... DIN EN 60695-7-1 (VDE 0471-7-1)
E DIN IEC 60695-7-2 (VDE 0471-7-2)
E DIN IEC 60695-7-3 (VDE 0471-7-3)

Trace-Widerstandsheizungen
für industrielle und gewerbliche Zwecke .... DIN EN 60519-10 (VDE 0721-10)
DIN EN 62395-1 (VDE 0721-52)

Tragbare Geräte
Batterien für .... DIN EN 50272-4 (VDE 0510-104)

Trägerfrequenz-Nachrichtenübertragung
Einseitenband-Geräte .... DIN EN 60495 (VDE 0850-2)
TFH-Schmalbandsysteme .... DIN VDE 0852-1 (VDE 0852-1)
über Hochspannungsleitungen
– TFH-Sperren .... DIN VDE 0851 (VDE 0851)

Trägerfrequenzübertragungen
auf Hochspannungsleitungen (TFH-Übertragung) .... E DIN IEC 60358-2 (VDE 0560-4)

Trägerfrequenzverbindungen .... DIN VDE 0228-3 (VDE 0228-3)
DIN VDE 0228-5 (VDE 0228-5)

Tragklemmen
für selbsttragende isolierte Freileitungsseile .... DIN EN 50483-2 (VDE 0278-483-2)
für Systeme mit Nullleiter-Tragseil .... DIN EN 50483-3 (VDE 0278-483-3)

Tragluftbauten
Blitzschutz .... Beiblatt 2 DIN EN 62305-3 (VDE 0185-305-3)

Tragwerke
von Freileitungen .... DIN EN 50341-1 (VDE 0210-1)
DIN EN 60652 (VDE 0210-15)
DIN EN 61773 (VDE 0210-20)

Tram
Dachstromabnehmer .... DIN EN 50206-2 (VDE 0115-500-2)

Tränklacke
heißhärtende .... DIN EN 60464-3-2 (VDE 0360-3-2)

Transfersysteme, statische
allgemeine Anforderungen .... DIN EN 62310-1 (VDE 0558-310-1)
Betriebsverhalten und Prüfanforderungen .... DIN EN 62310-3 (VDE 0558-310-3)
elektromagnetische Verträglichkeit .... DIN EN 62310-2 (VDE 0558-310-2)

Transformator-Durchführungen .... DIN EN 60137 (VDE 0674-5)

Transformatoren
allgemeine Anforderungen und Prüfungen .... DIN EN 61558-1 (VDE 0570-1)
DIN EN 61558-1/A1 (VDE 0570-1/A1)
Anlasstransformatoren .... DIN 57532-21 (VDE 0532-21)
Drehstrom-Verteilungstransformatoren, ölgefüllt .... DIN EN 50464-1 (VDE 0532-221)
E DIN EN 50464-1/AA (VDE 0532-221/AA)
flüssigkeitsgefüllte .... DIN EN 50216-2 (VDE 0532-216-2)
DIN EN 50216-2/A1 (VDE 0532-216-2/A1)
– Schutzrelais .... DIN EN 50216-3 (VDE 0532-216-3)
für Baustellen .... DIN EN 61558-2-23 (VDE 0570-2-23)
für Handleuchten der Schutzklasse III .... DIN EN 61558-2-9 (VDE 0570-2-9)

Transformatoren
für HGÜ-Anwendungen .... DIN EN 61378-2 (VDE 0532-42)
für Leuchtröhren .... DIN EN 61050 (VDE 0713-6)
für Spielzeuge .... DIN EN 61558-2-7 (VDE 0570-2-7)
für Versorgungsspannungen bis 1 100 V
– Betriebsverhalten .... DIN EN 62041 (VDE 0570-10)
für Windenergieanlagen .... E DIN EN 60076-16 (VDE 0532-76-16)
in Schaltnetzteilen .... DIN EN 61558-2-16 (VDE 0570-2-16)
Isolieröle .... E DIN IEC 60296 (VDE 0370-1)
Kühlung und Belastbarkeit .... VDE-Schriftenreihe Band 72
Kühlungseinrichtungen .... DIN EN 50216-6 (VDE 0532-216-6)
Leistung .... DIN EN 60076-3 (VDE 0532-3)
ölgefüllte Kabelanschlusseinheiten .... E DIN VDE 0532-601 (VDE 0532-601)
Rasiersteckdosen-Transformatoren .... DIN EN 61558-2-5 (VDE 0570-2-5)
selbstgeschützte flüssigkeitsgefüllte .... DIN EN 60076-13 (VDE 0532-76-13)
Sicherheitstransformatoren .... DIN EN 61558-2-6 (VDE 0570-2-6)
Silikon-Isolierflüssigkeiten für .... DIN EN 60836 (VDE 0374-10)
Spartransformatoren .... DIN EN 61558-2-13 (VDE 0570-2-13)
Steuertransformatoren .... DIN EN 61558-2-2 (VDE 0570-2-2)
Störminderung .... DIN EN 61558-2-19 (VDE 0570-2-19)
Trenntransformatoren .... DIN EN 61558-2-4 (VDE 0570-2-4)
– zur Versorgung medizinischer Räume .... E DIN IEC 61558-2-15 (VDE 0570-2-15)
Zubehör
– Buchholzrelais .... DIN EN 50216-2 (VDE 0532-216-2)
DIN EN 50216-2/A1 (VDE 0532-216-2/A1)
– Drosselklappen für Rohrleitungskreise .... DIN EN 50216-8 (VDE 0532-216-8)
– Druckanzeigeeinrichtungen .... DIN EN 50216-5 (VDE 0532-216-5)
– Druckentlastungsventile .... DIN EN 50216-5 (VDE 0532-216-5)
– Durchflussmesser .... DIN EN 50216-5 (VDE 0532-216-5)
– elektrische Pumpen für Transformatorenöl .... DIN EN 50216-7 (VDE 0532-216-7)
– Flüssigkeitsstandanzeiger .... DIN EN 50216-5 (VDE 0532-216-5)
– kleine Zubehörteile .... DIN EN 50216-4 (VDE 0532-216-4)
– Luftentfeuchter .... DIN EN 50216-5 (VDE 0532-216-5)
– Öl- und Wicklungstemperaturanzeiger .... DIN EN 50216-11 (VDE 0532-216-11)
– Öl-Luft-Kühler .... DIN EN 50216-10 (VDE 0532-216-10)
– Öl-Wasser-Kühler .... DIN EN 50216-9 (VDE 0532-216-9)
– Schutzrelais .... DIN EN 50216-3 (VDE 0532-216-3)
– Ventilatoren .... DIN EN 50216-12 (VDE 0532-216-12)
Zündtransformatoren für Gas- und Ölbrenner .... DIN EN 61558-2-3 (VDE 0570-2-3)

Transformatorester .... DIN EN 61099 (VDE 0375-1)

Transformatorstromkreise
Sicherungseinsätze für Hochspannungssicherungen .... E DIN IEC 60787 (VDE 0670-403)
DIN VDE 0670-402 (VDE 0670-402)

Transiente .... DIN EN 61547 (VDE 0875-15-2)

Transportable ventilierte Räume .... DIN EN 50381 (VDE 0170-17)

Transportinkubatoren .... DIN EN 60601-2-20 (VDE 0750-2-20)

Transportspülmaschinen
für den gewerblichen Gebrauch .... DIN EN 50416 (VDE 0700-416)
E DIN EN 50416/AA (VDE 0700-416/A1)

Transportströme
DVB/MPEG-2 .... DIN EN 50083-9 (VDE 0855-9)

Trennen
Geräte zum .... DIN VDE 0100-530 (VDE 0100-530)
DIN VDE 0100-537 (VDE 0100-537)

Trennen und Schalten .... DIN VDE 0100-460 (VDE 0100-460)
Trenner .... DIN VDE 0660-112 (VDE 0660-112)
Trennfunkenstrecken
für Blitzschutzsysteme .... DIN EN 50164-3 (VDE 0185-203)
E DIN EN 62561-3 (VDE 0185-561-3)
Trenngeräte .... DIN VDE 0100-530 (VDE 0100-530)
Trennschalter
für Bahnanlagen .... DIN EN 50152-2 (VDE 0115-320-2)
für gekapselte Anlagen .... DIN EN 62271-102 (VDE 0671-102)
für Niederspannung .... DIN EN 60947-3 (VDE 0660-107)
E DIN EN 60947-3/A1 (VDE 0660-107/A1)
Trennschalter (Wechselstrom-) .... E DIN IEC 62271-102/A1 (VDE 0671-102/A1)
Trennschleifer .... DIN EN 61029-2-10 (VDE 0740-510)
Trennschleifmaschinen
handgeführt, motorbetrieben .... E DIN EN 60745-2-22 (VDE 0740-2-22)
E DIN EN 60745-2-22/AA (VDE 0740-2-22/AA)
transportabel, motorbetrieben .... DIN EN 61029-2-10 (VDE 0740-510)
Trennschleifscheiben .... DIN EN 61029-2-10 (VDE 0740-510)
Trennstelltransformatoren .... E DIN IEC 61558-2-14 (VDE 0570-2-14)
Trenntransformatoren
Prüfung .... DIN EN 61558-2-4 (VDE 0570-2-4)
Versorgung medizinischer Räume .... DIN EN 61558-2-15 (VDE 0570-2-15)
E DIN IEC 61558-2-15 (VDE 0570-2-15)
Triebfahrzeuge
von Güterbahnen
– Funkfernsteuerung .... Beiblatt 1 DIN EN 50239 (VDE 0831-239)
Tritium
Aktivitätskonzentration in Luft .... DIN IEC 62303 (VDE 0493-1-50)
Tritium in Luft
Probenahme und Überwachung .... DIN IEC 62303 (VDE 0493-1-50)
Tritiummonitore
zur Überwachung von Radioaktivität .... DIN EN 60761-5 (VDE 0493-1-5)
Trockendrosseln .... DIN EN 61558-2-20 (VDE 0570-2-20)
Trockentransformatoren .... DIN EN 60076-11 (VDE 0532-76-11)
E DIN IEC 61558-2-14 (VDE 0570-2-14)
allgemeine Anforderungen und Prüfungen .... DIN EN 61558-1 (VDE 0570-1)
DIN EN 61558-1/A1 (VDE 0570-1/A1)
für Betriebsgeräte bis 36 kV .... E DIN EN 50541-1 (VDE 0532-241)
Trolleybusse
elektrische Ausrüstung .... DIN CLC/TS 50502 (VDE V 0115-502)
Trommelöfen .... DIN EN 60519-2 (VDE 0721-2)
Trommeltrockner
für den gewerblichen Gebrauch .... E DIN EN 50570 (VDE 0700-570)
für den Hausgebrauch .... DIN EN 60335-2-11 (VDE 0700-11)
Trommelwaschmaschinen
für den Hausgebrauch .... DIN EN 60335-2-7 (VDE 0700-7)
Tropfengeber .... DIN EN 60112 (VDE 0303-11)
Tropfpunkt
von Füllmassen .... E DIN EN 60811-601 (VDE 0473-811-601)

Trunkenheit
Alkohol-Interlocks .... DIN EN 50436-1 (VDE 0406-1)

TT-Netze
Schutzeinrichtungen .... DIN VDE 0100-739 (VDE 0100-739)

TT-Systeme
Differenzstrom-Überwachungsgeräte (RCMs) .... DIN EN 61557-11 (VDE 0413-11)

Tunnel
Kohlenmonoxid und Stickoxide
– Geräte zur Detektion und Messung .... E DIN EN 50545-1 (VDE 0400-80)

Tunnelöfen .... DIN EN 60519-2 (VDE 0721-2)

Türantriebe
elektrische .... DIN EN 60335-2-103 (VDE 0700-103)
E DIN IEC 60335-2-103/A1 (VDE 0700-103/A3)

Turmdrehkrane
elektrische Ausrüstung .... DIN EN 60204-32 (VDE 0113-32)

Türverriegelungen
elektrische
– für den Hausgebrauch .... DIN EN 60730-2-12 (VDE 0631-2-12)
DIN EN 60730-2-12/A11 (VDE 0631-2-12/A11)

TV-Wagen .... DIN VDE 0100-717 (VDE 0100-717)

Typenkurzzeichen
für Kommunikationskabel .... Beiblatt 1 DIN VDE 0816-1 (VDE 0816-1)

Typkurzzeichen
von isolierten Leitungen .... DIN VDE 0292 (VDE 0292)

Typprüfung
photovoltaischer Inselsysteme .... DIN EN 62124 (VDE 0126-20-1)
von Starkstromkabelgarnituren .... DIN EN 61442 (VDE 0278-442)

Typprüfungen
für Reaktionsharzmassen .... DIN VDE 0278-631-1 (VDE 0278-631-1)
für wärmeschrumpfende Komponenten
– für Niederspannungsanwendungen .... DIN VDE 0278-631-2 (VDE 0278-631-2)

Typschildangaben
von Photovoltaik-Wechselrichtern .... DIN EN 50524 (VDE 0126-13)

U

U-Bahnen
Drehstrom-Bordnetz .... E DIN EN 50533 (VDE 0115-533)
elektrische Sicherheit und Erdung .... DIN EN 50122-2 (VDE 0115-4)
DIN EN 50122-3 (VDE 0115-5)
Schutz gegen elektrischen Schlag .... DIN EN 50122-1 (VDE 0115-3)

Über-/Unterspannungsschutz
Funktionsnorm .... E DIN IEC 60255-127 (VDE 0435-3127)

Überbrückungsbauteile
für Blitzschutzsysteme .... DIN EN 50164-1 (VDE 0185-201)

Überdruckkapselung "p" .... DIN EN 60079-13 (VDE 0170-313)
E DIN EN 60079-2 (VDE 0170-3)
DIN EN 60079-2 (VDE 0170-3)

Überfallmeldeanlagen
Alarmvorprüfung .... E DIN EN 50131-9 (VDE 0830-2-9)
allgemeine Anforderungen .... DIN VDE 0833-1 (VDE 0833-1)
Anwendungsregeln .... DIN CLC/TS 50131-7 (VDE V 0830-2-7)
Begriffe .... Beiblatt 1 DIN EN 50131-1 (VDE 0830-2-1)
Energieversorgung .... DIN EN 50131-6 (VDE 0830-2-6)
E DIN EN 50131-6/AA (VDE 0830-2-6/AA)
Melderzentrale .... DIN EN 50131-3 (VDE 0830-2-3)
Planung, Errichtung, Betrieb .... DIN VDE 0833-3 (VDE 0833-3)
Signalgeber .... DIN EN 50131-4 (VDE 0830-2-4)
Systemanforderungen .... DIN EN 50131-1 (VDE 0830-2-1)
Übertragungseinrichtungen .... E DIN EN 50131-10 (VDE 0830-2-10)

Übergangsadapter
für industrielle Anwendung .... DIN EN 50250 (VDE 0623-4)

Überhitzung .... DIN VDE 0100-420 (VDE 0100-420)

Überholung
drehender elektrischer Maschinen
– Leitfaden .... DIN V VDE V 0530-23 (VDE V 0530-23)

Überlastrelais .... E DIN VDE 0100-570 (VDE 0100-570)
für Motoren .... DIN EN 60255-8 (VDE 0435-3011)

Überlastschutz
in elektrischen Anlagen .... VDE-Schriftenreihe Band 143
DIN V VDE V 0664-120 (VDE V 0664-120)
DIN V VDE V 0664-220 (VDE V 0664-220)
DIN V VDE V 0664-420 (VDE V 0664-420)
DIN VDE 0100-430 (VDE 0100-430)
thermischer .... E DIN EN 60255-149 (VDE 0435-3149)

Überspannungen
in Niederspannungsanlagen .... DIN VDE 0184 (VDE 0184)
– Schutz gegen .... E DIN IEC 60364-4-44/A3 (VDE 0100-442)
DIN VDE 0100-443 (VDE 0100-443)
in Niederspannungsnetzen .... VDE-Schriftenreihe Band 73
infolge atmosphärischer Einflüsse .... DIN VDE 0100-443 (VDE 0100-443)
infolge von Schaltvorgängen .... DIN VDE 0100-443 (VDE 0100-443)
Mittel zur Begrenzung .... DIN EN 60099-1 (VDE 0675-1)
Schutz von IT-Anlagen .... VDE-Schriftenreihe Band 119
Schutzmaßnahmen .... VDE-Schriftenreihe Band 78
VDE-Schriftenreihe Band 106
VDE-Schriftenreihe Band 83

Überspannungen, netzfrequente
Schutzeinrichtungen .... DIN EN 50550 (VDE 0640-10)

Überspannungsableiter
Auswahl und Anwendung .... E DIN EN 60099-5 (VDE 0675-5)
für Gleichstrombahnnetze .... DIN EN 50123-5 (VDE 0115-300-5)
E DIN EN 50526-1 (VDE 0115-526-1)
Metalloxidableiter mit externer Funkenstrecke .... DIN EN 60099-8 (VDE 0675-8)
Metalloxidableiter ohne Funkenstrecken .... DIN EN 60099-4 (VDE 0675-4)
Schutzbereich .... DIN EN 60099-1 (VDE 0675-1)
DIN EN 60099-5 (VDE 0675-5)

Überspannung-Schutzeinrichtungen (SPDs) .... E DIN VDE 0100-570 (VDE 0100-570)

Überspannung-Schutzeinrichtungen (ÜSE)
in elektrischen Anlagen .... VDE-Schriftenreihe Band 84
DIN VDE 0100-443 (VDE 0100-443)
DIN VDE 0100-534 (VDE 0100-534)

Überspannungskategorie
von Betriebsmitteln .... E DIN IEC 60664-2-1 (VDE 0110-2-1)
Überspannungskategorien .... DIN VDE 0100-443 (VDE 0100-443)
Überspannungsschutz
für PV-Stromversorgungssysteme .... Beiblatt 5 DIN EN 62305-3 (VDE 0185-305-3)
in der Fernmelde- und Informationstechnik .... VDE-Schriftenreihe Band 54
in Niederspannungsanlagen .... DIN VDE 0184 (VDE 0184)
in Wohngebäuden .... VDE-Schriftenreihe Band 45
von Einrichtungen der Informationstechnik .... Beiblatt 1 DIN VDE 0845 (VDE 0845)
Überspannungsschutzgeräte .... DIN EN 61643-321 (VDE 0845-5-2)
DIN EN 61643-341 (VDE 0845-5-4)
Bauelemente .... DIN EN 61643-311 (VDE 0845-5-1)
DIN EN 61643-331 (VDE 0845-5-3)
in Niederspannungsanlagen .... DIN EN 61643-11 (VDE 0675-6-11)
– Anforderungen und Prüfungen .... E DIN EN 61643-11 (VDE 0675-6-11)
– Auswahl und Anwendungsgrundsätze .... DIN CLC/TS 61643-12 (VDE V 0675-6-12)
– Gasentladungsableiter .... E DIN EN 61643-311 (VDE 0845-5-11)
E DIN EN 61643-312 (VDE 0845-5-12)
E DIN EN 61643-313 (VDE 0845-5-13)
in Niederspannungsverteilungsnetzen .... DIN EN 60099-1 (VDE 0675-1)
in Photovoltaik-Installationen .... DIN CLC/TS 50539-12 (VDE V 0675-39-12)
E DIN EN 50539-11 (VDE 0675-39-11)
in signalverarbeitenden Netzwerken .... DIN EN 61643-21 (VDE 0845-3-1)
E DIN EN 61643-21/A2 (VDE 0845-3-1/A2)
in Telekommunikationsnetzen .... DIN CLC/TS 61643-22 (VDE V 0845-3-2)
DIN EN 61643-21 (VDE 0845-3-1)
E DIN EN 61643-21/A2 (VDE 0845-3-1/A2)
in Windenergieanlagen .... DIN CLC/TS 50539-22 (VDE V 0675-39-22)
Überstrom
Schutz von Kabeln und Leitungen .... VDE-Schriftenreihe Band 143
Schutzmaßnahmen .... VDE-Schriftenreihe Band 83
DIN VDE 0100-430 (VDE 0100-430)
Überstromschutz
Messrelais und Schutzeinrichtungen .... DIN EN 60255-151 (VDE 0435-3151)
Überstrom-Schutzeinrichtungen .... VDE-Schriftenreihe Band 118
DIN VDE 0100-530 (VDE 0100-530)
für Hausanschlusskabel .... DIN VDE 0100-732 (VDE 0100-732)
Kurzschlussbemessungswerte .... Beiblatt 1 DIN EN 60947-1 (VDE 0660-100)
Übertemperatur
an drehenden elektrischen Maschinen .... DIN EN 60034-29 (VDE 0530-29)
Übertragung von Rundfunksignalen .... DIN EN 60728-13 (VDE 0855-13)
Übertragungseinrichtungen
für Energieversorgungssysteme
– Schmalbandsysteme .... DIN VDE 0852-1 (VDE 0852-1)
DIN VDE 0852-2 (VDE 0852-2)
– Systeme mit Übertragung analoger Größen .... DIN VDE 0852-2 (VDE 0852-2)
Übertragungseinrichtungen (ÜE)
für Alarmanlagen .... E DIN EN 50136-2 (VDE 0830-5-2)
für Einbruch- und Überfallmeldeanlagen .... E DIN EN 50131-10 (VDE 0830-2-10)
Übertragungsgeräte (Funk-)
für Einbruchmeldeanlagen .... DIN EN 50131-5-3 (VDE 0830-2-5-3)

Übertragungsnetze, leitungsgebundene
Nutzung von Koaxialkabel .... DIN EN 50529-2 (VDE 0878-529-2)
Nutzung von Telekommunikationsleitungen .... DIN EN 50529-1 (VDE 0878-529-1)

Übertragungssysteme
für Bahnanwendungen
– sicherheitsrelevante Kommunikation .... DIN EN 50159 (VDE 0831-159)
mit optischer Strahlung .... DIN EN 60079-28 (VDE 0170-28)

Übertragungswagen .... DIN VDE 0100-717 (VDE 0100-717)

Überwachen
Geräte zum .... DIN VDE 0100-530 (VDE 0100-530)

Überwachung
elektrischer Anlagen .... DIN EN 61557-10 (VDE 0413-10)

Überwachung von Radioaktivität
allgemeine Anforderungen .... DIN EN 60761-1 (VDE 0493-1-1)
Monitore für radioaktive Aerosole .... DIN EN 60761-2 (VDE 0493-1-2)
Monitore für radioaktive Edelgase .... DIN EN 60761-3 (VDE 0493-1-3)
Monitore für radioaktives Iod .... DIN EN 60761-4 (VDE 0493-1-4)
Tritiummonitore .... DIN EN 60761-5 (VDE 0493-1-5)

Überwachungsanlagen
Gefahrenwarnanlagen (GWA) .... DIN V VDE V 0826-1 (VDE V 0826-1)
Personen-Notsignal-Anlagen (PNA) .... DIN V VDE V 0825-1 (VDE V 0825-1)
DIN V VDE V 0825-11 (VDE V 0825-11)
Video .... DIN EN 50132-5 (VDE 0830-7-5)

Überwachungsbedürftige Anlagen .... VDE-Schriftenreihe Band 116

Überwachungseinrichtungen
für Alpha-, Beta- und Gammastrahlung .... DIN EN 60861 (VDE 0493-4-2)

Überwachungsgeräte
für Atemgase .... DIN EN ISO 21647 (VDE 0750-2-55)
E DIN ISO 80601-2-55 (VDE 0750-2-55)
für Schutzmaßnahmen in Niederspannungsnetzen
– allgemeine Anforderungen .... DIN EN 61557-1 (VDE 0413-1)
– Drehfeld .... DIN EN 61557-7 (VDE 0413-7)
– Fehlerstrom-Schutzeinrichtungen (RCD) .... DIN EN 61557-6 (VDE 0413-6)
– Isolationsüberwachungsgeräte für IT-Systeme .... DIN EN 61557-8 (VDE 0413-8)
– Isolationswiderstand .... DIN EN 61557-2 (VDE 0413-2)
– Schleifenwiderstand .... DIN EN 61557-3 (VDE 0413-3)
ortsveränderliche
– EMV-Anforderungen .... DIN EN 61326-2-2 (VDE 0843-20-2-2)
E DIN IEC 61326-2-2 (VDE 0843-20-2-2)

Überwachungssysteme
für Flugplatzbefeuerungsanlagen .... DIN EN 50490 (VDE 0161-106)
DIN V ENV 50230 (VDE V 0161-230)

Überzugslacke
kalthärtende .... DIN EN 60464-3-1 (VDE 0360-3-1)

UGTMS .... DIN EN 62290-1 (VDE 0831-290-1)

Uhren, elektrische
für den Hausgebrauch .... DIN EN 60335-2-26 (VDE 0700-26)

Uhrenbatterien
(Lithium-Sekundär-) .... E DIN IEC 62466 (VDE 0510-9)

Ultraschall
Charakterisierung von Feldern
– In-situ-Werte .... DIN CLC/TS 61949 (VDE V 0754-2)

Ultraschallgeräte
für medizinische Diagnose und Überwachung .... E DIN EN 60601-2-37 (VDE 0750-2-37)

Ultraschall-Physiotherapiegeräte .... E DIN IEC 60601-2-5 (VDE 0750-2-5)
Feldspezifikation und Messverfahren .... DIN EN 61689 (VDE 0754-3)
E DIN EN 61689 (VDE 0754-3)

Ultraschallstrahlenbündel
in-situ-Werte .... DIN CLC/TS 61949 (VDE V 0754-2)

Ultraschallsysteme
hochintensive therapeutische (HITU-Systeme) .... E DIN EN 60601-2-62 (VDE 0750-2-62)

Ultraschall-Therapiegeräte .... DIN EN 60601-2-5 (VDE 0750-2-5)

Ultraviolettstrahler
zur Hautbehandlung .... DIN EN 60335-2-27 (VDE 0700-27)
E DIN EN 60335-2-27 (VDE 0700-27)
E DIN EN 60335-2-27/A100 (VDE 0700-27/A100)

Umformer
ausgewählte Kenngrößen .... VDE-Schriftenreihe Band 59

Umgebungen
mit hoher elektromagnetischer Leistung .... E DIN IEC 61000-2-13 (VDE 0839-2-13)

Umgebungs-Äquivalentdosis(leistungs)-Messgeräte
für Beta-, Röntgen- und Gammastrahlung .... DIN EN 60846 (VDE 0492-2-1)
E DIN IEC 60846-1 (VDE 0492-2-1)
für Neutronenstrahlung .... DIN EN 61005 (VDE 0492-2-2)

Umgebungseinflüsse
Allgemeines und Leitfaden .... E DIN IEC 60068-1 (VDE 0468-1)
Prüfverfahren
– Allgemeines .... E DIN IEC 60068-1 (VDE 0468-1)
– klimatische und dynamische Prüfungen .... DIN EN 60068-2-53 (VDE 0468-2-53)
– Prüfung A: Kälte .... DIN EN 60068-2-1 (VDE 0468-2-1)
– Prüfung B: Trockene Wärme .... DIN EN 60068-2-2 (VDE 0468-2-2)
– Prüfung Cab: Feuchte Wärme .... E DIN EN 60068-2-78 (VDE 0468-2-78)
– Prüfung Ea Leitfaden: Schocken .... DIN EN 60068-2-27 (VDE 0468-2-27)
– Prüfung Ee: lose Packstücke und Prellen .... E DIN EN 60068-2-55 (VDE 0468-2-55)
– Prüfung Fc: Schwingen, sinusförmig .... DIN EN 60068-2-6 (VDE 0468-2-6)
– Prüfung Fg: Schwingen, akustisch angeregt .... E DIN IEC 60068-2-65 (VDE 0468-2-65)
– Prüfung Fh: Schwingen, Breitbandrauschen .... DIN EN 60068-2-64 (VDE 0468-2-64)
– Prüfung Ft: Schwingen, Zeitlaufverfahren .... E DIN EN 60068-2-57 (VDE 0468-2-57)
– Prüfung N: Temperaturwechsel .... DIN EN 60068-2-14 (VDE 0468-2-14)
– Prüfung Sa: nachgebildete Sonnenbestrahlung .... DIN EN 60068-2-5 (VDE 0468-2-5)
– Prüfung Z/AD: Temperatur, Feuchte .... DIN EN 60068-2-38 (VDE 0468-2-38)
– Schocks durch raue Handhabung .... DIN EN 60068-2-31 (VDE 0468-2-31)
unterstützende Dokumentation und Leitfaden
– Messunsicherheit in Prüfkammern .... DIN EN 60068-3-11 (VDE 0468-3-11)
– Prüfverfahren Kälte und trockene Wärme .... E DIN IEC 60068-3-1 (VDE 0468-3-1)

Umgebungstemperaturwechsel .... DIN EN 60068-2-14 (VDE 0468-2-14)
DIN EN 60068-2-38 (VDE 0468-2-38)

Umhüllungsmischungen
vernetzte elastomere .... DIN EN 50363-2-2 (VDE 0207-363-2-2)

Umhüllungsmischungen (PVC-)
für Niederspannungskabel und -leitungen .... DIN EN 50363-4-2 (VDE 0207-363-4-2)

Umhüllungswerkstoffe
für Niederspannungskabel und -leitungen
– allgemeine Einführung .... E DIN EN 50363-0 (VDE 0207-363-0)
– PVC-Umhüllungsmischungen .... DIN EN 50363-4-2 (VDE 0207-363-4-2)

Umreifungswerkzeuge
handgeführt, motorbetrieben .... DIN EN 60745-2-18 (VDE 0740-2-18)

Umrichter
von Bahnfahrzeugen
– Kühlungseinrichtungen .... DIN CLC/TS 50537-3 (VDE V 0115-537-3)

Umrichtersysteme (Leistungshalbleiter-) .... E DIN EN 62477-1 (VDE 0558-477-1)

Umschmelzöfen
Elektroschlacke- .... DIN EN 60779 (VDE 0721-1032)

Umsetzer .... DIN EN 60215 (VDE 0866)

Umspannanlagen
mit Nennwechselspannungen über 1 kV
– allgemeine Bestimmungen .... DIN EN 61936-1 (VDE 0101-1)
– Erdung .... DIN EN 50522 (VDE 0101-2)

Umspannwerke
Kabel mit verbessertem Brandverhalten .... DIN VDE 0276-627 (VDE 0276-627)
Kabel; ergänzende Prüfverfahren .... DIN VDE 0276-605 (VDE 0276-605)

Umsteller
für Transformatoren .... DIN EN 60214-1 (VDE 0532-214-1)

Umwälzpumpen
für Heizung und Brauchwasser .... DIN EN 60335-2-51 (VDE 0700-51)
E DIN EN 60335-2-51/A2 (VDE 0700-51/A1)

Umwelt- und Strahlenschutz-Messgeräte
für Radon und Radonfolgeprodukte .... DIN IEC 61577-3 (VDE 0493-1-10-3)
zur Probenahme und Überwachung von Tritium .... DIN IEC 62303 (VDE 0493-1-50)

Umweltanforderungen
für Schränke, Gestelle, Baugruppenträger, Einschübe .... E DIN EN 61587-1 (VDE 0687-587-1)

Umweltbedingungen
für Betriebsmittel
– Signal- und TK-Einrichtungen .... DIN EN 50125-3 (VDE 0115-108-3)

Umweltbewusstes Design
von Audio/Video-, Informations- und
Kommunikationstechnikgeräten .... DIN EN 62075 (VDE 0806-2075)
E DIN EN 62075 (VDE 0806-2075)

Umweltbewusstes Gestalten
elektrischer und elektronischer Produkte .... DIN EN 62430 (VDE 0042-2)

Umweltprüfungen
für Bauteile von Freileitungen .... DIN EN 50483-6 (VDE 0278-483-6)

Umweltradioaktivität
Tritium in Luft .... DIN IEC 62303 (VDE 0493-1-50)

Umweltschutznormung
für elektrische und elektronische Produkte .... E DIN EN 62542 (VDE 0042-3)

Umweltüberwachung
Dosimetriesysteme .... DIN IEC 61066 (VDE 0492-3-2)
DIN IEC 62387-1 (VDE 0492-3-1)
Tritium in Luft .... DIN IEC 62303 (VDE 0493-1-50)

Unfallverhütungsvorschrift BGV A3 .... VDE-Schriftenreihe Band 121
VDE-Schriftenreihe Band 79
VDE-Schriftenreihe Band 43

Unfallvermeidung .... DIN EN 50286 (VDE 0682-301)
DIN EN 50321 (VDE 0682-331)
DIN EN 61478 (VDE 0682-711)

Ungefüllte Polyurethanharzmassen .... DIN EN 60455-3-3 (VDE 0355-3-3)

Ungeschützte Verlegung
Kabel und Leitungen in Notstromkreisen
– Isolationserhalt im Brandfall .... DIN EN 50362 (VDE 0482-362)

Universal-Handstange .... DIN EN 60832-1 (VDE 0682-211)

Unsymmetrie
der Versorgungsspannung .... DIN EN 61000-4-27 (VDE 0847-4-27)

Unsymmetriedämpfung .... E DIN EN 60512-28-100 (VDE 0687-512-28-100)

Unterbodeninstallationen
Abdeckplatten zur Lagekennzeichnung .... DIN EN 50520 (VDE 0605-500)

Unterboden-Installationskanal .... DIN EN 50085-2-2 (VDE 0604-2-2)

Unterbrechungsfreie Stromversorgung (USV)
dynamische
– Leistungsanforderungen und Prüfverfahren .... DIN EN 88528-11 (VDE 0530-24)

Unterbrechungsfreie Stromversorgungssysteme (USV)
allgemeine und Sicherheitsanforderungen .... DIN EN 62040-1 (VDE 0558-510)
E DIN EN 62040-1/A1 (VDE 0558-510/A1)
EMV-Anforderungen .... DIN EN 62040-2 (VDE 0558-520)
Leistungs- und Prüfungsanforderungen .... DIN EN 62040-3 (VDE 0558-530)
Umweltaspekte .... E DIN EN 62040-4 (VDE 0558-540)

Unterflurdosen .... DIN EN 60670-23 (VDE 0606-23)

Unterflur-Installation .... DIN EN 60670-23 (VDE 0606-23)
DIN VDE 0100-520 (VDE 0100-520)

Untergrundbahnen
elektrische Sicherheit und Erdung .... DIN EN 50122-2 (VDE 0115-4)
DIN EN 50122-3 (VDE 0115-5)
Schutz gegen elektrischen Schlag .... DIN EN 50122-1 (VDE 0115-3)

Unterhaltungsautomaten .... DIN EN 60335-2-82 (VDE 0700-82)

Unterputz-Installation .... DIN VDE 0100-520 (VDE 0100-520)

Unterrichtsräume
experimentieren mit elektrischer Energie .... DIN VDE 0105-112 (VDE 0105-112)
mit Experimentiereinrichtungen .... DIN VDE 0100-723 (VDE 0100-723)

Unterspannung
Schutz gegen .... DIN VDE 0100-450 (VDE 0100-450)

Unterstromschutz
Messrelais und Schutzeinrichtungen .... DIN EN 60255-151 (VDE 0435-3151)

Untersuchungsleuchten .... DIN EN 60601-2-41 (VDE 0750-2-41)
E DIN EN 60601-2-41/A1 (VDE 0750-2-41/A1)

Unterwasserkabel
LWL-Fernmeldekabel .... DIN EN 60794-3-30 (VDE 0888-330)

Unterwasserleuchten .... DIN VDE 0100-702 (VDE 0100-702)

Unverseilte Drähte .... DIN EN 62004 (VDE 0212-303)

USV-Systeme
allgemeine und Sicherheitsanforderungen .... DIN EN 62040-1 (VDE 0558-510)
E DIN EN 62040-1/A1 (VDE 0558-510/A1)
EMV-Anforderungen .... DIN EN 62040-2 (VDE 0558-520)
Leistungs- und Prüfungsanforderungen .... DIN EN 62040-3 (VDE 0558-530)
Umweltaspekte .... E DIN EN 62040-4 (VDE 0558-540)

UV-Beständigkeit
der Mäntel elektrischer und optischer Kabel .... DIN EN 50289-4-17 (VDE 0819-289-4-17)

UV-Wasseraufbereitungsgeräte
für den Hausgebrauch .... DIN EN 60335-2-109 (VDE 0700-109)

Ü-Wagen .... DIN VDE 0100-717 (VDE 0100-717)

V

Validierung
von Lichtbogenschweißeinrichtungen .... DIN EN 50504 (VDE 0544-50)

VDE-Prüfzeichen .... (VDE 0024)

VDE-Vorschriftenwerk
Satzung .... (VDE 0022)

VDEW-Richtlinien .... VDE-Schriftenreihe Band 122

Ventilableiter
Prüfung unter Fremdschichtbedingungen .... DIN EN 60099-1 (VDE 0675-1)

Ventilatoren
für den Hausgebrauch .... DIN EN 60335-2-80 (VDE 0700-80)
für Transformatoren und Drosselspulen .... DIN EN 50216-12 (VDE 0532-216-12)

Verbackungsfestigkeit
von Imprägniermitteln .... DIN EN 61033 (VDE 0362-1)

Verbinder
für Blitzschutzsysteme .... DIN EN 50164-1 (VDE 0185-201)
für Niederspannungsfreileitungen .... DIN EN 50483-4 (VDE 0278-483-4)

Verbindungen, elektrische .... DIN VDE 0100-520 (VDE 0100-520)

Verbindungsbauteile
für Blitzschutzsysteme .... E DIN EN 62561-1 (VDE 0185-561-1)

Verbindungsdosen
für Installationsgeräte .... DIN EN 60670-22 (VDE 0606-22)

Verbindungselemente
für optische Fasern und Kabel .... DIN EN 61073-1 (VDE 0888-731)

Verbindungsmaterial
Bltzschutzbauteile .... DIN EN 50164-1 (VDE 0185-201)
DIN EN 60999-1 (VDE 0609-1)
Flachsteckverbindungen
– für elektrische Kupferleiter .... DIN EN 61210 (VDE 0613-6)
für Niederspannungs-Stromkreise in Haushalten
– Drehklemmen .... DIN EN 60998-2-4 (VDE 0613-2-4)
– mit Schneidklemmstellen .... DIN EN 60998-2-3 (VDE 0613-2-3)
– mit schraubenlosen Klemmstellen .... DIN EN 60998-2-2 (VDE 0613-2-2)
– mit Schraubklemmen .... DIN EN 60998-2-1 (VDE 0613-2-1)
Klemmstellen .... DIN EN 60999-2 (VDE 0609-101)

Verbindungsmaterial bis 690 V
Installationsdosen .... DIN VDE 0606-1 (VDE 0606-1)

Verbotszone
in Prüfanlagen .... DIN EN 50191 (VDE 0104)

Verbrennungsparameter
von Heizungsanlagen
– tragbare Messgeräte .... E DIN EN 50379-1 (VDE 0400-50-1)
E DIN EN 50379-2 (VDE 0400-50-2)
E DIN EN 50379-3 (VDE 0400-50-3)

Verbund-Freileitungsstützer
für Wechselspannungsfreileitungen .... DIN EN 61952 (VDE 0441-200)

Verbundisolatoren
für Bemessungsspannungen über 1 000 V .... DIN EN 61462 (VDE 0441-102)
für Wechselstromfreileitungen über 1 000 V .... DIN EN 61109 (VDE 0441-100)

Verbund-Stationsstützisolatoren
für Unterwerke .... DIN EN 62231 (VDE 0674-7)

Verbundsupraleiter
Messung der kritischen Temperatur .... DIN EN 61788-10 (VDE 0390-10)
Restwiderstandsverhältnis .... DIN EN 61788-11 (VDE 0390-11)

Verbundsupraleiter (Cu/Nb-Ti-)
Volumenverhältnisse .... E DIN EN 61788-5 (VDE 0390-5)

Verbundsupraleiter (Nb3Sn)
kritischer Strom .... DIN EN 61788-2 (VDE 0390-2)
Restwiderstandsverhältnis .... E DIN EN 61788-11 (VDE 0390-11)

Verbundsupraleiter (Nb-Ti)
kritischer Strom .... DIN EN 61788-1 (VDE 0390-1)
Restwiderstandsverhältnis .... E DIN EN 61788-4 (VDE 0390-4)
DIN EN 61788-4 (VDE 0390-4)

Verbundsupraleiterdrähte
Messung der Wechselstromverluste .... DIN EN 61788-8 (VDE 0390-8)

Verbundsupraleiterdrähte (Nb3Sn-)
Volumenverhältnisse .... E DIN EN 61788-12 (VDE 0390-12)

Verdampfergeräte
für den Hausgebrauch .... DIN EN 60335-2-101 (VDE 0700-101)

Verdrahtung
elektronischer Baugruppen .... DIN VDE 0881 (VDE 0881)

Verdrahtungskanäle
zum Einbau in Schaltschränke .... DIN EN 50085-2-3 (VDE 0604-2-3)

Verdrahtungsleitungen
halogenfreie raucharme
– thermoplastische Isolierung .... DIN EN 50525-3-31 (VDE 0285-525-3-31)
– vernetzte Isolierung .... DIN EN 50525-3-41 (VDE 0285-525-3-41)
vernetzte EVA-Isolierung .... DIN EN 50525-2-42 (VDE 0285-525-2-42)

Vergießen
zum Schutz gegen Verschmutzung .... DIN EN 60664-3 (VDE 0110-3)

Vergleichszahl
der Kriechwegbildung .... DIN EN 60112 (VDE 0303-11)

Vergnügungseinrichtungen
elektrische Anlagen .... DIN VDE 0100-740 (VDE 0100-740)

Vergrößerungsgeräte
fotografische .... DIN EN 60335-2-56 (VDE 0700-56)

Vergussharzwerkstoffe .... DIN EN 60455-1 (VDE 0355-1)
Vergusskapselung "m" .... DIN EN 60079-18 (VDE 0170-9)
Vergussmassen
für Kabelzubehörteile .... DIN VDE 0291-1 (VDE 0291-1)
Verkabelung (ESHG-)
Zweidrahtleitungen Klasse 1 .... DIN EN 50090-9-1 (VDE 0829-9-1)
Verkabelung, informationstechnische .... DIN EN 61935-1 (VDE 0819-935-1)
Schnüre nach ISO/IEC 11801 .... DIN EN 61935-2 (VDE 0819-935-2)
Verkaufsstätten
elektrische Anlagen .... E DIN IEC 60364-7-718 (VDE 0100-718)
DIN VDE 0100-718 (VDE 0100-718)
Verkehrsampeln .... DIN EN 50556 (VDE 0832-100)
LED-Signalgeber .... DIN V VDE V 0832-300 (VDE V 0832-300)
LED-Signalleuchten .... DIN CLC/TS 50509 (VDE V 0832-310)
sicherheitsrelevante Software .... DIN V VDE V 0832-500 (VDE V 0832-500)
Verkehrsbeeinflussungsanlagen .... DIN V VDE V 0832-400 (VDE V 0832-400)
Verkehrsweg .... DIN VDE 0100-729 (VDE 0100-729)
Verkleidungen .... DIN VDE 0100-420 (VDE 0100-420)
Verlegearten
von Kabeln und Leitungen .... DIN VDE 0100-520 (VDE 0100-520)
Verlegen
von Kabeln und Leitungen .... DIN VDE 0100-520 (VDE 0100-520)
DIN VDE 0289-7 (VDE 0289-7)
Verlegung von Kabeln und Leitungen
Elektromagnetische Verträglichkeit (EMV) .... VDE-Schriftenreihe Band 66
Grundsätze .... VDE-Schriftenreihe Band 39
in Wohngebäuden .... VDE-Schriftenreihe Band 45
Verlustfaktor
Kabel und isolierte Leitungen .... DIN 57472-505 (VDE 0472-505)
Verlustfaktor (dielektrischer)
von Isolierflüssigkeiten .... DIN EN 60247 (VDE 0380-2)
Verpackungen
für elektronische Bauelemente .... DIN EN 61340-5-3 (VDE 0300-5-3)
Versammlungsstätten
elektrische Anlagen .... E DIN IEC 60364-7-718 (VDE 0100-718)
DIN VDE 0100-718 (VDE 0100-718)
Verschmutzung
Schutz gegen .... DIN EN 60664-3 (VDE 0110-3)
Verseilte Leiter
von Freileitungen
– Eigendämpfungseigenschaften .... E DIN EN 62567 (VDE 0212-356)
Versorgungseinheiten, medizinische .... DIN EN ISO 11197 (VDE 0750-211)
Versorgungsnetze, elektrische
Instandhaltung von Anlagen und Betriebsmitteln .... DIN V VDE V 0109-1 (VDE V 0109-1)
DIN V VDE V 0109-2 (VDE V 0109-2)
Netzdokumentation .... Anwendungsregel (VDE-AR-N 4201)
Versorgungsspannung
Störfestigkeit gegen Unsymmetrie .... DIN EN 61000-4-27 (VDE 0847-4-27)
Versorgungsspannungsregler für Glühlampen
digital adressierbare Schnittstelle .... DIN EN 62386-205 (VDE 0712-0-205)

Versorgungssysteme
Überwachung der Spannungsqualität .... E DIN EN 62586 (VDE 0415)
Verteilerkabel
Prüfverfahren für Garnituren .... DIN EN 50393 (VDE 0278-393)
Verteilerschränke
auf Baustellen .... VDE-Schriftenreihe Band 42
Verteilerstationen
Kompakt-Schaltanlagen für .... DIN EN 50532 (VDE 0670-699)
Verteilersysteme, öffentliche
Kabel; ergänzende Prüfverfahren .... DIN VDE 0276-605 (VDE 0276-605)
Verteilungstransformatoren
Drehstrom-, ölgefüllt .... DIN EN 50464-1 (VDE 0532-221)
E DIN EN 50464-1/AA (VDE 0532-221/AA)
Verteilungstransformatoren, ölgefüllte
Bestimmung der Bemessungsleistung .... DIN EN 50464-3 (VDE 0532-223)
druckbeanspruchte Wellwandkessel .... DIN EN 50464-4 (VDE 0532-224)
Kabelanschlusskästen auf Ober- und/oder Unterspannungsseite
– allgemeine Anforderungen .... DIN EN 50464-2-1 (VDE 0532-222-1)
Kabelanschlusskästen Typ 1 .... DIN EN 50464-2-2 (VDE 0532-222-2)
Kabelanschlusskästen Typ 2 .... DIN EN 50464-2-3 (VDE 0532-222-3)
Verunreinigungen .... DIN EN 50353 (VDE 0370-17)
Videoeinrichtungen
elektromagnetische Verträglichkeit .... VDE-Schriftenreihe Band 16
Sicherheitsanforderungen .... E DIN EN 62368 (VDE 0868-1)
Störaussendungen .... DIN EN 55103-1 (VDE 0875-103-1)
Störfestigkeit .... DIN EN 55103-2 (VDE 0875-103-2)
Videogeräte
Leistungsaufnahme .... DIN EN 62087 (VDE 0868-100)
Sicherheitsanforderungen .... DIN EN 60065 (VDE 0860)
Störfestigkeit .... Beiblatt 1 DIN EN 55020 (VDE 0872-20)
Stückprüfung in der Fertigung .... DIN EN 50514 (VDE 0805-514)
umweltbewusstes Design .... DIN EN 62075 (VDE 0806-2075)
E DIN EN 62075 (VDE 0806-2075)
zufällige Entzündung durch Kerzenflamme .... DIN CLC/TS 62441 (VDE V 0868-441)
Videospielzeuge .... DIN EN 60335-2-82 (VDE 0700-82)
DIN EN 62115 (VDE 0700-210)
E DIN EN 62115/A2 (VDE 0700-210/A1)
E DIN EN 62115/AA (VDE 0700-210/A2)
Videoübertragung
analoge und digitale .... E DIN EN 50132-5-3 (VDE 0830-7-5-3)
Videoübertragungsprotokolle
von CCTV-Überwachungsanlagen .... E DIN EN 50132-5-2 (VDE 0830-7-5-2)
Videoüberwachung
der Fahrgäste .... E DIN EN 62580-2 (VDE 0115-580-2)
für Bahnanwendungen .... E DIN EN 62580-2 (VDE 0115-580-2)
E DIN IEC 62580-1 (VDE 0115-580)
für Sicherheitsanwendungen .... DIN EN 50132-1 (VDE 0830-7-1)
Video-Überwachungsanlagen
für Sicherungsanwendungen
– Anwendungsregeln .... E DIN EN 50132-7 (VDE 0830-7-7)
– Begriffe .... Beiblatt 1 DIN EN 50131-1 (VDE 0830-2-1)

Vielfachschweißstationen
Konstruktion, Herstellung, Errichtung .... DIN EN 62135-1 (VDE 0545-1)
Vitalwertüberwachung .... Anwendungsregel (VDE-AR-E 2757-2)
Vliesstoffe
Aramidfaser-Papier .... DIN EN 60819-3-4 (VDE 0309-3-4)
für elektrotechnische Zwecke .... DIN EN 60819-1 (VDE 0309-1)
DIN EN 60819-2 (VDE 0309-2)
– ungefüllte Aramid-Papiere .... DIN EN 60819-3-3 (VDE 0309-3-3)
E DIN IEC 60819-3-3 (VDE 0309-3-3)
gefüllte Glaspapiere .... DIN EN 60819-3-1 (VDE 0309-3-1)
Hybrid-Papiere .... DIN EN 60819-3-2 (VDE 0309-3-2)
Vogelschutz
an Mittelspannungsfreileitungen .... Anwendungsregel (VDE-AR-N 4210-11)
Vollabsorberräume (FAR)
Störaussendung und Störfestigkeit .... DIN EN 61000-4-22 (VDE 0847-4-22)
Vollbahnfahrzeuge
Stromabnehmer .... DIN EN 50206-1 (VDE 0115-500-1)
Vollkernisolatoren
für Innenraum- und Freiluftanwendung .... DIN EN 62217 (VDE 0441-1000)
Voltmeter, handgehaltene
zur Messung von Netzspannungen .... E DIN EN 61010-2-033 (VDE 0411-2-033)
Volumenverhältnisse
von Verbundsupraleitern .... E DIN EN 61788-5 (VDE 0390-5)
Vor-Ort-Prüfungen
Hochspannung .... DIN EN 60060-3 (VDE 0432-3)
Vorschaltgeräte
Allgemeinbeleuchtung .... DIN EN 61347-2-4 (VDE 0712-34)
batterieversorgte elektronische
– für Notbeleuchtung .... DIN EN 61347-2-7 (VDE 0712-37)
E DIN IEC 61347-2-7 (VDE 0712-37)
Beleuchtung öffentlicher Verkehrsmittel .... DIN EN 61347-2-5 (VDE 0712-35)
Beleuchtung von Luftfahrzeugen .... DIN EN 61347-2-6 (VDE 0712-36)
elektronische, für Entladungslampen .... DIN EN 61347-2-12 (VDE 0712-42)
elektronische, für Leuchtstofflampen .... DIN EN 61347-2-3 (VDE 0712-33)
EMV-Störfestigkeitsanforderungen .... DIN EN 60925 (VDE 0712-21)
für Entladungslampen .... DIN EN 60923 (VDE 0712-13)
DIN EN 61347-2-9 (VDE 0712-39)
E DIN EN 61347-2-9 (VDE 0712-39)
für Leuchtstofflampen .... DIN EN 61347-2-8 (VDE 0712-38)
– allgemeine und Sicherheitsanforderungen .... DIN EN 61347-1 (VDE 0712-30)
– Arbeitsweise .... DIN EN 60921 (VDE 0712-11)
DIN EN 60929 (VDE 0712-23)
E DIN IEC 60929 (VDE 0712-23)
– in Schienenfahrzeugen .... DIN EN 50311 (VDE 0115-450)
– thermische Schutzeinrichtungen .... DIN EN 60730-2-3 (VDE 0631-2-3)
wechselstromversorgte elektronische .... DIN EN 60929 (VDE 0712-23)
Vorschaltgerät-Lampe-Schaltungen
Messung der Gesamteingangsleistung .... DIN EN 50294 (VDE 0712-294)
E DIN IEC 62442-1 (VDE 0712-28)
Vorschriftenwerk des VDE
Satzung .... (VDE 0022)
Vorwärtskanalübertragung .... DIN EN 62386-101 (VDE 0712-0-101)
Vorwärtstelegramm .... DIN EN 62386-102 (VDE 0712-0-102)

VSC-Ventile
elektrische Prüfung .... DIN EN 62501 (VDE 0553-501)

Vulkanfiber
für die Elektrotechnik .... DIN VDE 0312 (VDE 0312)

W

Wafer
Beschaffung und Anwendung .... DIN EN 62258-1 (VDE 0884-101)

WAGO-Stecker .... DIN EN 61535 (VDE 0606-200)
E DIN EN 61535/A1 (VDE 0606-200/A1)

Wahlschalter .... DIN EN 61058-2-5 (VDE 0630-2-5)

Wandler
kombinierte .... DIN EN 60044-3 (VDE 0414-44-3)
Spannungswandler .... DIN EN 60044-2 (VDE 0414-44-2)
Stromwandler .... DIN EN 50123-7-2 (VDE 0115-300-7-2)
DIN EN 60044-1 (VDE 0414-44-1)

Wandleuchten .... DIN VDE 0711-201 (VDE 0711-201)

Warenautomaten .... DIN EN 60335-2-75 (VDE 0700-75)
E DIN EN 60335-2-75/AC (VDE 0700-75/A1)
Anforderungen an Motorverdichter .... DIN EN 60335-2-34 (VDE 0700-34)
E DIN EN 60335-2-34 (VDE 0700-34)

Warensicherung, elektronische
elektromagnetische Felder
– Exposition von Personen .... DIN EN 62369-1 (VDE 0848-369-1)

Wärmebildkameras
für medizinische Reihenuntersuchungen .... DIN EN 80601-2-59 (VDE 0750-2-59)

Wärmedehnungsprüfung
für vernetzte Werkstoffe .... E DIN EN 60811-507 (VDE 0473-811-507)

Wärmedruckprüfungen
für Isolierhüllen und Mäntel .... E DIN EN 60811-508 (VDE 0473-811-508)

Wärmefreisetzung
von elektrotechnischen Produkten .... DIN EN 60695-8-1 (VDE 0471-8-1)

Wärmegeräte
schmiegsame .... DIN EN 60335-2-17 (VDE 0700-17)
E DIN EN 60335-2-17 (VDE 0700-17)

Wärmepumpen
für den Hausgebrauch .... DIN EN 60335-2-40 (VDE 0700-40)
E DIN EN 60335-2-40/AD (VDE 0700-40/A1)
E DIN IEC 60335-2-40/A101 (VDE 0700-40/A101)
E DIN IEC 60335-2-40/A102 (VDE 0700-40/A102)
E DIN IEC 60335-2-40/A103 (VDE 0700-40/A103)
E DIN IEC 60335-2-40/A104 (VDE 0700-40/A104)
E DIN IEC 60335-2-40/A105 (VDE 0700-40/A105)
E DIN IEC 60335-2-40/A106 (VDE 0700-40/A106)

Wärmeschränke
für den gewerblichen Gebrauch .... DIN EN 60335-2-49 (VDE 0700-49)
E DIN EN 60335-2-49/AB (VDE 0700-49/A1)
für Elektroisolierstoffe .... DIN EN 60216-4-1 (VDE 0304-4-1)
DIN EN 60216-4-2 (VDE 0304-24-2)
DIN EN 60216-4-3 (VDE 0304-24-3)

Wärmeschrumpfende Bauteile
Isolierschläuche mit Innenbeschichtung .... DIN V VDE V 0341-9012 (VDE V 0341-9012)
Isolierschläuche ohne Innenbeschichtung .... DIN V VDE V 0341-9005 (VDE V 0341-9005)

Wärmeschrumpfende Formteile
Abmessungen .... DIN EN 62329-3-100 (VDE 0342-3-100)
Begriffe und allgemeine Anforderungen .... DIN EN 62329-1 (VDE 0342-1)
Elastomer, halbfest .... DIN EN 62329-3-102 (VDE 0342-3-102)
für Nieder- und Mittelspannung
– allgemeine Anforderungen .... E DIN EN 62677-1 (VDE 0343-1)
– Prüfverfahren .... E DIN EN 62677-2 (VDE 0343-2)
Polyolefin, halbfest .... DIN EN 62329-3-101 (VDE 0342-3-101)
Prüfverfahren .... DIN EN 62329-2 (VDE 0342-2)

Wärmeschrumpfende Komponenten
für Mittelspannungsanwendungen
– Fingerprintprüfungen .... DIN VDE 0278-631-3 (VDE 0278-631-3)

Wärmeschrumpfschläuche
flammwidrige
– mit begrenztem Brandrisiko .... DIN EN 60684-3-216 (VDE 0341-3-216)
Fluorelastomer-
– flammwidrig, flüssigkeitsbeständig .... DIN EN 60684-3-233 (VDE 0341-3-233)
halbfestes Polyolefin .... DIN EN 60684-3-211 (VDE 0341-3-211)
Polyolefin- .... DIN EN 60684-3-212 (VDE 0341-3-212)
– flammwidrig .... DIN EN 60684-3-209 (VDE 0341-3-209)
DIN EN 60684-3-248 (VDE 0341-3-248)
– für die Isolierung von Sammelschienen .... DIN EN 60684-3-283 (VDE 0341-3-283)
– halbleitend .... DIN EN 60684-3-281 (VDE 0341-3-281)
– kriechstromfest .... DIN EN 60684-3-280 (VDE 0341-3-280)
– mit Feldsteuerung .... DIN EN 60684-3-282 (VDE 0341-3-282)
– nicht flammwidrig .... E DIN EN 60684-3-214 (VDE 0341-3-214)
DIN EN 60684-3-214 (VDE 0341-3-214)
E DIN IEC 60684-3-247 (VDE 0341-3-247)
PTFE .... DIN EN 60684-3-240 bis 243 (VDE 0341-3-240 bis 243)

Wärmetauscher
für Ölkühlung von Transformatoren .... DIN EN 50216-10 (VDE 0532-216-10)
DIN EN 50216-9 (VDE 0532-216-9)

Wärmeunterbetten .... DIN EN 60335-2-17 (VDE 0700-17)
E DIN EN 60335-2-17 (VDE 0700-17)

Wärmezudecken .... DIN EN 60335-2-17 (VDE 0700-17)
E DIN EN 60335-2-17 (VDE 0700-17)

Warmhalteplatten
für den Hausgebrauch .... DIN EN 60335-2-12 (VDE 0700-12)

Warmlagerung
von Elektroisolierstoffen
– Einzelkammerwärmeschränke .... DIN EN 60216-4-1 (VDE 0304-4-1)

Warmwasserheizung
Zentralspeicher .... DIN VDE 0700-201 (VDE 0700-201)

Warmwasserspeicher, -boiler
für den Hausgebrauch .... DIN EN 60335-2-21 (VDE 0700-21)

Wartehäuschen
Beleuchtung .... E DIN VDE 0100-714 (VDE 0100-714)

Warten
von Kernkraftwerken .... DIN IEC 61227 (VDE 0491-5-3)
– Anwendung von Sichtgeräten .... DIN IEC 61772 (VDE 0491-5-4)
– Auslegung .... DIN EN 60964 (VDE 0491-5-1)

Wartungsarbeiten .... DIN VDE 0100-729 (VDE 0100-729)

Wartungsgänge
in elektrischen Betriebsstätten .... DIN VDE 0100-729 (VDE 0100-729)

Wäschekocher
für den Hausgebrauch .... DIN EN 60335-2-15 (VDE 0700-15)
E DIN EN 60335-2-15/AA (VDE 0700-15/AA)

Wäscheschleudern
für den gewerblichen Gebrauch .... E DIN EN 50569 (VDE 0700-569)
für den Hausgebrauch .... DIN EN 60335-2-4 (VDE 0700-4)

Wäschetrockner
für den Hausgebrauch .... DIN EN 60335-2-11 (VDE 0700-11)
E DIN EN 61121 (VDE 0705-1121)
E DIN EN 61121/AA (VDE 0705-1121/AA)

Waschmaschinen
für den gewerblichen Gebrauch .... E DIN EN 50571 (VDE 0700-571)
für den Hausgebrauch .... DIN EN 60335-2-7 (VDE 0700-7)
E DIN EN 60335-2-7/A1 (VDE 0700-7/A1)
DIN EN 60335-2-7/A11 (VDE 0700-7/A11)
waschmittelfreie .... DIN EN 60335-2-108 (VDE 0700-108)

Waschtrockner .... DIN EN 60335-2-7 (VDE 0700-7)

Wasseraufbereitungsgeräte (UV-)
für den Hausgebrauch .... DIN EN 60335-2-109 (VDE 0700-109)

Wasseraufnahmeprüfungen
bei Kabeln und isolierten Leitungen .... DIN EN 60811-1-3 (VDE 0473-811-1-3)
E DIN EN 60811-402 (VDE 0473-811-402)

Wasserbäder, elektrische
für den gewerblichen Gebrauch .... DIN EN 60335-2-50 (VDE 0700-50)

Wasserbecken
elektrische Anlagen für .... VDE-Schriftenreihe Band 67B

Wasserbettbeheizungen .... DIN EN 60335-2-66 (VDE 0700-66)
E DIN EN 60335-2-66/A2 (VDE 0700-66/A34)

Wasserboiler
für den Hausgebrauch
– Regel- und Steuergeräte .... DIN EN 60730-2-15 (VDE 0631-2-15)

Wassererwärmer
für den Hausgebrauch .... DIN EN 60335-2-21 (VDE 0700-21)

Wasserpumpe
für Traktionsumrichter .... DIN CLC/TS 50537-3 (VDE V 0115-537-3)

Wassersauger
für den gewerblichen Gebrauch .... DIN EN 60335-2-69 (VDE 0700-69)
– allgemeine Anforderungen .... E DIN IEC 60335-2-69/A103 (VDE 0700-69/A3)
– Anhänge .... E DIN IEC 60335-2-69/A105 (VDE 0700-69/A5)
– Aufschriften und Anweisungen .... E DIN IEC 60335-2-69/A101 (VDE 0700-69/A1)
– mechanische Festigkeit, Aufbau .... E DIN IEC 60335-2-69/A102 (VDE 0700-69/A2)
– normative Verweisungen, Begriffe .... E DIN IEC 60335-2-69/A104 (VDE 0700-69/A4)
für den Hausgebrauch .... DIN EN 60335-2-2 (VDE 0700-2)
DIN EN 60335-2-2/A11 (VDE 0700-2/A11)

Wassertechnische Sicherheit .... DIN EN 61770 (VDE 0700-600)
Wasserversorgungsanlagen
Schlauchsätze zum Anschluss elektrischer Geräte .... DIN EN 61770 (VDE 0700-600)
Wattstundenzähler
Messeinrichtungen .... DIN EN 50470-1 (VDE 0418-0-1)
WEA (Windenergieanlagen)
Messung des Leistungsverhalten .... DIN EN 61400-12-1 (VDE 0127-12-1)
Wechselbiegeprüfung .... DIN VDE 0472-603 (VDE 0472-603)
Wechselrichter
für Kaltstart-Entladungslampen .... DIN EN 61347-2-10 (VDE 0712-40)
für Wechselstrommotore .... DIN EN 61377-1 (VDE 0115-403-1)
in photovoltaischen Energiesystemen .... DIN CLC/TS 61836 (VDE V 0126-7)
E DIN EN 62109-2 (VDE 0126-14-2)
Wechselrichter (Photovoltaik-)
Datenblatt- und Typschildangaben .... DIN EN 50524 (VDE 0126-13)
Wechselrichter-Wirkungsgrad .... DIN EN 50524 (VDE 0126-13)
Wechselschaltung .... DIN VDE 0100-550 (VDE 0100-550)
Wechselspannungen
Messen des Scheitelwertes
– durch Luftfunkenstrecken .... DIN EN 60052 (VDE 0432-9)
Wechselspannungsfreileitungen
Verbund-Freileitungsstützer .... DIN EN 61952 (VDE 0441-200)
Wechselspannungs-Kondensatoren
für Entladungslampenanlagen .... DIN EN 61048 (VDE 0560-61)
mit flüssigem Elektrolyten .... DIN EN 137000 (VDE 0560-800)
DIN EN 137100 (VDE 0560-810)
DIN EN 137101 (VDE 0560-811)
Wechselspannungs-Motorkondensatoren
Motoranlaufkondensatoren .... DIN EN 60252-2 (VDE 0560-82)
Wechselspannungsnetze
Anwendung von Ventilableitern .... DIN EN 60099-1 (VDE 0675-1)
Wechselspannungs-Starkstromanlagen .... DIN EN 60871-4 (VDE 0560-440)
Parallelkondensatoren .... DIN EN 60871-1 (VDE 0560-410)
Wechselspannungs-Transferschalter
allgemeine Anforderungen .... DIN EN 62310-1 (VDE 0558-310-1)
Betriebsverhalten und Prüfanforderungen .... DIN EN 62310-3 (VDE 0558-310-3)
Wechselstrom-Antriebssysteme
drehzahlveränderbare .... DIN EN 61800-2 (VDE 0160-102)
DIN EN 61800-4 (VDE 0160-104)
Wechselstrom-Bahnnetze
Mess-, Steuer- und Schutzeinrichtungen .... DIN EN 50152-3-1 (VDE 0115-320-3-1)
Wechselstrom-Bahnsysteme
Beeinflussung durch Gleichstrombahnsysteme .... DIN EN 50122-3 (VDE 0115-5)
Wechselstrom-Elektrizitätszähler
Annahmeprüfung
– allgemeine Verfahren .... DIN EN 62058-11 (VDE 0418-8-11)
– elektromechanische Wirkenergiezähler
Klassen 0,5, 1 und 2 .... DIN EN 62058-21 (VDE 0418-8-21)
– elektronische Wirkenergiezähler
Klassen 0,2 S, 0,5 S, 1 und 2 .... DIN EN 62058-31 (VDE 0418-8-31)

Wechselstrom-Elektrizitätszähler
elektromechanische Wirkverbrauchszähler ... DIN EN 62053-11 (VDE 0418-3-11)
– Genauigkeitsklassen A und B ... DIN EN 50470-2 (VDE 0418-0-2)
elektronische Blindverbrauchszähler ... DIN EN 62053-23 (VDE 0418-3-23)
– Genauigkeitsklassen 0,5 S, 1 S und 1 ... E DIN IEC 62053-24 (VDE 0418-3-24)
elektronische Wirkverbrauchszähler ... DIN EN 62053-21 (VDE 0418-3-21)
DIN EN 62053-22 (VDE 0418-3-22)
– Genauigkeitsklassen A, B und C ... DIN EN 50470-3 (VDE 0418-0-3)
Messeinrichtungen ... DIN EN 62052-11 (VDE 0418-2-11)
– Genauigkeitsklassen A, B und C ... DIN EN 50470-1 (VDE 0418-0-1)
Produktsicherheit ... E DIN IEC 62052-31 (VDE 0418-2-31)
Symbole ... DIN EN 62053-52 (VDE 0418-3-52)
Tarif- und Laststeuerung
– elektronische Rundsteuerempfänger ... DIN EN 62054-11 (VDE 0420-4-11)
– Schaltuhren ... DIN EN 62054-21 (VDE 0419-4-21)

Wechselstromenergie
von Zügen aufgenommene ... DIN EN 50463 (VDE 0115-480)

Wechselstrom-Energieversorgungssysteme
magnetische Felder
– Exposition der Allgemeinbevölkerung ... DIN EN 62110 (VDE 0848-110)

Wechselstrom-Erdungsschalter ... E DIN EN 62271-102/A2 (VDE 0671-102/A2)
E DIN IEC 62271-102/A1 (VDE 0671-102/A1)
schnellschaltender
– zum Löschen von Lichtbögen auf Freileitungen ... E DIN EN 62271-112 (VDE 0671-112)

Wechselstromfreileitungen
Isolatoren ... DIN EN 61109 (VDE 0441-100)

Wechselstromgeneratoren
mit Hubkolben-Verbrennungsmotoren ... DIN EN 60034-22 (VDE 0530-22)

Wechselstrom-Hochleistungs-Lichtbogenprüfung
an Isolatorketten ... DIN EN 61467 (VDE 0446-104)

Wechselstrom-Ladestationen
für Elektrofahrzeuge ... E DIN EN 61851-22 (VDE 0122-2-2)

Wechselstrom-Lastschalter
Bemessungsspannung über 52 kV ... DIN EN 62271-104 (VDE 0671-104)

Wechselstrom-Lastschalter-Sicherungs-Kombinationen ... E DIN EN 62271-105 (VDE 0671-105)

Wechselstrom-Leistungsschalter
Bemessungsspannung 1 kV bis 52 kV ... DIN EN 62271-107 (VDE 0671-107)
E DIN IEC 62271-107 (VDE 0671-107)
für Hochspannung ... DIN EN 62271-100 (VDE 0671-100)
– Prüfungen für 1 100 kV und 1 200 kV ... E DIN EN 62271-100/A1 (VDE 0671-100/A1)
synthetische Prüfung ... DIN EN 62271-101 (VDE 0671-101)
E DIN EN 62271-101 (VDE 0671-101)
DIN EN 62271-101/A1 (VDE 0671-101/A1)

Wechselstrom-Leistungsschalter-Sicherungs-Kombinationen ... E DIN IEC 62271-107 (VDE 0671-107)

Wechselstrom-Leitungsschutzschalter ... DIN EN 60898-1 (VDE 0641-11)
DIN EN 60898-1/A12 (VDE 0641-11/A12)
E DIN EN 60898-1/AB (VDE 0641-11/AB)

Wechselstrommaschinen, umrichtergespeiste
Verluste und Wirkungsgrad ... E DIN IEC 60034-2-3 (VDE 0530-2-3)

Wechselstrommotoren
für Bahnfahrzeuge
– außer umrichtergespeiste .... DIN EN 60349-1 (VDE 0115-400-1)
– umrichtergespeiste .... DIN EN 60349-2 (VDE 0115-400-2)
DIN IEC/TS 60349-3 (VDE V 0115-400-3)
– wechselrichtergespeiste .... DIN EN 61377-1 (VDE 0115-403-1)
umrichtergespeiste
– Bestimmung der Gesamtverluste .... DIN IEC/TS 60349-3 (VDE V 0115-400-3)

Wechselstrom-Schaltanlagen
isolierstoffgekapselt
– für Wechselspannungen über 1 kV bis 52 kV .... DIN EN 62271-201 (VDE 0671-201)
metallgekapselt .... E DIN IEC 62271-200 (VDE 0671-200)

Wechselstrom-Schalteinrichtungen
für Bahnanlagen
– Einphasen-Leistungsschalter .... DIN EN 50152-1 (VDE 0115-320-1)
– Einphasen-Spannungswandler .... DIN EN 50152-3-3 (VDE 0115-320-3-3)
– Einphasen-Stromwandler .... DIN EN 50152-3-2 (VDE 0115-320-3-2)
– Erdungs-, Last- und Trennschalter .... DIN EN 50152-2 (VDE 0115-320-2)
– Mess-, Steuer- und Schutzeinrichtungen .... DIN EN 50152-3-1 (VDE 0115-320-3-1)

Wechselstromschaltgeräte
für öffentliche und industrielle Verteilungsnetze .... E DIN EN 62271-105 (VDE 0671-105)

Wechselstrom-Trennschalter .... E DIN EN 62271-102/A2 (VDE 0671-102/A2)
E DIN IEC 62271-102/A1 (VDE 0671-102/A1)

Wechselstrom-Überbrückungsschalter
für Reihenkondensatoren .... DIN EN 62271-109 (VDE 0671-109)

Wegebeleuchtung
Anforderungen an Leuchten .... DIN EN 60598-2-3 (VDE 0711-2-3)

Weichmacher-Ausschwitzungen
bei PVC-Kabeln .... DIN EN 50497 (VDE 0473-497)

Weidezäune, elektrische .... DIN 57131 (VDE 0131)
DIN EN 60335-2-76 (VDE 0700-76)
E DIN EN 60335-2-76/AE (VDE 0700-76/AE)
Isolatoren .... DIN 57669 (VDE 0669)

Weihnachtsbaumbeleuchtung .... DIN EN 60598-2-20 (VDE 0711-2-20)

Weiterreißwiderstand .... DIN VDE 0472-613 (VDE 0472-613)

Weiterverbindungs-Geräteanschlussleitungen .... DIN EN 60799 (VDE 0626)
Mehrfach-Verteilerleisten .... DIN V VDE V 0626-2 (VDE V 0626-2)

Weitverkehrsfunkrufeinrichtungen
elektromagnetische Verträglichkeit .... DIN ETS 300 741 (VDE 0878-741)

Wellenenergieressource
Bewertung und Charakterisierung .... E DIN IEC/TS 62600-101 (VDE V 0125-101)

Wellen-Energiewandler
Bewertung und Charakterisierung .... E DIN IEC/TS 62600-101 (VDE V 0125-101)
E DIN IEC/TS 62600-201 (VDE V 0125-201)
Terminologie .... E DIN IEC/TS 62600-1 (VDE V 0125-1)

Wellspan
für elektrotechnische Zwecke .... DIN EN 61628-1 (VDE 0313-1)
DIN EN 61628-2 (VDE 0313-2)

Wellwandkessel, druckbeanspruchte .... DIN EN 50464-4 (VDE 0532-224)

Wendelleitungen
mit thermoplastischer PVC-Isolierung .... DIN EN 50525-2-12 (VDE 0285-525-2-12)

Wendezugsteuerung
zeitmultiplexe
– in Bahnfahrzeugen .... DIN VDE 0119-207-4 (VDE 0119-207-4)

Werkbahnlokomotiven .... DIN VDE 0123 (VDE 0123)

Werkstoffe
Wärmefreisetzung .... DIN EN 60695-8-1 (VDE 0471-8-1)

Werkstoffe, feste isolierende
Kriechwegbildung .... DIN EN 60112 (VDE 0303-11)

Werkstoffe, isolierende
Durchschlagspannung .... DIN EN 60243-1 (VDE 0303-21)
Isolationswiderstand .... DIN IEC 60167 (VDE 0303-31)
Widerstände .... DIN IEC 60093 (VDE 0303-30)

Werkstoffe, vernetzte
Wärmedehnungsprüfung .... E DIN EN 60811-507 (VDE 0473-811-507)

Werkzeuge
zum Arbeiten unter Spannung
– Konfirmitätsbewertung .... DIN EN 61318 (VDE 0682-120)
– Mindestanforderungen .... DIN EN 61477 (VDE 0682-130)

Werkzeugmaschinen
elektromagnetische Verträglichkeit
– Störaussendung .... DIN EN 50370-1 (VDE 0875-370-1)
– Störfestigkeit .... DIN EN 50370-2 (VDE 0875-370-2)

Whiskerprüfung .... E DIN IEC 60512-16-21 (VDE 0687-512-16-21)

Wickelbundstange .... DIN EN 60832-1 (VDE 0682-211)

Wickelprüfung
nach thermischer Alterung
– von Polyethylen- und Polypropylenmischungen .... E DIN EN 60811-510 (VDE 0473-811-510)
nach Vorbehandlung
– von Polyethylen- und Polypropylenmischungen .... E DIN EN 60811-513 (VDE 0473-811-513)
von Polyethylen- und Polypropylenverbindungen .... DIN EN 60811-4-2 (VDE 0473-811-4-2)

Wicklungen
drehender elektrischer Maschinen
– Bewertung der elektrischen Lebensdauer .... DIN EN 60034-18-32 (VDE 0530-18-32)
– thermische und elektrische Beanspruchung ... DIN CLC/TS 60034-18-33 (VDE V 0530-18-33)
– thermomechanische Bewertung .... E DIN IEC 60034-18-34 (VDE 0530-18-34)

Wicklungsanschlüsse
Kennzeichnung .... DIN EN 60034-8 (VDE 0530-8)

Wicklungstemperaturanzeiger
für Transformatoren und Drosselspulen .... DIN EN 50216-11 (VDE 0532-216-11)

Widerstand
nichtlinearer .... DIN EN 60099-1 (VDE 0675-1)
nichtmetallener Werkstoffe .... DIN IEC 60093 (VDE 0303-30)
DIN IEC 60167 (VDE 0303-31)
spezifischer .... DIN EN 61340-2-3 (VDE 0300-2-3)
zwischen Stöpseln (Isolierstoffe) .... DIN IEC 60167 (VDE 0303-31)

Widerstände
zur Unterdrückung elektromagnetischer Störungen .... E DIN IEC 60940/A1 (VDE 0565/A1)
DIN V VDE V 0565 (VDE V 0565)

Widerstands-Begleitheizungen
für explosionsgefährdete Bereiche
– allgemeine und Prüfanforderungen .... DIN EN 60079-30-1 (VDE 0170-60-1)
– Entwurf, Installation, Instandhaltung .... DIN EN 60079-30-2 (VDE 0170-60-2)

Widerstandserwärmung
Erwärmen und Schmelzen von Glas ... DIN EN 60519-21 (VDE 0721-21)

Widerstandsfähigkeit
von Steckverbindern ... DIN EN 60512-19-1 (VDE 0687-512-19-1)

Widerstands-Kondensator-Kombinationen
zur Unterdrückung elektromagnetischer Störungen ... E DIN IEC 60384-14 (VDE 0565-1-1)

Widerstandsmessgeräte
für Erdungs-, Schutz- und Potentialausgleichsleiter ... DIN EN 61557-4 (VDE 0413-4)
für Erdungswiderstand ... DIN EN 61557-5 (VDE 0413-5)

Widerstandsmessverfahren
kritische Temperatur von Verbundsupraleitern ... DIN EN 61788-10 (VDE 0390-10)

Widerstands-Schweißeinrichtungen
elektromagnetische Verträglichkeit ... DIN EN 62135-2 (VDE 0545-2)
Konstruktion, Herstellung, Errichtung ... DIN EN 62135-1 (VDE 0545-1)

Widerstandsschweißen
elektromagnetische Felder
– Exposition von Personen ... DIN EN 50505 (VDE 0545-21)
Exposition durch elektromagnetische Felder
– Konformitätsprüfung ... DIN EN 50445 (VDE 0545-20)
Transformatoren ... DIN ISO 5826 (VDE 0545-10)

Wiedereinschalter, automatische
für Wechselspannungssysteme bis 38 kV ... E DIN IEC 62271-111 (VDE 0671-111)

Wiederholungsprüfungen
an elektrischen Geräten ... E DIN EN 62638 (VDE 0701-0702)
DIN VDE 0701-0702 (VDE 0701-0702)

Wildschutzzäune, elektrische ... DIN EN 60335-2-76 (VDE 0700-76)
E DIN EN 60335-2-76/AE (VDE 0700-76/AE)

Winden
elektrische Ausrüstung ... DIN EN 60204-32 (VDE 0113-32)

Windenergieanlagen
auf offener See
– Auslegungsanforderungen ... DIN EN 61400-3 (VDE 0127-3)
Auslegungsanforderungen ... DIN EN 61400-1 (VDE 0127-1)
Blitzschutz ... DIN EN 61400-24 (VDE 0127-24)
kleine
– Sicherheit ... DIN EN 61400-2 (VDE 0127-2)
Konformitätsprüfung und Zertifizierung ... DIN EN 61400-22 (VDE 0127-22)
Messung des Leistungsverhaltens ... DIN EN 61400-12-1 (VDE 0127-12-1)
E DIN IEC 61400-12-2 (VDE 0127-12-2)
Netzverträglichkeit ... DIN EN 61400-21 (VDE 0127-21)
Rotorblätter
– experimentelle Strukturprüfung ... E DIN EN 61400-23 (VDE 0127-23)
Schallmessverfahren ... DIN EN 61400-11 (VDE 0127-11)
E DIN IEC 61400-11 (VDE 0127-11)
Schutzmaßnahmen ... DIN EN 50308 (VDE 0127-100)
Transformatoren ... E DIN EN 60076-16 (VDE 0532-76-16)
Überspannungsschutzgeräte ... DIN CLC/TS 50539-22 (VDE V 0675-39-22)

Windenergieanlagen, kleine (KWEA)
Sicherheit ... DIN EN 61400-2 (VDE 0127-2)

Windkraftanlagen
Blitzschutz ... DIN EN 61400-24 (VDE 0127-24)

Windparks
Auslegungsanforderungen ... DIN EN 61400-1 (VDE 0127-1)
Konformitätsbewertung ... DIN EN 61400-22 (VDE 0127-22)

Windturbinen
Anforderungen an Getriebe ... E DIN IEC 61400-4 (VDE 0127-4)
Messung des Leistungsverhaltens ... E DIN IEC 61400-12-2 (VDE 0127-12-2)
Netzverträglichkeit ... DIN EN 61400-21 (VDE 0127-21)
Offshore-Windturbinen
– Auslegungsanforderungen ... DIN EN 61400-3 (VDE 0127-3)

Windungsschlüsse
an drehenden elektrischen Maschinen ... DIN CLC/TS 60034-24 (VDE V 0530-240)

Winkelsägen
transportabel, motorbetrieben ... DIN EN 61029-2-9 (VDE 0740-509)

Winkelschleifer ... E DIN EN 60745-2-3/A2 (VDE 0740-2-3/A2)

Wirbelbettöfen ... DIN EN 60519-2 (VDE 0721-2)

Wirkenergiezähler
elektromechanische, Klassen 0,5, 1 und 2
– Annahmeprüfung ... DIN EN 62058-21 (VDE 0418-8-21)
elektronische, Klassen 0,2 S, 0,5 S, 1 und 2
– Annahmeprüfung ... DIN EN 62058-31 (VDE 0418-8-31)

Wirkungsgrad
drehender elektrischer Maschinen ... DIN EN 60034-2-2 (VDE 0530-2-2)
von Photovoltaik-Wechselrichtern ... DIN EN 50530 (VDE 0126-12)

Wirkungsgrad-Klassifizierung
von Drehstrommotoren mit Käfigläufern ... E DIN EN 60034-30 (VDE 0530-30)
DIN EN 60034-30 (VDE 0530-30)

Wirkverbrauchszähler
elektromechanische
– Genauigkeitsklassen 0,5, 1 und 2 ... DIN EN 62053-11 (VDE 0418-3-11)
– Genauigkeitsklassen A und B ... DIN EN 50470-2 (VDE 0418-0-2)
elektronische
– Genauigkeitsklassen 1 und 2 ... DIN EN 62053-21 (VDE 0418-3-21)
– Genauigkeitsklassen A, B und C ... DIN EN 50470-3 (VDE 0418-0-3)
Inkasso-
– Klassen 1 und 2 ... DIN EN 62055-31 (VDE 0418-5-31)
Messeinrichtungen ... DIN EN 50470-1 (VDE 0418-0-1)

Wissenschaftliche Geräte
Funkstörungen
– Grenzwerte und Messverfahren ... DIN EN 55011 (VDE 0875-11)

Witterungsabhängiger Freileitungsbetrieb ... Anwendungsregel (VDE-AR-N 4210-5)

Wohnanhänger ... DIN VDE 0100-708 (VDE 0100-708)
DIN VDE 0100-721 (VDE 0100-721)

Wohnen zu Hause
Anbieter kombinierter Dienstleistungen ... Anwendungsregel (VDE-AR-E 2757-2)
Auswahl und Installation von AAL-Komponenten ... Anwendungsregel (VDE-AR-E 2757-3)

Wohnhäuser
Detektion von Kohlenmonoxid ... DIN EN 50291-1 (VDE 0400-34-1)

Wohnmobil ... DIN VDE 0100-708 (VDE 0100-708)
DIN VDE 0100-721 (VDE 0100-721)

Wohnungsanschluss (FTTH)
an Lichtwellenleiternetze ... Anwendungsregel (VDE-AR-E 2800-901)

Wohnungsklingeln .... DIN EN 62080 (VDE 0632-600)
Wohnwagen .... DIN VDE 0100-708 (VDE 0100-708)
DIN VDE 0100-721 (VDE 0100-721)
Wohnwagenanschluss .... DIN VDE 0100-708 (VDE 0100-708)
DIN VDE 0100-721 (VDE 0100-721)
Woks
für den Hausgebrauch .... DIN EN 60335-2-13 (VDE 0700-13)
Wolframdrahtlampen .... DIN EN 61558-2-9 (VDE 0570-2-9)
Wolke-Erde-Blitze
Schadensrisiko für bauliche Anlagen .... E DIN EN 62305-2 (VDE 0185-305-2)
DIN EN 62305-2 (VDE 0185-305-2)
Wrasenabsaugungen
für den Hausgebrauch .... DIN EN 60335-2-31 (VDE 0700-31)

X

xDSL-Signale
Sicherheitsaspekte .... Beiblatt 1 DIN EN 60950-1 (VDE 0805-1)
Xenon-Blitzlampen .... DIN EN 61549 (VDE 0715-12)
E DIN EN 61549/A3 (VDE 0715-12/A3)

Y

Yachtanschluss .... DIN VDE 0100-709 (VDE 0100-709)
E DIN VDE 0100-709/A1 (VDE 0100-709/A1)
Yachten
elektrische Anlagen .... DIN EN 60092-507 (VDE 0129-507)
Stromversorgung an Liegeplätzen .... DIN VDE 0100-709 (VDE 0100-709)
E DIN VDE 0100-709/A1 (VDE 0100-709/A1)
Yachthafen .... DIN VDE 0100-709 (VDE 0100-709)
E DIN VDE 0100-709/A1 (VDE 0100-709/A1)

Z

Zähler
elektronische .... DIN EN 62053-31 (VDE 0418-3-31)
DIN EN 62053-61 (VDE 0418-3-61)
Zählerplätze
Befestigungs- und Kontaktiereinrichtung (BKE) .... DIN V VDE V 0603-5 (VDE V 0603-5)
für elektronische Haushaltszähler .... DIN V VDE V 0603-102 (VDE V 0603-102)
in elektrischen Anlagen .... Anwendungsregel (VDE-AR-N 4101)
Zählerplätze AC 400 V .... E DIN VDE 0603-1/A1 (VDE 0603-1/A1)
Hauptleitungsabzweigklemmen .... DIN VDE 0603-2 (VDE 0603-2)
Zählerstandsfernauslesung .... DIN EN 62056-31 (VDE 0418-6-31)
Zählerstandsübertragung .... E DIN EN 62056-31 (VDE 0418-6-31)
Zählersteckklemmen .... E DIN VDE 0603-3 (VDE 0603-3)
Zählersysteme
mit Inkassofunktion
– Inkasso-Wirkverbrauchszähler .... DIN EN 62055-31 (VDE 0418-5-31)
– Protokoll der Anwendungsschicht .... E DIN IEC 62055-41 (VDE 0418-5-41)
– Protokoll der Bitübertragungsschicht .... E DIN IEC 62055-51 (VDE 0418-5-51)
E DIN IEC 62055-52 (VDE 0418-5-52)

Zahnärztliche Röntgeneinrichtungen .... E DIN EN 60601-2-63 (VDE 0750-2-63)
E DIN EN 60601-2-65 (VDE 0750-2-65)

Zahnbürsten, elektrische .... DIN EN 60335-2-52 (VDE 0700-52)

Zangen
Strom-Messzangen .... DIN EN 61010-2-032 (VDE 0411-2-032)

Zeichnungen
in der Elektrotechnik .... DIN EN 61082-1 (VDE 0040-1)

Zeit/Strom-Kennlinien
von Niederspannungssicherungen .... DIN EN 60269-1 (VDE 0636-1)

Zeitrelais .... DIN EN 61812-1 (VDE 0435-2021)
Anforderungen und Prüfungen .... E DIN IEC 61812-1 (VDE 0435-2021)

Zeitschalter
für Haushalt u.ä. Installationen .... DIN EN 60669-2-3 (VDE 0632-2-3)

Zeit-Sifa .... DIN VDE 0119-207-5 (VDE 0119-207-5)

Zeitsteuergeräte
für den Hausgebrauch .... DIN EN 60730-2-7 (VDE 0631-2-7)

Zeit-Weg-Sifa .... DIN VDE 0119-207-5 (VDE 0119-207-5)

Zeit-Zeit-Sifa .... DIN VDE 0119-207-5 (VDE 0119-207-5)

Zellentemperatur
von photovoltaischen Betriebsmitteln .... DIN EN 60904-5 (VDE 0126-4-5)

Zellulosepapier, gekrepptes
für selbstklebende Bänder .... DIN EN 60454-3-11 (VDE 0340-3-11)

Zeltlager .... DIN VDE 0100-708 (VDE 0100-708)

Zeltplatz .... DIN VDE 0100-708 (VDE 0100-708)

Zentralspeicher
für Warmwasser- und Luftheizung .... DIN VDE 0700-201 (VDE 0700-201)

Zentrifugalpumpen
für Kühlflüssigkeiten .... DIN CLC/TS 50537-3 (VDE V 0115-537-3)

Zerkleinerer
für den Hausgebrauch .... E DIN EN 50435 (VDE 0700-93)
für Nahrungsmittelabfälle .... DIN EN 60335-2-16 (VDE 0700-16)
E DIN EN 60335-2-16/A2 (VDE 0700-16/A2)

Zertifizierung
von Windenergieanlagen .... DIN EN 61400-22 (VDE 0127-22)

Zirkusse
elektrische Anlagen .... DIN VDE 0100-740 (VDE 0100-740)

Zubehör
für Transformatoren und Drosselspulen .... DIN EN 50216-11 (VDE 0532-216-11)
DIN EN 50216-3 (VDE 0532-216-3)
DIN EN 50216-5 (VDE 0532-216-5)
DIN EN 50216-8 (VDE 0532-216-8)

Zugangsbereich .... DIN VDE 0100-729 (VDE 0100-729)

Zugbeeinflussung, linienförmige .... DIN VDE 0119-207-7 (VDE 0119-207-7)

Zugbeeinflussung, punktförmige .... DIN VDE 0119-207-6 (VDE 0119-207-6)

Zugbetrieb, elektrischer
Kunststoffseile im Fahrleitungsbau .... DIN EN 50345 (VDE 0115-604)
Oberleitungen .... DIN EN 50119 (VDE 0115-601)

Zugelektrik
Batterien .... DIN VDE 0119-206-4 (VDE 0119-206-4)
Hauptschalter .... DIN VDE 0119-206-2 (VDE 0119-206-2)
Haupttransformator .... DIN VDE 0119-206-3 (VDE 0119-206-3)
indirekte Berührung von Hochspannung
– Schutzmaßnahmen .... DIN VDE 0119-206-7 (VDE 0119-206-7)
Notbeleuchtung .... DIN VDE 0119-206-6 (VDE 0119-206-6)
Schutzmaßnahmen .... DIN VDE 0119-206-7 (VDE 0119-206-7)
Stromabnehmer .... DIN VDE 0119-206-1 (VDE 0119-206-1)
Zugsammelschienen .... DIN VDE 0119-206-5 (VDE 0119-206-5)

Zugentlastungselemente
Zug- und Dehnungsverhalten .... DIN 57472-625 (VDE 0472-625)

Zugfahrzeug .... DIN VDE 0100-721 (VDE 0100-721)

Zugfestigkeit
von Cu/NbTi-Verbundsupraleitern .... DIN EN 61788-6 (VDE 0390-6)
E DIN IEC 61788-6 (VDE 0390-6)
von Lichtwellenleitern .... DIN EN 60793-1-31 (VDE 0888-231)
von Polyethylen- und Polypropylenmischungen .... DIN EN 60811-4-2 (VDE 0473-811-4-2)
E DIN EN 60811-512 (VDE 0473-811-512)

Zugförderung, elektrische
umrichtergespeiste Wechselstrommotoren
– Bestimmung der Gesamtverluste .... DIN IEC/TS 60349-3 (VDE V 0115-400-3)

Zugfunk, analoger .... DIN VDE 0119-207-1 (VDE 0119-207-1)

Zugsammelschienen .... DIN VDE 0119-206-5 (VDE 0119-206-5)

Zugsicherungssysteme
für den städtischen Personennahverkehr .... DIN EN 62290-1 (VDE 0831-290-1)
– Anforderungsspezifikation .... E DIN EN 62290-2 (VDE 0831-290-2)

Zugsteuerung
zeitmultiplexe, drahtgebunden .... DIN VDE 0119-207-4 (VDE 0119-207-4)

Zugversuch
an Supraleitern bei Raumtemperatur .... E DIN EN 61788-18 (VDE 0390-18)

Zündeinrichtungen
zum Lichtbogenschweißen .... DIN EN 60974-3 (VDE 0544-3)

Zündgefährdungen
Überwachung in explosionsgefährdeten Bereichen .... DIN EN 50495 (VDE 0170-18)

Zündgefahren
durch elektrostatische Entladungen .... DIN EN 61340-4-4 (VDE 0300-4-4)

Zündgeräte
für Entladungslampen .... DIN EN 60927 (VDE 0712-15)
E DIN EN 60927/A1 (VDE 0712-15/A1)
DIN EN 61347-2-1 (VDE 0712-31)
E DIN EN 61347-2-1/A2 (VDE 0712-31/A2)
für Lampen .... DIN EN 61347-2-1 (VDE 0712-31)
E DIN EN 61347-2-1/A2 (VDE 0712-31/A2)
für Leuchtstofflampen .... DIN EN 60927 (VDE 0712-15)
E DIN EN 60927/A1 (VDE 0712-15/A1)
DIN EN 61347-2-1 (VDE 0712-31)
E DIN EN 61347-2-1/A2 (VDE 0712-31/A2)

Zündnetzgeräte
für Gas- und Ölbrenner .... DIN EN 61558-2-3 (VDE 0570-2-3)

Zündschutzart "d" .... E DIN EN 60079-1 (VDE 0170-5)
DIN EN 60079-1 (VDE 0170-5)

Zündschutzart "n" .... DIN EN 60079-15 (VDE 0170-16)
Zündschutzart "pD" .... DIN EN 61241-4 (VDE 0170-15-4)
Zündschutzart "s" .... E DIN IEC 60079-33 (VDE 0170-33)
Zündschutzarten .... VDE-Schriftenreihe Band 65
Zündtemperatur
von Staub .... E DIN IEC 60079-20-2 (VDE 0170-20-2)
Zündtransformatoren
für Gas- und Ölbrenner .... DIN EN 61558-2-3 (VDE 0570-2-3)
Zusammenfassen
der Leiter von Stromkreisen .... DIN VDE 0100-520 (VDE 0100-520)
Zusammenwirken, dynamisches
zwischen Stromabnehmer und Oberleitung .... DIN EN 50317/A2 (VDE 0115-503/A2)
Zusatzeinrichtungen
für Leitungsschutzschalter .... DIN V VDE V 0641-100 (VDE V 0641-100)
zur Störleistungsmessung .... DIN EN 55016-1-3 (VDE 0876-16-1-3)
Zusatzfunktionen
von Fehlerstrom-Schutzeinrichtungen .... E DIN IEC 62710 (VDE 0664-60)
Zustandsfeststellung
von Betriebsmitteln und Anlagen .... DIN V VDE V 0109-2 (VDE V 0109-2)
Zutrittskontrollanlagen
für Sicherungssanwendungen
– Anforderungen an Anlageteile .... DIN EN 50133-2-1 (VDE 0830-8-2-1)
– Anwendungsregeln .... DIN EN 50133-7 (VDE 0830-8-7)
– Begriffe .... Beiblatt 1 DIN EN 50131-1 (VDE 0830-2-1)
– Systemanforderungen .... DIN EN 50133-1 (VDE 0830-8-1)
Zuverlässigkeit
Analysemethoden
– Petrinetz-Modellierung .... E DIN IEC 62551 (VDE 0050-4)
Verfahren zur Analyse .... DIN EN 62502 (VDE 0050-3)
wieder verwendeter Teile .... DIN EN 62309 (VDE 0050)
Zuverlässigkeit von Systemen
menschliche Aspekte .... DIN EN 62508 (VDE 0050-2)
Zuverlässigkeitsmanagement
auf Funktionsfähigkeit bezogene Instandhaltung .... DIN EN 60300-3-11 (VDE 0050-5)
Zuverlässigkeitsmodellierung .... E DIN IEC 62551 (VDE 0050-4)
Zuverlässigkeitsprüfung
zeitraffende, von Elektrizitätszählern
– erhöhte Temperatur und Luftfeuchte .... DIN EN 62059-31-1 (VDE 0418-9-31-1)
Zuverlässigkeitsvorhersage
für Elektrizitätszähler .... DIN EN 62059-41 (VDE 0418-9-41)
Zweipunkt-Widerstandsmessungen .... E DIN EN 61340-4-10 (VDE 0300-4-10)
Zwei-Stufen-Anlasstransformatorstarter .... DIN EN 60947-4-1 (VDE 0660-102)
Zweiwege-HF-Wohnungsvernetzung .... DIN EN 60728-1-1 (VDE 0855-7-1)
Zwillingsleitungen, trennbare
thermoplastische PVC-Isolierung .... DIN EN 50525-2-72 (VDE 0285-525-2-72)
Zwischenharmonische .... VDE-Schriftenreihe Band 115
in Niederspannungsnetzen .... DIN EN 61000-4-13 (VDE 0847-4-13)
Messung in Stromversorgungsnetzen .... DIN EN 61000-4-7 (VDE 0847-4-7)
Zyklische Temperatur-Feuchte-Prüfung .... DIN EN 60068-2-38 (VDE 0468-2-38)

In VDE-Publikationen erläuterte DIN-VDE-Normen

VDE-Schriftenreihe

Norm	Schriftenreihe	Titelnummer
VDE 0050	Band 136	403171
VDE 0100	Band 45	403029
	Band 52	402888
	Band 66	402532
	Band 75	402990
	Band 100	402521
	Band 105	402846
	Band 106	403169
VDE 0100-200	Band 35	403139
VDE 0100-410	Band 35	403139
	Band 43	403200
	Band 45	403029
	Band 113	402422
	Band 114	402750
	Band 117	403179
	Band 126	402973
	Band 130	403048
	Band 140	403190
VDE 0100-430	Band 43	403200
	Band 143	403283
VDE 0100-444	Band 55	402613
VDE 0100-450	Band 126	402973
VDE 0100-470	Band 140	403190
VDE 0100-482	Band 45	403029
VDE 0100-510	Band 35	403139
VDE 0100-520	Band 35	403139
	Band 45	403029
	Band 68	402673
VDE 0100-540	Band 35	403139
	Band 43	403200
	Band 130	403048
VDE 0100-551	Band 122	402910
VDE 0100-560	Band 122	402910
VDE 0100-600	Band 63	403112
	Band 130	403048
VDE 0100-610	Band 35	403139
	Band 43	403200
	Band 45	403029
	Band 63	402455
	Band 117	403179
	Band 125	402971

Norm	Schriftenreihe	Titelnummer
VDE 0100-636	Band 45	403029
VDE 0100-701	Band 35	403139
	Band 45	403029
	Band 67a	402812
VDE 0100-702	Band 35	403139
	Band 67b	402772
VDE 0100-705	Band 35	403139
VDE 0100-706	Band 35	403139
VDE 0100-708	Band 35	403139
VDE 0100-710	Band 17	402781
	Band 35	403139
	Band 114	402750
	Band 117	403179
	Band 122	402910
VDE 0100-712	Band 35	403139
VDE 0100-714	Band 67b	402772
VDE 0100-718	Band 122	402910
VDE 0100-721	Band 35	403139
VDE 0100-723	Band 35	403139
VDE 0100-732	Band 45	403029
VDE 0100-737	Band 67b	402772
VDE 0101	Band 130	403048
VDE 0102	Band 77	403144
	Band 118	403136
	Band 127	402993
	Band 130	403048
VDE 0105	Band 43	403200
	Band 48	402762
	Band 120	403180
	Band 124	403221
VDE 0105-100	Band 13	403268
	Band 79	403325
	Band 125	402971
	Band 128	402974
VDE 0110	Band 56	402819
	Band 73	402181
VDE 0113	Band 43	403200
	Band 120	403180
VDE 0113-1	Band 26	402606
	Band 124	403221
VDE 0113-11	Band 46	402618
VDE 0113-32	Band 60	402865
VDE 0118-1	Band 114	403026
VDE 0126	Band 138	403377
VDE 0140-1	Band 113	402422
	Band 114	403026

Norm	Schriftenreihe	Titelnummer
VDE 0165	Band 64	402783
VDE 0165	Band 65	403012
	Band 125	402971
VDE 0170/0171-1	Band 64	402783
VDE 0170/0171-3	Band 64	402783
VDE 0170/0171-5	Band 64	402783
VDE 0170/0171-6	Band 64	402783
VDE 0170/0171-7	Band 64	402783
VDE 0175	Band 124	702970
VDE 0185	Band 119	402908
VDE 0185-305-1	Band 128	402974
	Band 185	403001
VDE 0185-305-2	Band 128	402974
	Band 128	402974
	Band 185	403001
VDE 0185-305-3	Band 128	402974
	Band 185	403001
VDE 0185-305-4	Band 126	402973
	Band 128	402974
	Band 185	403001
VDE 0211	Band 45	403029
VDE 0298	Band 45	403029
VDE 0298-4	Band 143	403283
VDE 0300	Band 124	403221
VDE 0300-5-1	Band 71	403049
VDE 0300-5-2	Band 71	403049
VDE 0404	Band 43	403200
VDE 0411	Band 124	403221
VDE 0413	Band 43	403200
	Band 124	403221
VDE 0413-8	Band 114	403026
VDE 0432-1	Band 58	402180
VDE 0435-901	Band 138	403377
VDE 0530	Band 10	403163
	Band 64	402783
VDE 0532	Band 72	402225
VDE 0551	Band 58	402180
VDE 0565-1-1	Band 58	402180
VDE 0565-1-2	Band 58	402180
VDE 0565-2	Band 58	402180
VDE 0565-2-1	Band 58	402180
VDE 0565-2-2	Band 58	402180
VDE 0570-1	Band 58	402180
VDE 0570-2-4	Band 58	402180
VDE 0570-2-6	Band 58	402180
VDE 0660-500	Band 28	402870

Norm	Schriftenreihe	Titelnummer
VDE 0660-507	Band 28	402870
VDE 0660-509	Band 28	402870
VDE 0663	Band 113	402422
VDE 0675-39-12	Band 138	403377
VDE 0680	Band 48	402762
VDE 0681	Band 48	402762
VDE 0682	Band 48	402762
VDE 0683	Band 48	402762
VDE 0701	Band 43	403200
	Band 62	403207
	Band 120	403180
	Band 124	403221
VDE 0702	Band 43	403200
	Band 62	403207
	Band 120	403180
	Band 124	403221
VDE 0750-1	Band 117	403179
VDE 0751	Band 43	403200
	Band 62	403207
	Band 120	403180
VDE 0751-1	Band 117	403179
VDE 0800-2-310	Band 126	402973
VDE 0800-174-2	Band 126	402973
VDE 0805-21	Band 53	402528
VDE 0837	Band 104	402667
VDE 0838	Band 115	402757
VDE 0838-3	Band 111	402806
	Band 127	402993
VDE 0838-11	Band 111	402806
	Band 127	402993
VDE 0839	Band 115	402757
	Band 124	403221
VDE 0843-5	Band 58	402180
VDE 0845	Band 119	402908
VDE 0847	Band 124	403221
VDE 0847-4-1	Band 58	402180
VDE 0847-4-7	Band 127	402993
VDE 0847-4-15	Band 109	402807
	Band 127	402993
VDE 0847-4-30	Band 127	402993
VDE 0855-1	Band 6	402784
VDE 0855-2	Band 6	402784
VDE 0860	Band 58	402180
VDE 0875	Band 16	402156
VDE 1000-10	Band 135	403149

Schriftenreihe	Titelnummer	Norm
Band 6	402784	VDE 0855-1
		VDE 0855-2
Band 10	403163	VDE 0530
Band 13	403268	VDE 0105-100
Band 16	402887	VDE 0875
Band 17	402781	VDE 0100-710
Band 26	402814	VDE 0113-1
Band 35	403139	VDE 0100-200
		VDE 0100-410
		VDE 0100-510
		VDE 0100-520
		VDE 0100-540
		VDE 0100-610
		VDE 0100-701
		VDE 0100-702
		VDE 0100-705
		VDE 0100-706
		VDE 0100-708
		VDE 0100-710
		VDE 0100-712
		VDE 0100-721
		VDE 0100-723
Band 43	403200	VDE 0100-410
		VDE 0100-430
		VDE 0100-540
		VDE 0100-610
		VDE 0105
		VDE 0113
		VDE 0404
		VDE 0413
		VDE 0701
		VDE 0702
		VDE 0751
Band 45	403029	VDE 0100
		VDE 0100-410
		VDE 0100-482
		VDE 0100-520
		VDE 0100-610
		VDE 0100-636
		VDE 0100-701
		VDE 0100-732
		VDE 0211
		VDE 0298
Band 46	402618	VDE 0113-11
Band 48	402762	VDE 0105
		VDE 0680

Schriftenreihe	Titelnummer	Norm
Band 48	402762	VDE 0681
		VDE 0682
		VDE 0683
Band 52	402888	VDE 0100
Band 53	402528	VDE 0805-21
Band 55	403368	VDE 0100-444
Band 56	402819	VDE 0110
Band 60	402865	VDE 0113-32
Band 62	403207	VDE 0701
		VDE 0702
		VDE 0751
Band 63	403398	VDE 0100-600
Band 64	402783	VDE 0165
		VDE 0170/0171-1
		VDE 0170/0171-3
		VDE 0170/0171-5
		VDE 0170/0171-6
		VDE 0170/0171-7
		VDE 0530
Band 65	403012	VDE 0165
Band 66	402532	VDE 0100
Band 67A	403134	VDE 0100-701
Band 67B	402772	VDE 0100-702
		VDE 0100-714
		VDE 0100-737
Band 68	402673	VDE 0100-520
Band 71	403049	VDE 0300-5-1
		VDE 0300-5-2
Band 72	402225	VDE 0532
Band 73	403020	VDE 0110
Band 75	402990	VDE 0100
Band 77	403144	VDE 0102
Band 79	403325	VDE 0105-100
Band 104	403072	VDE 0837
Band 105	402846	VDE 0100
Band 106	403384	VDE 0100
Band 111	402806	VDE 0838-3
		VDE 0838-11
Band 113	403121	VDE 0100-410
		VDE 0140-1
		VDE 0663
Band 114	403362	VDE 0100-410
		VDE 0100-710
		VDE 0118-1
		VDE 0140-1

Schriftenreihe	Titelnummer	Norm
Band 114	403362	VDE 0413-8
Band 115	402757	VDE 0838
		VDE 0839
Band 117	403179	VDE 0100-410
		VDE 0100-610
		VDE 0100-710
		VDE 0750-1
		VDE 0751-1
Band 118	403136	VDE 0102
Band 119	402908	VDE 0185
		VDE 0845
Band 120	403374	VDE 0105
		VDE 0113
		VDE 0701
		VDE 0702
		VDE 0751
Band 122	402910	VDE 0100-551
		VDE 0100-560
		VDE 0100-710
		VDE 0100-718
Band 124	403221	VDE 0105
		VDE 0113-1
		VDE 0175
		VDE 0300
		VDE 0411
		VDE 0413
		VDE 0701
		VDE 0702
		VDE 0839
		VDE 0847
Band 125	402971	VDE 0100-610
		VDE 0105-100
		VDE 0165-2
		VDE 0165-10-1
Band 126	402973	VDE 0100-410
		VDE 0100-450
		VDE 0185-305-4
		VDE 0800-2-310
		VDE 0800-174-2
Band 127	402993	VDE 0102
		VDE 0838-3
		VDE 0838-11
		VDE 0847-4-7
		VDE 0847-15
		VDE 0847-30
Band 128	402974	VDE 0185-305-1

Schriftenreihe	Titelnummer	Norm
		VDE 0185-305-2
		VDE 0185-305-3
		VDE 0185-305-4
Band 129	403326	VDE 0105-100
		VDE 0185-305-2
Band 130	403048	VDE 0100-410
		VDE 0100-540
		VDE 0100-600
		VDE 0101
		VDE 0102
Band 135	403149	VDE 1000-10
Band 136	403171	VDE 0050
Band 138	403377	VDE 0126
		VDE 0435-901
		VDE 0675-39-12
Band 140	403190	VDE 0100-410
		VDE 0100-470
Band 143	403283	VDE 0100-430
		VDE 0298-4
Band 185	403001	VDE 0185-305-1
		VDE 0185-305-2
		VDE 0185-305-3
		VDE 0185-305-4

andere Buchtitel

Buchtitel	Titelnummer	Norm
VDE 0100 und die Praxis	603284	VDE 0100-100 VDE 0100-200 VDE 0100-300 VDE 0100-410 VDE 0100-430 VDE 0100-442 VDE 0100-443 VDE 0100-444 VDE 0100-460 VDE 0100-510 VDE 0100-520 VDE 0100-534 VDE 0100-537 VDE 0100-540 VDE 0100-559 VDE 0100-560 VDE 0100-600 VDE 0510 VDE 0701-0702
VDE-Fachbericht Band 66	453197	VDE 0100-534 VDE 0185
VDE-Fachbericht Band 68	453380	VDE 0127-24 VDE 0185-305
Geschichte der Elektrotechnik Band 20	502844	VDE 0185
Elektrotechnik und Elektronik	602665	VDE 0100-540
Técnica de Protección	602853	VDE 0118-1